WIE FUNKTIONIERT DAS?

WETTER UND KLIMA

WIE FUNKTIONIERT DAS?

WETTER UND KLIMA

Herausgegeben und bearbeitet
von Meyers Lexikonredaktion

Wissenschaftliche Bearbeitung:
Prof. Dipl.-Met. Hans Schirmer,
Prof. Dr. Werner Buschner,
Dipl.-Met. Albert Cappel,
Dipl.-Met. Hans Georg Matthäus,
Dipl.-Met. Max Schlegel

Mit Unterstützung
des Deutschen Wetterdienstes

MEYERS LEXIKONVERLAG
Mannheim/Wien/Zürich

Redaktionelle Leitung:
Karl-Heinz Ahlheim
Redaktionelle Bearbeitung:
Dr. Gerd Grill M.A.
Graphische Gestaltung:
Dieter Kneifel

141 Textseiten
141 zweifarbige Schautafeln
16 mehrfarbige Bildtafeln
12 Registerseiten

CIP-Titelaufnahme der Deutschen Bibliothek
Wie funktioniert das? Wetter und Klima
hrsg. u. bearb. von Meyers Lexikonred.
unter d. Leitung von Karl-Heinz Ahlheim.
Wiss. Bearb.: Hans Schirmer... –
Mannheim; Wien; Zürich: Meyers Lexikonverl., 1989
ISBN 3-411-02382-1
NE: Ahlheim, Karl-Heinz [Hrsg.];
Wetter und Klima

Satz: Bibliographisches Institut &
F. A. Brockhaus AG (DIACOS Siemens)
und Mannheimer Morgen Großdruckerei und Verlag GmbH
Druck: Pfälzische Verlagsanstalt GmbH, Landau/Pfalz
Einband: Klambt-Druck GmbH, Speyer
Printed in Germany
ISBN 3-411-02382-1

Vorwort

Das *Wetter* gilt gemeinhin als launisch und unberechenbar. Dabei folgt das Wettergeschehen längerfristig ganz bestimmten Gesetzmäßigkeiten, die letztlich zur Bildung von Klimaten führen. Denn *Klima* ist ja nichts anderes als das statistische Mittel charakteristischer Wetterabläufe über einen größeren Zeitraum. Welchen *Gesetzmäßigkeiten* folgt nun das Wettergeschehen, und von welchen Einflußgrößen hängt es ab? Welche Rolle spielt dabei der Mensch durch sein Eingreifen in den Naturhaushalt? Läßt sich die faszinierende Idee, Wetter zu berechnen, tatsächlich verwirklichen?

Das vorliegende, systematisch geordnete „Lesebuch" wendet sich an all jene, die sich von Berufs wegen oder in ihrer Freizeit mit „Wetterfragen" beschäftigen und die alltäglichen Wetterphänomene besser verstehen wollen. Alle wichtigen Sachfragen der Meteorologie werden nach dem aktuellen Kenntnisstand allgemeinverständlich und anschaulich behandelt. Schwerpunkte der Darstellung sind: der Aufbau der Atmosphäre, die in ihr ablaufenden Prozesse und die damit verbundenen Wettererscheinungen; die Ursachen dieser Prozesse und ihre Wechselwirkungen mit nichtatmosphärischen Komponenten wie Ozeanen, Eismassen und der Biosphäre; der Ausbau eines weltweiten Beobachtungsnetzes, insbesondere des Wettersatellitensystems.

Zahlreiche Kapitel dieses Buches widmen sich der *Wettervorhersage*, die heute mit Hilfe von Simulationsmodellen und Großcomputern sehr zuverlässige Kurz- und Mittelfristprognosen liefert, sowie wichtigen Spezialgebieten der meteorologischen Vorhersage und Beratung wie Flugmeteorologie, maritime Meteorologie, Agrarmeteorologie, medizinische Meteorologie und technische Klimatologie. Auch das *Klimaproblem*, d. h. die Frage nach den natürlichen und den vom Menschen verursachten Klimaveränderungen sowie der daraus erwachsenden Umweltgefährdung, wird ausführlich behandelt.

Ein ausführliches, alphabetisch geordnetes *Register* erleichtert den Zugang zu allen wichtigen im Textzusammenhang verwendeten Begriffen.

Mannheim, im Sommer 1989 Verlag und Herausgeber

Inhalt

Was versteht man unter Wetter, Witterung, Klima?

Die meteorologischen Erscheinungen kann man in zeitlicher Hinsicht nach Wetter, Witterung und Klima zusammenfassen, wobei der Begriff Witterung nur im deutschen Sprachbereich verwendet wird:

Das *Wetter* ist der physikalische Zustand der Atmosphäre (vgl. S. 14–27 und S. 44–61) zu einem bestimmten Zeitpunkt an einem bestimmten Ort. Er wird gekennzeichnet durch die *meteorologischen Elemente* (Hauptelemente sind Strahlung, Luftdruck, Lufttemperatur, Luftfeuchte und Wind, von diesen ableitbare Elemente Bewölkung, Niederschlag, Sichtweite u. a.; vgl. auch S. 28–43) und ihr Zusammenwirken und ist das Augenblicksbild eines Vorgangs *(Wettergeschehen)*. Das Wettergeschehen spielt sich hauptsächlich in der Troposphäre ab (vgl. S. 18 ff.).

Notwendig zur Erfassung des Wetters ist die Gleichzeitigkeit der Wetterbeobachtungen (vgl. S. 128–141) in einem größeren Gebiet, so daß Luftdruckgebilde (vgl. S. 164–173), Luftmassen (vgl. S. 148), Frontalzonen und Fronten (vgl. S. 152) bestimmt werden können (Wetteranalyse).

Bei den atmosphärischen Wettererscheinungen und Bewegungsformen gibt es verschiedene Einteilungen für die Größenordnung (bisher ohne Einheitlichkeit), und zwar nach der räumlichen Erstreckung im Makro-, Meso- und Mikro-Scale (vgl. Abb. 1 als Beispiel einer Klassifikation). Der *synoptische Scale* – er entspricht etwa dem Makro-Scale – umfaßt alle Phänomene, die in Wetterkarten enthalten sind. Kleinere Phänomene nennt man *subsynoptisch*.

Den Werten der horizontalen Erstrekkung sind sogenannte charakteristische Zeiten zugeordnet, die angeben, wie lang etwa ein Bewegungsvorgang des betreffenden Phänomens andauert oder welche Lebenszeit es selbst hat. Diese Zeiten reichen von etwa 10 Sekunden im Mikro-Scale-γ-Bereich bis zu etwa einer Woche im Makro-Scale-α-Bereich (Witterung).

Als *Witterung* bezeichnet man den allgemeinen, durchschnittlichen oder auch vorherrschenden Charakter des Wetterablaufs eines bestimmten Zeitraums von einigen Tagen bis zu Jahreszeiten (z. B. milder Winter). Die Witterung ist das Gleichbleibende in einer Aufeinanderfolge von Wetterzuständen während mehrerer Tage. Die Dauer einer Witterungsperiode wird weitgehend durch die vorherrschende Großwetterlage (vgl. S. 180 ff.) bestimmt.

Zu den Unterscheidungsmerkmalen der *Witterungstypen* gehören v. a. die vorherrschende Windrichtung (z. B. Westwetter), die Strahlungsbilanz (z. B. Hochdruckwetter, Strahlungstyp) und die Vertikalbewegung (z. B. Schauerwetter). Der *ideale jährliche Witterungsablauf* gibt die durchschnittlichen Verhältnisse vieler Jahre unter Hervorhebung der kalendermäßigen Bindung bestimmter Wetterlagen (z. B. Altweibersommer) wieder.

Das *Klima* ist die Zusammenfassung der Wettererscheinungen, die den mittleren Zustand der Atmosphäre an einem bestimmten Ort der Erdoberfläche charakterisieren, repräsentiert durch die statistischen Gesamteigenschaften (Mittelwerte, Häufigkeit extremer Ereignisse, Andauerwerte u. a.) über eine genügend lange Periode (z. B. Bezugszeitraum 1951–1980), zum anderen aber auch durch den „idealen jährlichen Witterungsablauf".

Das Klima und seine unterschiedlichen Ausprägungen entstehen unter dem Einfluß der *klimatologischen Wirkungsfaktoren* (vgl. S. 212 und S. 218) bzw. durch die Wechselwirkung der verschiedenen Subsysteme des *Klimasystems* (vgl. auch S. 262). Zu den energetisch wichtigsten der grundlegenden Eingangsgrößen (Klimaparameter) gehören Solarkonstante, Strahlungsbilanz, Strom latenter und fühlbarer Wärme, Wärmespeicherung und Bewegungsenergie der Ozeane, Bewegungsenergie der allgemeinen Zirkulation der Atmosphäre und große Vulkanausbrüche.

Eine Charakterisierung der Klimate nach bestimmten Gesichtspunkten nehmen die *Klimaklassifikationen* (vgl. S. 226 ff.) vor. Eine andere Unterteilung des Klimas nach der Größenordnung der klimatologisch untersuchten Gebiete bzw. nach der Meßhöhe über dem Erdboden führt zu den Begriffen *Makro-*, *Meso-* und *Mikroklima* (vgl. S. 216). Die für die Darstellung des Klimas verwendeten *Klimaelemente* sind mit den meteorologischen Elementen der Wetterbeobachtung identisch.

Scale-Definition		Phänomene	horizontale Erstreckung
Makro-Scale	α	allg. Zirkulation, lange Wellen	
			10000 km
Makro-Scale	β	barokline Wellen, Hoch- und Tiefdruckgebiete	
			2500 km
Meso-Scale	α	Fronten, tropische Zyklonen	
			250 km
Meso-Scale	β	orographische Effekte, Land-See-Wind, Cloud-cluster	
			25 km
Meso-Scale	γ	Gewitterzellen, Stadteffekte	
			2,5 km
Mikro-Scale	α	Konvektion, Tornados	
			250 m
Mikro-Scale	β	Staubtrombe, Thermik	
			25 m
Mikro-Scale	γ	kleinräumige Turbulenz	

Abb. 1
Scale-Einteilung

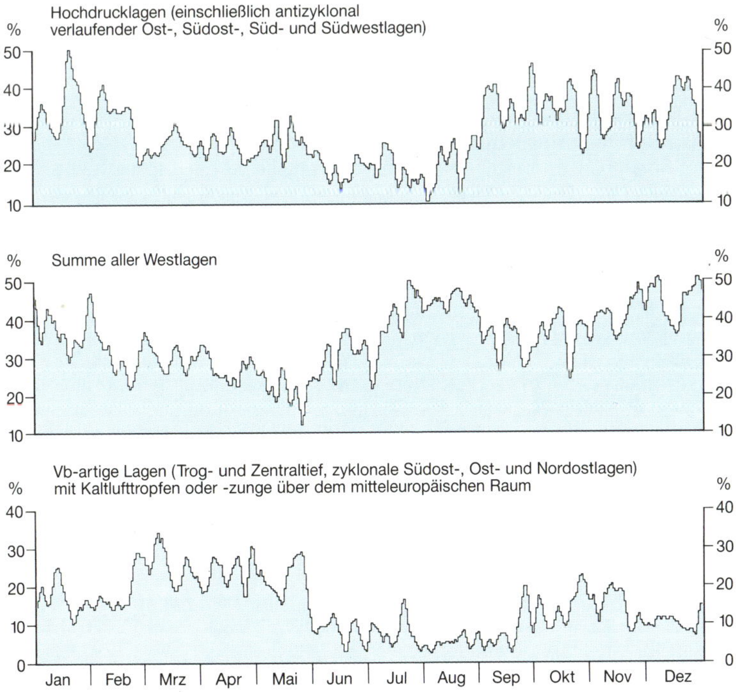

Abb. 2
Jahresgang der wichtigsten Großwettertypen 1881-1947
(nach Heß-Brezowsky)

Meteorologie – die Wissenschaft von Wetter und Klima

Meteorologie – auf einen kurzen Nenner gebracht – ist *Physik der Atmosphäre.* Sie umfaßt die Lehre von den physikalischen und chemischen Vorgängen in der Atmosphäre sowie ihre Wechselwirkungen mit der Erdoberfläche und dem Weltraum. Innerhalb der Geowissenschaften steht die Meteorologie in engen Beziehungen zur *Geophysik* (Physik der festen Erde) und zur *Ozeanographie* (Physik der Meere). Ihr Hauptaugenmerk ist auf die untere Atmosphärenschicht, die Troposphäre, gerichtet, in der sich alle wesentlichen meteorologischen Vorgänge abspielen. Mit den physikalischen und vor allem chemischen Prozessen in der mittleren und oberen Atmosphäre (stratosphärische Ozonschicht, Mesosphäre, Ionosphäre) beschäftigt sich die *Aeronomie.*

Die Entwicklung der Meteorologie zu einer selbständigen Wissenschaft vollzog sich im Laufe des 19. Jahrhunderts. Mit der Sammlung von Beobachtungsdaten und ihrer statistischen Bearbeitung (Bildung von Mittelwerten und ihre kartographische Darstellung) wurden die ersten Grundlagen für eine noch vorwiegend geographisch orientierte (beschreibende) *Klimatologie* geschaffen. Ab Mitte des 19. Jahrhunderts (nach Erfindung des elektrischen Telegrafen) entwickelte sich die *synoptische Meteorologie,* die sich mit der räumlichen Struktur und zeitlichen Änderung meteorologischer Phänomene auf der Grundlage gleichzeitiger (synoptischer) Beobachtungen und ihrer Darstellung in Wetterkarten sowie mit der Vorhersage der zukünftigen Wetterentwicklung befaßt. Beide Teilgebiete, die Klimatologie und die synoptische Meteorologie, blieben auch im folgenden Jahrhundert Schwerpunkte der Meteorologie. Die theoretische Zerlegung der komplexen Vorgänge in Einzelphänomene und ihre Einordnung in das globale atmosphärische Geschehen gingen in zunehmenden Maße mit dem Eindringen mathematischer Methoden und der Anwendung physikalischer Prinzipien und Gesetzmäßigkeiten, insbesondere auf den Gebieten der Thermo- und Hydrodynamik, einher und führten zur Begründung der *theoretischen Meteorologie.*

Im Laufe des 20. Jahrhunderts wurden die konventionellen meteorologischen Meßverfahren *(experimentelle Meteorologie)* durch eine Reihe neuer technischer Entwicklungen stark erweitert. Der Einsatz von Ballons, Flugzeugen, Radiosonden, Raketen, Radargeräten *(Radarmeteorologie),* Satelliten *(Satellitenmeteorologie)* und anderer Fernerkundungsverfahren (vgl. S. 42) ermöglichte nicht nur die notwendige Einbeziehung der freien Atmosphäre in die synoptische und klimatologische Betrachtungsweise, sondern führte auch zu zahlreichen neuen Forschungsergebnissen.

In den letzten Jahrzehnten wurde der wissenschaftliche Fortschritt in der Meteorologie vom Einsatz hochleistungsfähiger Computeranlagen geprägt, im besonderen Maße für die Zwecke der *numerischen Meteorologie* (ein Teilgebiet der theoretischen Meteorologie), aber auch für die Erforschung des komplexen, globalen Klimasystems (s. S. 262) und seiner Veränderungen (*Klimamodellrechnungen;* s. S. 270)und für die Lösung zahlreicher anderer Probleme.

Wetter und Klima sind nicht nur für den Menschen entscheidende Umweltfaktoren, sondern wirken in vielfältiger Weise auf alles irdische Geschehen ein. Umgekehrt können menschliche Aktivitäten auch das Wetter und das Klima beeinflussen (vgl. S. 276–287). Diese Abhängigkeiten führten dazu, daß aus bzw. neben den Grundlagendisziplinen der Meteorologie auch auf dem Gebiet der *angewandten Meteorologie (bzw. Klimatologie)* für die Belange der Allgemeinheit, der Wirtschaft, des Verkehrs, der Technik und des Gesundheitswesens zahlreiche Teildisziplinen entstanden sind, die den interdisziplinären Charakter der Meteorologie besonders unterstreichen. Dabei sind Überschneidungen mit den Nachbardisziplinen unvermeidlich, wie auch uneinheitliche Bezeichnungen einzelner Teildisziplinen. Im Anwendungsbereich steht die *Wettervorhersage* (kurz-, mittel- und langfristig) an erster Stelle. Weitere wichtige Teildisziplinen sind die *Agrarmeteorologie,* die *Medizinmeteorologie,* die *technische Meteorologie* bzw. *Klimatologie,* die *Verkehrsmeteorologie* (vor allem *Flugmeteorologie*) und die *Hydrometeorologie* (s. Übersicht).

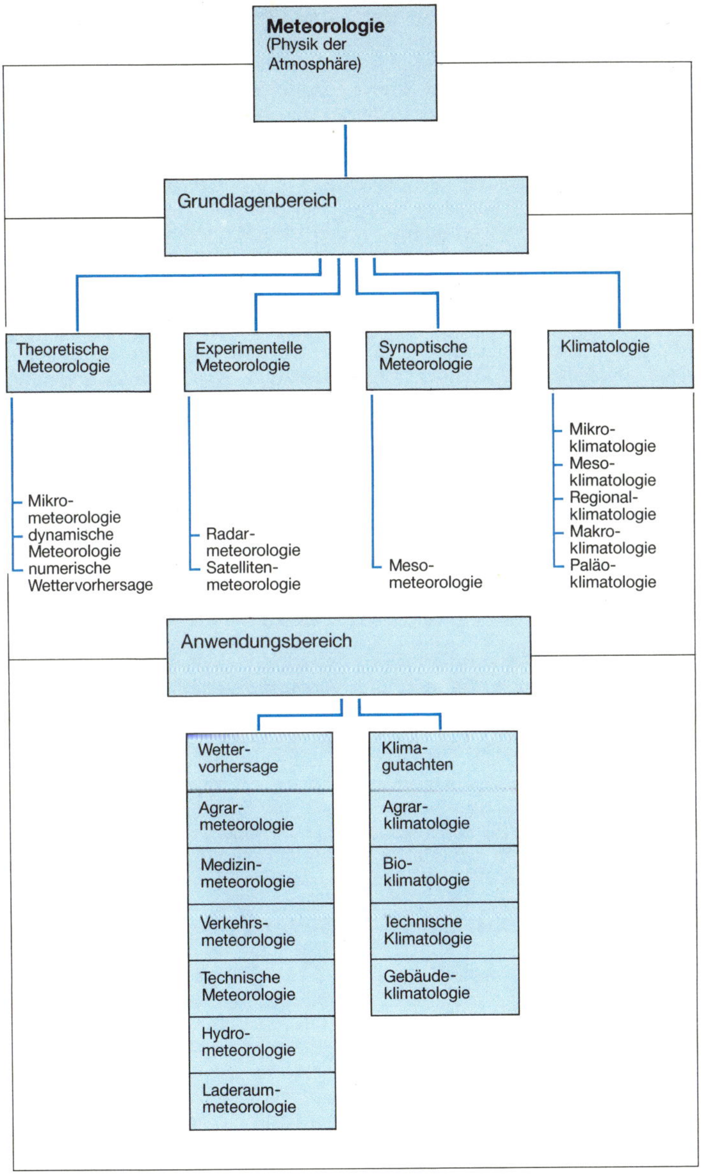

Abb.
Die wichtigsten Teildisziplinen der Meteorologie im Grundlagen- und Anwendungsbereich

Zusammensetzung der Atmosphäre

Unsere Lufthülle ist das Resultat einer langen Entwicklungsgeschichte, die nach der Entstehung der Erde (vor rund 4,6 Milliarden Jahren) einsetzte. Die älteste Erdatmosphäre (*Uratmosphäre* oder *Primordialatmosphäre*) bildete sich aus Entgasungsprodukten (Exhalationen) des Erdmantels. Ihre Hauptbestandteile dürften Wasserdampf (H_2O), Kohlendioxid (CO_2) und Schwefelverbindungen (primär Schwefelwasserstoff, H_2S) gewesen sein. Daneben enthielt sie geringe Mengen Stickstoff (N_2), Wasserstoff (H_2), Methan (CH_4), Ammoniak (NH_3), Argon (Ar). Freier Sauerstoff (O_2) kam in dieser reduzierenden Uratmosphäre noch nicht vor. Dieser lebenswichtige Bestandteil entstand erst durch die photochemische Aufspaltung des Wasserdampfs und des Kohlendioxids unter Einwirkung der solaren Ultraviolettstrahlung. Durch diesen Prozeß wäre aber aufgrund geochemischer Befunde nur ein geringer Teil des heutigen Sauerstoffgehaltes zu erklären. Im weiteren Verlauf der Erdgeschichte entstand freier Sauerstoff fast ausschließlich durch die Photosynthese pflanzlicher Lebewesen. Auch der Stickstoff und die Edelgase reicherten sich allmählich an, während der Kohlendioxidgehalt der irdischen Gashülle durch die frühzeitige Bildung der als Senke wirkenden Ozeane annähernd konstant geblieben ist (sieht man von der Jetztzeit ab). Bei den leichtesten Gasen (Wasserstoff, Helium) besteht zwischen ständiger Neubildung und Entweichen aus dem Schwerefeld der Erde seit langem ein stationärer Zustand.

Die *heutige Atmosphäre* besteht aus einem Gasgemisch, dessen Zusammensetzung sich seit Jahrmillionen nur wenig verändert hat. Dies gilt insbesondere für seine Hauptbestandteile *Stickstoff* (78,08 Vol.-%) und *Sauerstoff* (20,95 Vol.-%), die zusammen 99,03 % des gesamten Gasvolumens ausmachen. Am restlichen Volumenanteil (< 1 %) ist eine Vielzahl sogenannter *Spurengase* beteiligt, deren Menge so gering ist, daß sie meist in Millionstel Volumenteilen angegeben wird (vgl. Übersicht).

Der *Kohlendioxidgehalt der Atmosphäre,* der gegenwärtig etwa 347 ppm beträgt, wirkt sich auf die Strahlungsbilanz des Systems Erde–Atmosphäre aus, weil das Kohlendioxid durch seine Absorptionseigenschaften im infraroten Spektralbereich zur Erwärmung der Atmosphäre und Erdoberfläche beiträgt (s. S. 280).

Ozon (O_3) bildet sich in der Stratosphäre aus molekularem Sauerstoff (O_2) unter dem Einfluß der solaren Ultraviolettstrahlung. Die *Ozonschicht* (s. S. 24) spielt nicht nur für den Strahlungshaushalt der Atmosphäre eine bedeutsame Rolle, sondern übt auch eine für das Leben auf der Erde unentbehrliche Schutzfunktion aus.

Der *Wasserdampfgehalt* der Luft, der maximal etwa 4 Vol.-% betragen kann, schwankt räumlich und zeitlich außerordentlich stark. Im Gegensatz zu den anderen Gasen der Lufthülle kommt er auch in flüssiger (Wasser) oder fester Form (Schnee, Hagel u. ä.) vor und setzt bei seinen Phasenübergängen große Energiemengen um. Die Absorptions- und Emissionseigenschaften des Wasserdampfs sind im infraroten Wellenlängenbereich noch bedeutsamer als die des Kohlendioxids, so daß sein Einfluß auf den Strahlungs- und Energiehaushalt der Atmosphäre größer ist. Hinzu kommen weitere Spurengase und Luftbeimengungen, deren Bedeutung für das atmosphärische und biologische Geschehen in den letzten 10 Jahren zunehmend erkannt wurde. Sie gelangen vor allem durch menschliche Aktivitäten (Energieverbrauch, landwirtschaftliche und industrielle Produktion) in die Atmosphäre. Dazu zählen *Schwefeldioxid, Methan, Stickoxide* und *Fluorchlorkohlenwasserstoffe.* Im Trägergas Luft befinden sich außerdem feste und flüssige Schwebeteilchen *(Aerosole).* Ihre Massenkonzentration ist im Vergleich mit den Spurengasen um den Faktor 100 kleiner.

Infolge dauernder turbulenter Durchmischung ist die chemische Zusammensetzung der Atmosphäre bis zu einer Höhe von etwa 100 km annähernd konstant. Darüber setzt verstärkt Entmischung der atmosphärischen Gase ein. Der Volumenanteil der leichteren Gase (Helium, Wasserstoff) vergrößert sich auf Kosten der schwereren (Stickstoff, Sauerstoff, Argon) immer mehr, so daß beim Übergang in den Weltraum das leichteste Gas, der Wasserstoff, übrigbleibt.

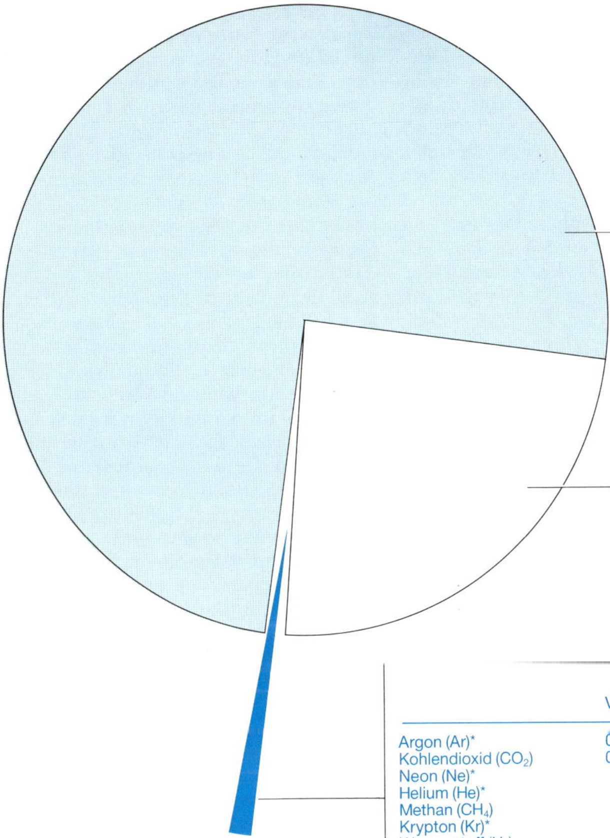

	Vol.-%	ppm[1]
Argon (Ar)*	0,93	
Kohlendioxid (CO_2)	0,035	347[2]
Neon (Ne)*		18,2
Helium (He)*		5,2
Methan (CH_4)		2,0[2]
Krypton (Kr)*		1,1
Wasserstoff (H_2)		0,5
Distickstoffoxid (N_2O)		0,5[2]
Xenon (Xe)*		0,09
Ozon (O_3) Troposphäre		0,06[2]
Stratosphäre		5,00 10[3]

Die mit * gekennzeichneten Gase sind sogenannte Edelgase, die chemisch fast völlig inaktiv sind; unter ihnen hat das Argon einen bemerkenswert hohen Anteil.
Die Atmosphäre enthält weitere wichtige Spurengase (Schwefelwasserstoff, Stickstoffdioxid, Ammoniak, Chlorfluormethan, Kohlenmonoxid u.a.) sowie Aerosolpartikel.

1) ppm = parts per million; 1 ppm = 10^{4} Vol.-%
2) Tendenz ansteigend
3) Tendenz abnehmend

Mittelwerte für feuchte Luft

N_2	76,08 Vol.-%
O_2	20,40 Vol.-%
H_2O (Wasserdampf)	2,6 Vol.-%
Ar	0,91 Vol.-%

Abb.
Die chemische Zusammensetzung der Atmosphäre
(für trockene Luft, in Vol.-% bzw. ppm)

Vertikaler Aufbau der Atmosphäre

Die Erforschung der Atmosphäre mit Ballons, Flugzeugen und Radiosonden wurde in der zweiten Hälfte dieses Jahrhunderts durch den Einsatz neuer technischer Hilfsmittel (Raketen, Radar, Satelliten u. a.) wesentlich intensiviert, so daß heute genauere Aussagen über den vertikalen Aufbau der Atmosphäre möglich sind.

Die irdische Atmosphäre läßt sich auf verschiedene Weise einteilen. Das gebräuchlichste und für die Meteorologie wichtigste Einteilungsprinzip geht von der *mittleren vertikalen Temperaturverteilung* aus. Danach ergibt sich ein typischer stockwerkartiger Aufbau, bei dem die einzelnen Stockwerke durch Schichten mit markanten Änderungen des mittleren vertikalen Temperaturgradienten voneinander getrennt sind (Abb. 1).

Unmittelbar über der Erdoberfläche bis in etwa 1 000 m Höhe liegt die *atmosphärische Grenzschicht.* Sie gehört zur *Troposphäre* (s. S. 18), in der sich das Wettergeschehen hauptsächlich abspielt. In ihr nimmt die Temperatur im Mittel um 0,65 K pro 100 m ab. Die Obergrenze der Troposphäre (die *Tropopause*) schwankt zwischen 16 km (Tropen) und 8 km Höhe (Polargebiete); im Mittel liegt sie in 11 km Höhe (bei Temperaturen um − 56 °C). Darüber erstreckt sich die *Stratosphäre,* die bis zu ihrer Obergrenze in etwa 50 km Höhe (der *Stratopause*) durch eine starke Temperaturzunahme gekennzeichnet ist (s. S. 22).

Auf die Stratosphäre folgt die *Mesosphäre* mit wieder zurückgehender Temperatur (Temperaturminimum etwa − 90 °C in 80–85 km Höhe). Gelegentlich bilden sich unter ihrer Obergrenze, der *Mesopause,* zarte, dünne Eiswolken, die im Licht der untergegangenen Sonne angestrahlt werden (sogenannte leuchtende Nachtwolken). Sie sind ein Zeichen dafür, daß selbst in diesen Höhen noch Spuren von Wasserdampf vorhanden sein können.

Die oberhalb 80 km Höhe sich ausdehnende Schicht wird *Thermosphäre* genannt. In ihr nimmt die Temperatur erneut stark zu. Ihre Obergrenze läßt sich nicht mehr exakt angeben; sie geht etwa ab 500 km Höhe unmerklich in den interplanetaren Raum *(Exosphäre)* über. Je nach Sonnenaktivität können in der Thermosphäre Temperaturen bis weit über 1 000 °C auftreten, die jedoch wegen der extrem geringen Luftdichte (bereits in 100 km Höhe nur noch ein Millionstel des Wertes an der Erdoberfläche) mit den in Bodennähe üblichen Temperaturangaben nicht mehr vergleichbar sind.

Nach der *chemischen Zusammensetzung* der Atmosphäre unterscheidet man die *Homosphäre* (bis etwa 100 km Höhe), in der sich das Mischungsverhältnis der Gasbestandteile (Stickstoff, Sauerstoff, Argon u. a.) wenig ändert, von der darüber liegenden *Heterosphäre,* wo eine Entmischung der Gase entsprechend ihrem Molekül- bzw. Atomgewicht stattfindet. Am äußeren Rand der Heterosphäre ist überwiegend Wasserstoff, das leichteste Gas, vorhanden.

Die Existenz farbenprächtiger Polarlichter und die Tatsache, daß die Ausbreitung der Rundfunkwellen über riesige Entfernungen möglich ist, zeitweise aber auch unterbrochen wird, deuten auf Ionisierungsprozesse in der hohen Atmosphäre hin, die dort unter der Einwirkung solarer Ultraviolett- und Partikelstrahlung sehr intensiv sind. Da diese atmosphärischen Erscheinungen und Eigenschaften hauptsächlich in Höhen oberhalb 60 km auftreten, kann die Atmosphäre nach dem *Grad ihrer Ionisierung* schließlich auch in die zwei Hauptschichten *Neutrosphäre* und *Ionosphäre* eingeteilt werden. Die Neutrosphäre besteht im Gegensatz zur Ionosphäre vorwiegend aus elektrisch neutralen Molekülen bzw. Atomen. In der Ionosphäre, die etwa von 60 bis über 500 km Höhe reicht, treten mehrere Schichten maximaler Ionisation auf, die (von unten nach oben) als *D-, E-,* F_1*-* und F_2*-Schicht* bezeichnet werden (vgl. S. 26).

Für praktische Zwecke, z. B. für die Luft- und Raumfahrt oder für die Eichung von Meßgeräten, wird eine *Norm-* bzw. *Standardatmosphäre* festgelegt. Sie gibt Mittelwerte für Temperatur, Luftdruck und Luftdichte bis zu einer Höhe von 88 km an sowie Normwerte für die Zusammensetzung der Luft, Schallgeschwindigkeit u. a. (s. Abb. 2).

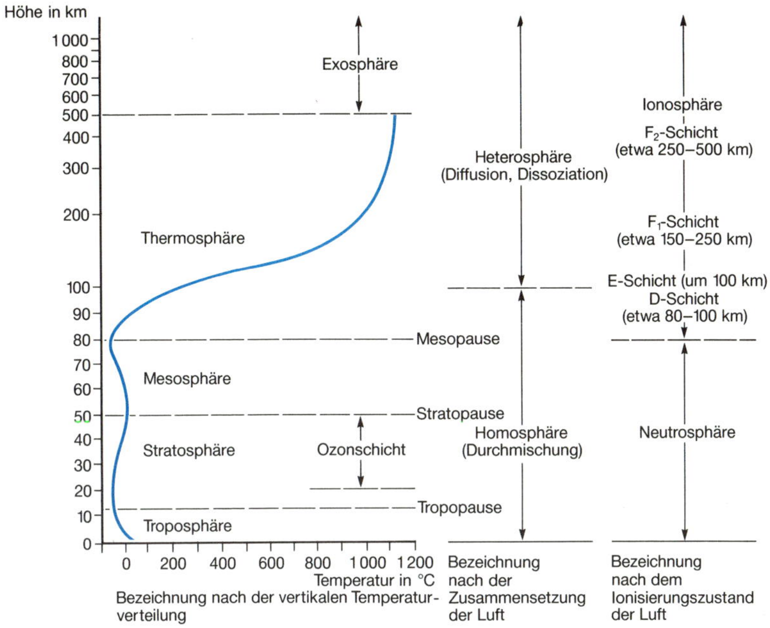

Abb. 1 Vertikaler Aufbau der Atmosphäre

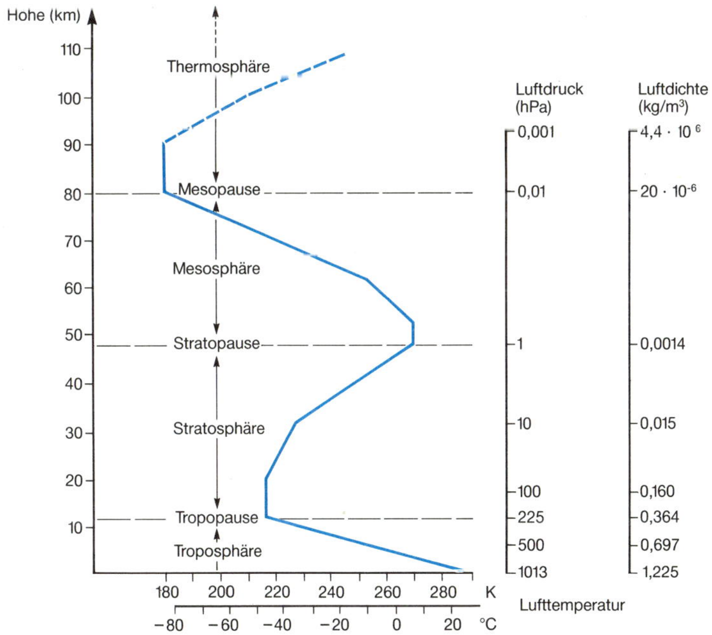

Abb. 2 Mittlere vertikale Temperaturverteilung der Normatmosphäre

Troposphäre

Das unterste große Stockwerk der Atmosphäre, die Troposphäre, ist der Bereich der eigentlichen Wettervorgänge. Sie enthält bereits etwa drei Viertel der Gesamtmasse der Atmosphäre, aber – was noch bedeutsamer ist – nahezu den gesamten Wasserdampf. So spielen sich alle das veränderliche Wetter prägenden Erscheinungen, die mit dem Wasserdampf der Atmosphäre in Verbindung stehen, wie die Wolken- und Niederschlagsbildung, in der Troposphäre ab (s. S. 74ff.).

Kennzeichen der Troposphäre ist eine allgemeine Temperaturabnahme mit der Höhe, die im Mittel etwa 6,5 K/km beträgt, im Einzelfall aber starken Schwankungen unterworfen und gelegentlich auch von Schichten mit Temperaturzunahme unterbrochen sein kann.

Als Ursache dieser *Temperaturabnahme* ist anzusehen, daß die Troposphäre zum weitaus überwiegenden Teil von der Erdoberfläche her erwärmt wird. Durch vertikale Umwälzungen sowie horizontale und vertikale Austauschvorgänge wird die von der Erdoberfläche zugeführte Wärme zunächst in die unteren, später auch in die übrigen Teile der Troposphäre übertragen. Die Intensität der Wärmeübertragung in die Troposphäre hängt hauptsächlich davon ab, wie stark die Erdoberfläche als Heizfläche von der Sonne erwärmt wird. Der Sonnenstand bestimmt also indirekt die wesentlichen mittleren Eigenschaften der Troposphäre, insbesondere ihre Temperatur und ihre Höhe (Abb. 1). So ergeben sich einerseits die *Temperaturzunahme* vom Pol zum Äquator, andererseits die *Temperaturunterschiede* zwischen Sommer und Winter. Diese sind im Polargebiet am größten, da hier im Winter in der Polarnacht die Sonneneinstrahlung völlig entfällt, während sie im Sommer ohne nächtliche Unterbrechung wirksam sein kann. Mit abnehmender geographischer Breite wird die Jahresschwankung geringer, bis sie in 5 bis 10° Nord verschwindet und am Äquator – mit umgekehrter Phase – wieder erkennbar wird. Dies liegt daran, daß der sogenannte *thermische Äquator* (die ringförmig um die Erde verlaufende Zone mit den höchsten Jahresmitteltemperaturen) aus Gründen der Land-Meer-Verteilung um 5 bis 10 Breitengrade vom Äquator nach Norden verschoben ist und gerade im Nordwinter etwa am Äquator liegt.

Bemerkenswert ist auch der Einfluß der Heizkraft der Erdoberfläche auf den mittleren vertikalen Temperaturgradienten in der Troposphäre. Die *Temperaturabnahme mit der Höhe* ist am Äquator am stärksten; sie geht in den mittleren Breiten im Winter vor allem in den unteren Troposphärenschichten deutlich zurück. Am Pol ist im Winter sogar eine mächtige *Temperaturumkehrschicht* vorhanden, in der die Temperatur vom Boden aus zunächst um mehr als 10 K ansteigt. Schon im Sommer ist hier eine flache Bodeninversion und in den unteren 3 bis 4 km eine wesentlich geringere Temperaturabnahme mit der Höhe zu beobachten, als es dem Durchschnitt entspricht.

Ferner kann auch die Schwankung der Troposphärenhöhe als Folge der unterschiedlichen Aufheizung der Atmosphäre betrachtet werden. Je stärker die Aufheizung ist, um so mächtiger ist die Schicht, die von ihr erfaßt wird. Die Obergrenze der Troposphäre, die *Tropopause,* liegt deshalb um so höher, je wärmer die Troposphäre ist. Sie erreicht am Äquator Höhen von 16 bis 17 km, am Pol nur von 7,5 bis 9,5 km. Im Winter liegt sie allgemein etwa 2 km niedriger als im Sommer. Zudem schwankt sie in Abhängigkeit von den wetterbedingten Änderungen der Troposphärentemperatur kurzfristig um ähnliche Beträge.

Man darf sich die Tropopause allerdings nicht als eine immer geschlossene und einheitliche Fläche vorstellen. Vielmehr weist sie mitunter deutliche Sprünge, gelegentlich auch doppelte oder mehrfache Strukturen auf. Markante Beispiele für *Tropopausensprünge* treten nicht selten in mittleren Breiten im Bereich der Polarfront (vgl. S. 156) auf. Wenn hier Luftmassen mit sehr unterschiedlichen Temperaturen aufeinandertreffen, kann es zu einer Überlappung der zur warmen Subtropikluft gehörenden hohen Tropopause mit der niedrigen Tropopause über der kalten Polarluft kommen. Die Andeutung einer doppelten Tropopause ist sogar noch im sommerlichen Mittelwert der vertikalen Temperaturverteilung in mittleren Breiten (Abb. 1 b) zu erkennen.

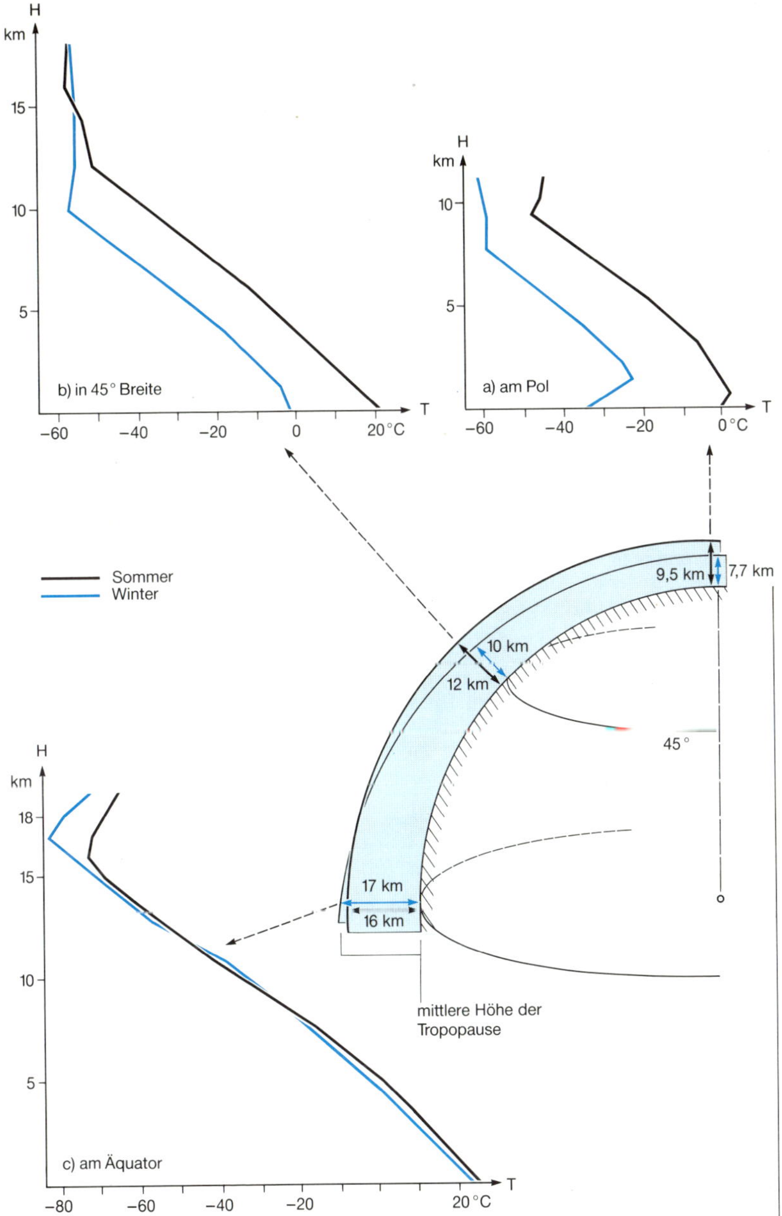

Abb. 1
Mittlere vertikale Temperaturverteilung
in der Troposphäre

Zu ausgeprägten Deformationen der Tropopausenfläche kommt es oft bei Wetterentwicklungen, die mit starken Vertikalbewegungen verbunden sind. So kann die Tropopause in kräftigen, hochreichenden Tiefdruckgebieten trichterförmig nach unten in den Tiefkern hineingezogen werden, so daß ein sogenannter *Tropopausentrichter* entsteht.

Der genaue *Temperaturverlauf an der Tropopause* kann sehr unterschiedlich sein. Im wesentlichen kann man drei Typen unterscheiden: Die Temperatur kann unmittelbar oberhalb der Tropopause mit der Höhe zunehmen, etwa konstant bleiben oder noch geringfügig, aber deutlich weniger als in der Troposphäre abnehmen (Abb. 2).

Um auch in Zweifelsfällen weltweit eine einheitliche Festlegung der Tropopause zu gewährleisten, hat die Weltorganisation für Meteorologie (s. S. 290) eine verbindliche *Definition der Tropopause* herausgegeben. Danach liegt die Tropopause in der niedrigsten Höhe, von der ab der vertikale Temperaturabfall auf 2 K/km oder weniger zurückgeht. Wenn oberhalb der ersten Tropopause innerhalb eines Höhenintervalls von 1 km nochmals ein Temperaturrückgang von mehr als 3 K eintritt, wird darüber eine zweite Tropopause festgelegt, sobald das oben angeführte Kriterium nochmals erfüllt ist.

Ein weiteres typisches Merkmal der Troposphäre ist eine im Mittel vorhandene *Zunahme der Windgeschwindigkeit mit der Höhe*. Bei aller Wechselhaftigkeit des Windes in der unteren Troposphäre ist das Maximum der Windgeschwindigkeit meist in den obersten Schichten der Troposphäre, entweder an der Tropopause oder wenige Kilometer darunter, zu beobachten (Abb. 3). Hier ist der Sitz der *Strahlströme,* die vorzugsweise in den mittleren Breiten auftreten, sich aber im Winter auch in südlichen Breiten noch deutlich auswirken (vgl. S. 178).

Von besonderer Bedeutung ist die unterste Schicht der Troposphäre, die als Grenzschicht unmittelbar mit der Erdoberfläche in Berührung steht und von dieser mehr oder weniger stark beeinflußt wird. Man hat sie ursprünglich als *Reibungsschicht* bezeichnet, weil die Abbremsung und die Ablenkung des Windes durch die Reibung am Boden das deutlichste Kennzeichen dieser Schicht ist (vgl. S. 100). Da in ihr aber neben der Reibung weitere wichtige physikalische Prozesse vor sich gehen, die für die gesamte Atmosphäre bedeutsam sind, hat sich neuerdings die Bezeichnung *atmosphärische Grenzschicht* oder auch *planetarische Grenzschicht* eingebürgert. In ihr findet der gesamte *Energieaustausch* zwischen der Erdoberfläche und der Atmosphäre statt. Bei diesem Austausch spielt die durch die Reibung hervorgerufene Turbulenz eine entscheidende Rolle. Der turbulente Austausch sorgt dafür, daß die Wärme, die in der Erdoberfläche durch Absorption der Sonnenstrahlung gespeichert wird (s. S. 68), sich relativ rasch auf die unteren Atmosphärenschichten überträgt. Genau so wird der Wasserdampf, der an Wasseroberflächen und über feuchten Böden durch Verdunstung entsteht, in die Atmosphäre verteilt. Aber auch die Ausbreitung von Staub und anderen Verunreinigungen geht auf diesem Wege vor sich.

Zur genaueren Beschreibung teilt man die im allgemeinen etwa 500 bis 1 000 m hohe *atmosphärische Grenzschicht* in drei Abschnitte von allerdings sehr unterschiedlicher Mächtigkeit ein (Abb. 4). Unmittelbar am Boden befindet sich eine nur wenige Millimeter dicke *laminare Unterschicht.* An diese schließt sich die *Prandtl-Schicht* (nach L. Prandtl; auch *bodennahe Grenzschicht* genannt) an, deren Höhe nur etwa 10% der Gesamthöhe der atmosphärischen Grenzschicht beträgt, in der aber der Wind mit der Höhe schon auf etwa 70 bis 80% der Geschwindigkeit des reibungsfreien Windes zunimmt, ohne allerdings seine Richtung wesentlich zu ändern. Bei etwa neutraler (indifferenter) Schichtung nimmt die Windgeschwindigkeit nach einer logarithmischen Skala, d. h. zunächst sehr rasch und mit zunehmender Höhe immer langsamer, zu.

Der Hauptteil der atmosphärischen Grenzschicht wird schließlich von der *Ekman-Schicht,* die auch als *Oberschicht* oder *Drehungsschicht* bezeichnet wird, eingenommen. In ihr dreht der Wind mit der Höhe bei nur noch geringer Zunahme in Form einer Ekman-Spirale (s. S. 100) nach rechts, bis er sich an der Obergrenze dieser Schicht allmählich dem ungestörten Gradientwind anpaßt.

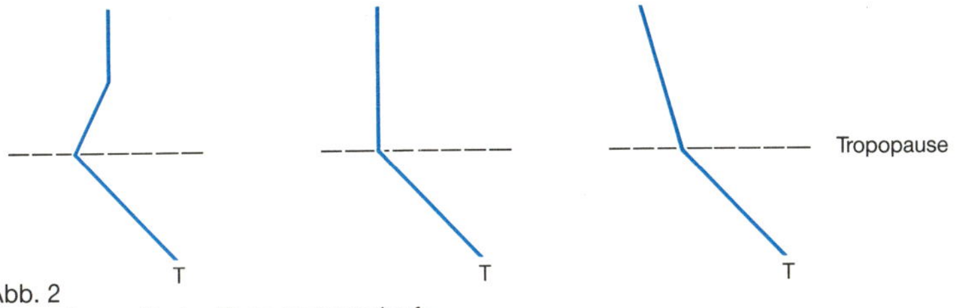

Abb. 2
Typen des vertikalen Temperaturverlaufs an der Tropopause

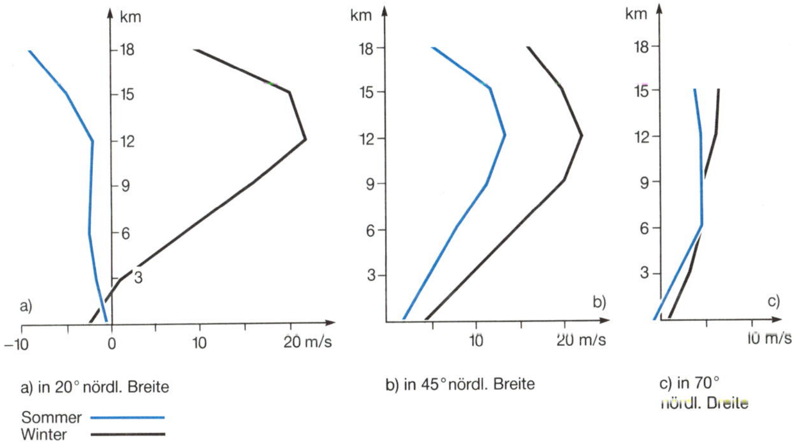

Abb. 3
Mittlere zonale Windgeschwindigkeit in der Troposphäre. Negative Werte sind Ostwinde. In 20° N dominieren im Sommer die für den Äquatorbereich typischen Ostwinde

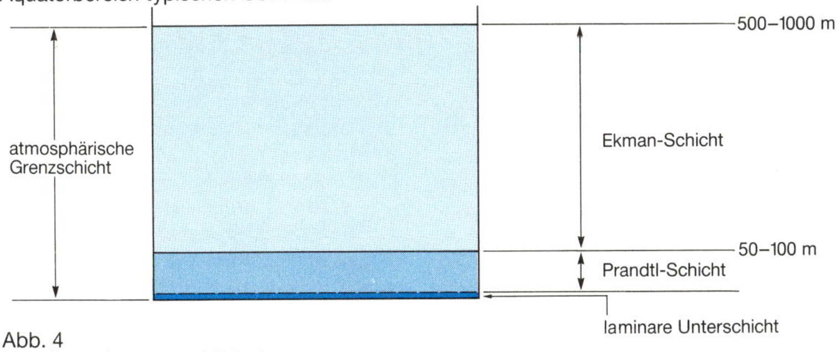

Abb. 4
Einteilung der atmosphärischen Grenzschicht

Stratosphäre

Als man zu Anfang des 20. Jahrhunderts durch Messungen mit Hilfe unbemannter Registrierballons entdeckte, daß sich an die Troposphäre in der Höhe eine stabile Schicht mit etwa gleichbleibender oder leicht ansteigender Temperatur anschließt, prägte man dafür die Bezeichnung *Stratosphäre* (zu lat. stratum = Decke) und verband damit die Vorstellung einer ruhigen Decke über der unruhigen, von Umwälzungen geprägten Troposphäre. Diese Vorstellung stellte sich später zwar als Irrtum heraus, die Namensgebung wurde jedoch nicht revidiert.

Inzwischen weiß man, daß in der Stratosphäre kurz- und längerfristige Temperatur- und Windänderungen vor sich gehen können, deren Ausmaße nicht geringer sind als diejenigen in der Troposphäre.

Bei den Temperaturänderungen von Tag zu Tag zeigte sich, daß diese nahezu regelmäßig umgekehrt waren wie die in der Troposphäre, d. h., daß einer Erwärmung in der Troposphäre eine Abkühlung in der Stratosphäre entsprach und umgekehrt, wobei die Beträge etwa von der gleichen Größenordnung waren. Man nannte dieses Verhalten das *Gegenläufigkeitsprinzip* oder auch die *stratosphärische Kompensation.*

Dieses Gegenläufigkeitsprinzip bestimmt über die Änderungen von Tag zu Tag hinaus auch die *jahreszeitlichen Temperaturänderungen* sowie weitgehend die *geographische Temperaturverteilung* in der Stratosphäre. So findet man die niedrigsten Mitteltemperaturen der Stratosphäre mit etwa −80 °C im Bereich des Äquators, also dort, wo in der Troposphäre die höchsten Temperaturen auftreten, während die höchsten Mitteltemperaturen der Stratosphäre mit etwa −45 °C im Polargebiet beobachtet werden.

Das Gegenläufigkeitsprinzip hat außerdem zur Folge, daß alle *Luftdruckgegensätze,* die an der Obergrenze der Troposphäre bestehen, mit zunehmender Höhe immer mehr *ausgeglichen* werden. Dadurch schwächen sich alle Luftdruckgebilde mit der Höhe deutlich ab, und auch die mittlere zonale Strömung wird schwächer. Oft verschwinden große Hoch- und Tiefdruckgebiete mit der Höhe und sind nur noch in wellenförmigen Ausbuchtungen der Höhenströmung zu erkennen. Im Mittel herrscht in der unteren Stratosphäre eine ringförmig geschlossene zirkumpolare Strömung, die im Winter wegen der stärkeren Temperaturgegensätze zwischen Pol und Äquator stärker ausgeprägt ist als im Sommer (Abb. 1).

Der Zusammenhang mit den Temperaturverhältnissen in der Troposphäre wird mit zunehmender Höhe immer schwächer und geht in der *oberen Stratosphäre* weitgehend verloren. Dort werden die Temperaturverhältnisse vor allem von starken jahreszeitlichen Schwankungen in den Polargebieten bestimmt. Im Sommer verursacht die ununterbrochene Sonneneinstrahlung eine intensive Erwärmung der polaren Stratosphäre, im Winter kühlt sich dagegen in der Polarnacht die Stratosphäre so stark ab, daß hier Temperaturen von unter −75 °C erreicht werden. Die sommerliche Erwärmung der polaren Stratosphäre hat eine bemerkenswerte Auswirkung insofern, als sich infolge der langsamen Luftdruckabnahme mit der Höhe in der Warmluft ein großes polares Hochdruckgebiet bildet und die Strömung fast auf der gesamten Hemisphäre auf Ost umschlägt (Abb. 2b). Im Winter entsteht dagegen infolge der raschen Luftdruckabnahme mit der Höhe in der sehr kalten polaren Stratosphäre ein kräftiges Höhentief, an dessen Rändern in nördlichen Breiten sehr starke westliche Winde auftreten (Abb. 2a).

Gelegentlich kommt es allerdings im Winter zu einer Störung dieser zirkumpolaren Zirkulation, indem Warmluftvorstöße von den mittleren Breiten bis ins Polargebiet gelangen und das polare Tiefdruckgebiet verdrängen oder aufteilen. Eine solche Störung wurde erstmalig 1952 in Berlin durch hochreichende Radiosondenaufstiege entdeckt und danach als *Berliner Phänomen* bezeichnet. Bei diesen plötzlichen Stratosphärenerwärmungen können innerhalb weniger Tage Temperaturanstiege von mehr als 50 K beobachtet werden.

Die Stratosphäre, deren Obergrenze, die *Stratopause,* in etwa 50 km Höhe liegt, ist zugleich Sitz der *Ozonschicht,* die wegen ihrer Bedeutung im nächsten Abschnitt gesondert behandelt wird.

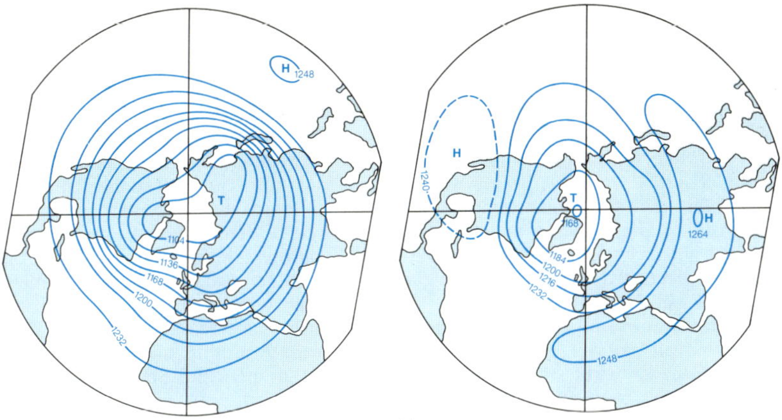

a) b)

Abb. 1
Langjährige Mittelkarte der 200-hPa-Fläche (nach Scherhag), a) im Januar, b) im Juli.
Die Höhenlinien können als Stromlinien angesehen werden

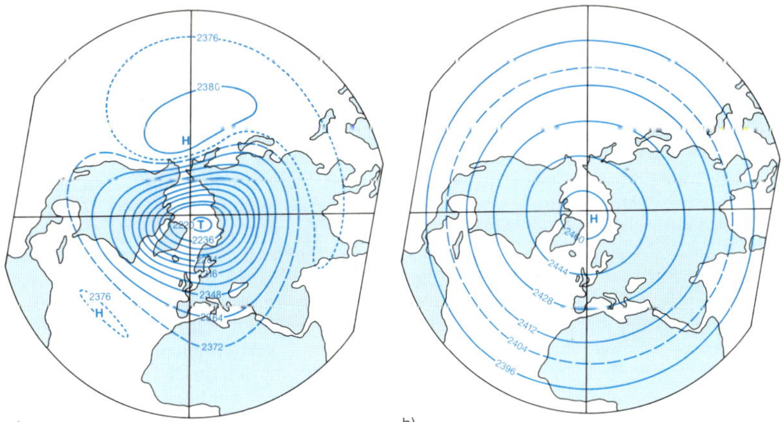

a) b)

Abb. 2
Langjährige Mittelkarte der 30-hPa-Fläche (nach Scherhag), a) im Januar, b) im Juli.
Die Karten zeigen im Januar in nördlichen Breiten eine kräftige zyklonale Strömung um ein Polartief, im Juli auf der gesamten Nordhalbkugel eine gleichförmige Ostströmung um ein polares Hochdruckgebiet

Ozonschicht

Ozon ist eine Form des Sauerstoffs, bei der in einem Molekül nicht wie in gewöhnlichem Sauerstoff zwei, sondern drei Atome enthalten sind. Er bildet sich durch photochemische Reaktionen, verursacht vor allem durch den kurzwelligen Teil der Ultraviolettstrahlung der Sonne. Hierbei werden einzelne Sauerstoffmoleküle in die zwei Atome Sauerstoff aufgespalten, von denen je eines sich mit einem anderen Sauerstoffmolekül verbindet und damit ein dreiatomiges Ozonmolekül bildet.

Allem Gerede von „gesunder ozonreicher Waldluft" zum Trotz ist Ozon ein giftiges Gas. Er wirkt sich nur deshalb nicht giftig aus, weil er in außerordentlich geringen Mengen in der Atmosphäre vorkommt. Würde man den gesamten Ozon der Atmosphäre auf eine Schicht bei Normaldruck (d. h. in Seehöhe) konzentrieren, so hätte diese Schicht nur eine Dicke von etwa 3,5 mm. Als Maß des *Ozongehaltes* in atmosphärischer Luft wird meist der Partialdruck angegeben, d. h. der Druck, den der Ozon haben würde, wenn er allein das gleiche Volumen einnehmen würde wie das Luftgemisch.

Die mittlere globale Verteilung des Ozons ist in einem meridionalen Vertikalschnitt in Abb. 1 dargestellt. Die Abb. zeigt, daß es eine wohldefinierte „Ozonschicht" mit klaren Unter- und Obergrenzen kaum gibt, vielmehr verteilt sich der Ozon auf den gesamten Höhenbereich vom Boden bis etwa 50 km Höhe. Lediglich die Schicht *maximalen Ozongehaltes* (vielfach als „die Ozonschicht" bezeichnet) ist deutlich ausgeprägt; sie liegt in den niederen Breiten mit Höhen von etwa 26 km am höchsten, sinkt mit zunehmender geographischer Breite ab und erreicht über den Polargebieten ihre niedrigste Lage.

Diese *mittlere Ozonverteilung* ist im Laufe des Jahres starken Schwankungen unterworfen. Es gibt einen gut ausgeprägten Jahresgang mit einem Maximum im Frühjahr und einem Minimum im Herbst. Darüber hinaus führen horizontale und vertikale Transportvorgänge, die in Verbindung mit wechselnden, wetterbedingten Strömungen stehen, zu starken Variationen des Ozongehaltes, insbesondere im Bereich der unteren Stratosphäre und der Tropopause. So ist aus Abb. 1 erkennbar, daß z. B. ein Vorstoß von polaren Luftmassen in den mittleren Breiten eine Zunahme des Ozons in diesen Höhen verursachen muß. Als eine Folge solcher Polarluftvorstöße kann deshalb ein im mittleren Vertikalprofil über Mitteleuropa auftretendes sekundäres Maximum in 12 bis 14 km Höhe (Abb. 2) angesehen werden.

Die besondere *Bedeutung des Ozons in der Atmosphäre* liegt darin, daß er die energiereiche kurzwellige Ultraviolettstrahlung der Sonne ($<0{,}29\,\mu m$) absorbiert und damit das Leben auf der Erde vor dieser Strahlung, die z. B. Hautkrebs beim Menschen und Schädigungen der Vegetation verursachen würde, abschirmt. Bei der Strahlungsabsorption wird zugleich Strahlungsenergie in Wärme umgesetzt. Daraus erklärt sich die Temperaturzunahme in der oberen Stratosphäre. Der Ozon spielt deshalb auch eine wichtige Rolle im Wärmehaushalt der Atmosphäre.

Eine *Verminderung der Ozonkonzentration* hätte somit weitreichende Folgen für das menschliche Leben sowie für die Klimaentwicklung auf der Erde (s. S. 280). Es wird vermutet, daß Fluorchlorkohlenwasserstoffe, die u. a. als Treibgase in Spraydosen, in Kühlschränken und Klimaanlagen sowie bei der Herstellung von Schaumstoffen Verwendung finden, langfristig die Ozonschicht angreifen und zerstören. Da diese Gase sehr langlebig sind, könnten sie sich nach 10 bis 15 Jahren, wenn sie sich durch Austauschvorgänge bis in die Stratosphäre verteilt haben, noch auswirken. Die damit verbundenen chemischen Reaktionen werden durch sehr tiefe Temperaturen besonders begünstigt. Sie werden als mögliche Ursache des in den letzten Jahren beobachteten starken Rückgangs des Ozons über der Antarktis im Spätwinter, für den sich die Bezeichnung *Ozonloch* eingebürgert hat, angesehen.

Auch in unseren Breiten ist in der Höhe der maximalen Ozonkonzentration (20 bis 24 km Höhe) im Mittel ein leichter Rückgang des Ozons nachgewiesen worden (Abb. 3), der im Durchschnitt über die letzten 20 Jahre etwa 0,5 % pro Jahr beträgt. Dem steht allerdings eine Zunahme des Ozons in der Troposphäre von nahezu der gleichen Größenordnung gegenüber.

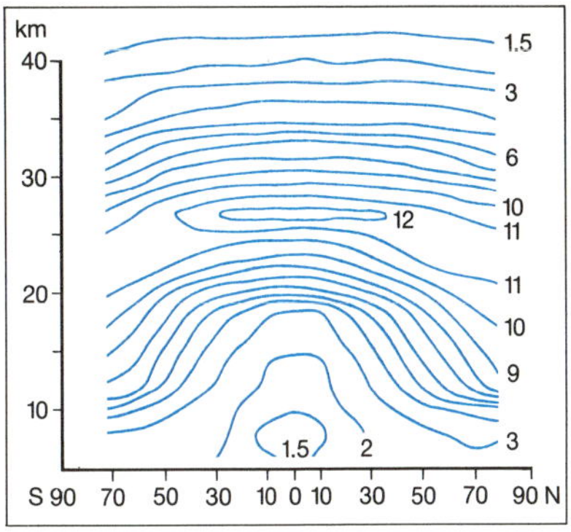

Abb. 1
Globaler meridionaler Vertikalschnitt der mittleren Ozonverteilung in Linien gleichen Partialdrucks aus Messungen zwischen 1956 und 1966 (nach Bojkov). Einheit ist das mPa (1/1000 Pa)

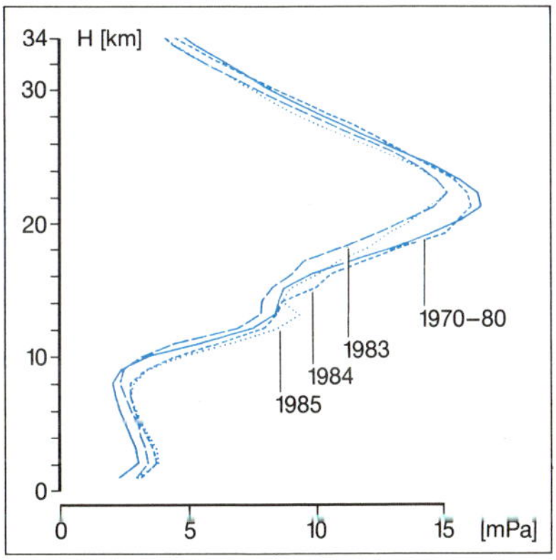

Abb. 2
Ozonprofile über Hohenpeißenberg; dargestellt sind Mittelwerte über jeweils das erste Halbjahr

Abb. 3
Langjähriger Verlauf des Ozonpartialdrucks über Hohenpeißenberg 1967 bis 1988

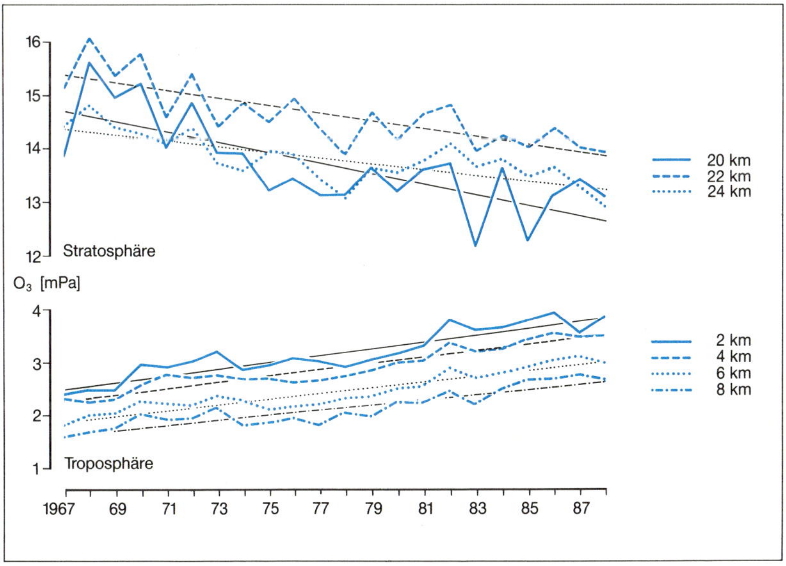

An die Stratosphäre schließt sich in der Höhe die *Mesosphäre* an. Sie beginnt in etwa 50 km Höhe an der Stratopause mit einer Temperatur um 0 °C und endet in 80 bis 85 km Höhe an der *Mesopause*, wo Temperaturen um −90 °C herrschen. Ähnlich wie die Troposphäre ist sie also durch einen Temperaturabfall mit der Höhe gekennzeichnet, der jedoch mit 2,5 bis 3 K/km beträchtlich geringer ist als in der Troposphäre.

Oberhalb der Mesopause beginnt die bis in Höhen von 500 bis 1 000 km reichende *Thermosphäre,* in der die Temperatur wieder ansteigt und Werte bis zu etwa 1 000 °C an der Obergrenze, der *Thermopause,* erreicht.

In den Höhen oberhalb der Mesopause ist es allerdings üblich, anstelle der nur schwer zu bestimmenden und sehr stark schwankenden Temperatur die elektrischen und magnetischen Eigenschaften der Luft für die Gliederung der Atmosphäre zu verwenden. So bezeichnet man die Schichten, in denen der Zustand der Luft durch eine mehr oder weniger starke Ionisation charakterisiert wird, als *Ionosphäre.* Bei der Ionisation wird aus neutralen Atomen oder Molekülen je ein (negatives) Elektron abgespalten, und es bleibt ein (positiv geladenes) Ion zurück. Eine geringe Ionisation der Luft erfolgt schon in den unteren Schichten der Atmosphäre durch kosmische Strahlung und die Strahlung radioaktiver Stoffe der obersten Bodenschicht. Die Ionisation erreicht aber erst in größeren Höhen, in denen als Ursache die Ultraviolettstrahlung der Sonne hinzukommt, ein solches Ausmaß, daß dort Radiowellen reflektiert oder absorbiert werden.

Da die Lufthülle der Erde aus verschiedenen Gasen besteht, deren Mischungsverhältnis sich in größeren Höhen dazu noch ändert, haben die Ionisierungsvorgänge mit der Höhe sich ändernde Intensitäten. Daher entstehen Schichten unterschiedlichen Ionisierungsgrades, die man als *D-*, *E-* und *F-Schicht* bezeichnet (vgl. Tab. 1). Die F-Schicht weist tagsüber zwei Maxima auf, so daß man eine F_1- und F_2-*Schicht* unterscheidet.

Da die Bildung von Ionen und freien Elektronen von der Sonnenstrahlung abhängig ist, weist deren Anzahl einen ausgeprägten Tagesgang auf. Nachts wird ihre Zahl durch Vereinigung von Elektronen und Ionen (Rekombination) vermindert, tagsüber steigt sie wieder an. Die *Auswirkung der Ionosphäre auf die Radiowellen* ist deshalb stark von der Tageszeit abhängig; sie ist außerdem für einzelne Wellenlängenbereiche unterschiedlich. Allgemein werden Kurzwellen am besten reflektiert und am wenigsten gedämpft (absorbiert). Im Prinzip geht die Ausbreitung von Kurzwellen so vor sich, wie in Abb. 1 dargestellt. Die in einem bestimmten Winkelbereich ausgestrahlten Kurzwellen werden an der Ionosphäre wie an einem Hohlspiegel reflektiert. Da die reflektierten Wellen auch am Erdboden wieder zurückgeworfen werden, können sie nach mehrmaliger Reflexion beliebige Entfernungen auf der Erde überbrücken. Gelegentlich können allerdings Störungen der Reflexionseigenschaften der Ionosphäre eintreten, wenn durch *Sonneneruptionen* die Ultraviolettstrahlung der Sonne sehr verstärkt wird oder solare Korpuskeln die Erde erreichen. Durch diese Vorgänge kann die Ionisation vor allem der tiefsten Schichten der Ionosphäre so stark ansteigen, daß die Radiowellen nur noch gedämpft und nicht mehr reflektiert werden.

Als äußerste Hülle umschließt schließlich die sogenannte *Magnetosphäre* die Erde (Abb. 2). In diesem Bereich, der etwa in 1 000 km über der Erdoberfläche beginnt, werden die Bewegungsvorgänge vor allem durch die Wirkung des erdmagnetischen Feldes auf elektrisch geladene Teilchen bestimmt. Die Form der Obergrenze der Magnetosphäre, der *Magnetopause,* wird stark vom *Sonnenwind,* einem von der Sonne ausgehenden Strom geladener Teilchen, beeinflußt. Er begrenzt die Magnetosphäre auf der der Sonne zugewandten Seite durch eine Stoßwelle auf etwa 10 Erdradien und verleiht ihr auf der der Sonne abgewandten Seite die Form eines stromlinienförmigen Schweifs.

Bezeichnung	Höhenbereich (km)	Maximale Elektronen-konzentration	Bemerkungen
D	60– 85	unter $10^4/cm^3$	verschwindet nachts
E	85–130	$1 \cdot 10^5/cm^3$	Elektronenkonzentration folgt Sonnenstand
F_1	140–200	$3 \cdot 10^5/cm^3$	nur tagsüber vorhanden
F_2	über 200	$5 \cdot 10^6/cm^3$	zeitliche und örtliche Anomalien

Tab. 1
Schichten der Ionosphäre

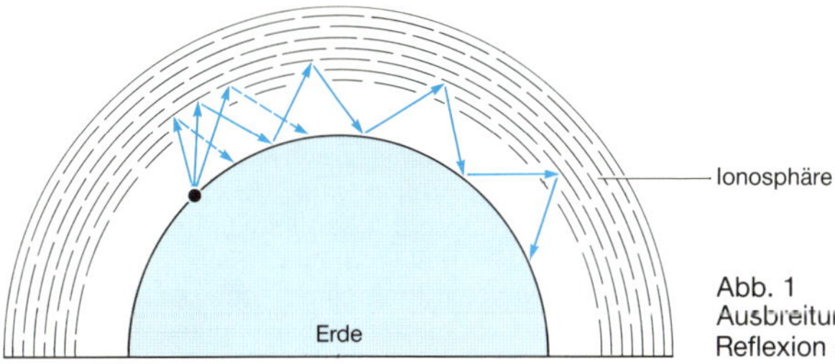

Abb. 1
Ausbreitung von Kurzwellen durch Reflexion an der Ionosphäre

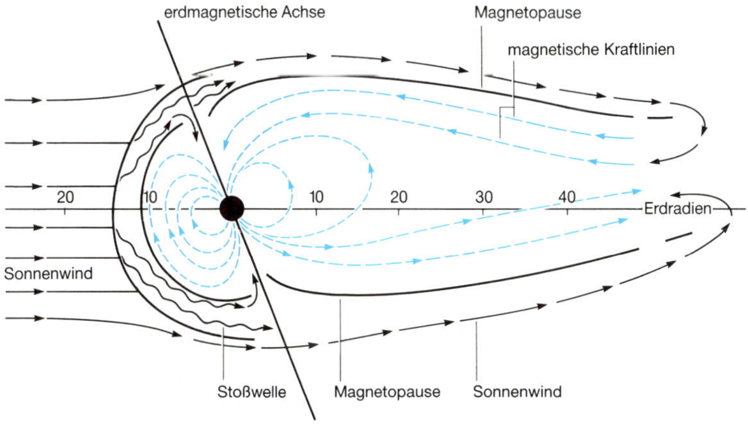

Abb. 2
Die Magnetosphäre der Erde

Luftdruck

Aufgrund seiner vielfältigen Verknüpfungen mit den meisten Wettererscheinungen ist der Luftdruck das wichtigste Element der synoptischen Meteorologie (vgl. S. 94, S. 148, S. 164, S. 172).

„Über das Gewicht der Luft“ lautet eine Abhandlung von Blaise Pascal. Der Titel ist schon die Andeutung einer *Luftdruckdefinition*. Pascals Verdienste fanden eine späte Würdigung: *Pascal* ist heute in nahezu allen Ländern (in der Bundesrepublik Deutschland seit 1969) gesetzliche *Einheit des Luftdrucks:*

1 Pascal (Pa) = 1 Newton (N)/m^2;
1 Hektopascal (hPa) = 10^2 Pa = 1 mbar.

Unter dem Einfluß der Schwerebeschleunigung der Erde übt das Gewicht einer bis zur Obergrenze der Atmosphäre reichenden Luftsäule senkrecht auf die jeweils darunter liegende Fläche einen Druck (= Kraft/Fläche) aus. Hieraus folgt unmittelbar, daß der Luftdruck von der Höhe abhängt und mit zunehmender Höhe abnehmen muß.

Der experimentelle Nachweis des Luftdrucks, zugleich die Erfindung des ersten Luftdruckmeßgerätes, gelang Evangelista Torricelli mit dem bahnbrechenden Barometerversuch von 1643. Zusammen mit seinem Mitarbeiter Vincenzo Viviani ging er einer Anregung Galileo Galileis nach. Torricelli war aufgefallen, daß mit Pumpen angesaugtes Wasser den ursprünglichen Wasserspiegel niemals um mehr als 10 m überstieg. Mit Hilfe einer geschickten Versuchsanordnung, die aus einem mit Quecksilber gefüllten offenen Gefäß bestand, in das senkrecht ein unten offenes Glasrohr ragte, war das Rätsel bald gelöst: Wenn Luft ein Gewicht hat, so etwa argumentierte Torricelli, dann übt sie auf die Quecksilberoberfläche einen Druck aus, der einen Anstieg der Quecksilbersäule im Glasrohr bewirken muß. Auf diesem einfachen physikalischen Prinzip beruhen die noch heute im Wetter- und Klimadienst benutzten Quecksilberbarometer.

Luftdruckmessung

Geräte zur *Luftdruckmessung* heißen *Barometer,* ihre selbstaufzeichnenden (registrierenden) Versionen *Barographen.* Allgemein werden zwei Barometertypen verwendet: Quecksilberbarometer und Aneroidbarometer. Eine dritte Barometerart, das *Hypsometer,* auch als *Siedebarometer* bezeichnet, weil es auf der physikalischen Abhängigkeit des Luftdrucks von der Siedetemperatur (dem „Siedepunkt“) beruht, wird nur noch vereinzelt als Kontrollinstrument in Felduntersuchungen verwendet.

Die klassische Form des *Quecksilberbarometers* ist das *Stationsbarometer* (Abb. 1). Seine Hauptbestandteile sind das mit Quecksilber gefüllte Barometergefäß mit Glasrohr, ferner ein Hüllrohr mit Skala, Antrieb der Visiereinrichtung, Nonius und Beithermometer. Aufgrund der Abhängigkeit der Längenänderung des Quecksilberfadens von seiner Temperatur und aufgrund der Abhängigkeit der Schwerebeschleunigung von der geographischen Breite des Meßortes müssen bei allen mit Quecksilberbarometern durchgeführten Luftdruckmessungen eine Temperatur- und eine Schwerekorrektion angebracht werden. Das Stationsbarometer wird häufig zur Funktionsprüfung von Aneroidbarometern und Barographen verwendet.

Aneroidbarometer, auch als *Dosenbarometer* bezeichnet, unterscheiden sich von Quecksilberbarometern durch ein gänzlich anderes Meßprinzip. Es basiert auf den elastischen Verformungen einer fast luftleeren, flachen und dünnwandigen Kupfer-Beryllium-Dose (ursprünglich aus Stahlblech). Sie wird nach ihrem Erfinder, Lucien Vidie, *Vidie-Dose* genannt. Bei Luftdruckerhöhung wird die Dose gegen ihre Federkraft zusammengedrückt, bis ein Gleichgewichtszustand eingetreten ist. Das Ausmaß der Dosendeformation ist ein Maß für den Luftdruck. Die vollautomatische „Radiosonde G“ des Deutschen Wetterdienstes verwendet ebenfalls eine Aneroiddose, jedoch mit innenliegendem Kondensator, der indirekt proportional zum Luftdruck seine Kapazität ändert.

Barographen (Abb. 2) sind Registriergeräte zur Luftdruckmessung und zur selbsttätigen (automatischen) Aufzeichnung des Luftdruckverlaufs (Luftdrucktendenz). Bei ihnen werden die elastischen Verformungen eines Vidie-Dosensatzes über ein Hebelsystem auf einen Schreibarm mit Feder, der an einer uhrwerkgetriebenen, mit dem Schreibstreifen bespannten Trommel anliegt, übertragen.

Abb. 1
Das Stationsbarometer

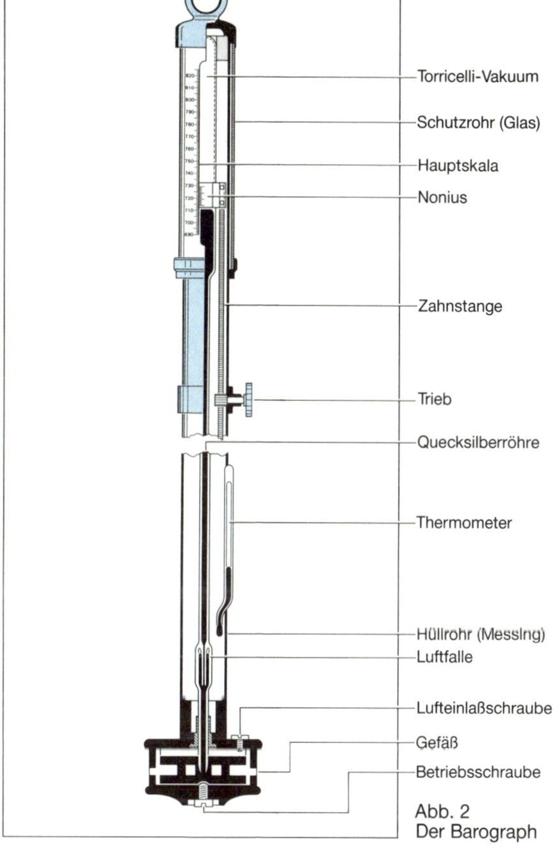

Abb. 2
Der Barograph

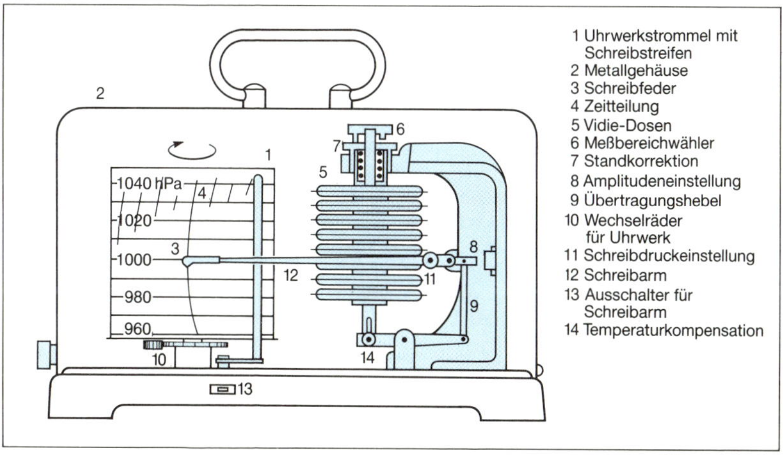

Die Lufttemperatur ist nicht nur als Wärmezustand der Atmosphäre aufzufassen. Aus – wie die Physiker sagen – „thermodynamischen“ Gründen bringt man sie mit der mittleren Bewegungsenergie von Gasmolekülen in Verbindung: Am „absoluten Nullpunkt“ ist der völlige Bewegungsstillstand der Moleküle erreicht.

Temperaturskalen

Die Basis sinnvoller *Thermometerskalen* bilden die *Fixpunkte,* auch *Fundamentalpunkte* genannt. Zu ihrer Festlegung bedient man sich bestimmter Stoffzustände, denen konstante Temperaturwerte zugeordnet sind. Der *absolute Nullpunkt* ist der untere Fixpunkt der auf thermodynamischen Gesetzmäßigkeiten (Hauptsätze der Wärmelehre, Gasgleichungen) basierenden *Kelvin-Skala;* ihm entspricht auf der uns wesentlich vertrauteren *Celsius-Skala* der Temperaturwert −273,15 °C. Die Fixpunkte der Celsius-Skala werden durch schmelzendes Eis (0 °C) und siedendes Wasser (100 °C) realisiert. In den USA ist vielerorts noch die von dem Danziger D. G. Fahrenheit entwickelte Temperaturskala in Gebrauch *(Fahrenheit-Skala).* Ihr Nullpunkt (−32 °C) entsprach der tiefsten in Danzig gemessenen Temperatur. Als zweiten Fixpunkt nahm Fahrenheit die mittlere Körpertemperatur des Menschen mit 100 °F (37,8 °C) an. Die Skala reicht von −32 bis 180 °F, ist also in 212 Grad eingeteilt.

Meßverfahren

Die Thermometern zugrundeliegenden Meßprinzipien basieren sämtlich auf solchen physikalischen Eigenschaften bzw. „Verhaltensweisen“ von Stoffen, die in eindeutiger Weise mit Temperaturänderungen verknüpft sind. Die wichtigsten *Meßprinzipien* sind:

1. Längen- bzw. Volumenänderung von Thermometerflüssigkeiten (Alkohol, Quecksilber);
2. Formänderung von miteinander verschweißten Metallstreifen (Bimetalle) aufgrund unterschiedlicher thermischer Ausdehnungskoeffizienten;
3. Änderung des elektrischen Widerstandes eines stromdurchflossenen Leiters;
4. Änderung der Strahlungsverhältnisse aufgrund physikalischer Gesetzmäßigkeiten (Planck-Strahlungsgesetz), die zwischen Temperatur- und Spektralbereich existieren;
5. Änderung eines Gasvolumens bei konstant gehaltenem Druck oder Druckänderung bei konstantem Volumen;
6. Erzeugung einer temperaturabhängigen elektrischen Berührungsspannung (Thermospannung) an der Verbindungsnaht (Lötstelle) zweier unterschiedlicher Metalle aufgrund des thermoelektrischen Effekts (Seebeck-Effekt).

Die auf diesen Meßprinzipien fußenden Thermometer heißen *Flüssigkeits- (Quecksilber-), Deformations- (Bimetall-), Widerstands-, Strahlungs-, Gasthermometer* und *Thermoelement.* Voraussetzungen für möglichst genaue Messungen der Temperatur sind thermisches Gleichgewicht (zwischen Meßfühler und Umgebungsluft) und ein wirksamer Strahlungsschutz. Nach internationaler Vereinbarung (Weltorganisation für Meteorologie; s. S. 290) wird die Lufttemperatur in 2 m Höhe über Grund in einer Wetterhütte gemessen; Lufttemperaturen sind also grundsätzlich Schattentemperaturen.

Meßgeräte

Zur Messung der aktuellen Lufttemperatur wird in der Praxis noch überwiegend das *Quecksilberthermometer* eingesetzt, das als Meßflüssigkeit chemisch reines und gasfreies Quecksilber benutzt. Die tägliche Höchst- und Tiefsttemperatur wird mit speziellen Flüssigkeitsthermometern, sogenannten *Extremthermometern (Maximum-, Minimumthermometer)* gemessen.

Die Registrierversion des Thermometers ist der *Thermograph* (Abb.). Er liefert eine lückenlose „Fieberkurve“ der Lufttemperatur, die auf einem Schreibstreifen *(Thermogramm)* aufgezeichnet wird. „Herzstück“ des Thermographen ist ein ringförmiges Bimetall, das sich bei Temperaturänderungen krümmt. Die Verbiegungen werden mechanisch auf einen Schreibhebel mit Feder übertragen. Die kontinuierliche Temperaturaufzeichnung wird durch die Rotation der uhrwerkgetriebenen Registriertrommel, auf der der Schreibstreifen aufliegt, bewirkt. Der Meßbereich des Thermographen reicht von −35 °C bis 45 °C; die erzielbare Genauigkeit liegt bei etwa ±0,3 °C.

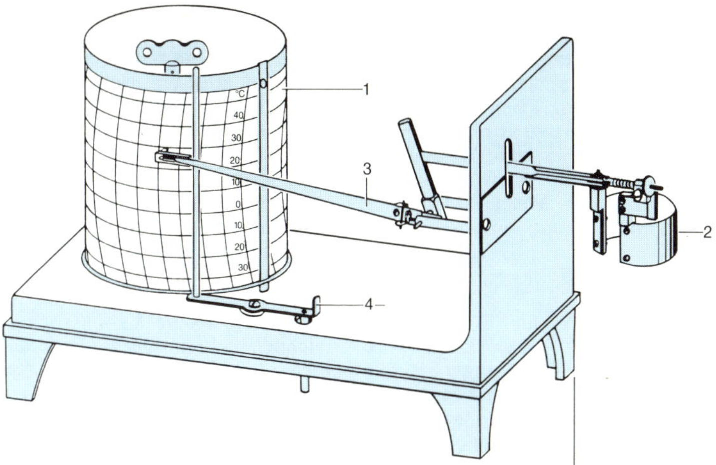

1 Registriertrommel mit Schreibstreifen
2 Meßfühler (Bimetall)
3 Schreibhebel mit Faserfeder
4 Abhebevorrichtung

Abb.
Der Thermograph
(ohne Gehäusedeckel)

Die Luftfeuchte (bzw. ihre einzelnen Meßgrößen) gehört wegen der Bedeutung des Wasserdampfs (vgl. S. 74ff.) für Wetter und Klima mit zu den wetterwirksamen meteorologischen Elementen. Durch Verdunstung von der Erdoberfläche, aus Meeren, Seen und Flüssen wird ständig Wasserdampf in die Atmosphäre transportiert. Sein Mengenanteil kann stark schwanken und maximal bis zu 4 Vol.-% ausmachen.

Feuchtemeßgrößen

Die *absolute Luftfeuchte* (SI-Einheit kg/m^3) ist die in 1 m^3 Luft enthaltene Wasserdampfmenge in Gramm (g).

Die *spezifische Luftfeuchte* ist das Gewicht (g) des Wasserdampfs je kg feuchter Luft.

Das *Mischungsverhältnis* ist das Gewicht (g) des Wasserdampfs je kg trockener Luft.

Der Partialdruck des Wasserdampfs wird als *Dampfdruck* (Pa) bezeichnet. Sein maximal möglicher, nur von der Lufttemperatur abhängiger Wert heißt *Sättigungsdampfdruck.*

Die Differenz aus Sättigungsdampfdruck und (aktuellem) Dampfdruck wird *Sättigungsdefizit* genannt; von ihm hängt u. a. die Verdunstung ab.

Das (um den Faktor 100 vergrößerte) Verhältnis zwischen dem tatsächlichen Dampfdruck und dem Sättigungsdampfdruck wird *relative Luftfeuchte (in %)* genannt; sie hat große Bedeutung für das Wohlbefinden des Menschen (s. S. 260).

Die *Taupunkttemperatur* (kurz „Taupunkt") ist diejenige Temperatur, bei der die Luft mit Wasserdampf gesättigt ist. Daraus folgt: Bei einer relativen Luftfeuchte von 100% ist der Taupunkt gerade gleich der herrschenden Lufttemperatur.

Meßgeräte

Die gebräuchlichsten *Instrumententypen zur Luftfeuchtemessung* sind Hygrometer und Psychrometer. Ihre automatisch aufzeichnenden (registrierenden) Bauvarianten heißen Hygrographen:

Das älteste, in der Praxis noch heute eingesetzte *Hygrometer* ist das *Haarhygrometer;* mit ihm wird die relative Luftfeuchte gemessen. Sein Meßprinzip beruht auf der Eigenschaft des menschlichen Haars, sich bei Feuchtigkeitsaufnahme auszudehnen und bei Feuchtigkeitsentzug zu verkürzen. Als Meßfühler dienen entfettete Haare, deren Längenänderung über ein Hebelwerk mechanisch auf einen Zeiger übertragen wird. Vom Haarhygrometer hinsichtlich des Meßfühlers (Feuchtegeber) grundsätzlich unterschieden ist das überwiegend zur Taupunktmessung benutzte *Lithiumchloridhygrometer (LiCl-Hygrometer).* Es arbeitet hygroskopisch mit einer elektrolytischen Meßtechnik (Leitfähigkeitsmessung).

Der mittlerweile als klassisch zu bezeichnende *Psychrometertyp* ist das von Richard Aßmann konstruierte *Aßmann-Aspirationspsychrometer* (Abb. 1). Seine Hauptbestandteile sind zwei strahlungsgeschützte Thermometer, ein „trockenes" (normales Quecksilberthermometer) und ein „feuchtes" (besser: befeuchtetes) Thermometer. Das Instrument arbeitet nach dem *psychrometrischen Prinzip,* das hier kurz beschrieben werden soll: Ein am oberen Ende des Gerätes angebrachter spezieller Ventilator (Aspirator) saugt an den Thermometergefäßen einen Luftstrom vorbei. Dabei kühlt sich das feuchte Thermometer durch Verdunstung ab. Der Temperaturunterschied *(psychrometrische Differenz)* zwischen beiden Thermometern ist ein Maß für die relative Luftfeuchte: je kleiner die Differenz, desto feuchter die Luft. Daneben können mit Hilfe sogenannter *Psychrometertafeln* u. a. noch Taupunkttemperatur, Dampfdruck und absolute Luftfeuchte bestimmt werden.

Zur Messung und insbesondere zur Aufzeichnung des zeitlichen Verlaufs der relativen Luftfeuchte werden *Hygrographen* (Abb. 2) eingesetzt. Als Meßfühler dient eine *Haarharfe,* ein zur Erhöhung der Feuchteempfindlichkeit verstärktes Haarbündel. Seine Längenänderung wird über ein verstellbares Hebelgetriebe auf einen mit einer Schreibfeder ausgestatteten Zeiger übertragen und auf einer mit dem Schreibstreifen bespannten, uhrwerkgetriebenen Trommel aufgezeichnet. Die Meßgenauigkeit eines Hygrographen liegt bei etwa ±3% relative Feuchte.

Gegenwärtig sind Feuchtemeßfühler in Entwicklung, die auf der feuchteabhängigen kapazitiven Änderung der Dielektrizität basieren.

Abb. 1
Das Aßmann-Aspirationspsychrometer

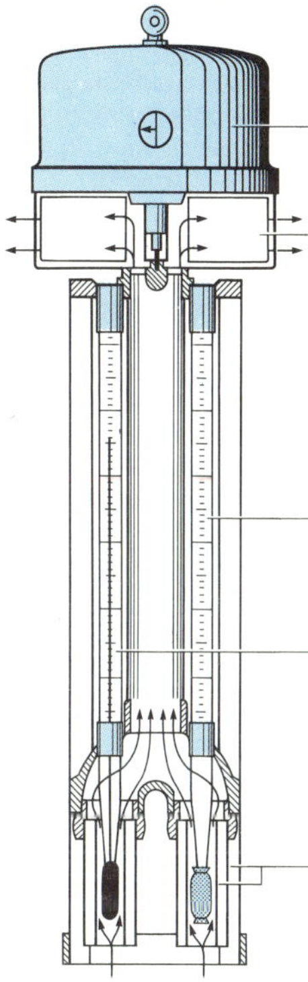

Abb. 2
Der Hygrograph

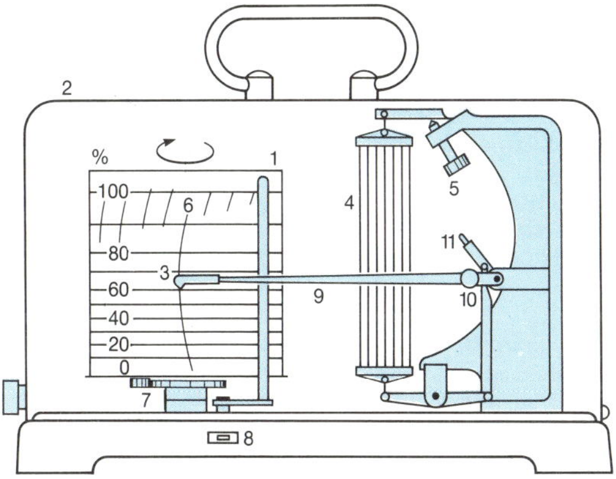

Wind ist eine überwiegend horizontale Luftbewegung, deren Ursache bestimmte Kräfte sind (vgl. S. 94ff.). Der Wind ist außerdem eine gerichtete Größe (Vektor). Zu seiner vollständigen Beschreibung sind zwei Zahlenangaben erforderlich: Windrichtung und Windgeschwindigkeit (bzw. Windstärke):

Die *Windrichtung* ist stets diejenige Himmelsrichtung, aus der der Wind weht. Für ihre Angabe benutzt man eine als *Windrose* bezeichnete 36teilige Richtungsskala mit den Hauptwindrichtungen Nord (360°), Ost (90°), Süd (180°) und West (270°). Zwischenrichtungen sind Nordost (45°), Südost (135°), Südwest (225°) und Nordwest (315°).

Die *Windstärke* gibt die Kraftwirkung des Windes auf Gegenstände an. Für ihre Abschätzung hat der britische Admiral und Hydrograph Sir Francis Beaufort eine nach ihm benannte Skala eingeführt *(Beaufortskala).* Sie reicht von 0 (still) bis 12 (Orkan). Den einzelnen Beaufortgraden wurden später Windgeschwindigkeitswerte zugeordnet.

Die *Windgeschwindigkeit* ist ein Maß für den von bewegten Luftteilchen je Zeiteinheit zurückgelegten Weg *(Windweg);* sie wird überwiegend in m/s, km/h oder Knoten (kn) angegeben:

1 m/s = 3,6 km/h;
1 kn = 1 Seemeile (sm)/h
= 1,852 km/h.

Windmessung

Geräte zur *Windmessung* heißen *Anemometer,* ihre automatisch registrierenden Versionen *Anemographen (Windschreiber).* Aufgrund internationaler Vereinbarung sollen Windrichtung und -geschwindigkeit in 10 m Höhe über ebenem, ungestörtem (d.h. hindernisfreiem) Gelände gemessen werden. Es ist anzustreben, daß die Horizontalentfernung zwischen Windmesser und Hindernis mindestens das 10fache der Hindernishöhe beträgt. Als Meßfühler für die Windrichtung dient in den meisten Anemometern die *Windfahne.* Ihr häufigster Bautyp besteht aus trapezförmigen Leitflächen, die von der Luft durchströmt werden. Der Meßfühler für die Windgeschwindigkeit ist bei den meisten Windmeßgeräten ein windgetriebenes *Schalenkreuz.*

Die Windrichtungsmessung mit der Windfahne beruht darauf, daß aufgrund des anströmenden Windes an den Leitflächen durch den Winddruck ein dem Quadrat der Windgeschwindigkeit proportionales Rückstellmoment erzeugt wird, das die Spitze der Windfahne stets in die Windrichtung einstellt.

Die Windgeschwindigkeit wird bei den gebräuchlichsten Anemometern aus der Wirkung des dynamischen Drucks (Staudruck) bestimmt. Dies funktioniert, weil der Staudruck mit der Windgeschwindigkeit physikalisch verknüpft ist. Letztere erhält man rechnerisch als Quadratwurzel aus dem zweifachen Verhältnis von Staudruck und Luftdichte. Bei *thermischen Anemometern* – das bekannteste ist das *Hitzdrahtanemometer* – wird die abkühlende Wirkung des Windes durch Aufheizen eines Platindrahts kompensiert. Die erforderliche Heizleistung hängt näherungsweise exponentiell von der Windgeschwindigkeit ab.

Die einfachsten Windmeßgeräte sind die aus Windfahne und Schalenstern bestehenden *Handanemometer.* Sie zeigen entweder die Windgeschwindigkeit oder den Windweg an. – Das für meteorologische Routinemessungen am häufigsten eingesetzte „klassische“ Windmeßgerät ist das *Schalenkreuzanemometer* mit elektromagnetischer Meßwertübertragung: Auf die Achse des Schalenkreuzes ist ein Dynamo aufgesetzt, dessen erzeugte Spannung der Umdrehungsfrequenz und damit der Windgeschwindigkeit proportional ist.

Bei den *Anemographen* werden die Meßwerte über Meßkabel zur Registriervorrichtung übertragen. Aufgezeichnet werden im allgemeinen Windrichtung, Momentanwert, Maximum (Windspitze) und 10-Minuten-Mittel der Windgeschwindigkeit (Abb.).

Im Gegensatz zur Messung des Bodenwindes geht die *Höhenwindmessung* andere Wege. Sie basiert auf der Verfolgung der Bewegungsbahn eines freifliegenden wasserstoffgefüllten Ballons. Für seine Anvisierung (bzw. die Anvisierung eines von ihm mitgeführten Reflektors oder Senders) gibt es drei Möglichkeiten: optisch (Bahnverfolgung mit einem Theodoliten); funktechnisch (Ortung mit einem Radiotheodoliten); Messung mit dem Windradar (vgl. S. 42).

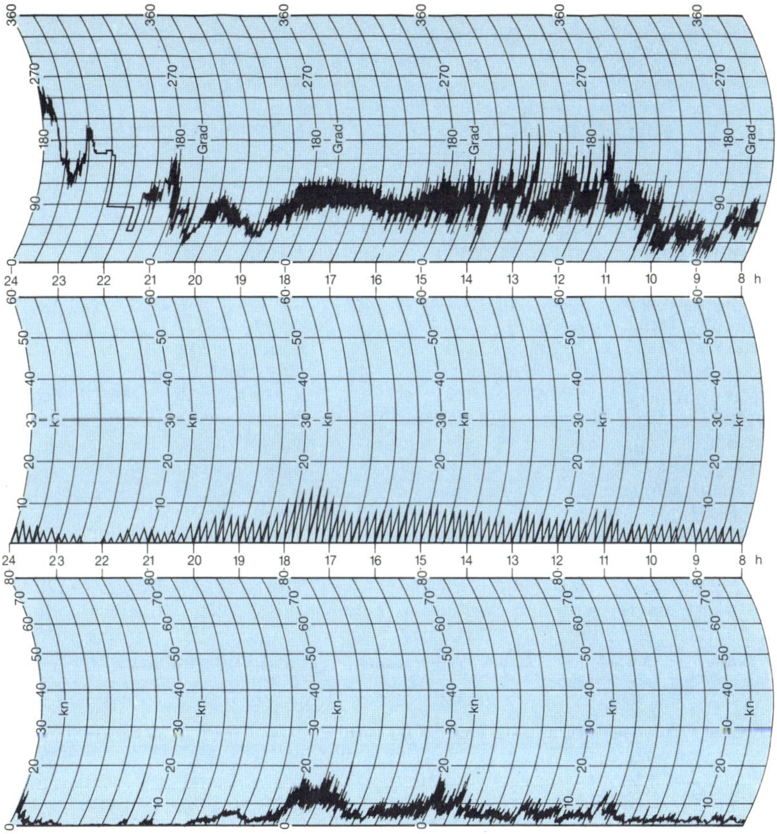

oben: Windrichtung (36teilige Skala)
Mitte: 10 Minuten Mittelwert der Windgeschwindigkeit (kn)
unten: augenblickliche Windgeschwindigkeit („Momentanwert“; kn)

Abb.
Windregistrierstreifen (Anemogramm) der Station Offenbach am Main vom 26.6.1988; Windmeßgerät: FUESS 90z-Universalanemograph

Niederschlag

Wasser ist eine unentbehrliche Voraussetzung für alles Leben auf der Erde. Für den wirtschaftenden Menschen – primär in Landwirtschaft und Wasserwirtschaft (s. S. 256) – stellt es außerdem noch Rohstoff, Produktionsfaktor und Transportmittel dar. Die Niederschlagsmessung liefert daher einen wichtigen Beitrag zur Ermittlung der *Wasserbilanz,* weil der Niederschlag der größte „Aktivposten" auf ihrer Einnahmeseite ist (s. S. 92).

Da die Niederschläge räumlich und zeitlich stark schwanken, werden zu ihrer Erfassung verhältnismäßig viele Meßstationen benötigt; so besteht z. B. das *Niederschlagsmeßnetz* des Deutschen Wetterdienstes aus rund 2700 Stationen. Um zusätzlich Daten über Struktur und Intensität der Niederschläge zu erhalten, sind an rund 300 Stationen registrierende Niederschlagsmeßgeräte, sogenannte *Niederschlagsschreiber,* eingesetzt. Jede Niederschlagsmeßstation ist mit einem Niederschlagsmesser nach G. Hellmann ausgerüstet. Alle Meßgeräte müssen möglichst hindernisfrei aufgestellt sein. Als Mindestforderung gilt, daß die horizontalen Abstände des Niederschlagsmessers zu Hindernissen, z. B. Gebäuden, Mauern, Bäumen usw., nicht geringer als die entsprechenden Hindernishöhen sein dürfen.

Niederschlagsmessung

Gemessen wird in erster Linie die *Niederschlagshöhe* (mm); sie gibt an, wie hoch der gefallene Niederschlag den Erdboden bedecken würde, vorausgesetzt, daß kein Tropfen abfließt, verdunstet oder versickert. Es läßt sich leicht nachrechnen, daß der Niederschlagshöhe 1 mm die Flüssigkeitsmenge 1 Liter (l) je 1 m^2 Bodenfläche entspricht. Fällt Niederschlag in fester Form (z. B. als Schnee), so gilt als Niederschlagshöhe die Wasserhöhe des geschmolzenen Schnees. Bezieht man die Niederschlagshöhe auf die *Niederschlagsdauer* (im allgemeinen in Minuten), so gelangt man zur *Niederschlagsintensität* (mm/min).

Der *Niederschlagsmessung* liegt ein denkbar einfaches Meßprinzip zugrunde: Der Niederschlag, der in einer bestimmten Höhe über dem Erdboden (im allgemeinen 1 m) durch eine horizontale kreisförmige Auffangfläche von gegebener Größe fällt, wird in einer Kanne gesammelt und in ein geeichtes Meßglas geschüttet. Fehlerquellen der Niederschlagsmessung sind Windeinfluß, Verdunstung und Benetzung. Die einzelnen Fehleranteile können experimentell bestimmt und danach als Korrektur angebracht werden. Der Gesamtmeßfehler in einer derart „bereinigten" Meßreihe wird so für die meisten Anwendungszwecke (z. B. in der Wasserwirtschaft) vernachlässigbar klein.

An den Klimastationen wird die Niederschlagshöhe dreimal täglich zu den *Klimaterminen* 07, 14 und 21 Uhr mittlerer Ortszeit (MOZ) gemessen. Die tägliche Niederschlagshöhe ergibt sich dann aus den Summen der drei Teilmessungen. „Reine" Niederschlagsstationen (d. h. Meßstellen, an denen nur der Niederschlag gemessen wird) führen täglich nur eine Messung, um 07.30 gesetzlicher Zeit, durch.

Meßgeräte

Der *Hellmann-Niederschlagsmesser* besteht hauptsächlich aus einem zylindrischen Auffanggefäß A mit einer oben abgeschrägten Auffangfläche (Durchmesser 159,6 mm) von 200 cm^2 (Abb.). Das Auffanggefäß hat einen trichterförmig ausgebildeten Boden mit einer Ablauftülle, durch die der Niederschlag in eine im Behälter B befindliche Sammelkanne K läuft. Der gesamte Niederschlagsmesser ist derart mit dem Halter H an einem Pfahl befestigt, daß sich die Auffangfläche 1 m über dem Erdboden befindet. Ein zu Beginn der kalten Jahreszeit in den Niederschlagsmesser einzusetzendes Schneekreuz S verhindert das Herauswehen des gefallenen Schnees. Während des Schmelzens fester Niederschläge wird der Niederschlagsmesser zum Schutz gegen Verdunstung mit einem Blechdeckel D abgedeckt.

Bei *Niederschlagsschreibern (Pluviographen)* wird der zeitliche Niederschlagsverlauf entweder unter Verwendung eines Schwimmers (der allmählich steigt, wenn sich Niederschlag im Gefäß sammelt) oder durch Zählung der aus dem Auffangtrichter fallenden Tropfen oder auch durch Zählung der Kippvorgänge einer unter dem Auffangtrichter stehenden Wippe auf Schreibstreifen aufgezeichnet, auf Magnetband gespeichert oder digital ausgedruckt.

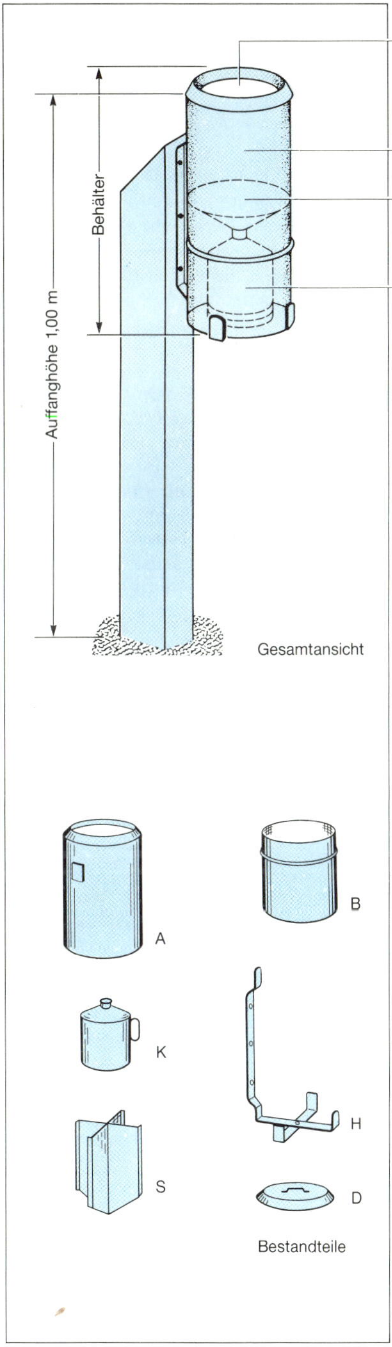

A = Auffanggefäß
K = Sammelkanne
S = Schneekreuz
B = Behälter
H = Halter
D = Deckel

Abb.
Der Niederschlagsmesser nach Hellmann (nach DWD)

Strahlung

Die von der Sonne zugestrahlte Energie ist die Voraussetzung für das Leben auf der Erde; sie ist ferner Antriebsmotor für die Zirkulation der Atmosphäre und somit für Wetter und Klima. Der meteorologisch bedeutsame, kurzwellige Strahlungsbereich liegt zwischen 0,3 und 3 µm. Auf ihn entfallen rund 96% der extraterrestrischen Sonnenstrahlung. – Wichtige *Strahlungsmeßgrößen* sind:

Solarkonstante: der bei mittlerem Sonnenabstand auf den Oberrand der Atmosphäre je m^2 senkrecht auftreffende Strahlungsbetrag ($1\,368 \pm 2\,W \cdot m^{-2}$);

direkte Sonnenstrahlung (Meßgeräte: Pyrheliometer, Aktinometer, Radiometer): die auf einer Ebene senkrecht zur Strahlungsrichtung aus dem Raumwinkel der Sonnenscheibe empfangene Strahlung;

diffuse (indirekte) Sonnenstrahlung (auch als *Himmelsstrahlung* bezeichnet): die aus dem oberen Halbraum unter Ausschluß der Sonnenscheibe auf eine horizontale Ebene auftreffende Strahlung;

Globalstrahlung (Meßgerät: Pyranometer [Solarimeter]): die Summe aus der aus dem oberen Halbraum auf eine horizontale Ebene auftreffenden direkten und der diffusen Sonnenstrahlung;

Strahlungsbilanz: die Differenz aus zwei Strahlungsströmen, nämlich dem von oben nach unten gerichteten, hereinkommenden, und dem von unten nach oben gerichteten, von der Erdoberfläche abgegebenen (terrestrischen) Strahlungsstrom;

Sonnenscheindauer (Meßgerät: Sonnenscheinautograph): die meist in Stunden (h) angegebene Summe derjenigen Zeitabschnitte eines Tages, zu denen die Sonne sichtbar geschienen hat.

Meßgeräte

In *Pyrheliometern* wird die zu messende einfallende direkte Sonnenstrahlung von geschwärzten Empfangsflächen absorbiert. Die dabei produzierte Strahlungswärme führt zu einer Temperaturerhöhung des Strahlungsempfängers, die mit Thermoelementen oder -säulen gemessen wird. Bei den sogenannten *Kompensationspyrheliometern* (das bekannteste stammt von Anders Jonas Ångström) wird nach „Abschaltung" der Strahlung die dann fehlende Strahlungsleistung durch elektrische Heizleistung „kompensiert". Pyrheliometer bestehen im wesentlichen aus Empfangstubus mit Blenden und Abschattungsklappe, Meßfühler und Sonnennachführungsvorrichtung. Zum Meßkörper gehören das geschwärzte Empfangselement und die Thermosäule bzw. die Kompensationsvorrichtung mit elektrischer Heizung.

Das *Pyranometer* zur Messung der Globalstrahlung verwendet als Meßfühler eine aus hintereinander geschalteten Thermoelementen bestehende geschwärzte Thermosäule. Die geschwärzten Empfangsflächen der aktivierten Lötstellen absorbieren die einfallende Strahlung und erwärmen sich gegenüber den „kalten" (passiven) Lötstellen. Die Temperaturdifferenzen erzeugen Thermospannungen, die ein Maß für die empfangene Strahlung sind. Eine halbkugelförmige Glashaube schützt die Meßfühler gegen Witterungseinflüsse. Hauptbestandteile eines Pyranometers sind der Meßkopf mit Empfangsfläche, Thermosäule und Glashaubenabdekkung und der Pyranometerkörper mit dem Strahlungsschirm als Besonnungsschutz. Die gebräuchlichsten Pyranometer sind die auch im Deutschen Wetterdienst eingesetzten *Solarimeter.*

Strahlungsbilanzmesser setzen die Temperaturdifferenz der beiden bestrahlten, nach oben und nach unten gerichteten Empfangsflächen in Thermospannungssignale um, die ein Maß für die Strahlungsbilanz sind.

Die *Sonnenscheindauer* wird noch überwiegend mit dem *Sonnenscheinschreiber* (*Sonnenscheinautograph* nach John Francis Campbell und Sir George Gabriel Stokes) aufgezeichnet (Abb.).

Daten der Strahlung und Sonnenscheindauer werden zum Nachweis von Klimaänderungen, für Fragen der Luftreinhaltung, des Bauwesens, der Stadtklimatologie und insbesondere zur Nutzung der Sonnenenergie herangezogen.

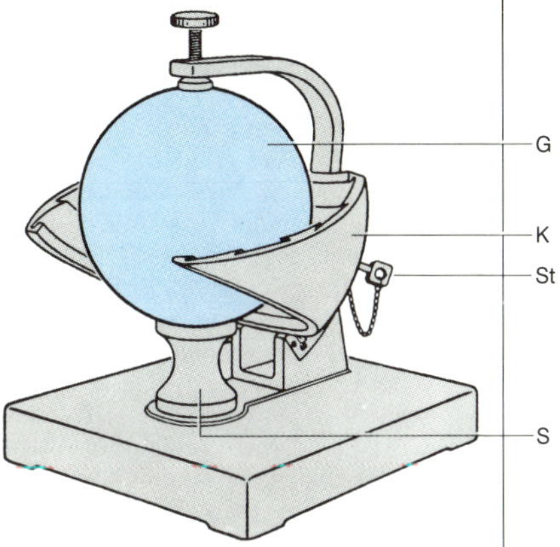

Meßprinzip: Eine als Brennglas wirkende massive Glaskugel (G) ist konzentrisch in einer metallenen Kugelschale (S) befestigt. Bei Sonnenschein hinterlassen die im Brennpunkt der Glaskugel vereinigten Sonnenstrahlen auf dem in die Metallschale (K) eingelegten geschwärzten Kartonstreifen (Registrierstreifen) entsprechend dem scheinbaren Lauf der Sonne eine Brennspur. Das Gerät wird so aufgestellt, daß es eine möglichst hindernisfreie Sonnenstrahlung gewährleistet. Es ist entsprechend der Himmelsrichtung und der geographischen Breite des Aufstellortes zu justieren. Im Winter ist die Glaskugel von Eis, Schnee und Reif freizuhalten.
Die Registrierstreifen werden täglich (nach Sonnenuntergang) gewechselt und nach den in der Beobachteranleitung für den Klimadienst enthaltenen Vorschriften manuell ausgewertet. Der Registrierstreifen wird durch einen Stift (St) in seiner Lage gesichert.
Im Deutschen Wetterdienst wird die Sonnenscheindauer an rund 300 Stationen gemessen.

Abb.
Der Sonnenscheinautograph nach Campbell und Stokes.

Sichtweite

Zu geringe Sichtweiten sind häufig die Ursachen wetterbedingter Störungen und Verzögerungen des Luft-, Straßen- und Schiffsverkehrs.

Definitionen

Nebel herrscht, wenn die Sichtweite in Augenhöhe geringer als 1 km ist.

Dunst ist eine die Sichtweite herabsetzende, durch feine Wassertröpfchen (Durchmesser kleiner als $5 \cdot 10^{-5}$ cm) und Luftverunreinigungen hervorgerufene Trübung der Atmosphäre im horizontalen Sichtweitebereich zwischen 1 und 8 km.

Als *meteorologische Sichtweite* wird die größte horizontale Entfernung (km) bezeichnet, in der die Form eines dunklen Sichtziels von mindestens 0,5 Grad Sehwinkel durch einen geübten, normalsichtigen Beobachter am Tage bei homogen beleuchteter und getrübter Atmosphäre gegen den Horizonthimmel als Hintergrund gerade noch erkannt werden kann.

Die *Normsichtweite* ist diejenige Horizontalentfernung (km), bei der ein dunkles, ausgedehntes Sichtziel von mindestens 0,5 Grad Sehwinkel durch einen geübten, normalsichtigen Beobachter am Tage bei horizontal homogen beleuchteter und getrübter Atmosphäre gegen den Horizonthimmel als Hintergrund gerade noch wahrgenommen werden kann.

Die *Feuersichtweite* ist die größte Horizontalentfernung (km), in der geeignete Lichtquellen nach Dunkeladaption des Auges wahrgenommen werden können.

Der für den Flugwetterdienst maßgebliche Sichtweitebegriff ist die *Landebahnsichtweite* (engl. runway visual range, davon die Abk. RVR), definiert als größte Entfernung in Start- oder Landerichtung, aus der die Landebahn oder sie kennzeichnende Markierungen vom Piloten aus 5 m Augenhöhe über der Mittellinie der Landebahn (im allgemeinen Cockpithöhe) gesehen werden können.

Sichtweitenmessung

Bei der *Sichtweitenmessung* bedient man sich der physikalischen Verknüpfung zwischen Sichtweite und Lufttrübung, die durch Extinktion (Streuung und Absorption) des sichtbaren Lichtes an Luftbeimengungen hervorgerufen wird. Trübungspartikeln können Wasserdampf, Eiskristalle, Staub, Ruß oder chemische Schwebstoffe sein. Die Sichtweite kann ferner durch sprunghafte Dichteänderungen in der Atmosphäre, bei Sichtweitenschätzung auch durch die physiologischen Eigenschaften des Auges beeinflußt werden.

Entsprechend den Definitionen der unterschiedlichen Sichtweitebegriffe benutzen die *Sichtweitenmeßverfahren* entweder den Lichtverlust durch Extinktion an den Trübungspartikeln auf einer Meßstrecke oder die Lichtstreuung in einem Meßvolumen:

Das *Transmissometer* dient vor allem der Ermittlung der Landebahnsichtweite. Zur Messung der Extinktion wird Licht einer geeigneten Lichtquelle (Lichtsender) gebündelt über eine etwa 50 bis 75 m lange Meßbasis geschickt und entweder unmittelbar (Abb. a; *Einwegtransmissometer*) oder nach Reflexion an einem Tripelspiegel (Abb. b; *Zweiwegtransmissometer*) von einer Photozelle aufgenommen. Bei einigen Gerätetypen wird das reflektierte Licht mit einem in der Lichtquelle abgespaltenen Teil des Meßlichtes verglichen *(Wechsellicht-Gegentakt-Prinzip).* Um auch bei Tageslicht messen zu können, muß der störende Einfluß des vom Tageslicht auf der Meßstrecke verursachten Streulichtes eliminiert werden.

Die *Streulichtmesser* benutzen für die Sichtweitenmessung das aus einem Luftvolumen durch Streuung an Partikeln austretende Licht einer Impulslichtquelle. Ähnlich wie bei einem Scheinwerfer, bei dem das austretende Strahlenbündel von der Seite her um so besser sichtbar wird, je mehr Licht durch Trübungspartikeln gestreut wird, äußert sich auch im Empfänger des Streulichtmessers die Sichtverschlechterung in einer Helligkeitszunahme. Bei den Streulichtmessern unterscheidet man zwischen zwei Gerätetypen, nämlich solchen, die nur mit der Rückwärtsstreuung operieren, sogenannte *Backscatter* (Abb. c), und den *integrierenden Streulichtmessern* (Abb. d), die einen großen Streuwinkelbereich erfassen. Vereinzelt wird die Landebahnsichtweite noch visuell mittels Abzählen der sichtbaren Lampen einer Sichtmeßfeuerreihe bestimmt (Abb. e; *Lampenzählverfahren*).

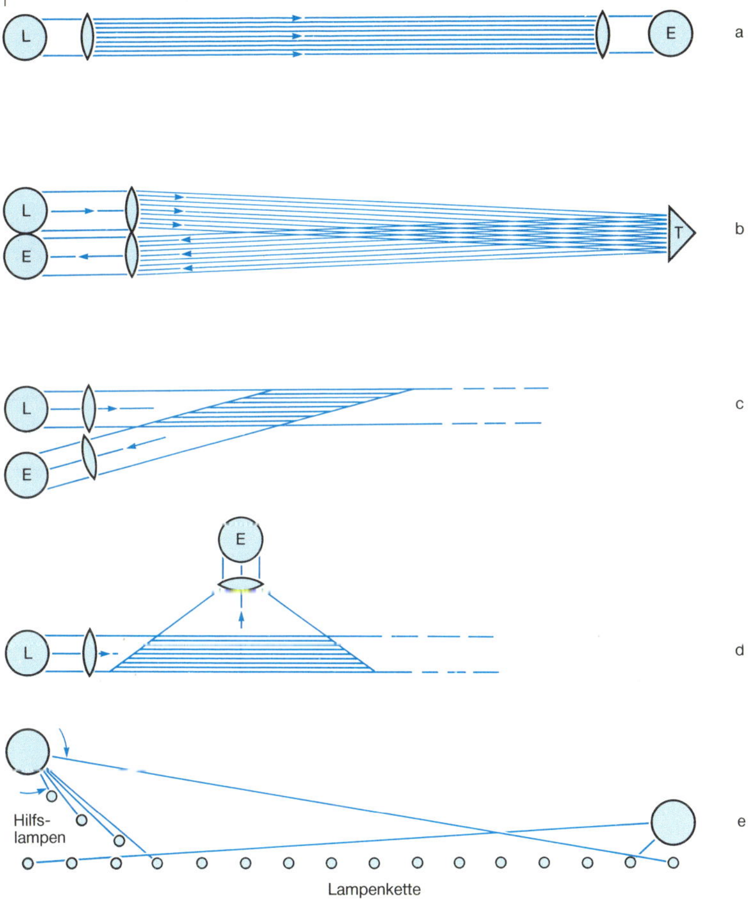

(a) Einwegtransmissometer
(b) Zweiwegtransmissometer
(c) Backscatter (Streulichtmesser)
(d) integrierender Streulichtmesser
(e) visuelle Sichtweitenbestimmung
(Schätzung mittels Lampenzählverfahren)

L = Lichtsender (Lichtquelle)
E = Lichtempfänger (Fotozelle)
T = Tripelspiegel

Abb.
Schematische Darstellung von Meßprinzipien für die Sichtweitenmessung (nach DWD)

Fernerkundungsverfahren

Die „Pieptöne“ des ersten künstlichen Erdsatelliten Sputnik 1 eröffneten 1957 das Zeitalter der geowissenschaftlichen Erderkundung vom Weltraum aus. Diese technologische Pionierleistung war auch eine Sternstunde für einen neuen Zweig der experimentellen Meteorologie, die Satellitenmeteorologie.

Die *meteorologische Fernerkundung (Remote sensing)* besitzt gegenüber der konventionellen Meßtechnik zwei wesentliche Vorteile: Sie ist eine sogenannte berührungsfreie Meßmethode, d. h., die Störeinflüsse der Meßapparatur auf das zu messende Medium sind weitestgehend ausgeschaltet; sie verfügt aufgrund der zeitlich und räumlich hochaufgelösten Meßwertfolge über eine vorher nie erreichte flächendeckende Meßnetzdichte.

Radar, Sodar, Lidar

Vorreiter der meteorologischen Fernerkundung war das *Radar*. Es beruht auf einer Laufzeitmessung und arbeitet mit elektromagnetischen Wellen im Zentimeterwellenbereich. Das *Wetterradar* wird zur laufenden Wetterüberwachung eingesetzt, in erster Linie zur Untersuchung der Verlagerung und zeitlichen Veränderung von Niederschlagsgebieten, aber auch zur Niederschlags- und Höhenwindmessung. Die Zusammenschaltung mehrerer Wetterradargeräte zu einem Radarverbundsystem gestattet mit Hilfe von Rechner- und Bilddarstellungssystemen, die Radarbildinformation einzelner Standorte flächendeckend auszuwerten. Radarinformationen sind ein unentbehrliches Hilfsmittel für die kurzfristige Wettervorhersage.

Dem Radarprinzip verwandt ist das *Sodar* (Abk. für engl. **so**nic **d**etecting **a**nd **r**anging = Schallermittlung und -ortung). Seiner Wirkungsweise nach kann es als „akustisches Radar“ bezeichnet werden. Es wird bei der meteorologischen Sondierung der atmosphärischen Grenzschicht eingesetzt und dient der Aufnahme vertikaler Windprofile, Turbulenzmessungen und der Ortung unsichtbarer Abgasfahnen.

Ein weiteres Fernerkundungsverfahren ist das *Lidar* (Abk. für engl. **li**ght **d**etecting **a**nd **r**anging = Ortung und Entfernungsmessung mit Hilfe von [kohärenten] Lichtwellen). Das Lidarverfahren bedient sich eines Laserstrahls, der auf das zu untersuchende Objekt gerichtet wird. Die Intensität der Rückstreustrahlung wird photoelektrisch gemessen. Aufgrund der im Vergleich zum Radar kleinen Wellenlänge ermöglicht das Lidarverfahren die Ortung kleinster Partikeln in der Atmosphäre.

Infrarotthermographie

Ein weiteres Beispiel für den erfolgreichen Einsatz eines meteorologischen Fernerkundungsverfahrens bieten die Wärmebildmeßflüge, die 1971 im Rahmen der lufthygienisch-meteorologischen Modelluntersuchung in der Region Untermain durchgeführt wurden. Ziel der Untersuchung war die Verfolgung der in windschwachen, wolkenarmen Nächten vom Taunus und seinem Vorland ausgehenden Kaltluftströme. Hauptbestandteil ist eine Infrarotkamera, mit der vom Flugzeug aus sogenannte Wärmebilder aufgenommen werden. Die von einem Strahlungsempfänger angezeigten Strahlungsunterschiede stellen sich auf einem Negativfilm als Schwärzungsunterschiede dar, die aufgrund des Stefan-Boltzmann-Gesetzes als Differenzen der Bodenoberflächentemperatur gedeutet werden können.

Wettersatelliten

Der bedeutendste Beitrag zur Fernerkundung wird von polarumlaufenden und geostationären *Satelliten* geleistet, z. B. von METEOSAT (s. S. 128). Bei den *Satellitenbildern* ist zwischen *VIS*- und *IR-Bildern,* d. h. Bildern im sichtbaren und infraroten Bereich des elektromagnetischen Wellenspektrums, zu unterscheiden. Während VIS-Bilder nur von der Tagseite der Erde erzeugt werden können, sind IR-Bilder rund um die Uhr verfügbar. Das „Auge“ eines Wettersatelliten ist ein hochauflösendes *Abtastradiometer (Scanning-Radiometer);* es empfängt, sammelt, filtert und mißt die ankommende Strahlung. Aus Satellitenmessungen lassen sich in erster Linie Angaben über die vertikale Temperaturverteilung, den Wind (anhand der Wolkenverlagerung) und den Ozongehalt der Atmosphäre ableiten.

Eine Übersicht über wichtige operationelle Daten bisheriger meteorologischer Satellitensysteme zeigt die Tabelle S. 43.

Name	Start	Flughöhe (km)	Hauptmeßsysteme
TIROS 1	1. 4.60	796– 867	2 Fernsehkameras
TIROS 2	23.11.60	717– 837	2 Fernsehkameras + 1 IR-Scanner
TIROS 8	21.12.63	796– 878	APT-System (Automatic picture transmission)
NIMBUS 1	28. 8.64	487– 1106	HRIR (High resolution infra-red radiometer)
ESSA 1*)	3. 2.66	800– 965	2 Weitwinkel-TV-Kameras
ESSA 2	28. 2.66	1561– 1639	APT-System
ATS 1**)	7.12.66	41257–42447	WEFAX (Wetterfaksimile)
ITOS 1	23. 1.70	1648– 1700	SR (Scanning radiometer)
NOAA 1	11.12.70	1422– 1472	SR
NOAA 2	15.10.72	1451– 1458	VHRR (Very high resolution radiometer)
SMS 1	17. 5.74	35605–35975	VISSR (Visible infra-red spin scan radiometer; 45° W)
GOES 1	16.10.75	35728–35447	VISSR (126° W)
HIMAWARI 1	14. 7.77	35600	VIS, IR-Radiometer (140° E)
METEOSAT 1	23.11.77	35600	VIS, IR, WV-Radiometer (0° E/W)
TIROS N	13.10.78	849– 864	AVHRR, TOVS (Advanced very high resolution radiometer; TIROS operational vertical sounder)
NIMBUS 7	24.10.78	955	Coastal zone color scanner
GOES 4	9. 9.80	35600	VAS (VISSR Atmospheric sounder), VISSR (135° W)
GOES 5	22. 5.81	35600	VAS, VISSR (75° W)
METEOSAT 2	19. 6.81	35600	VIS, IR, WV-Radiometer (0° E/W)
NOAA 9	12.12.84	849– 864	AVHRR, TOVS
NOAA 10	22. 8.86	850	AVHRR, TOVS
METEOSAT 3	15. 6.88	35900	VIS, IR, WV-Radiometer (0° E/W)
FY 1 (China)	7. 9.88	900	AVHRR, TOVS
NOAA 11	24. 9.88	850	AVHRR, TOVS

*) erstes globales operationelles Wettersatellitensystem
**) erster geostationärer Wettersatellit

Abb. 1
Aktualisierte chronologische Übersicht und operationelle Daten meteorologischer Satellitensysteme (nach L.J. Allison und A. Schnapf, 1983)

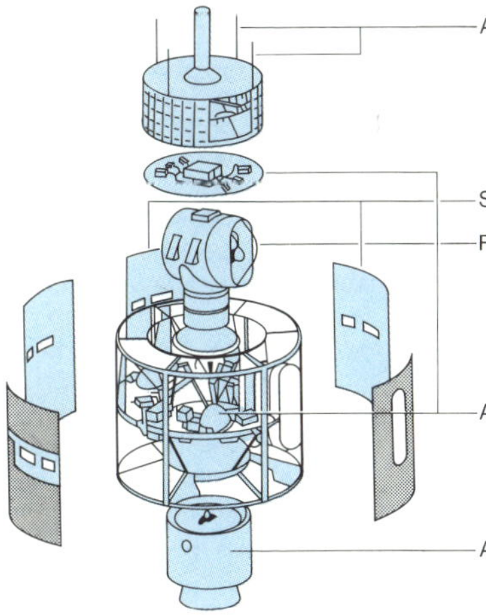

Abb. 2
Aufbau des Satelliten METEOSAT (nach DWD)

Luftdruckabnahme mit der Höhe

Da der *Luftdruck* als das Gewicht einer unendlich hohen Luftsäule über einer Einheitsfläche definiert ist (s. S. 28), muß er in der Höhe niedriger sein als am Boden. Je höher der Meßpunkt liegt, desto größer ist der Teil der Luftsäule, der unter dem Meßpunkt liegt und dessen Gewicht bei der Messung unberücksichtigt bleibt.

In welcher Weise der Luftdruck mit der Höhe abnimmt, ist aus einem Vergleich der Druckabnahme mit der Höhe in Wasser und Luft zu erkennen (Abb. 1). Wasser ist seiner Natur nach nicht zusammendrückbar (es ist inkompressibel); seine Dichte bleibt gleich, auch wenn ein unterschiedlicher Druck darauf ausgeübt wird. Ein bestimmtes Volumen Wasser hat also unabhängig vom Druck stets das gleiche Gewicht. Teilt man die Wassersäule in Abschnitte, in denen jeweils die gleiche Gewichtsmenge Wasser enthalten ist, so erhält man vertikal gleich hohe Abschnitte.

Im Gegensatz zum Wasser ist die *Luft* kompressibel. Je mehr Druck auf ihr lastet, um so mehr wird sie zusammengedrückt, um so größer wird ihre Dichte. Die Luft hat daher am Boden, wo das Gesamtgewicht der vertikalen Luftsäule auf ihr ruht, ihre größte Dichte; eine bestimmte Luftmenge benötigt hier den kleinsten Raum. Teilt man eine Luftsäule in Abschnitte, die jeweils die gleiche Luftmenge enthalten, also in gleiche Luftdruckintervalle, so werden diese Abschnitte mit der Höhe wegen der geringer werdenden Dichte immer größer. Gleichen Luftdruckintervallen entsprechen mit zunehmender Höhe also immer größere Höhenintervalle.

Will man die *Luftdruckabnahme mit der Höhe* berechnen, so geht man von einem (unendlich) kleinen Höhenintervall (δz) in einer Luftsäule vom Einheitsquerschnitt aus (Abb. 2). Die Luftdruckabnahme (δp) ist so groß wie das Gewicht der in dem Intervall liegenden Luft. Dieses Gewicht ist gegeben durch das Produkt aus der Schwerebeschleunigung (g), der Luftdichte (ϱ) und dem Volumen. Die Luftdruckabnahme ist deshalb:

$$\delta p = -g\varrho\delta z,$$

wobei das Minuszeichen bedeutet, daß der Luftdruck mit zunehmender Höhe abnimmt.

Diese als *statische Grundgleichung* bekannte Beziehung liefert die Basis für die Ableitung der sogenannten *barometrischen Höhenformel.* Diese gibt an, welcher Höhenunterschied zwischen zwei beliebigen Druckniveaus bei gegebener Mitteltemperatur besteht. Sie lautet:

$$\Delta z = \frac{RT_m}{g} \cdot \ln \frac{p_1}{p_2}$$

(Δz = Höhenunterschied, R = Gaskonstante für trockene Luft, T_m = Mitteltemperatur zwischen den Druckniveaus p_1 und p_2, g = Schwerebeschleunigung, p_1 = Luftdruck am unteren Druckniveau, gegebenenfalls am Boden, p_2 = Luftdruck am oberen Druckniveau).

Geht man von einer konstanten Temperatur in allen Höhen aus, so nimmt der Luftdruck mit der Höhe genau logarithmisch ab, d. h., er sinkt jeweils im gleichen Höhenintervall auf die Hälfte (bzw. ein Drittel, ein Viertel oder auf einen beliebigen anderen Quotienten). So geht der Luftdruck z. B. in etwa 5,5 km Höhe auf die Hälfte, in 11 km auf ein Viertel, in 16,5 km auf ein Achtel zurück.

Da die Temperatur in der Natur aber nicht konstant ist, sondern sich mit der Höhe ändert, wird der Luftdruckabfall mit der Höhe etwas modifiziert. So nimmt der Luftdruck bei tiefen Temperaturen wegen der größeren Dichte der Luft etwas rascher ab als bei höheren Temperaturen.

In Abb. 3 ist die normale Luftdruckabnahme mit der Höhe (gemäß einer Standardatmosphäre [s. S. 16], die etwa den durchschnittlichen Verhältnissen in den mittleren Breiten entspricht) dargestellt.

Aus der barometrischen Höhenformel läßt sich die Höhendifferenz berechnen, die einer Abnahme des Luftdrucks um 1 hPa entspricht. Diese als *barometrische Höhenstufe* bezeichnete Differenz beträgt in Bodennähe etwa 8 m; sie nimmt mit der Höhe entsprechend der logarithmischen Druckabnahme in 5,5 km auf etwa 16 m, in 11 km auf etwa 32 m usw. zu.

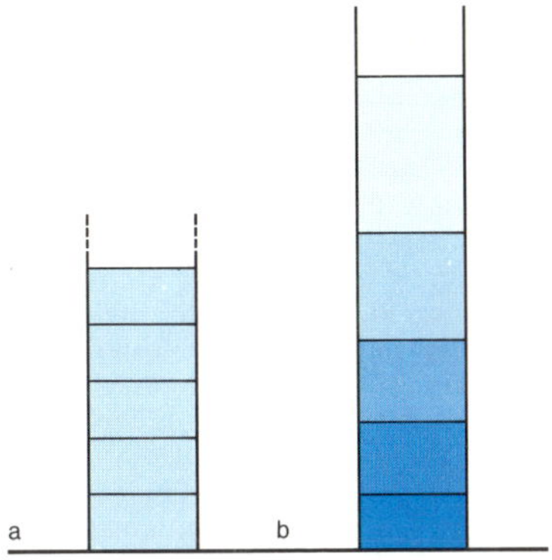

Abb. 1
Druckabnahme mit der Höhe
a in Wasser b in Luft
Die vertikalen Abschnitte enthalten jeweils die gleiche Gewichtsmenge Wasser bzw. Luft

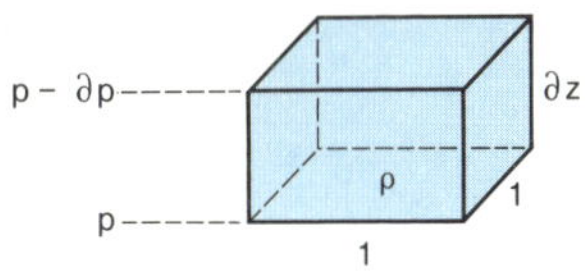

Abb. 2
Zur statischen Grundgleichung:
Die Luftdruckabnahme mit der Höhe ist gleich dem Gewicht des Luftquaders

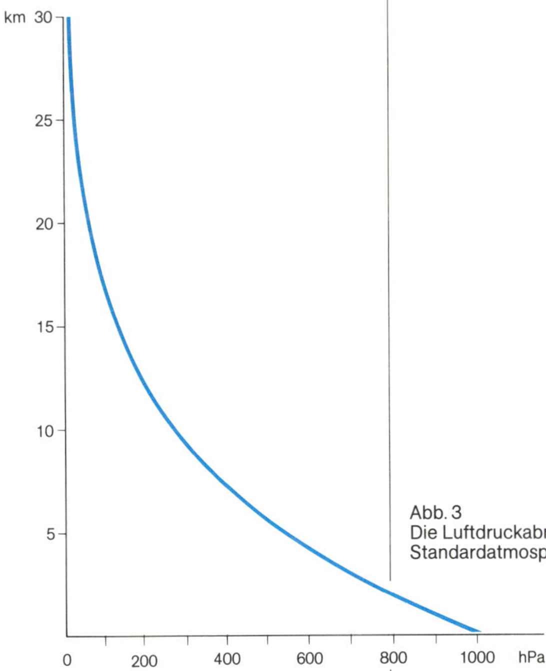

Abb. 3
Die Luftdruckabnahme mit der Höhe in der Standardatmosphäre

Temperaturänderungen mit der Höhe

Eis- und schneebedeckte Berggipfel selbst in den tropischen Gebirgen sind sichtbare Zeichen, daß im allgemeinen Berge kälter sind als Täler und Niederungen. Durch langjährige Messungen der Lufttemperatur hat man eine genaue Vorstellung über die Größe dieser *Temperaturabnahme mit der Höhe.* Bezogen auf die Höheneinheit von 100 m bezeichnen wir sie als den *vertikalen Temperaturgradienten.* Er beträgt für die Troposphäre (s. S. 18) im Mittel 0,65 K pro 100 m. Wie sehr dabei in dem dargestellten Beispiel (Abb. 1) innerhalb eines Jahres die Lufttemperatur streuen kann, erkennt man an den nahezu parallel zur Mittelwertslinie verlaufenden Linien.

Die *Ursache der Temperaturabnahme* ist in erster Linie darin zu sehen, daß die Lufthülle durch die Sonne nicht von oben aufgeheizt, sondern durch die stärker erwärmte Erdoberfläche von unten erwärmt wird. Je weiter man sich von dieser Heizfläche entfernt, um so kälter wird die Luft. Zweifellos wirken aber neben den Strahlungsvorgängen noch mehrere Ursachen zusammen, so die vertikale Durchmischung infolge Turbulenz und Konvektion und der damit verbundene Fluß an latenter Verdampfungswärme sowie horizontale Luftmassentransporte. Betrachtet man nun die als sogenannte Zustandskurven dargestellten Ergebnisse einzelner Radiosondenaufstiege etwas näher, findet man oft Abweichungen von dem errechneten mittleren vertikalen Temperaturgradienten, und zwar sowohl in einzelnen Schichten als auch von Tag zu Tag. Diese unterschiedlichen Werte der Temperaturabnahme mit der Höhe sind zusammen mit der Feuchteverteilung charakteristische Merkmale der Wetterlage. So nimmt die Temperatur in einer Warmluftmasse und bei Aufgleitvorgängen meist nur um 0,3 bis 0,5 K pro 100 m ab, dagegen in einbrechender Kaltluft meist um 0,6 bis 0,8 K pro 100 m. Die Temperaturabnahme hat in der freien Atmosphäre jedoch nur selten den Wert von 1 K pro 100 m, des *trockenadiabatischen Temperaturgradienten* (s. S. 54).

Isothermie und Inversion

Neben diesen Schwankungen der Temperaturabnahme gibt es auch Schichten, in denen die Temperatur gleichbleibt. Wir sprechen dann von *isothermen Schichten* oder von einer *Isothermie.* Sie sind ebenso von Bedeutung für die Wetterlage wie die Schichten, in denen die Temperatur mit der Höhe zunimmt. Wir nennen diesen Zustand eine *Temperaturumkehr* oder eine *Inversion.*

Inversionen sind grundsätzlich *Sperrschichten,* die einen vertikalen Austausch behindern. An ihrer Untergrenze sammeln sich Schmutz- und Dunstpartikel, oder es bilden sich Stratusbewölkung und Hochnebel. Diese Sperrschichten können in allen Höhen auftreten. Sie trennen wärmere von darunter liegender kälterer Luft. Sie entstehen meist im Bereich von Hochdruckgebieten an der Untergrenze einer absinkenden oder schrumpfenden Luftschicht (*Absink-* bzw. *Schrumpfungsinversion*), die sich beim Absinken adiabatisch um 1 K pro 100 m erwärmt und austrocknet. Neben der Temperaturzunahme ist daher ein markanter Rückgang der relativen Feuchte mit der Höhe charakteristisch (Abb. 2). Ist dagegen eine *Höheninversion* mit einer Feuchtezunahme gekoppelt, handelt es sich um eine *Aufgleitinversion.* Diese wird von feuchter Warmluft verursacht, die an einer Frontfläche über kältere Luft aufgleitet (Abb. 2). Dabei entstehen die typischen Schichtwolken Cirro- und Altostratus.

Beginnt die Temperaturzunahme mit der Höhe bereits am Erdboden, sprechen wir von einer *Bodeninversion.* Voraussetzung für ihre Entstehung sind ein wolkenarmer Himmel und keine oder nur geringe Luftbewegung. Durch die nächtliche Ausstrahlung kühlen der Erdboden und die bodennahe Luftschicht stark ab, so daß zwischen Erdboden und Obergrenze der Inversion oft ein Temperaturunterschied von 10 bis 20 K, in winterlichen Hochdruckgebieten über dem Festland oder den Polargebieten bis zu 35 K besteht. Im Sommer wird diese oft nur wenige Dekameter dicke Bodeninversion am Vormittag durch die Sonneneinstrahlung rasch aufgelöst (Abb. 3), im Winter bleibt sie oft tagelang erhalten.

Häufige Bodeninversionen verringern in den Gebirgsländern den normalen mittleren vertikalen Temperaturgradienten auf 0,5 K pro 100 m, in den Wintermonaten auf nur 0,4 K pro 100 m.

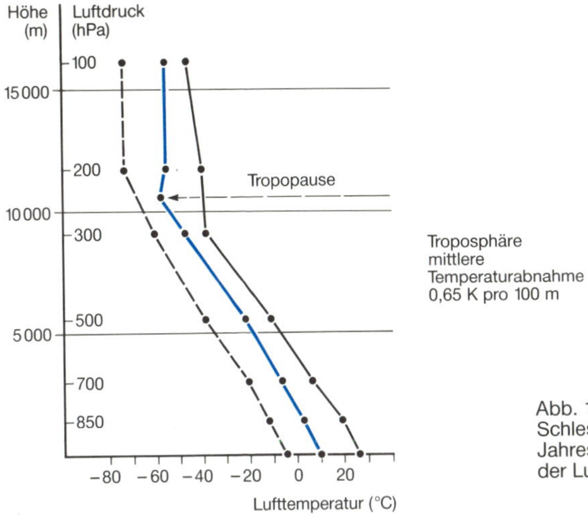

Abb. 1
Schleswig, Termin 13 Uhr MEZ
Jahresmittel und Extremwerte
der Lufttemperatur (°C), 1984

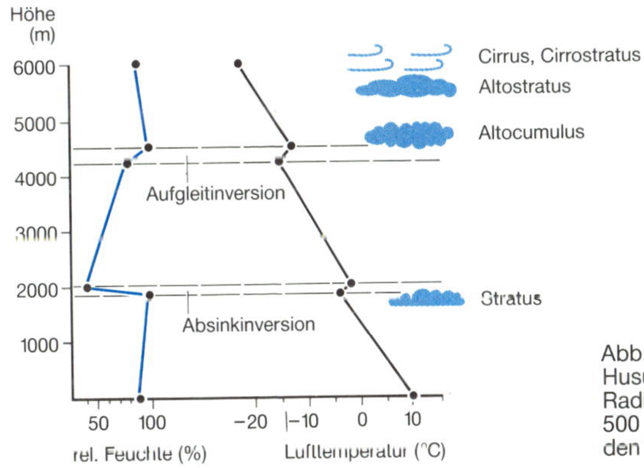

Abb. 2
Husum 11. November 1947
Radiosondenaufstieg etwa
500 km vor einer heranziehenden Warmfront

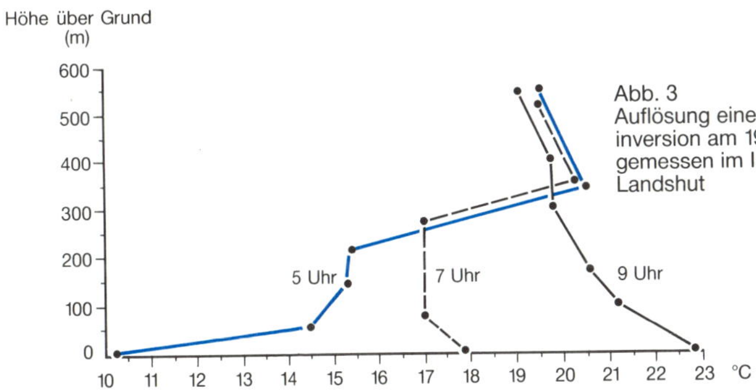

Abb. 3
Auflösung einer Bodeninversion am 19. Juli 1967,
gemessen im Isartal bei
Landshut

Adiabatische Zustandsänderungen

Unter *Zustandsänderungen der Luft* versteht man Änderungen ihrer hauptsächlichen Eigenschaften wie Temperatur, Druck, Dichte und Feuchte. *Adiabatisch* werden sie genannt, wenn Änderungen eintreten, obwohl einem Luftquantum weder Wärme zugeführt noch entzogen wurde. Solche adiabatischen Prozesse spielen sich bei vertikalen Luftbewegungen ab, z. B. beim Überströmen eines Hindernisses, beim Aufgleiten an einer Front oder beim Aufsteigen in einer Thermikblase. Ein rasch aufsteigendes Luftquantum gerät mit zunehmender Höhe unter geringeren Luftdruck und dehnt sich adiabatisch aus. Die Ausdehnungsarbeit erfordert einen Energieaufwand, der die innere Energie des Luftquantums mindert, so daß es sich abkühlt. Umgekehrt gelangt ein absinkendes Luftquantum unter höheren Druck und wird zusammengedrückt. Durch die Kompressionsarbeit erhöht sich seine innere Energie und damit seine Temperatur.

Die *adiabatische Temperaturänderung* trockener Luft beträgt 1 K pro 100 m, d. h., ein adiabatisch aufsteigendes trokkenes Luftquantum kühlt sich um 1 K pro 100 m ab; umgekehrt erwärmt sich ein absinkendes Luftquantum um den gleichen Betrag. Dazu ein Beispiel (Abb. 1): Ein Luftpaket mit einer Temperatur von 23 °C, bei dem ein Wärmeaustausch mit der Umgebung ausgeschlossen sei, wird von Garmisch (Höhe 700 m NN) bis zur Zugspitze (knapp 3 000 m NN) gehoben. Das Luftpaket dehnt sich aus und kühlt dadurch ab, bei einem Höhenunterschied von 2 300 m um 23 K. Umgekehrt erwärmt sich ein Luftpaket, das auf der Zugspitze eine Temperatur von 0 °C hat, beim trockenadiabatischen Absinken bis Garmisch auf 23 °C.

Wenn nun die Luft nicht trocken ist, sondern eine gewisse Menge *Wasserdampf* (Feuchte) enthält, wie es in Wirklichkeit immer der Fall ist, werden die adiabatischen Zustandsänderungen etwas komplizierter. Wasserdampf gelangt durch Verdunstung von Wasser und Eis in die Atmosphäre. Für diesen Vorgang wird Wärme benötigt, die der Flüssigkeit und der umgebenden Luft entzogen wird. Die Wärme geht aber nicht verloren. Sie bleibt im Wasserdampf als latente (verborgene) Wärme erhalten. Beim umgekehrten Vorgang, wenn Wasserdampf kondensiert und Wolkentröpfchen entstehen, wird Kondensationswärme frei und der Luft zugeführt.

Die Luft kann nicht beliebig viel Wasserdampf aufnehmen. So können in einem Kubikmeter Luft bei 20 °C höchstens 17,3 g und bei 0 °C nur 4,9 g Wasserdampf enthalten sein. Man bezeichnet diese Maßzahl als maximale *absolute Feuchte* (g/m^3). Häufig wird auch die *relative Feuchte* in % angegeben, d. h. das Verhältnis der augenblicklich vorhandenen zur maximal möglichen Wasserdampfmenge (s. S. 32). Bei der Erklärung adiabatischer Prozesse verwendet man meist das *Mischungsverhältnis*. Es gibt an, wieviel Gramm Wasserdampf in einem Kilogramm trockener Luft vorhanden sind. Bei Vertikalbewegungen ändert sich diese Feuchtegröße mit der Höhe nicht, solange keine Kondensation von Wasserdampf oder Verdunstung von Wassertropfen und Eiskristallen stattfindet. Wird nun ein feuchtes, noch nicht mit Wasserdampf gesättigtes Luftquantum adiabatisch gehoben, erhöht sich infolge Abkühlung die relative Feuchte. Solange aber noch keine Sättigung erreicht ist, wird keine latente Wärme frei. Das bedeutet, daß bei Vertikalbewegung von feuchter ungesättigter Luft die adiabatische Temperaturänderung genau so groß ist wie die eines trockenen Luftquantums, nämlich 1 K pro 100 m. Erst wenn die relative Feuchte 100% erreicht, wenn also bei der zugehörigen Temperatur der Wasserdampf gesättigt ist, ändert sich die vertikale Temperaturabnahme. Der überschüssige Wasserdampf kondensiert jetzt zu Wolkentröpfchen. Dabei wird *Kondensationswärme* frei, so viel, wie vorher zum Verdunsten gebraucht wurde. Sie kommt dem Luftquantum zugute und wirkt beim weiteren Aufsteigen der trockenadiabatischen Abkühlung entgegen.

Die *feuchtadiabatische Temperaturabnahme*, das ist die Abnahme der Temperatur eines gesättigten, feuchtadiabatisch aufsteigenden Luftquantums (Wolkenluft), ist daher kleiner als die trockenadiabatische. Da warme Luft mehr Wasserdampf aufnehmen kann als kalte, wird bei Kondensation in Warmluft auch mehr Wärme freigesetzt als in kalter Luft. Die feuchtadiabatische Tempera-

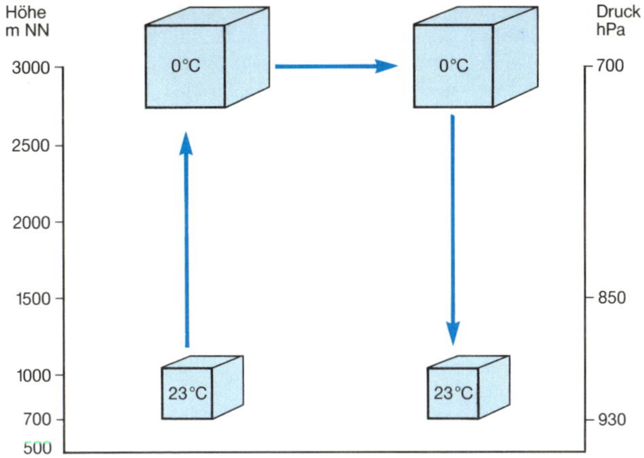

Abb. 1
Trockenadiabatischer Temperaturgradient 1 K/100 m

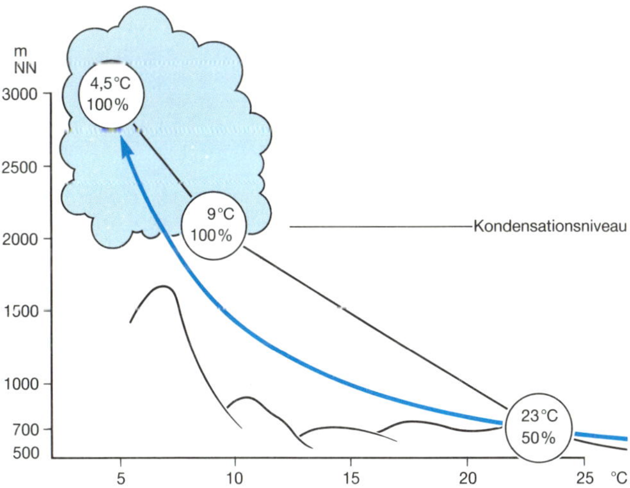

Abb. 2
Adiabatische Zustandsänderung feuchter Luft bei Hebung

turabnahme ist daher keine einheitliche Größe. Sie beträgt bei hohen Temperaturen etwa 0,4 K pro 100 m Höhendifferenz und nähert sich bei sehr tiefen Temperaturen 1 K pro 100 m. Auch dazu ein Beispiel (Abb. 2): Das Luftpaket in Garmisch habe in 700 m Meereshöhe eine Temperatur von 23 °C und eine relative Feuchte von 50 %, die einem Mischungsverhältnis von 9,0 Gramm Wasserdampf in einem Kilogramm trockener Luft entsprechen. Nun wird das Luftpaket gehoben und kühlt sich zunächst trockenadiabatisch bis zum Kondensationsniveau ab, das in etwa 1 400 m über Grund (= 2 100 m NN) erreicht wird, d. h. um 14 K. Seine Temperatur beträgt jetzt 9 °C. Das bisher gleichgebliebene Mischungsverhältnis wird hierbei zum Sättigungsmischungsverhältnis, die relative Feuchte beträgt daher 100 %; Wolken entstehen. Der weitere Aufstieg des Luftpakets erfolgt nun feuchtadiabatisch mit 0,5 K pro 100 m. Bis zum Gipfel sind noch knapp 900 m zurückzulegen, so daß die Temperatur des Luftpakets um weitere 4,5 K sinkt. Damit erreicht es die Zugspitze mit einer Temperatur von 4,5 °C bei einer relativen Feuchte von 100 %. Das Sättigungsmischungsverhältnis beträgt dabei 5 g Wasserdampf/kg trockene Luft. Das Luftpaket ist also um 18,5 K kälter geworden und hat rund 4 g Wasserdampf pro kg trockener Luft in Form von Wolken oder Regentropfen verloren.

Welche Zustandsänderungen ereignen sich nun, wenn wir das feuchtegesättigte Luftpaket wieder von der Zugspitze nach Garmisch zurückbringen? Dazu gibt es drei Überlegungen (Abb. 3):

1. Wir nehmen an, beim Aufsteigen des Luftpakets hätten sich die adiabatischen Prozesse gemäß Abb. 2 vollzogen und der gesamte ausgeschiedene Wasserdampf befinde sich noch als Wolkentröpfchen im Luftpaket. Beim Absinken entsteht nun durch die Kompression Wärme, die aber nur zum Teil zu einer Erhöhung der Lufttemperatur führt. Etwa ein gleich großer Teil wird zur Verdunstung der Wolkentröpfchen benötigt. Die Erwärmung der absinkenden Luft erfolgt daher zunächst feuchtadiabatisch, bis sich die Wolken aufgelöst haben, und danach trockenadiabatisch. Das Luftpaket kommt am Ende in Garmisch mit den gleichen Ausgangswerten wieder an. Wir nennen einen solchen Prozeß, bei dem alle Zustandsänderungen rückgängig gemacht werden, *reversibel* (Abb. 3a).

2. Bei der Hebung des Luftpakets soll ab dem Kondensationsniveau der überschüssige Wasserdampf sofort als Regen ausfallen, die frei werdende Wärme aber im Luftpaket verbleiben. Wir nennen diesen Vorgang eine *pseudoadiabatische Zustandsänderung*. Dann erreicht in unserem Beispiel das Luftpaket den Gipfel ebenfalls mit 4,5 °C und 100 % relativer Feuchte. Beim Absinken setzt aber sofort trockenadiabatische Erwärmung ein, also um 1 K pro 100 m. Bei einem Höhenunterschied von 2 300 m kommt daher die Luft in Garmisch mit 27,5 °C an, und die 5 g Wasserdampf/kg Luft entsprechen hier einer relativen Feuchte von 21 %. Da die beim Aufstieg eingetretenen adiabatischen Zustandsänderungen nicht mehr rückgängig gemacht werden konnten, sprechen wir von einem *irreversiblen* Prozeß (Abb. 3b).

3. Die beiden vorstehenden Überlegungen sind Grenzfälle, die in der Natur durchaus vorkommen (vgl. S. 112). Die Wirklichkeit spielt sich aber meist zwischen beiden ab. Beim Aufsteigen fällt nach der Kondensation nur ein Teil des Wasserdampfs aus. Der Rest bleibt bis zur Gipfelhöhe im Luftpaket. Beim Absinken müssen daher die Wolkentröpfchen wieder verdunsten, so daß sich die Luft anfangs nur feuchtadiabatisch erwärmt. Erst wenn alle Wolkentröpfchen verdunstet sind (in unserem Beispiel etwa ab 2 500 m NN), nimmt die Temperatur trockenadiabatisch zu. Das Luftpaket erreicht dann Garmisch mit 25 °C und 35 % relativer Feuchte. Auch hier handelt es sich um einen irreversiblen Prozeß (Abb. 3c).

Bei den theoretischen Überlegungen in diesem Kapitel wurden die adiabatischen Zustandsänderungen eines individuellen Luftteilchens bzw. eines Luftpakets untersucht, ohne auf die Zustandsgrößen Temperatur und Feuchte der umgebenden Luft zu achten. Diese bestimmen aber wesentlich, ob es zu vertikalen Bewegungen der Luft überhaupt kommen kann (s. S. 54 ff.).

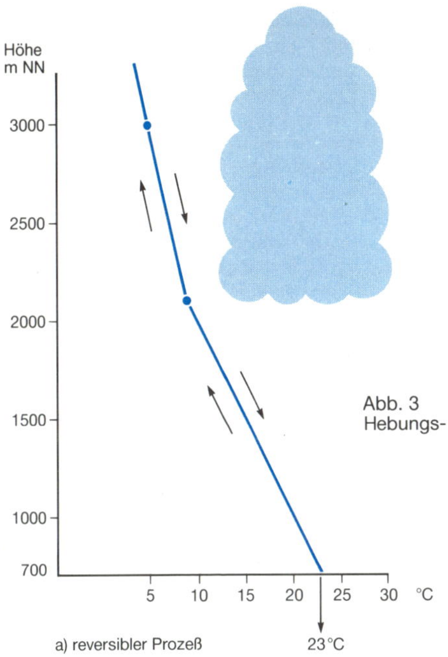

a) reversibler Prozeß

Abb. 3
Hebungs- und Absinkkurven für feuchte Luft

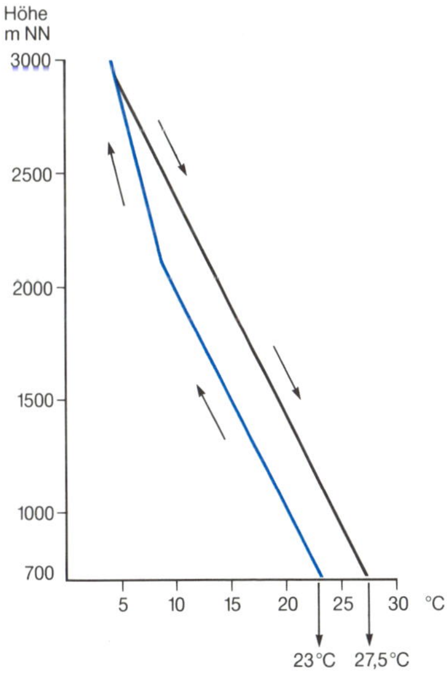

b) irreversibler Prozeß
(der kondensierte Wasserdampf fällt aus)

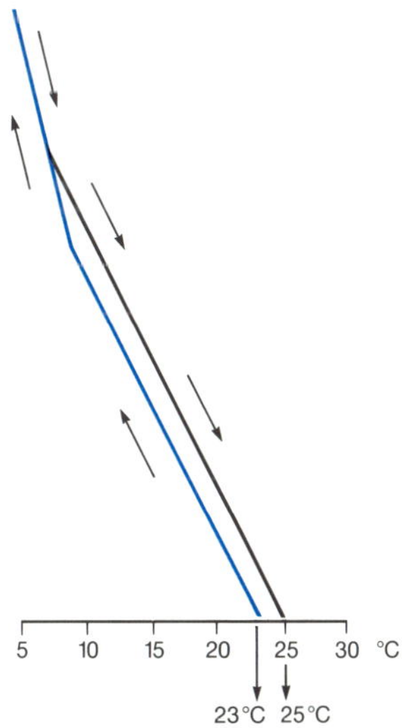

c) irreversibler Prozeß
(ein Teil des kondensierten Wasserdampfes fällt aus)

Vertikale Feuchteverteilung

Die Luft enthält immer eine mit der Wetterentwicklung wechselnde Menge Wasser in gasförmigem Zustand, d.h. unsichtbaren *Wasserdampf*. Obwohl sein Anteil weniger als 4 Vol.-% beträgt, ist er ein wichtiger Faktor für Wetter und Klima, da von ihm abhängt, ob es Sonnenschein, Regen oder Schnee gibt. Darüber hinaus ist Wasserdampf in der Atmosphäre zusammen mit Kohlendioxid für den für das Klima der Erde wichtigen Treibhauseffekt (s. S. 66) verantwortlich.

Der Wasserdampf gelangt durch *Verdunstung* in die Atmosphäre, insbesondere an der Oberfläche von Meeren und Gewässern, aber auch durch die Vegetation und Diffusion aus tieferen Bodenschichten. Da die Luft nur einen von der Temperatur abhängigen Höchstbetrag an Wasserdampf aufnehmen kann, ist sie in den Tropen wasserdampfreicher als in den Polargebieten. Warmluftmassen haben daher einen größeren Wasserdampfgehalt als Kaltluftmassen. Von der Erdoberfläche weg wird der Wasserdampf durch die Luftströmungen ausgebreitet, sowohl in horizontaler als auch in vertikaler Richtung, zumal feuchte Luft leichter ist als trockene Luft derselben Temperatur.

Bei der *vertikalen Feuchteverteilung* erkennt man im dargestellten Beispiel (Abb. 1) verhältnismäßig große Werte der relativen Feuchte in den unteren 1 500 m. Oberhalb der atmosphärischen Grenzschicht nimmt die relative Feuchte im Mittel kontinuierlich ab und bleibt etwa ab 5 500 m Höhe bis zur Tropopause bei 50 % konstant. Da aber die Temperatur um 0,65 K pro 100 m abnimmt (s. S. 46), wird der Wasserdampf mit zunehmender Höhe weniger, so daß in der oberen Troposphäre die absolute Feuchte weniger als 0,4 g/m^3 beträgt, gegenüber 7 bis 8 g/m^3 in der bodennahen Schicht (in den Tropen 22,5 g/m^3, in Sibirien im Winter 0,1 g/m^3). Da die Tropopause den vertikalen *Feuchtetransport* hemmt, findet man in der Stratosphäre kaum noch Wasserdampf. Die relative Feuchte beträgt hier meist nur wenige Prozent.

Von der mittleren vertikalen Feuchteverteilung gibt es natürlich je nach Wetterlage mehr oder weniger große Abweichungen. So kann die relative Feuchte in allen Schichten der Troposphäre 100 % erreichen, z. B. in bodennaher Schicht infolge Ausstrahlung, unterhalb von Inversionen durch fehlenden Austausch und in größerer Mächtigkeit durch Aufgleiten an Fronten und durch Hebung labil geschichteter Luft. Geringe Werte der *Feuchte* findet man dagegen im Bereich von Hochdruckgebieten, meist an der Obergrenze von Absinkinversionen, wo in Extremfällen die relative Feuchte unter 10 % betragen kann.

Auch im *Jahresgang* gibt es bestimmte Schwankungen um den Mittelwert (Abb. 2). So liegen im Winterhalbjahr die größten Werte in Bodennähe zwischen 80 und 90 %. Mit zunehmender Frühjahrserwärmung geht die relative Feuchte stark zurück und erreicht bereits im April das Jahresminimum. Ein sekundäres Maximum erkennt man im Juni. Es hängt mit den in dieser Jahreszeit häufig vorkommenden Vorstößen feuchter Meeresluft zusammen.

In der freien Atmosphäre wird der Jahresgang durch die thermodynamischen Vorgänge der vorherrschenden Wetterlagen modifiziert. Ganz wesentlich wird dabei die vertikale Feuchteverteilung durch die *Konvektion* geprägt. Diese bewirkt, daß in den Monaten April bis September die relative Feuchte bis in mittlere Höhen größer ist als am Erdboden (Abb. 3). Mit der Tageserwärmung nimmt die Verdunstung am Erdboden zu. Die Feuchtigkeit wird aber durch die bald einsetzende *Thermik* in größere Höhen geführt. Die aufsteigende Luft kühlt sich dabei adiabatisch ab, so daß die relative Feuchte in der Höhe zunimmt und bei Sättigung des Wasserdampfs Wolken entstehen. Diesen Vorgang kann man in den langjährigen Mittelwerten nachweisen, indem man die Differenz zwischen den Monatsmitteln der relativen Feuchte am Boden und den Werten des 850-hPa-Niveaus (etwa 1 500 m NN) bildet (Abb. 3a). Es ergeben sich positive Werte, d. h. mehr Feuchte am Boden, in den Wintermonaten und negative Werte, d. h. größere Feuchte in 1 500 m Höhe, von April bis September. Die gleiche Erscheinung beobachtet man bei Wanderungen in den Bergen. Im Frühjahr und Sommer werden nämlich die Berggipfel im Laufe des Vormittags oft durch Quellwolken eingehüllt. Die relative Feuchte ist dann auf dem Berg größer als im Tal (Abb. 3b).

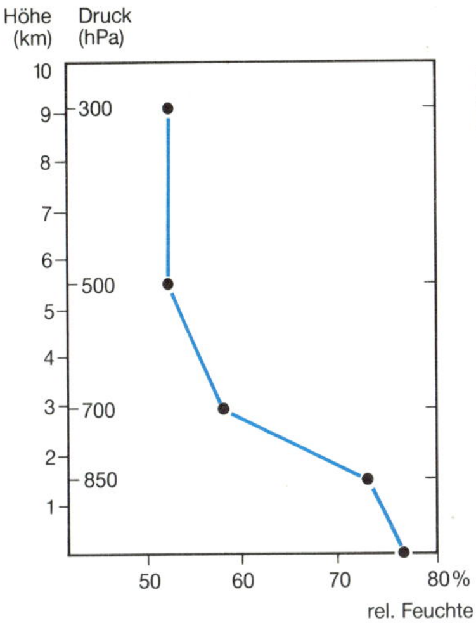

Abb. 1
Schleswig, Termin 13 Uhr MEZ
Mittlere vertikale Feuchteverteilung (%), 1984

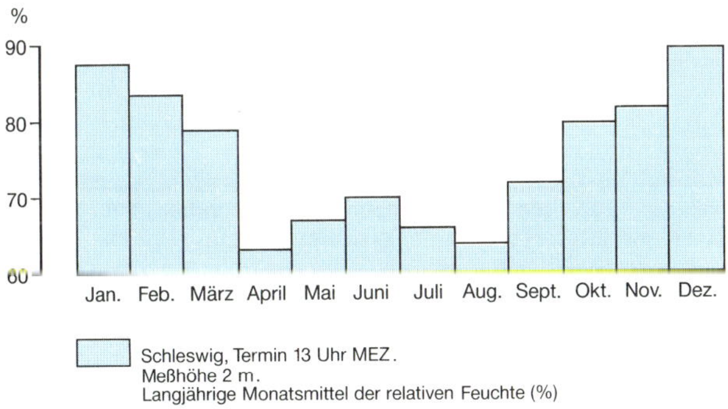

Abb. 2

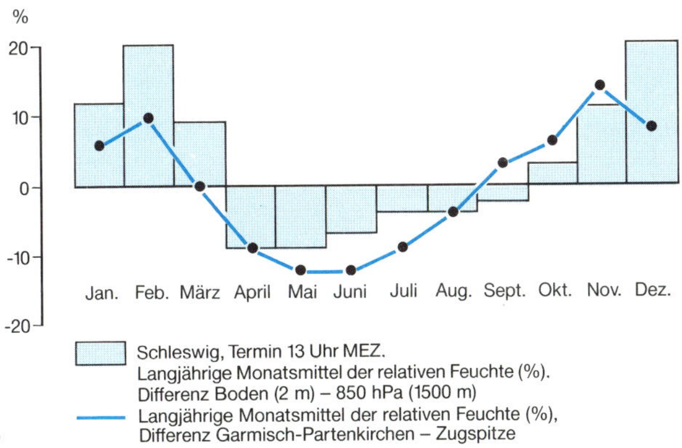

Abb. 3

Gleichgewichtszustände

Als *Gleichgewicht* bezeichnet man den Zustand eines Körpers oder eines Systems, bei dem die maßgebenden Zustandsgrößen zeitlich konstant und/oder die unterschiedlich einwirkenden Kräfte sich gegenseitig aufheben. Dabei unterscheidet man drei Gleichgewichtsarten: *stabil, labil* und *indifferent* (Abb. 1).

In der Atmosphäre ist der Gleichgewichtszustand von der Schichtung der Luft abhängig, die durch die vertikale Verteilung von Temperatur und Feuchte bestimmt wird. *Stabilität* und *Labilität* sind dabei von fundamentaler Bedeutung für die Wettervorgänge. Im stabilen Fall zeigen die Wolken schichtförmiges, eintöniges Aussehen, wobei oft eine konturlose Wolkendecke den gesamten Himmel überdeckt (Stratus). Bei geringer Feuchte ist die Wolkendecke durchbrochen, oder es ist sogar wolkenlos. Ist die Atmosphäre aber labil geschichtet, sieht der Himmel oft chaotisch aus. Vertikalbewegungen werden begünstigt, und alle Wolken nehmen in der vertikalen Erstreckung zu. Weiße Wolken türmen sich zu mächtigen blumenkohlartigen Gebilden auf (Cumulonimbus).

Neben dem Wolkenbild geben die Zustandskurven Hinweise auf stabile oder labile Schichtung. Aus dem Kapitel „Adiabatische Zustandsänderungen" wissen wir, daß aufsteigende trockene Luft sich um 1 K pro 100 m abkühlt. Bei einem Vergleich der Temperatur des aufsteigenden bzw. absinkenden Luftquantums (Vorgangskurve) mit der Temperatur der Umgebungsluft (Zustandskurve) lassen sich *drei Fälle der vertikalen Schichtung* unterscheiden (Abb. 2):

1. Die Temperaturabnahme der Atmosphäre sei geringer als die Temperaturabnahme des Luftpakets während der Hebung. Dann gelangt das Luftquantum zunehmend in eine Umgebung mit wärmerer Luft. Es ist damit schwerer und sinkt wieder ab. Wird ein Luftpaket in ein tieferes Niveau geführt, erwärmt es sich adiabatisch, wird in diesem Fall also wärmer als die Umgebungsluft und steigt automatisch zur Ausgangshöhe auf. Da Kräfte auf das Luftpaket einwirken, die es in seine Ausgangslage zurückführen, spricht man von einer *stabilen Schichtung* der Atmosphäre.

2. Die Temperaturabnahme der Atmosphäre sei größer als die Temperaturabnahme des Luftpakets während der Hebung. Das Luftpaket ist dann immer von kälterer Luft umgeben. Es ist somit leichter und setzt seine begonnene Aufwärtsbewegung fort. Analog gerät ein nach unten geführtes Luftpaket in eine wärmere Umgebung. Es ist daher schwerer und entfernt sich weiter von seiner Ausgangslage. Diese Beispiele kennzeichnen eine *trockenlabile Schichtung,* die in den unteren Schichten nahe der Erdoberfläche vorkommen kann.

3. Die Atmosphäre habe einen trockenadiabatischen Temperaturgradienten von 1 K/100 m. Dann besitzt bei Vertikalbewegungen ein Luftquantum ständig die gleiche Temperatur wie seine Umgebung. Es befindet sich somit stets im Gleichgewicht mit der Umgebungsluft. Man nennt diesen Zustand eine *neutrale* oder *indifferente Schichtung.*

Die gleichen Überlegungen, die hier zur Kennzeichnung der Schichtung „trockener" Luft angestellt wurden, gelten auch für „feuchte" Luft. Nur wird die Zustandskurve jetzt mit der *Feuchtadiabate* verglichen. Diese kennzeichnet als Vorgangskurve die Temperaturänderung eines aufsteigenden, mit Wasserdampf gesättigten Luftquantums. Je nach dem Verlauf der Zustandskurve im Vergleich zur Feuchtadiabate spricht man von *feuchtstabiler, feuchtlabiler* oder *feuchtindifferenter Schichtung* (Abb. 3).

Nicht selten verläuft die Zustandskurve zwischen einer Adiabate und einer Feuchtadiabate, d. h., die vertikale Temperaturabnahme der Atmosphäre ist kleiner als es dem adiabatischen Temperaturgradienten entspricht, aber größer als der feuchtadiabatische. In diesem Fall ist die Schichtung gleichzeitig trockenstabil und feuchtlabil. Das bedeutet, es herrscht Stabilität, solange bei einer Hebung keine Kondensation eintritt. Kondensiert aber der Wasserdampf des aufsteigenden Luftpakets, wird Wärme frei, und das Luftquantum wird wärmer als seine Umgebung. Es setzt daher seine Vertikalbewegung verstärkt fort. Diese Art der Schichtung wird *latente* oder *bedingte Labilität* genannt und hat besondere Bedeutung bei erzwungener Hebung der Luft an Hindernissen, Fronten und Trögen (vgl. S. 174).

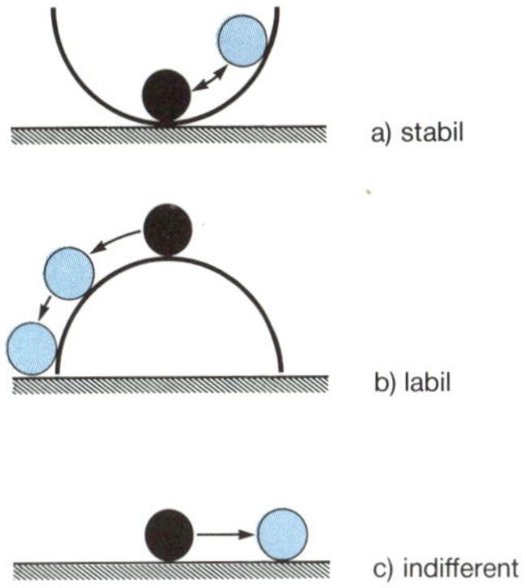

Abb. 1
Gleichgewichtsarten in der Mechanik

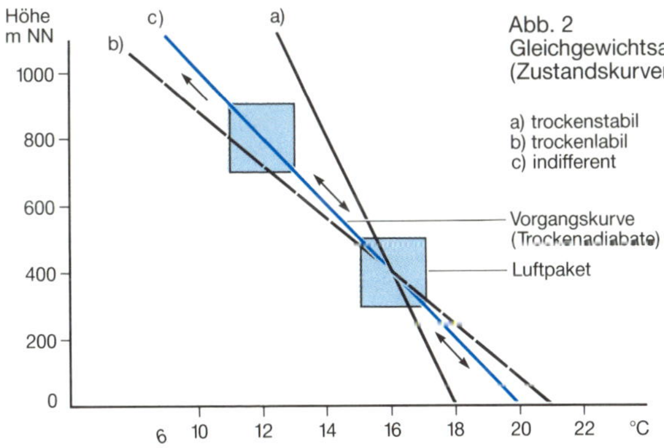

Abb. 2
Gleichgewichtsarten „trockener" Luft
(Zustandskurven)

a) trockenstabil
b) trockenlabil
c) indifferent

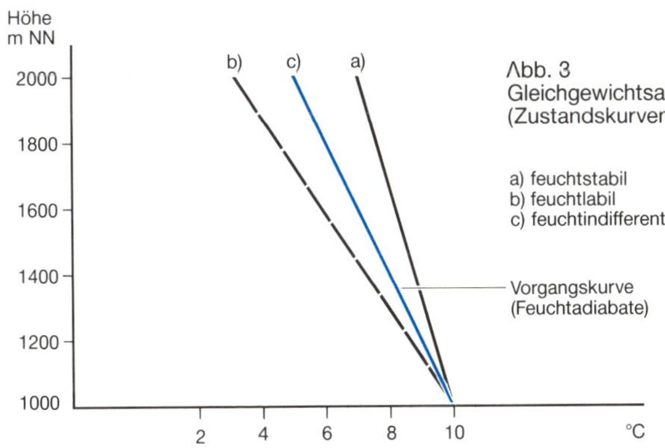

Abb. 3
Gleichgewichtsarten „feuchter Luft"
(Zustandskurven)

a) feuchtstabil
b) feuchtlabil
c) feuchtindifferent

Thermodynamische Diagrammpapiere

Die vertikale Verteilung von Luftdruck, Temperatur, relativer Feuchte und Wind wird täglich über vielen Orten der Erde bestimmt. Damit die aerologischen Aufstiege (vgl. S. 130) rasch und anschaulich ausgewertet werden können, wurden Diagrammpapiere entwickelt, mit denen aufwendige Rechenoperationen durch graphische Konstruktionen ersetzt werden. Dazu werden die über einem bestimmten Ort gemessenen Werte, z. B. Druck und Temperatur, in das Diagrammpapier eingetragen und durch einen Linienzug verbunden, der als *Zustandskurve* bezeichnet wird (vgl. Abb. 2, S. 47). Daneben ermöglichen die Diagrammpapiere die Verfolgung individueller Zustandsänderungen eines Luftteilchens von vorgegebener Temperatur und Feuchte zwischen zwei beliebigen Luftdruckwerten (s. Abb. 3, S. 51), die Erkennung der Stabilität der Schichtung (s. Abb. 2 und 3, S. 55) und die Bestimmung des Kondensationsniveaus, schließlich die Ermittlung der Labilitätsenergie der Wetterlage.

Da in einem einzigen Diagrammpapier nicht alle Aufgaben gleich gut gelöst werden können, wurden verschiedene Arten von Formblättern entwickelt, die sich im wesentlichen in der Anordnung bestimmter Kurvenscharen und in der Skaleneinteilung unterscheiden. Fast allen gemeinsam sind aber die Grundkoordinaten Druck und Temperatur in linearer, logarithmischer oder exponentieller Skala. In das Grundkoordinatennetz sind die Scharen der Trocken- und Feuchtadiabaten eingetragen, mit deren Hilfe die Zustandsänderungen eines Luftteilchens bei Vertikalbewegungen beschrieben werden können, wenn ihm von außen Wärme weder zugeführt noch Wärme abgeführt wird (s. S. 48). Sie führen daher auch die Bezeichnung *Vorgangskurven* und waren Namensgeber für die erstmals vor 100 Jahren entwickelten „Adiabatentafeln“ bzw. „Adiabatenpapiere“. Die meisten Diagrammpapiere enthalten ferner Linien der maximalen spezifischen Feuchte oder des Sättigungsmischungsverhältnisses.

Die gebräuchlichsten thermodynamischen Diagrammpapiere sind das *Stüve-Diagramm* (nach Georg Stüve) und das *Skew(T,log p)-Diagramm*. Das letztere ist dadurch gekennzeichnet, daß sich die waagrecht verlaufenden Isobaren und die schräg von links unten nach rechts oben verlaufenden Isothermen (Skew T = schiefes T) in einem Winkel von 45° schneiden. Das Stüve-Diagramm (einen vereinfachten Ausschnitt zeigt die Abb.) weist ein rechtwinkeliges Koordinatensystem auf. Die Abszisse zeigt eine lineare Skala der Temperatur von −80 bis 40 °C; auf der Ordinate ist der Luftdruck von 1 050 bis 10 hPa in einem exponentiellen Maßstab p^k aufgetragen. Der Exponent k ist eine Konstante:

$$k = \frac{c_p - c_v}{c_p} = 0{,}286;$$

$c_p = 1\,005\ \mathrm{Jkg^{-1}K^{-1}}$ ist die spezifische Wärmekapazität trockener Luft bei konstantem Druck, $c_v = 718\ \mathrm{Jkg^{-1}K^{-1}}$ die spezifische Wärmekapazität trockener Luft bei konstantem Volumen. Die Einteilung der Vertikalen (p^k) entspricht ungefähr einer Höhenskala. Das Stüve-Diagramm enthält neben den Isothermen und Isobaren *folgende Kurvenscharen:*

1. *Trockenadiabaten:* Von rechts unten nach links oben verlaufende Geraden, welche die 1 000-hPa-Isobare in Abständen von 5 zu 5 °C schneiden. Sie sind nach der Temperaturskala in 1 000 hPa beziffert und identisch mit Linien gleicher potentieller Temperatur (= die Temperatur, die ein Luftteilchen annimmt, nachdem es trockenadiabatisch auf den Druck von $p_0 = 1\,000$ hPa gebracht wurde). Die Trockenadiabaten werden nach der Poisson-Gleichung

$$T = T_0\left(\frac{p}{p_0}\right)^k$$

berechnet. Die Geraden treffen sich im (außerhalb des Blattes liegenden) Nullpunkt von Luftdruck und Temperatur.

2. *Feuchtadiabaten:* Von rechts unten nach links oben verlaufende blau ausgezogene Kurvenscharen, die die Bezifferung der Trockenadiabaten tragen, denen sie sich bei niedriger Temperatur bzw. niedrigem Mischungsverhältnis nähern.

3. *Linien gleichen Sättigungsmischungsverhältnisses* in g Wasserdampf pro kg trockener Luft: gestrichelte, nahezu geradlinig verlaufende Linien, die schwach gegen die tieferen Temperaturen geneigt sind, von 0,01 bis 50 g/kg.

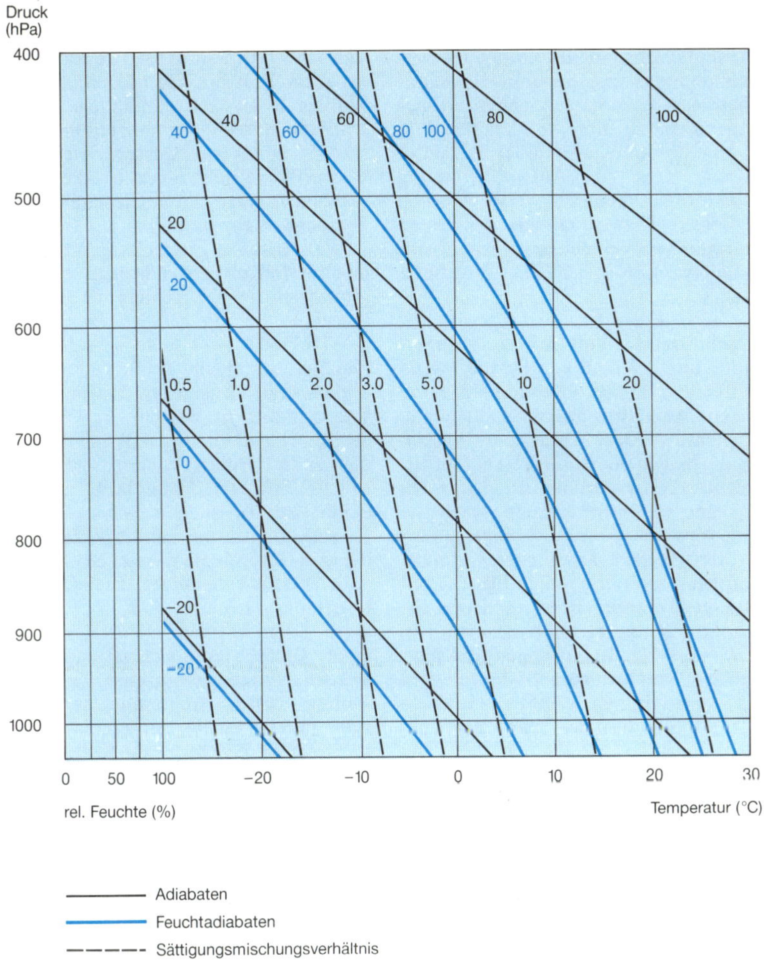

Abb.
Thermodynamisches Diagramm
(nach G. Stüve)

Thermik und Konvektion

In der Meteorologie bezeichnen Thermik und Konvektion die durch Wärmeunterschiede des Erdbodens hervorgerufenen Vertikalbewegungen der Luft. Beide unterscheiden sich hauptsächlich in der Größenordnung ihrer horizontalen und vertikalen Erstreckung, wobei aber unter *Thermik* mehr die Aufwindströmung wärmerer Luft verstanden wird, während der Begriff *Konvektion* das Aufsteigen erwärmter Luft bei gleichzeitigem Absinken kälterer Luft in der Umgebung beinhaltet.

Ursache dieser Erscheinungen ist die Tatsache, daß die Luft über der Erdoberfläche ungleichmäßig erwärmt wird. Sandflächen, Steine, Getreidefelder und trockene Äcker erwärmen sich schneller als feuchte Wiesen, Wälder und Wasserflächen. Neben der Bodenbeschaffenheit spielt für die Erwärmung die Bodenneigung eine wesentliche Rolle. Nach der Sonne optimal geneigte Hänge erwärmen sich stärker als ebenes Gelände. Über den stärker erwärmten Flächen bilden sich *Warmluftblasen,* in denen die Luft eine geringere Dichte besitzt als in der Umgebung. Bei genügendem Auftrieb hebt sie sich vom Boden ab und steigt so lange, bis sie infolge adiabatischer Abkühlung die Temperatur der Umgebungsluft angenommen hat. Der ersten *Thermikblase* (Abb. 1) folgt einige Minuten später die nächste, meist mit größerer Aufstiegsgeschwindigkeit, so daß sie die Schleppe der Vorgängerin einholt. Es bildet sich so ein *Thermikschlauch* mit aufsteigender Warmluft, der den Segelflug über flachem Gelände ermöglicht. Der Durchmesser der Aufwindströme kann wenige Meter, aber auch einige Hektometer betragen.

Bei wolkenlosem Wetter erkennt man den Aufwind, die sogenannte *Blauthermik,* häufig daran, daß Vögel in ihm segeln. Als Ersatz für die in engen Schläuchen aufstrudelnde Warmluft sinkt über einer wesentlich größeren Fläche und damit mit geringerer Geschwindigkeit kältere Luft herab und erwärmt sich adiabatisch. Im oberen Teil der Thermikschläuche entwickeln sich bei ausreichender Feuchte Haufenwolken, an Schönwettertagen im Sommer in großer Zahl, alle in gleicher Höhe, dem Kondensationsniveau (Abb. 2). In den Nachmittagsstunden, wenn die Sonneneinstrahlung am intensivsten ist, sind auch die Quellungen am stärksten. Abends, wenn die Temperatur am Erdboden wieder sinkt, hört die Thermik auf, und die Wolken lösen sich allmählich auf. An größeren Seen kann man mitunter eine *Abendthermik* beobachten, wenn die Wasserfläche noch warm ist, die Umgebung sich aber erheblich unter deren Temperatur abgekühlt hat.

Die vertikale Erstreckung der Thermik- und Konvektionswolken wird wesentlich durch die Schichtung der Luft bestimmt. Bei *stabiler Schichtung* reicht die Thermik meist nicht sehr hoch, so daß sich nur flache Schönwetterwolken bilden. Gibt es dagegen in der unteren Troposphäre *feuchtlabile Schichten* (s. S. 54), entstehen blumenkohlartig aufquellende Haufenwolken mit einer Mächtigkeit von mehreren Kilometern. Schließlich entwickeln sich bei starker Konvektion Cumulonimbuswolken, die bis zur Tropopause reichen können. Konvektionswolken entstehen auch in horizontal strömender Kaltluft, wenn diese über wärmeren Untergrund gelangt. Sie formieren sich oft zu *Wolkenstraßen,* in denen einzelne Cumuli in Reihen vorwiegend parallel zur Windrichtung gleichmäßig hintereinander angeordnet sind. Typisch für Kaltluft über wärmeren Meeresflächen sind zellenförmig oder wabenförmig angeordnete Konvektionswolken, wie sie erstmals durch Satellitenaufnahmen festgestellt wurden (s. Abb. 1, S. 179).

Neben diesen Formen der *thermischen Konvektion* verdient auch die *erzwungene Konvektion* Erwähnung. Sie wird ausgelöst, wenn feuchtlabil geschichtete Luft über ein größeres Hindernis strömt. Durch die Hebung wird bei Wolkenbildung Kondensationswärme frei, die die Energie für die bis in große Höhen weiter aufquellenden Wolken liefert. Thermik und Konvektion bewirken somit in einer Vielfalt von Erscheinungen den *vertikalen Massenaustausch* und einen *vertikalen Energietransport.* Sie sorgen für eine Durchmischung der gesamten Troposphäre und damit für einen Ausgleich extremer Gegensätze. Besondere Bedeutung für das globale Klima hat dabei die thermische Konvektion der tropischen Breiten (s. S. 116).

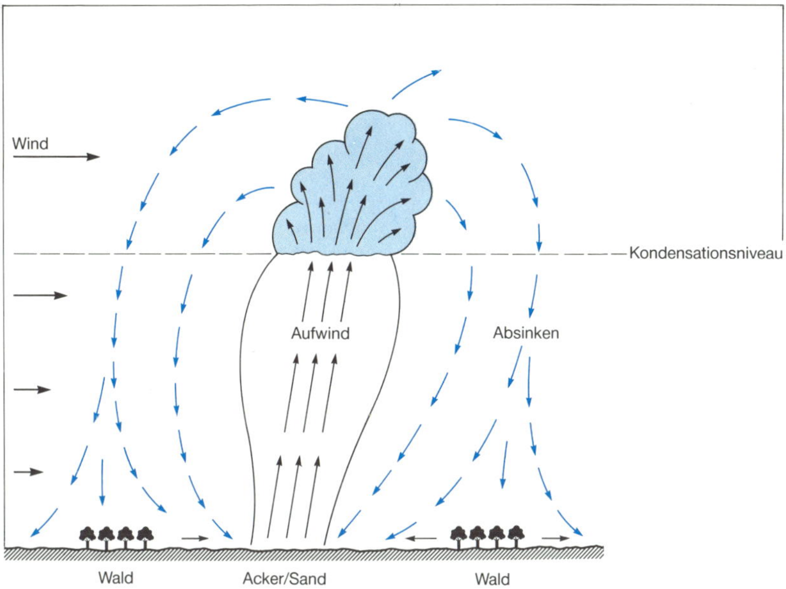

Abb. 1
Thermikblase mit Cumulusbildung

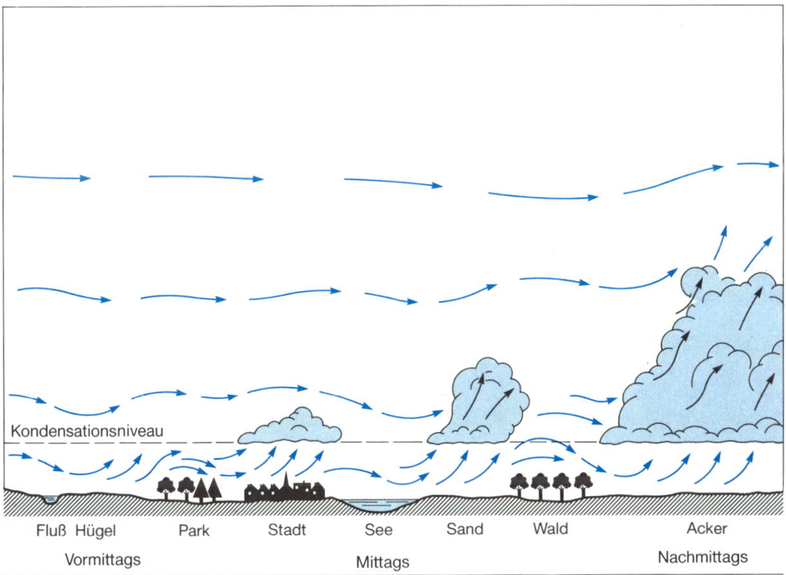

Abb. 2
Thermik und Konvektion an einem Sommertag
(nach J. Grunow)

Barotropie und Baroklinität

Nachdem das vertikale Verhalten des Luftdrucks (vgl. S. 44) und der Temperatur (vgl. S. 46) im einzelnen behandelt worden ist, stellt sich nun die Frage, wie beide Elemente, also die Flächen gleichen Luftdrucks und die Flächen gleicher Temperatur, in der Atmosphäre relativ zueinander angeordnet sind und welche Folgerungen sich daraus ergeben.

Grundsätzlich kann man zwei Fälle unterscheiden: Die Flächen können parallel zueinander angeordnet oder unterschiedlich geneigt sein, sich also gegenseitig schneiden.

Eine Atmosphäre, in der Luftdruck- und Temperaturflächen parallel verlaufen, nennt man *barotrop,* oder man sagt, in dieser Atmosphäre herrscht *Barotropie.* Dabei können die Temperaturflächen, wie in dem Vertikalschnitt in Abb. 1a dargestellt, gegenseitig etwa gleichen Abstand haben; ihr Abstand kann aber auch mehr oder weniger stark mit der Höhe zu- oder abnehmen. Entscheidend ist nur, daß jedem Druckniveau eine bestimmte Temperatur zugeordnet ist, daß also die Temperatur – bzw. die Dichte – durch den Luftdruck eindeutig bestimmt ist. Barotropie würde auch herrschen, wenn in der ganzen Atmosphäre eine einheitliche Temperatur oder auch eine einheitliche Dichte vorhanden wäre. In einem Horizontalschnitt längs einer isobaren Fläche, die wie eine übliche Höhenwetterkarte durch Linien gleicher Höhe einer Luftdruckfläche dargestellt ist (Abb. 2a), erscheint bei barotropen Verhältnissen überhaupt keine Isotherme, da die Temperatur in der gesamten Fläche konstant ist.

Eine Atmosphäre, in der überall die Barotropiebedingung erfüllt ist, hat ganz bestimmte Eigenschaften. Zunächst muß zwischen zwei Luftdruckflächen überall die gleiche vertikale Mitteltemperatur vorhanden sein, da zwischen ihnen die Isothermen parallel angeordnet sind und der vertikale Temperaturverlauf einheitlich sein muß. Daraus folgt entsprechend der barometrischen Höhenformel (s. S. 44), daß der Abstand zweier beliebiger Luftdruckflächen überall konstant ist. Das bedeutet aber auch, daß die Neigung der Luftdruckflächen, die – wie später (vgl. S. 94–107) noch erläutert wird – maßgebend für den Wind ist, in der Vertikalen völlig einheitlich ist. In einer barotropen Atmosphäre herrschen also in allen Höhen die gleiche Luftdruck- und Windverteilung. Von besonderer Bedeutung ist dabei, daß der in einer isobaren Fläche auftretende Wind keine horizontale Temperaturänderung bewirken kann, da ja die Temperatur in dieser Fläche überall gleich ist. Ein horizontaler Temperaturtransport, den man auch als *Temperaturadvektion* bezeichnet, kann also in einer barotropen Atmosphäre nicht auftreten.

Das Gegenstück zu einer barotropen Atmosphäre ist die *barokline* Atmosphäre. Bei *Baroklinität* sind die isothermen Flächen bzw. die Flächen gleicher Dichte gegenüber den isobaren Flächen beliebig geneigt, und es gibt vielfach Schnittlinien zwischen beiden Flächenarten. Wenn auch die Neigung der isothermen Flächen gegenüber den Luftdruckflächen beliebig groß sein kann, besteht doch zwischen der Lage beider Flächenarten ein strenger Zusammenhang, der sich aus der *barometrischen Höhenformel* ergibt. Nach dieser Formel ist der Abstand der Luftdruckflächen um so größer, je höher die Mitteltemperatur zwischen beiden Flächen ist, und umgekehrt. In Abb. 1b ist in einem Vertikalschnitt ein Fall dargestellt, bei dem sich aufgrund eines entsprechenden Temperaturgefälles die Neigung der Druckflächen mit der Höhe umkehrt. So nimmt auf der linken Seite in warmer Luft der Luftdruck mit der Höhe sehr langsam, auf der rechten Seite in kalter Luft dagegen sehr rasch ab, so daß in der Höhe schließlich die Luftdruckflächen umgekehrt wie am Boden geneigt sind.

In einem Horizontalschnitt (Abb. 2b) schneiden die Isothermen bei Baroklinität die Linien gleicher Höhe einer Druckfläche vielfach. Es entstehen dabei meist rhombenartige Vierecke *(Solenoide),* deren Größe der Stärke der Baroklinität, zugleich aber auch der Intensität der Temperaturadvektion in dieser Fläche umgekehrt proportional ist.

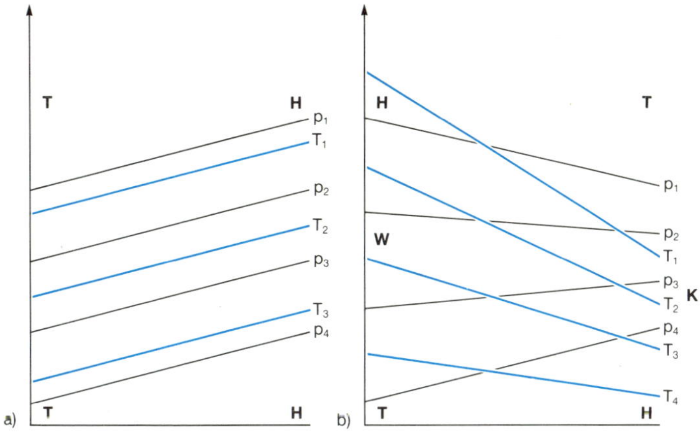

Abb. 1
Vertikalschnitt:
Isobaren und Isothermen in einer (a) barotropen und einer (b) baroklinen Atmosphäre

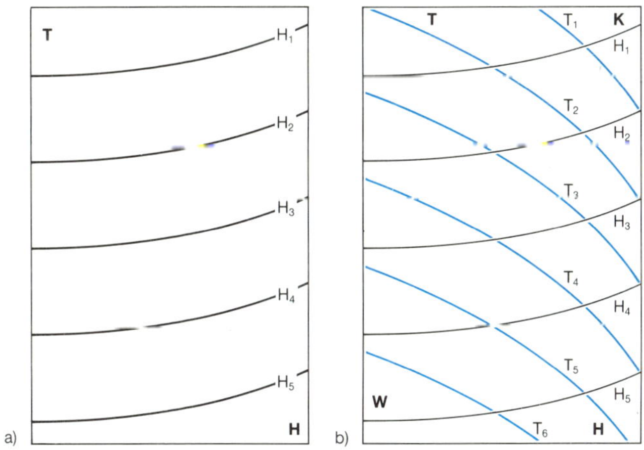

Abb. 2
Horizontalschnitt:
Linien gleicher Höhe einer Luftdruckfläche und Isothermen in einer (a) barotropen und einer (b) baroklinen Atmosphäre

Sonnenstrahlung

Die irdische Atmosphäre gleicht einer Wärmekraftmaschine, die die zugeführte Energie in Wärme- und Bewegungsenergie umsetzt. Als Energiequelle kommt nur die *Sonnenenergie* in Frage. Sie ist das Ergebnis eines gewaltigen, im Sonneninnern ständig ablaufenden thermonuklearen Fusionsprozesses, bei dem unter sehr hohen Drücken (etwa 221millionenfach höher als an der Erdoberfläche) und bei Temperaturen von rund 15 Millionen K aus Wasserstoff das Edelgas Helium erzeugt wird. Die dabei in Form von Gammastrahlung freigesetzte Energie wird durch Reaktionen mit den Gasatomen in Strahlung größerer Wellenlängen umgewandelt, die in langen Zeiträumen schließlich bis zur Sonnenoberfläche *(Photosphäre)* vordringt. Von hier aus wird täglich die unvorstellbar große Energiemenge von $921 \cdot 10^{22}$ kWh in den Weltraum abgestrahlt; sie trifft auf die Oberfläche einer Kugel, deren Radius dem mittleren Abstand Sonne–Erde ($= 1{,}495 \cdot 10^8$ km) entspricht. Der auf die Sonnenoberfläche (Sonnendurchmesser $\approx 14 \cdot 10^5$ km) bezogene Strahlungsenergiefluß beträgt $1{,}51 \cdot 10^6$ kWh/m². Die Energieproduktion der Sonne ist zwar mit einem Massenverlust verbunden, jedoch hat sie bisher nur etwa 2% ihrer Gesamtmasse ($= 2 \cdot 10^{30}$ kg) verloren. Man kann daher davon ausgehen, daß die solare Energieabstrahlung annähernd konstant ist.

Die sogenannte *Solarkonstante* stellt die Integration über alle spektralen Intensitäten der extraterrestrischen Sonnenstrahlung dar, bezogen auf eine zur Einfallsrichtung der Strahlung senkrecht stehende Einheitsfläche von 1 m². Nach neueren Messungen (auch mittels Raketen und Satelliten), die bis zum äußeren Rand der Atmosphäre extrapoliert werden, beträgt ihr mittlerer Zahlenwert 1368 W/m² (= 32,8 kWh/m²d), bei einer Meßungenauigkeit von ± 2 W/m². Wegen der schwach elliptischen Erdumlaufbahn ist sie Anfang Januar (Sonnennähe) um 3,5% größer als ihr Mittelwert, Anfang Juli dagegen um 3,5% kleiner als dieser. Kurzfristige Schwankungen der Solarkonstanten mit einer Dauer von einigen Tagen bis Wochen liegen nahe bei 0,1% und sind auf unterschiedliche Sonnenaktivitäten zurückzuführen. Langperiodische Schwankungen konnten durch Messungen bisher nicht nachgewiesen werden.

Das *Spektrum der extraterrestrischen Sonnenstrahlung* erstreckt sich über einen großen Wellenlängenbereich, von der extrem kurzwelligen Gamma- ($\lambda \approx 10^{-6}$ µm) über die Licht- ($\lambda = 0{,}36$ bis 0,76 µm) bis hin zur Radiowellenstrahlung ($\lambda > 0{,}8$ m). Ihr Energiemaximum liegt im Bereich des sichtbaren Lichtes (bei etwa 0,5 µm). Nach den Gesetzen der Strahlungsphysik entspricht das Energiespektrum angenähert der Ausstrahlung eines sogenannten schwarzen Körpers mit einer Temperatur von etwa 6000 K, d.h., die Photosphäre der Sonne emittiert bei dieser Temperatur das breite Spektrum ihrer elektromagnetischen Strahlung. Fast die gesamte extraterrestrische Strahlungsenergie (98%) entfällt auf die *solare Strahlung* von 0,29 bis 4 µm, die sich prozentual mit 7% auf die Ultraviolettstrahlung (0,29 bis 0,4 µm), mit 42% auf sichtbare Strahlung (0,4 bis 0,73 µm) und mit 49% auf die Infrarotstrahlung (0,73 bis 4 µm) verteilt. Die kurzwellige Strahlung, die sich aus *direkter* und *indirekter (diffuser) Sonnenstrahlung (= Himmelsstrahlung)* zusammensetzt, ist für den Energiehaushalt der Atmosphäre von entscheidender Bedeutung.

Von der abgestrahlten Sonnenenergie erhält die Erde nur einen geringen Teil. Mit dem Zahlenwert der Solarkonstanten ergibt sich für die Querschnittsfläche der Erde ($= 1{,}275 \cdot 10^{14}$ m²) der Betrag von $4{,}18 \cdot 10^{15}$ kWh/d. Diese täglich zugestrahlte Energiemenge ist immer noch ungeheuer groß, entspricht sie doch etwa der 4milliardenfachen Elektrizitätsmenge, die täglich in der Bundesrepublik Deutschland aus Primärenergie erzeugt wird (1984: $1{,}08 \cdot 10^6$ kWh/d).

Die an der Obergrenze der Atmosphäre einfallende Sonnenstrahlung wird aus astronomischen Gründen (Umlauf der Erde um die Sonne, Neigung der Erdachse gegen die Ekliptik, Eigenrotation der Erde) räumlich und zeitlich unterschiedlich auf die Erde verteilt. Für das Wetter- und Klimageschehen ist entscheidend, daß die Sonnenstrahlung beim Durchgang durch die Atmosphäre in mannigfacher Weise geschwächt und in andere Energieformen umgewandelt wird (vgl. S. 64).

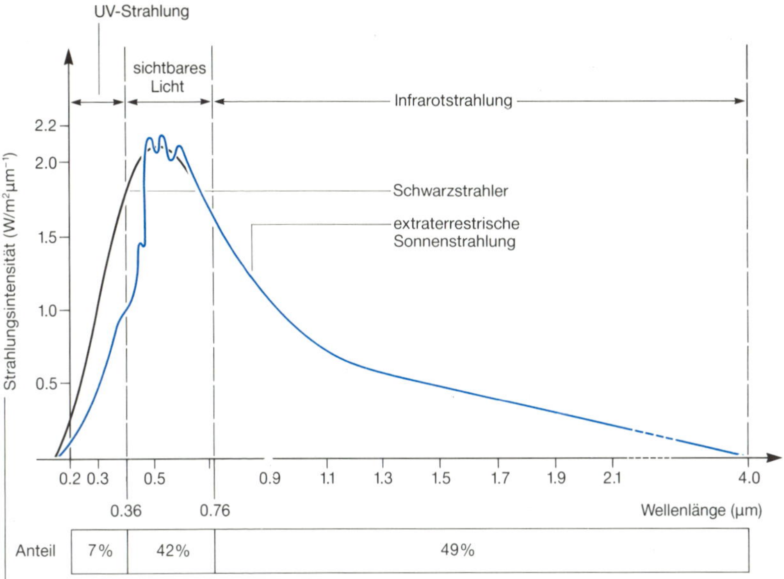

Abb. 1
Intensitätsspektrum der extraterrestrischen Sonnenstrahlung und eines Schwarzstrahlers von 6000 K

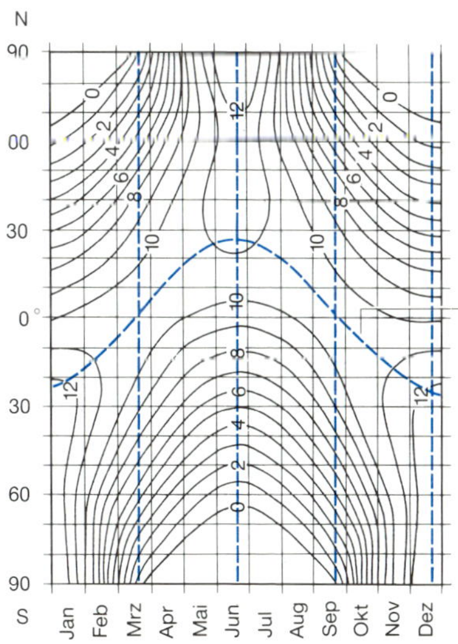

Abb. 2
Tagesmittel der extraterrestrischen Sonnenstrahlung (in kWh/m²d)

Einfluß der Atmosphäre auf die Sonnenstrahlung

Auf ihrem Weg durch die Atmosphäre erfährt die Sonnenstrahlung eine selektive Schwächung *(Extinktion)*. Die auf der Erdoberfläche ankommende *Globalstrahlung* (direkte Sonnenstrahlung + diffuse Himmelsstrahlung) ist das Ergebnis von Wechselwirkungen zwischen ihr und den Bestandteilen der Atmosphäre, unter denen die sehr variablen Komponenten des Gasgemisches der Luft (Wasserdampf, Kohlendioxid, Ozon), Spurengase (Distickstoffoxid, Methan u. a.) und Aerosole (feste oder flüssige, in der Luft schwebende Teilchen) eine dominierende Rolle spielen. Die Extinktion der Globalstrahlung ist außerdem von der Sonnenhöhe abhängig, da mit ihr die durchstrahlte Luftmenge im Laufe eines Tages und Jahres variiert. Verursacht wird die Schwächung durch Absorptions- und Streuungsprozesse:

Bei der *Absorption* wird solare Strahlungsenergie vom absorbierenden Medium (Atmosphäre) aufgenommen und in andere Energieformen (vor allem Wärmeenergie) umgewandelt. In den höchsten Atmosphärenschichten absorbieren Sauerstoff- und Stickstoffmoleküle die Gamma- und Röntgenstrahlung ($< 0{,}01\,\mu m$) und die extrem kurzwellige Ultraviolettstrahlung bis zu Wellenlängen um $0{,}20\,\mu m$, wodurch die starke Temperaturzunahme in der Thermosphäre verursacht wird. Am stärksten greift der in Höhen zwischen 20 und 50 km sich bildende Ozon in den kurzwelligen Strahlungsfluß ein, indem er die gefährliche kurzwellige Ultraviolettstrahlung ($< 0{,}29\ \mu m$) vollständig aus dem Energiespektrum der Sonnenstrahlung herausfiltert und von der Erdoberfläche fernhält. Durch diese Absorption wird die starke Erwärmung in der stratosphärischen Ozonschicht verursacht. Die restliche Ultraviolettstrahlung ($> 0{,}29\ \mu m$) und die im Strahlungsspektrum sich anschließende sichtbare Strahlung (0,4 bis 0,73 μm) passieren fast ungehindert die Atmosphäre; im „optischen Fenster“ befindet sich daher auch das Energiemaximum des solaren Strahlungsspektrums (bei $\sim 0{,}5\ \mu m$). Im nahen infraroten Spektralbereich (von 0,73 bis 4 μm) sind der Wasserdampf und das Kohlendioxid wirkungsvolle Absorber, während Sauerstoff- und Ozonmoleküle sowie einige Spurengase hier vergleichsweise wenig absorbieren. Wasserdampf, Kohlendioxid und anthropogene Spurenstoffe absorbieren am stärksten im Bereich der infraroten terrestrischen Strahlung (s. S. 66).

Bei der *Streuung* wird die von Materieteilchen aufgenommene Strahlungsenergie in verschiedene Richtungen wieder abgegeben (gestreut), wobei die Gesamtenergie des Strahlungsfeldes (elektromagnetisches Wellen- oder Photonenfeld) erhalten bleibt. In der Atmosphäre werden sowohl die direkte Sonnenstrahlung als auch die Himmelsstrahlung durch diffuse Streuungsvorgänge stark beeinflußt. In reiner Luft erfolgt die Streuung an den Luftmolekülen (Radien von $\sim 10^{-4}\,\mu m$) umgekehrt proportional zur 4. Potenz der Wellenlänge der Strahlung (*Rayleigh-Streuung;* nach J. W. Strutt, Baron Rayleigh), so daß das Spektrum des Sonnenlichtes stark nach kurzen Wellenlängen hin verschoben ist. Der Himmel ist deshalb um so blauer, je trockener und reiner die Luft ist. Für den Strahlungs- bzw. Energiehaushalt der Atmosphäre spielt die Streuung an Aerosolteilchen (Radien $\sim 0{,}01$ bis $10\,\mu m$) und Wolkenelementen (Radien ~ 10 bis $100\,\mu m$) eine besondere Rolle (*Mie-Streuung;* nach G. Mie), wobei hier die Abhängigkeit von der Wellenlänge geringer ist (deshalb weißgraue Farbe des Himmels).

Neben der Schwächung der Sonnenstrahlung durch Absorption und Streuung findet eine *Reflexion* der einfallenden Strahlung an Wolken statt. Als Reflexionsvermögen bzw. Albedo bezeichnet man in der Meteorologie das Verhältnis zwischen diffus reflektierter und einfallender Sonnenstrahlung (meist in % ausgedrückt). Die *Erdalbedo (planetare Albedo),* das gesamte Rückstrahlungsvermögen der Erde (einschließlich Atmosphäre) beträgt aufgrund neuerer Messungen im Durchschnitt etwa 30%. Ihr Wert ist von großer Bedeutung für die Strahlungsbilanz des Systems Erde–Atmosphäre (vgl. S. 70).

Insgesamt wirkt sich der schwächende Einfluß der Atmosphäre auf die an ihrer Obergrenze einfallende Sonnenstrahlung dahingehend aus, daß davon im Mittel nur etwa die Hälfte für die Erwärmung der Erdoberfläche zur Verfügung steht.

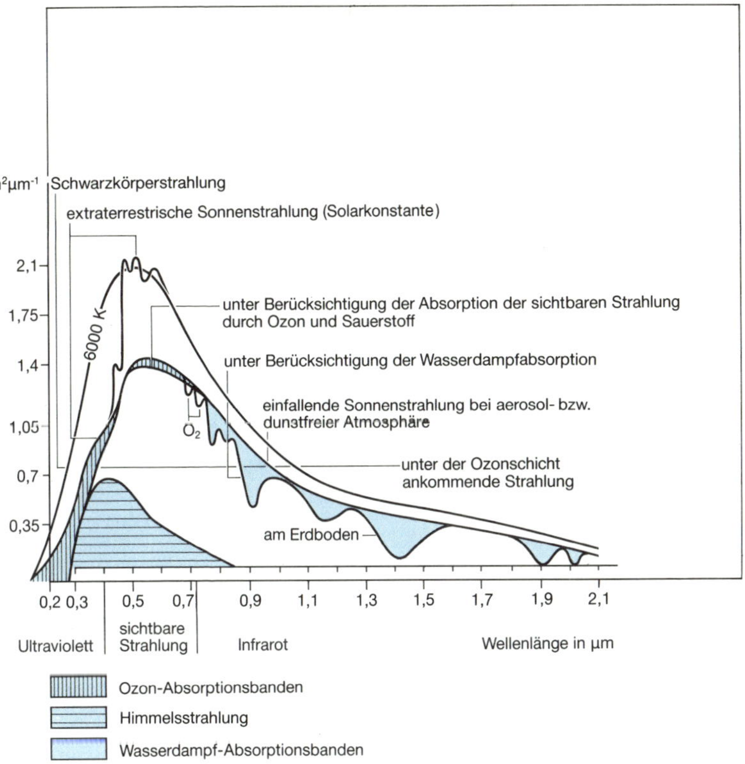

Abb. 1
Spektrale Energieverteilung der Sonnenstrahlung (nach Bullrich)

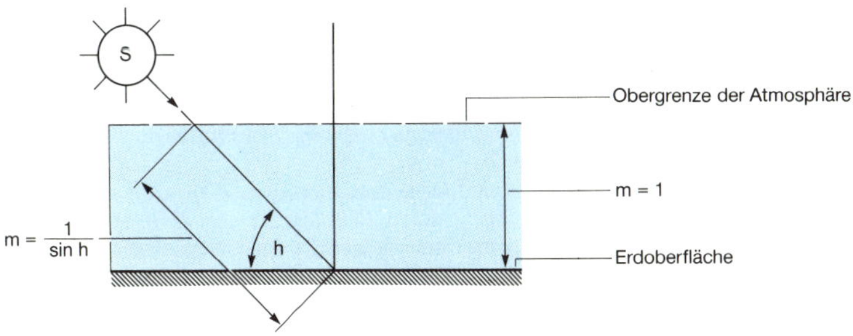

Abb. 2
Die Schwächung der Sonnenstrahlung in Abhängigkeit von der Masse der durchstrahlten Atmosphäre („optische Luftmasse“ = m)

Strahlung der Erde und Atmosphäre

Die *Strahlungsgesetze* sagen aus, daß jeder Körper (auch ein Gas), dessen Temperatur vom absoluten Nullpunkt (–273,15 °C) verschieden ist, Energie abstrahlt, die bei abnehmender Temperatur immer geringer wird (und umgekehrt). Die Abstrahlung erfolgt proportional zur 4. Potenz der Temperatur, wobei sich das Energiemaximum der Strahlung zunehmend nach größeren Wellenlängen hin verschiebt, je niedriger die Temperatur des abstrahlenden Körpers ist (und umgekehrt).

Daraus folgt, daß die Erde mit einer mittleren Oberflächentemperatur von 15 °C (= 288 K) im Gegensatz zur Sonne (Oberflächentemperatur ~6 000 K) eine langwellige, unsichtbare Strahlung aussendet, deren Strahlungsspektrum von 4 bis 100 µm reicht *(Infrarotstrahlung)*. Die potentielle *terrestrische Strahlung* entspricht angenähert der (maximalen) Ausstrahlung eines schwarzen Körpers von gleicher Temperatur.

Im Gegensatz zur Einstrahlung der Sonne (nur am Tage) strahlen Erde und Atmosphäre ihre Wärme ständig aus, was bedeutet, daß die terrestrische Strahlung den Betrag der einfallenden Sonnenstrahlung übersteigt (vgl. S. 70). Ohne Atmosphäre (in ihrer heutigen Zusammensetzung) würde sich deshalb an der Erdoberfläche eine mittlere Temperatur von etwa –18 °C einstellen. Da die tatsächliche Temperatur aber um 33 K höher ist, müssen in unserer Atmosphäre Vorgänge wirksam sein, die eine so starke Abkühlung der Erdoberfläche verhindern.

Ausschlaggebend ist zunächst, daß die Atmosphäre die Infrarotstrahlung der Erde nur in drei Wellenlängenbereichen, zwischen 3,5 und 5 µm, 8 und 13,5 µm sowie bei etwa 18 µm (in den sogenannten *Wasserdampffenstern*) durchläßt, in denen der Wasserdampf als Hauptabsorber langwellige Strahlung weder absorbiert noch emittiert. Die terrestrische Strahlung ist am stärksten im *großen Wasserdampffenster* (zwischen 8 und 13,5 µm), vor allem im Bereich zwischen 10,5 und 12,5 µm. Weil in diesem Spektralbereich die Atmosphäre für die terrestrische Strahlung durchlässig ist (nur Ozon absorbiert geringfügig bei der Wellenlänge 9,6 µm), besteht die Möglichkeit, mittels Infrarotmessungen von Flugzeugen oder Satelliten aus die Oberflächentemperaturen der Erde und von Wolken zu bestimmen.

Die mit der terrestrischen Ausstrahlung verbundene Abkühlung der Erdoberfläche wird jedoch von der Atmosphäre abgeschwächt. Ihre Bestandteile Wasserdampf und Kohlendioxid sowie eine Reihe von Spurengasen absorbieren die Infrarotstrahlung der Erde in anderen Spektralbereichen (Wasserdampf bei Wellenlängen zwischen 5,5 und 7 µm, Kohlendioxid zwischen 4 und 5 µm sowie zwischen 14 und 16 µm) und wandeln sie in Wärmeenergie um. Die erwärmten Luftschichten und Wolken emittieren ihrerseits langwellige (infrarote) Strahlung sowohl nach oben (in den Weltraum) als auch nach unten *(atmosphärische Gegenstrahlung)*, wo sie an der Erdoberfläche absorbiert und auch in Wärmeenergie umgewandelt wird. Die Gegenstrahlung der Atmosphäre ist um so stärker, je mehr Wasserdampf, Kohlendioxid, Wolken und Aerosolteilchen (Staub u. a.) sich in der Luft befinden. Was die Erdoberfläche an Wärmeenergie an die Atmosphäre und den Weltraum abgibt, ist die Differenz zwischen der terrestrischen Wärmestrahlung und der Gegenstrahlung der Erde, die auch als *effektive Ausstrahlung* der Erdoberfläche bezeichnet wird. Ohne die Atmosphäre und ihre Gegenstrahlung wäre der Wärmeverlust der Erdoberfläche infolge langwelliger Ausstrahlung beträchtlich.

Man kann die Atmosphäre mit einem riesigen Gewächshaus vergleichen: Sie läßt wie ein Glashaus die einfallende Sonnenstrahlung fast ungehindert bis zum Erdboden durchdringen, verhindert aber, daß die terrestrische Infrarotstrahlung ganz an den Weltraum abgegeben wird. Diese wird von den atmosphärischen „Treibhausgasen" absorbiert, in Wärmeenergie umgewandelt und von ihnen als Wärme z. T. wieder zur Erdoberfläche zurückgestrahlt. Die Folge ist eine weitere Erwärmung der Erdoberfläche *(Treibhauseffekt)*. Bei einem anhaltenden Anstieg des Kohlendioxidgehaltes der Atmosphäre und anthropogen erzeugter Spurengase könnte sich dieser Effekt nachteilig auf unser Klima auswirken (vgl. S. 280).

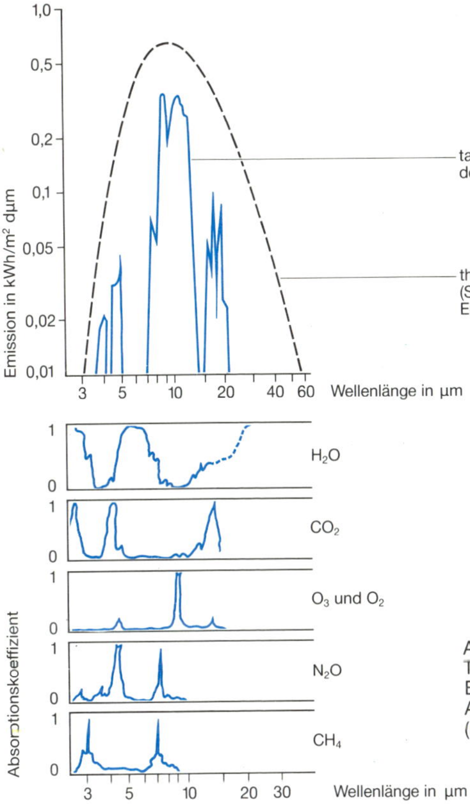

Abb. 1
Terrestrische (infrarote) Strahlung in Bodennähe (oben) und die zugehörige Absorption einiger Spurengase (nach Fleagle und Businger)

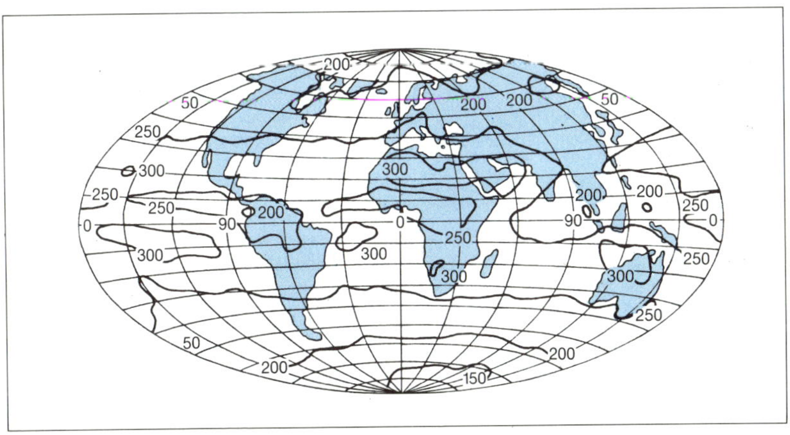

Abb. 2
Mittlere jährliche Wärmeausstrahlung der Erde in W/m² nach Satellitenmessungen (nach Malberg). Höchstwerte in wolkenarmen Gebieten und Wüsten

Wärmeumsatz an der Erdoberfläche

Die Erdoberfläche wird nur von dem Teil der einfallenden Sonnenstrahlung erwärmt, der in der Atmosphäre nicht gestreut wird und als Reflexstrahlung in den Weltraum zurückgelangt. Die unteren Luftschichten erwärmen sich hauptsächlich dadurch, daß die kurzwellige Sonnenstrahlung an der Erdoberfläche absorbiert, in Wärmeenergie umgewandelt und als langwellige (infrarote) Strahlung in die Atmosphäre emittiert wird. Einen weiteren Beitrag liefert die atmosphärische Gegenstrahlung (s. S. 66).

Für den Wärmeumsatz an der Erdoberfläche ist deshalb nicht die Sonnenstrahlung allein ausschlaggebend, sondern die Summe aller Strahlungsenergieflüsse einschließlich der turbulenten Wärmeflüsse, d. h. die Strahlungsbilanz. Man faßt die verschiedenen Einflußgrößen in einer *Wärmebilanzgleichung* zusammen, wobei die zur Erdoberfläche gerichteten Strahlungsströme mit einem positiven (+), die nach oben gerichteten mit einem negativen (−) Vorzeichen versehen werden:

$$Q = Q_K + Q_L$$
$$= S + H - R + G - A - LE - W$$

Darin bedeuten:

Q = Gesamtstrahlungsbilanz;
Q_K, Q_L = kurz- bzw. langwellige Strahlungsbilanz;
S = direkte Sonnenstrahlung;
H = diffuse Himmelsstrahlung;
R = Reflexstrahlung Erdoberfläche + Atmosphäre;
G = langwellige Gegenstrahlung der Atmosphäre;
A = langwellige Ausstrahlung der Erdoberfläche;
LE = Transport latenter Wärmeenergie (Verdunstung);
W = Transport fühlbarer Wärme (Konvektion).

Die *Strahlungsbilanz* Q beschreibt den gesamten, strahlungsbedingten Wärmehaushalt der Erdoberfläche und wird auch als *Nettostrahlung* bezeichnet. Sie ist positiv oder negativ, je nachdem, ob auf der Einnahmeseite die Globalstrahlung (S + H) oder auf der Ausgabenseite die terrestrische Ausstrahlung (A) überwiegt. Sie weist starke örtliche Schwankungen aufgrund unterschiedlicher Bodenbeschaffenheit (Land/Wasser, bewachsen/unbewachsen, Schnee-/Eisbedeckung u. a.) und Bewölkungsverhältnisse auf. Ferner ändert sie sich im Tages- und Jahresverlauf sowie mit der geographischen Breite. Tagsüber ist die Bilanz meist positiv, nachts immer negativ, im Winter ebenfalls negativ (Mitteleuropa). Im Gleichgewichtsfall muß der von der Erdoberfläche durch Absorption der Globalstrahlung eingenommene Energiebetrag einer Energieabgabe in gleicher Größe entsprechen. Dies geschieht durch die Ausstrahlung der Erde, durch Verdunstung von Wasser (latente Energie LE) und durch den Transport fühlbarer Wärme (W) in die Atmosphäre. Bei der Verdunstung wird das Wasser an der Erdoberfläche in Wasserdampf umgewandelt. Die wasserdampfhaltige Luft wird gleichzeitig von unten her erwärmt, steigt auf und transportiert fühlbare Wärme nach oben. Bei der Kondensation des Wasserdampfs (Wolkenbildung) wird die zur Verdunstung benötigte Energie (Verdunstungswärme) als Kondensationswärme wieder freigesetzt und der umgebenden Luft zugeführt.

Die durch unterschiedliche Strahlungsbilanzen ausgelösten Austauschvorgänge beschränken sich daher nicht auf die der Erdoberfläche unmittelbar benachbarten Luftschichten. Der Vorgang der Wärmeleitung erfaßt wegen der schlechten Leitfähigkeit der Luft nur eine ganz dünne Schicht. In den Erdboden dringt die Wärme durch Wärmeleitung in Abhängigkeit von seinen spezifischen Leitfähigkeiten und von den Temperaturen tiefer ein. Wieder anders liegen die Verhältnisse in den Ozeanen, wo die Strahlung noch tiefer eindringen kann und die große Beweglichkeit des Wassers vertikale Umschichtungen und seitliche Transporte (durch Wind- und Meeresströmungen) ermöglicht. Auf diese Weise nehmen viel dickere Wasserschichten am *Wärmeaustausch* teil als beim festen Erdboden. Da das Wasser ein hohes Wärmespeicherungsvermögen besitzt, sind die Weltmeere große Wärmespeicherbecken, die ihre Wärme bei geringerem Strahlungsangebot (Winterhalbjahr) an die Atmosphäre abgeben.

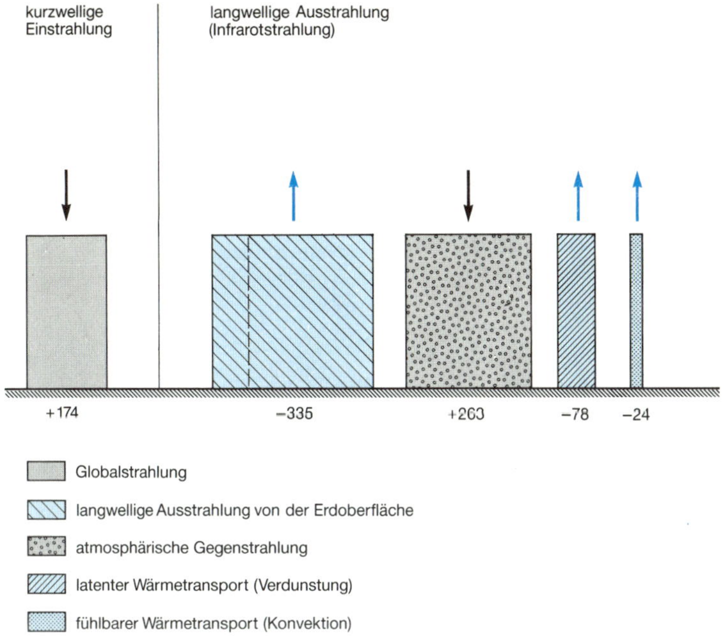

Abb.1
Wärmeumsatz an der Erdoberfläche im globalen und jährlichen Mittel (in W/m²)

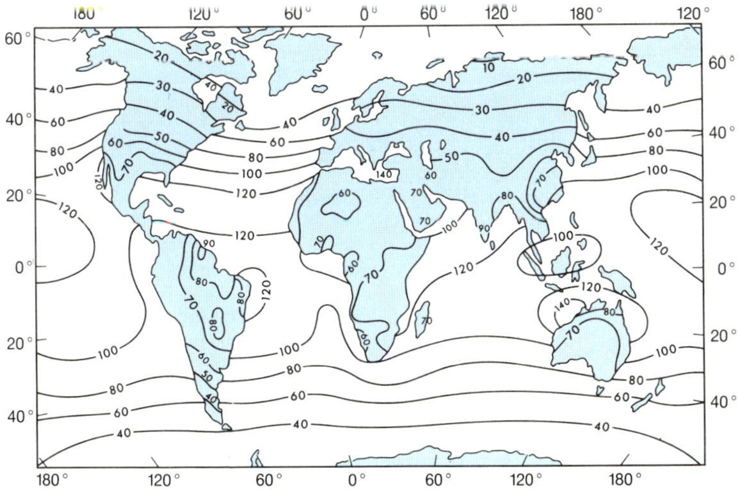

Abb. 2
Mittlere jährliche Gesamtstrahlungsbilanz (= Nettostrahlung) an der Erdoberfläche in kcalcm^{-2}Jahr^{-1}=1,33 W/m^{-2} (nach Kondratyev)

Die globale Strahlungsbilanz

Die *Strahlungsbilanz* einer Fläche stellt die Differenz zwischen der aus dem oberen und unteren Halbraum einfallenden Strahlung dar. Ist sie ausgeglichen, so herrscht *Strahlungsgleichgewicht*. Da die Temperatur der Erdoberfläche im langjährigen Mittel annähernd konstant ist, muß die Energie der auf die Erde einfallenden kurzwelligen Sonnenstrahlung gleich der von ihr (einschließlich ihrer Atmosphäre) in den Weltraum wieder abgegebenen langwelligen Strahlung sein. Die Summe aller Energieeinnahmen und -ausgaben ist null:

$$(S + H)(1-\alpha) - A + G - R \pm LE \pm W = 0;$$

(mit S = direkte Sonnenstrahlung, H = Himmelsstrahlung, α = Erdalbedo, A = terrestrische Ausstrahlung, G = atmosphärische Gegenstrahlung, R = Reflexstrahlung, LE = transferierte Verdunstungswärme und W = transportierte fühlbare Wärme, jeweils + bei Einnahme, – bei Ausgabe).

Diese Bilanzgleichung gilt unter der Voraussetzung globaler Mittelwerte von Erdalbedo (Verhältnis zwischen reflektierter und einfallender Sonnenstrahlung), Wolkenbedeckungsgrad, Wasserdampf- und Aerosolgehalt der Atmosphäre. Bei der Berechnung ihrer Teilglieder sind die Beträge der Solarkonstanten und der Erdalbedo entscheidende Ausgangsgrößen. Der Betrag der Solarkonstanten (1 368 W/m²) ist dabei auf ¼ (342 W/m²) wegen des Verhältnisses von Querschnittsfläche zur Oberfläche einer Kugel zu reduzieren. Setzt man diesen für die ganze Erdoberfläche geltenden Wert gleich 100%, so ergeben sich für das System Erde–Atmosphäre folgende *Energieumsätze:*

An der Obergrenze der Atmosphäre stehen nur 70% der extraterrestrischen Sonnenstrahlung für die Energieumsätze in der Atmosphäre und am Erdboden zur Verfügung, weil 30% (durch die Erdalbedo) sofort wieder in den Weltraum zurückgestrahlt werden. Auf dem Weg durch die Lufthülle werden von der kurzwelligen Sonnenstrahlung 19% absorbiert (3% durch die Wolken, 16% durch die Atmosphäre). Bis zur Erdoberfläche gelangen 51% (davon 28% als direkte Sonnenstrahlung, 23% als Himmelsstrahlung), die von dieser absorbiert und in Wärmeenergie umgewandelt werden.

Durch die langwellige Ausstrahlung der Erdoberfläche tritt sofort wieder ein Wärmeverlust ein, dessen Betrag 98% der extraterrestrischen Energiezufuhr entspricht. Nur ein kleiner Teil der terrestrischen Wärmestrahlung (6%) gelangt auf direktem Wege durch die Wasserdampffenster (s. S. 66) in den Weltraum.

Dagegen werden 92% von Wasserdampf und Kohlendioxid sowie von anderen Spurengasen in der Atmosphäre absorbiert, die aber teilweise – als atmosphärische Gegenstrahlung (77%) – der Erdoberfläche wieder zugute kommen *(Treibhauseffekt)*. Die effektive Ausstrahlung der Erdoberfläche beträgt demnach 21% (98 – 77), so daß ihr ein effektiver Gewinn von 30% (51 – 21) verbleibt *(positive Strahlungsbilanz)*.

Die Atmosphäre gewinnt im kurzwelligen Strahlungsbereich durch Absorption 19% und verliert durch infrarote Ausstrahlung in den Weltraum 64% sowie 77% als Folge ihrer Gegenstrahlung zur Erdoberfläche (zusammen 141%). Ihre Strahlungsbilanz ist negativ (92 – 141 + 19 = – 30).

Der *Energieausgleich zwischen Erdoberfläche und Atmosphäre* wird durch die Prozesse der Verdunstung und des Wärmetransports (turbulente Flüsse) bewirkt. Zur *Verdunstung* des Wassers werden 23% benötigt. Sie werden der Erdoberfläche als latente Verdunstungswärme entzogen und kommen der Atmosphäre bei der Kondensation des Wasserdampfs zu Wolken (bzw. Nebel) zugute. Der *Wärmetransport* vom Erdboden in die Atmosphäre (Konvektion) macht 7% aus (zusammen 30%), so daß beide Prozesse die negative Strahlungsbilanz der Atmosphäre ausgleichen (Abb. 1). In der globalen Strahlungsbilanz sind die relativ geringen Energieposten nicht berücksichtigt, die für die Erwärmung und Assimilation der Pflanzen, für physikalische Prozesse in der festen Erdrinde sowie für die Wärmetransporte in fließendem Wasser und durch fallenden Regen anzusetzen sind.

Ein vollständiges Bild der Energieverteilung im System Erde–Atmosphäre ergibt sich erst, wenn auch die atmosphärischen Zirkulationen und die damit verbundenen Energieumsätze einbezogen werden (vgl. S. 72, S. 92, S. 116 ff.).

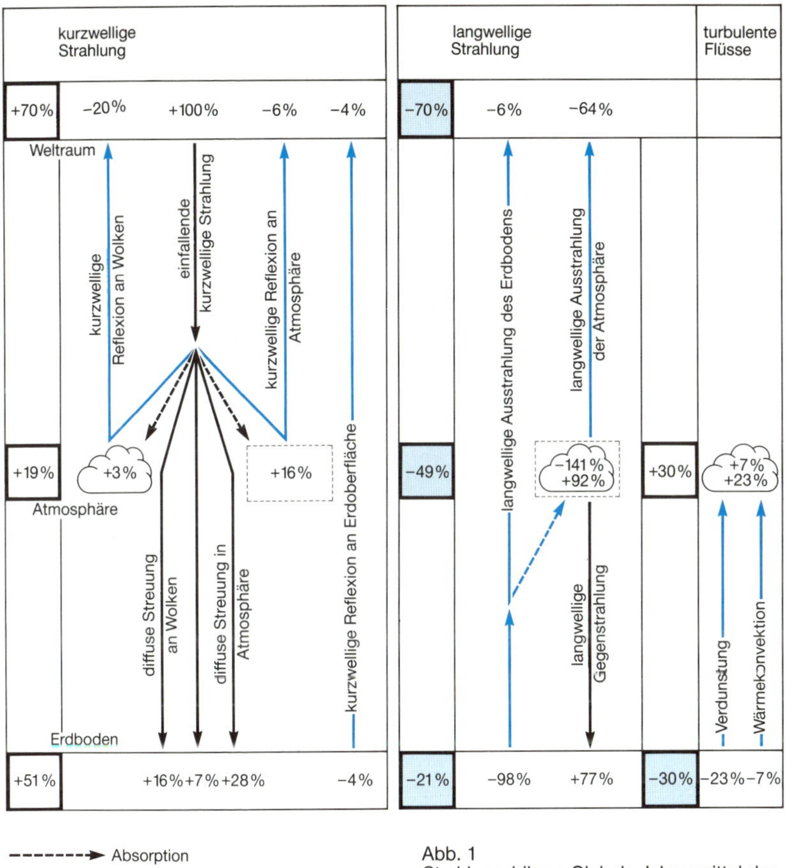

Abb. 1
Strahlungsbilanz. Globale Jahresmittel der Strahlungsbilanzanteile des Systems Erde – Atmosphäre (in % des extraterrestrischen Strahlungsenergieflusses = 342 Wm^{-2}), bestehend aus der Bilanz von kurzwelliger solarer und langwelliger terrestrischer Strahlung sowie der ausgleichenden Bilanz von Verdunstung und Wärmekonvektion

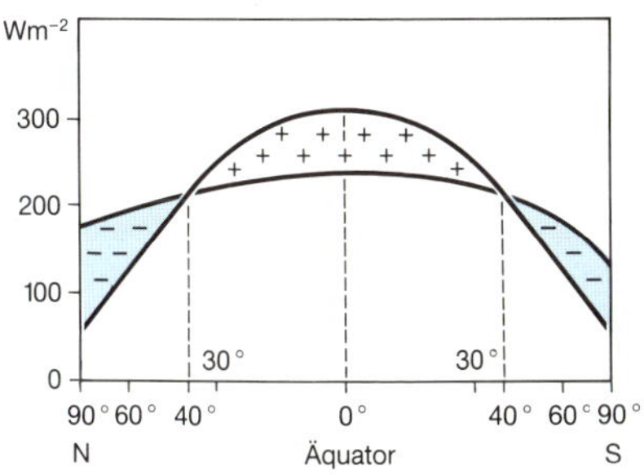

Abb. 2
Sonneneinstrahlung und terrestrische Strahlung in Abhängigkeit von der geographischen Breite (Jahresmittel in W/m²)

Der Energiezyklus in der Atmosphäre

Die von der Sonne durch kurzwellige Strahlung der Erde zugeführte Energie kommt vor allem den tropischen Breiten zugute, während in den höheren Breiten die langwellige Ausstrahlung überwiegt. Dies müßte zu einer fortgesetzten Erwärmung der tropischen Gebiete und zu einer gleichzeitigen weiteren Abkühlung der Polargebiete führen, wenn nicht ein Energiestrom von den niederen zu den höheren Breiten stattfinden würde. Dieser Energietransport ist zugleich mit Energieumwandlungen verbunden, so daß man insgesamt von einem *Energiezyklus* spricht.

Der Erwärmung der Atmosphäre in den niederen Breiten entspricht eine Erhöhung der *inneren Energie* der Luft. Diese ist als ein Maß des gesamten Wärmeinhaltes der Luft proportional der absoluten Temperatur.

Eine Vermehrung der inneren Energie führt gleichzeitig auch zu einer Erhöhung der *potentiellen Energie;* denn eine Luftsäule, deren innere Energie (d.h. Temperatur) anwächst, muß sich vertikal ausdehnen und dabei ihren Schwerpunkt heben. Da die potentielle Energie eines Körpers definiert ist als die Arbeit, die geleistet werden muß, um den Körper vom Meeresniveau bis auf seine Höhe zu heben, bedeutet die Hebung des Schwerpunktes zugleich auch eine Vergrößerung der potentiellen Energie.

Der Anhäufung von potentieller Energie in niederen Breiten wirkt die Natur durch Umwandlung in *kinetische Energie,* d.h. durch das Entstehen von Luftbewegungen, entgegen. Dabei steht nur ein kleiner Teil der gesamten potentiellen Energie für eine Umwandlung zur Verfügung. Dies kann man an einem einfachen Gedankenexperiment erkennen: In einem aus zwei Kammern bestehenden Wassergefäß (Abb. 1), dessen eine Kammer mit kaltem, die andere mit warmem Wasser gefüllt ist, liegt der Schwerpunkt des Wassers in beiden Teilen in der gleichen Höhe. Entfernt man die Zwischenwand, so stellen sich Bewegungsvorgänge und schließlich ein Endzustand ein, bei dem das schwerere kalte Wasser horizontal unter dem leichteren warmen Wasser liegt. Der gemeinsame Schwerpunkt beider Wasserkörper liegt nun um ein kleines Stück niedriger als vorher. Die Höhe des neuen Schwerpunktes über dem Boden repräsentiert die *nichtverfügbare potentielle Energie,* die durch weitere Umschichtungen oder Bewegungsvorgänge nicht mehr vermindert werden kann. Nur die Differenz der Schwerpunkthöhen im Anfangs- und Endzustand entspricht der *verfügbaren potentiellen Energie.*

In der Atmosphäre ist diese Differenz im Verhältnis zur nichtverfügbaren potentiellen Energie, die noch vorhanden wäre, wenn alle horizontalen Temperatur- und Luftdruckgegensätze ausgeglichen wären, zwar sehr klein, aber immer noch so groß, daß nur etwa ein Viertel davon für die Umwandlung in kinetische Energie verbraucht wird.

Die Umwandlung der potentiellen Energie in Bewegungsenergie geht in der Atmosphäre nicht stetig und gleichförmig vor sich, sondern in Form von unregelmäßig auftretenden Wirbeln und Wellen, die man unter dem Begriff *Makroturbulenz* zusammenfaßt (s. S. 106). Solche großräumigen turbulenten Vorgänge sind ein besonders wirksamer Mechanismus für den Transport hoher Energiemengen über weite Entfernungen. Wenn sich schließlich die Wirbel und Wellen entsprechend dem normalen Ablauf in der Turbulenz auflösen, geht deren Energie in die kinetische Energie der zonalen Grundströmung über.

Bei allen diesen Vorgängen geht laufend Bewegungsenergie verloren, indem durch Mikroturbulenz Energie zerstreut und insbesondere durch Reibung wieder in Wärme, also innere Energie, umgewandelt wird. Dieser Gewinn an innerer Energie durch die sogenannte *Energiedissipation* wird schließlich der Atmosphäre durch die langwellige Ausstrahlung, vor allem in den höheren Breiten, wieder entzogen. Damit schließt sich der Zyklus, der von der zugeführten Sonnenstrahlung über einige Zwischenstufen bis zum Strahlungsverlust durch die langwellige Ausstrahlung von Erde und Atmosphäre reicht (Abb. 2).

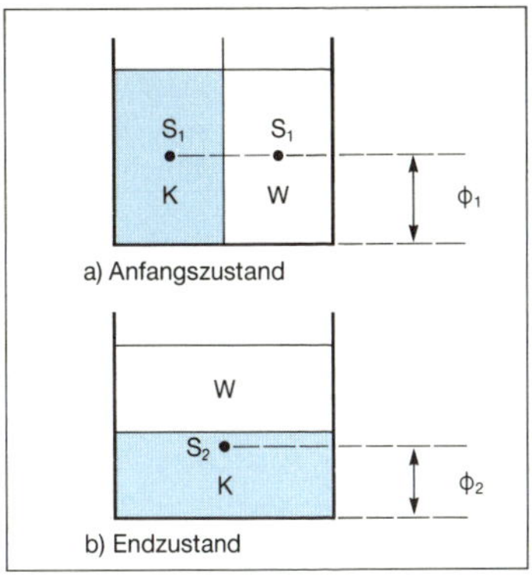

S_1, S_2 = Schwerpunkte im Anfangs- und Endzustand
ϕ_1, ϕ_2 = potentielle Energie im Anfangs- und Endzustand
$\phi_1 - \phi_2$ = verfügbare potentielle Energie

Abb. 1
Definition der verfügbaren potentiellen Energie

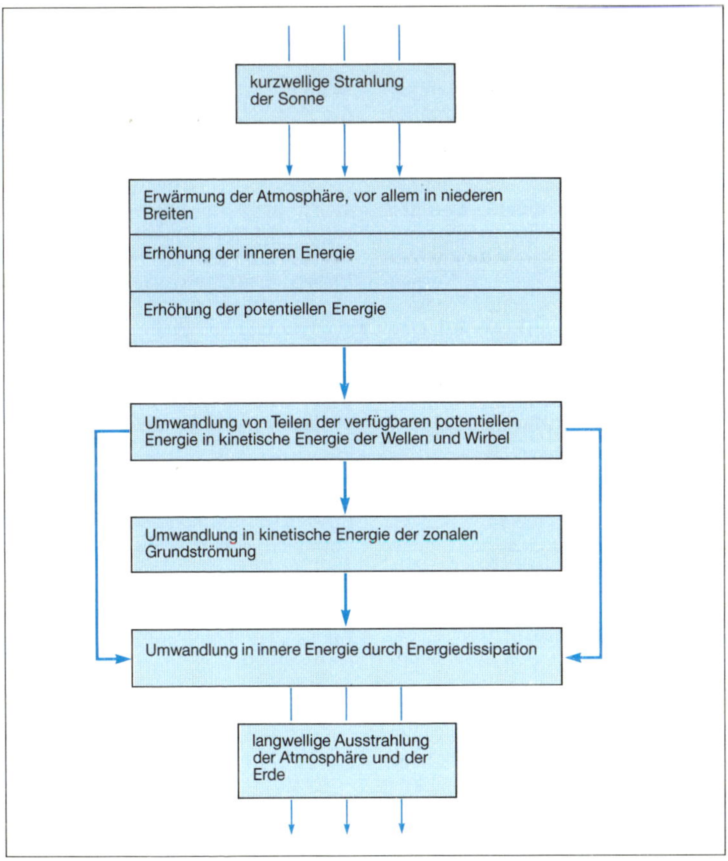

Abb. 2
Stark vereinfachtes Schema des Energiezyklus in der Atmosphäre

Aggregatzustände des Wassers und Umwandlungsvorgänge

Die Gesamtmenge des *Wassers* auf der Erde in fester, flüssiger und gasförmiger Form wird auf rund $1384 \cdot 10^6 km^3$ geschätzt. Von dieser riesigen Wassermenge nimmt ein Teil ständig am *Wasserkreislauf* des Systems Erde–Atmosphäre teil (s. S. 92). Der Anteil der Atmosphäre am gesamten Wasservorrat der Erde beträgt rund 13 000 km^3, d. h., nur 0,001 % (Abb. 1).

Obwohl der Wasserdampfgehalt der Atmosphäre im Vergleich zu deren Hauptbestandteilen (Stickstoff, Sauerstoff) mit maximal 4 Vol.-% gering ist und außerdem starke örtliche und zeitliche Schwankungen aufweist, so ist er doch dasjenige meteorologische Element, welches das Wetter- und Klimageschehen auf der Erde am stärksten beeinflußt. Dies hängt aufs engste damit zusammen, daß der *Wasserdampf* im System Erde–Atmosphäre in allen drei *Aggregatzuständen,* nämlich gasförmig (als Wasserdampf), flüssig (als Wasser) und fest (als Eis) vorkommt. Der Phasenübergang tritt bei einer bestimmten *Umwandlungstemperatur,* der Schmelztemperatur (= 0 °C) bzw. der Siedepunkttemperatur (= 100 °C) ein (jeweils bei einem Normaldruck von 1 013,25 hPa). Beide Fixpunkte sind druckabhängig. Beim Schmelzpunkt ist die Abhängigkeit vom Druck sehr gering. Dagegen erniedrigt sich der Siedepunkt mit abnehmendem Luftdruck (zunehmender Höhe) beträchtlich; so siedet Wasser bei einem Luftdruck von 700 hPa (etwa in Höhe der Zugspitze) bereits bei 90 °C.

Wichtig ist vor allem die Tatsache, daß die Übergänge von einer Zustandsphase in die andere mit erheblichen Energieumwandlungen, d. h. mit einem Aufwand oder einer Freigabe von Energie, verbunden sind. Natürlich wird die Siedepunkttemperatur auf der Erdoberfläche und in der Atmosphäre nicht erreicht. Aber Wasser verdunstet auch bei Temperaturen weit unterhalb des Siedepunktes. Wenn es in die gasförmige Phase übergeht, wird ihm die zur Überwindung der Bindungsenergie der Wassermoleküle benötigte Wärmeenergie entzogen, was eine Verdunstungsabkühlung bzw. Verdunstungskälte zur Folge hat. Um 1 kg Wasser bei 0 °C zu verdampfen (verdunsten), ist eine Energie von 2 501 kJ erforderlich (bei 20 °C 2 452 kJ). Diese *Verdampfungs-* bzw. *Verdunstungswärme* geht aber nicht verloren, sondern steckt als sogenannte *latente Wärmeenergie* im Wasserdampf und wird mit einem gleich hohen Betrag als *Kondensationswärme* wieder freigesetzt, wenn in feuchter Luft (Mischung von trockener Luft und Wasserdampf) Kondensation eintritt. Auf diese Weise werden der Atmosphäre beträchtliche Mengen an latenter Wärmeenergie zugeführt, die Vertikalbewegungen aufrechterhalten oder sogar verstärken. Es können sich dann mächtige Konvektionswolken (Cumulus congestus, Cumulonimbus) bilden, die nicht selten bis zur Tropopause emporquellen.

Um die feste Phase des Wassers (Eis) in die Wasserdampfform überzuführen, ist eine noch größere Energiemenge notwendig, weil zur Verdunstungswärme die *Schmelzwärme* hinzukommt. Zum Schmelzen von 1 kg Eis bei 0 °C wird eine Wärmemenge von 334 kJ benötigt, so daß für die Verdampfung dieser Eismenge insgesamt 2 501 + 334 = 2 835 kJ verbraucht werden, die umgekehrt (bei der Sublimation des Wasserdampfs zu Eiskristallen) als *Sublimationswärme* wieder freigesetzt werden. In quantitativer Hinsicht hat die Sublimationswärme gegenüber der Verdunstungs- bzw. Kondensationswärme ein geringeres Gewicht, da der direkte Übergang von Wasserdampf in die Eisphase selten stattfindet.

Der turbulente Transport latenter Wärmeenergie von verdunstenden Oberflächen (insbesondere von den Weltmeeren) liefert einen bedeutsamen Beitrag zu den Energieumsetzungen in der Atmosphäre und dient gleichzeitig dazu, die negative Strahlungsbilanz der Atmosphäre im Jahresmittel auszugleichen (s. S. 70). Hohen Anteil an diesem Beitrag haben vor allem die Tropen mit ihren großen Wasserflächen.

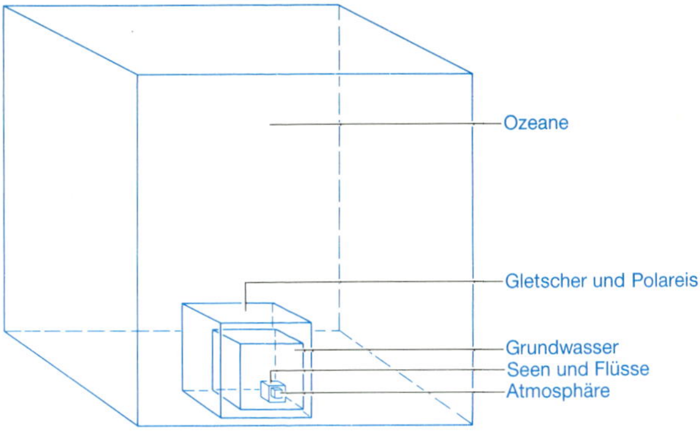

Hydrosphäre insgesamt	**1,4 x 10^9 km³**	
Ozeane	1,3 x 10^9 km³	(=97,3%)
Gletscher und Polareis	2,8 x 10^7 km³	
Grundwasser	8,1 x 10^6 km³	
Seen und Flüsse	0,2 x 10^6 km³	(=2,7%)
Atmosphäre	**1,3 x 10^4 km³**	**(=0,001%)**
Biosphäre	0,6 x 10^3 km³	

Abb. 1
Die volumenmäßige Verteilung des Wassers in der Hydrosphäre

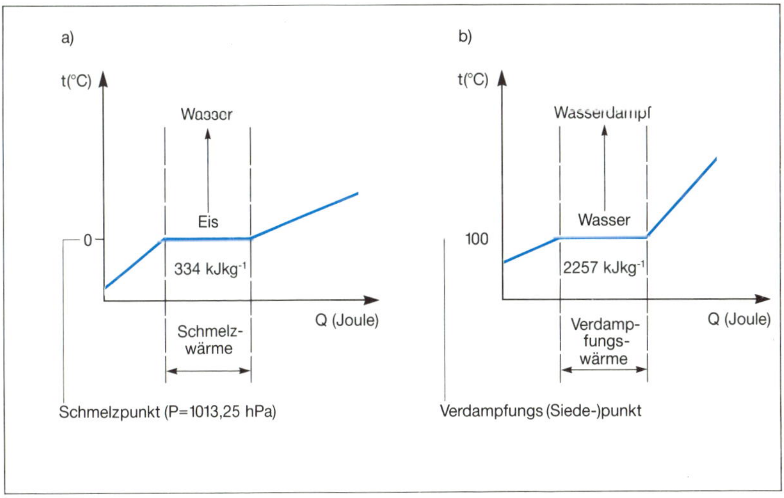

Abb. 2
Aggregatzustände des Wassers. Für die Verdampfung von 1 kg Wasser ist eine fast 7mal größere Wärmemenge (b) notwendig als für das Aufschmelzen von 1 kg Eis (a)

Wasserdampfsättigung

Der Wasserdampfgehalt der Atmosphäre, die *Luftfeuchtigkeit,* kann auf verschiedene Weise (s. S. 32) bestimmt werden. Eine Basisgröße ist der *Dampfdruck.* Da ein Luftquantum bei gegebener Temperatur nur eine ganz bestimmte (maximale) Wasserdampfmenge aufnehmen kann, hat der Dampfdruck über einer verdampfenden (verdunstenden) Oberfläche bei jeder Temperatur einen oberen Grenzwert, den sogenannten *Sättigungsdampfdruck.*

Bei der *Taupunkttemperatur* hat die Luft ihre *Sättigungsfeuchte* erreicht. Je höher die Temperatur, um so aufnahmefähiger wird die Luft für Wasserdampf und um so höher wird der Sättigungsdampfdruck. Diese empirisch und theoretisch festgestellte Abhängigkeit kann durch eine Exponentialfunktion *(Magnus-Dampfdruckformel;* nach H. G. Magnus) wiedergegeben werden. Danach nimmt der maximale Dampfdruck mit steigender Temperatur zunächst langsam, dann immer schneller zu.

Der Verlauf des Sättigungsdampfdrucks (Abb. 1) gilt streng genommen nur für eine ebene Fläche reinen Wassers. Die wirklichen Verhältnisse weichen davon etwas ab, da Wasser auch in seiner Eisphase und in Tropfenform (Wolken-, Nebel- und Tautröpfchen) verdampft bzw. verdunstet. Außerdem befindet sich natürliches Wasser selten in chemisch reinem Zustand, sondern stellt eine wäßrige Lösung dar, in der verschiedene Salze bzw. Säuren mehr oder weniger stark konzentriert sind. Dadurch kommt es zu folgenden *dampfdruckerniedrigenden* oder *dampfdruckerhöhenden Effekten:*

1. Der *Sättigungsdampfdruck über Eis* ist stets etwas kleiner als *über unterkühltem Wasser.* Der Unterschied ist gering und beträgt im Temperaturbereich von 0 °C bis −20 °C weniger als 2/10 hPa, wobei die größte Differenz bei −12 °C mit 0,270 hPa auftritt. Das zwischen Wasser- und Eisoberflächen bestehende Dampfdruckgefälle führt aber dazu, daß in einem System mit gemeinsamer Dampfatmosphäre die Masse des Eises auf Kosten des Wassers wächst, weil ein ständiger Wasserdampftransport von der Wasser- zur Eisoberfläche stattfindet. Für die Niederschlagsbildung ist dies ein bedeutsamer Vorgang, da in Mischwolken, die aus unterkühlten Wassertröpfchen und Eiskristallen bestehen, letztere auf Kosten der Wassertröpfchen anwachsen (besonders bei Temperaturen unter −10 °C).

2. Der *Sättigungsdampfdruck über gekrümmten konvexen Wasseroberflächen* ist etwas größer als über ebenen (je stärker die Krümmung, desto höher der Dampfdruck; Abb. 4). Da in Wolken meist größere und kleinere Tropfen zusammen vorkommen, wachsen – ebenfalls als Folge des Dampfdruckgefälles – die größeren auf Kosten der kleineren. Auch dieser Vorgang *(Krümmungseffekt)* spielt bei der Wolken- und Niederschlagsbildung eine gewisse Rolle.

3. Der *Sättigungsdampfdruck über wäßrigen, salzhaltigen Lösungen* erniedrigt sich: je höher die Salzkonzentration (Säurekonzentration) der Lösung, desto größer die Dampfdruckerniedrigung *(Lösungseffekt).* Dies hat ebenfalls Auswirkungen auf atmosphärische Kondensationsprozesse. Nachdem sich an hygroskopischen Kondensationskernen durch Anlagerung von Wassermolekülen wäßrige Lösungen gebildet haben, kann die weitere Kondensation des Wasserdampfs bei einem wesentlich niedrigeren Sättigungsdampfdruck stattfinden als über chemisch reinen Wasserflächen.

Im Anfangsstadium eines Kondensationsprozesses überlagern sich der Krümmungseffekt und der Lösungseffekt, indem sich kleinste Wassertröpfchen (Tropfenradius unter 0,01 mm) bei relativ großer Lösungskonzentration schon bei einer Luftfeuchte von 80 % bilden können, d. h., in diesem Stadium überwiegt noch die dampfdruckerniedrigende Wirkung der wasserlöslichen Kondensationskerne. Bei weiter fortschreitender Kondensation bilden sich allmählich immer größere Wolkentröpfchen, wenn die Sättigungsfeuchte (relative Feuchte = 100 %) oder eine geringe Übersättigung erreicht ist. Da in der Atmosphäre immer genügend Kondensationskerne vorhanden sind, an denen sich überschüssiger Wasserdampf anlagern kann, wird hier die über reinem Wasser und sehr kleinen Tropfen theoretisch mögliche Wasserdampfübersättigung so stark herabgedrückt, daß schon Übersättigungen von 1 % (= 101 % relative Feuchte) äußerst selten sind.

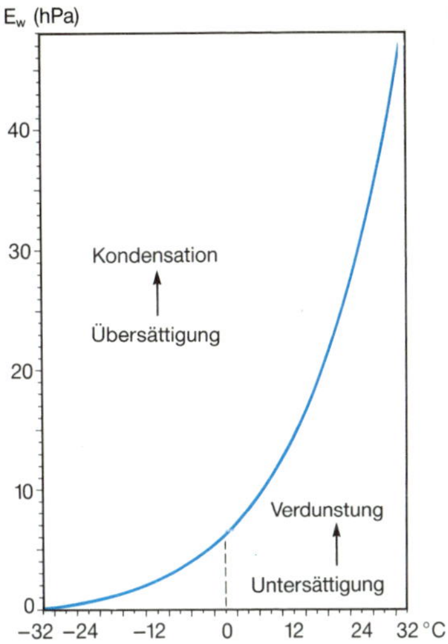

Abb. 1
Sättigungsdampfdruckkurve über Wasser (E_w) in hPa

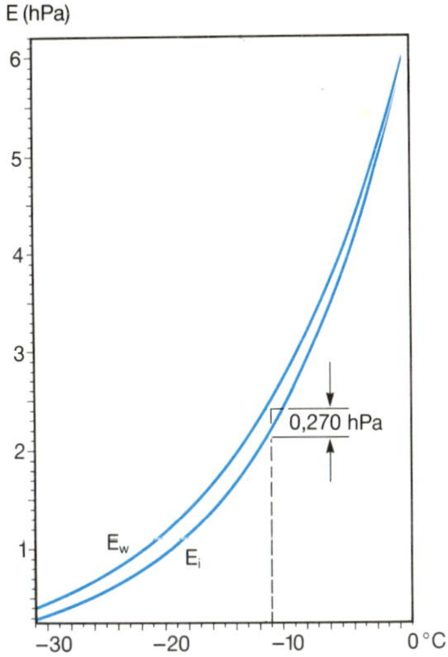

Abb. 2
Sättigungsdampfdruckkurve über Wasser (E_w) und Eis (E_i). Differenz (E_w-E_i) am größten bei −12 °C.

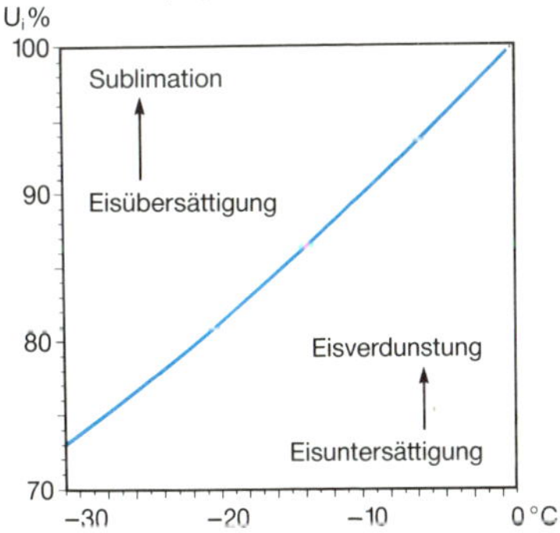

Abb. 3
Relative Sättigungsfeuchte über Eis $U_i = \frac{E_i}{E_w} \cdot 100$

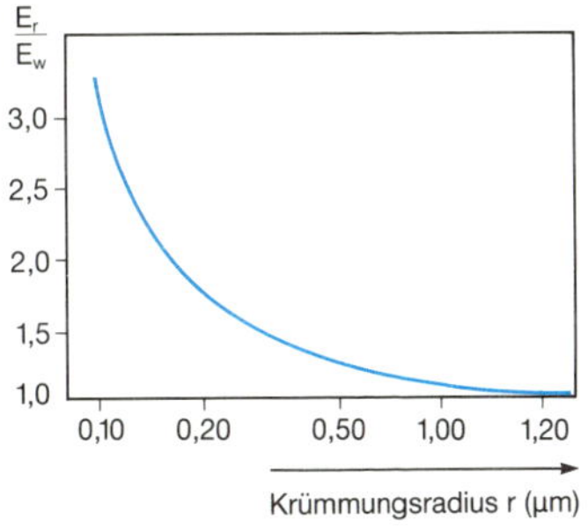

Abb. 4
Verhältnis zwischen dem Sättigungsdampfdruck über einer gekrümmten Wasserfläche (E_r) und einer ebenen (E_w) bei 0 °C

Kondensations-, Sublimations- und Gefrierkerne

Laborversuche zeigen, daß ein chemisch vollkommen reines, wasserdampfhaltiges Luftvolumen bei schneller adiabatischer Abkühlung zu winzigen Nebeltröpfchen kondensiert (mit Radien ≦ 0,1 μm), wenn in der „Nebelkammer“ eine hohe Wasserdampfübersättigung von mehreren hundert Prozent (relative Feuchte) erreicht worden ist. Solche Übersättigungen kommen aber in der Natur nicht vor, weil die Atmosphäre immer feinste Schwebeteilchen enthält, an deren Oberfläche die Kondensation des Wasserdampfs schon bei einer relativen Feuchte von 100% oder weniger einsetzt.

Alle in der Luft schwebenden flüssigen und festen Teilchen (außer Wolken-, Nebel- und Niederschlagsteilchen) bezeichnet man als *Aerosol.* Von diesem sogenannten *Background-Aerosol* sind aber nur bestimmte Teilchen als *Kondensationskerne* geeignet. Am wirksamsten sind *hygroskopische Kerne,* d.h. salz- bzw. säurehaltige Teilchen, die die Fähigkeit besitzen oder erlangt haben, Feuchtigkeit (Wasser) an sich zu ziehen. Dazu zählen kleine Salzkristalle als Rückstände aus zerspratztem und verdampftem Meerwasser sowie Teilchen, die aus Verbrennungsprodukten durch chemische bzw. photochemische Reaktionen entstanden sind. Es können auch *Mischkerne* sein, feste, wasserlösliche Partikel, an denen sich hygroskopische Substanzen/Kerne angelagert haben.

Nach ihrer Größe werden die Kondensationskerne in drei Klassen eingeteilt: in *Aitken-Kerne* (nach J. Aitken), winzige Aerosolteilchen mit einem Radius < 0,1 μm, *große Kerne* (Radius zwischen 0,1 und 1 μm) und in *Riesenkerne* (Radius > 1 μm).

Bei den Kondensationsprozessen scheinen die großen, hygroskopischen Kerne, vielleicht auch größere Aitken-Kerne, eine besonders wichtige Rolle zu spielen. Der *Kondensationsprozeß* beginnt im allgemeinen schon bei einer relativen Feuchte von etwa 80%, schreitet dann aber langsam voran, da bei den noch winzig kleinen Kondensationsprodukten (die zunächst eine diesige oder dunstige Atmosphäre erzeugen) die Dampfdruckerhöhung infolge Krümmung der Oberflächen entgegenwirkt. Erst wenn die relative Feuchte weiter ansteigt und den kritischen Wert zwischen 100 und 101% erreicht hat, setzt eine stürmische Kondensation in Form sichtbarer Wolkentröpfchen ein, wobei dann auch weniger effektive Kondensationskerne (Radius > 1 μm) am Wolkenbildungsprozeß teilnehmen.

In der Atmosphäre ist stets eine große Anzahl wirksamer Kondensationskerne für die Bildung von Wolken verfügbar. Die wenigsten findet man in „reiner“ Luft, aber immer noch bis zu 300/cm³, wie über den Ozeanen und in arktischen Gebieten, während über den Kontinenten, besonders über Großstädten und Industriegebieten, bis weit über 100000/cm³ vorkommen können. Natürlich mangelt es an vielen Stellen der Erde am nötigen Wasserdampf, damit aus kleinen Wolkentröpfchen schließlich Regentropfen entstehen können.

Früher nahm man an, daß bei der Sublimation, dem direkten Übergang von der Wasserdampfphase in die Eisphase, analog zur Kondensation *Sublimationskerne* (in der Luft schwebende, feste kleinste Teilchen) erforderlich seien, an denen sich bei Minustemperaturen überschüssiger Wasserdampf in Form von Eiskristallen absetzt (sublimiert). In der Atmosphäre kommt eine direkte Sublimation jedoch selten vor.

Heute ist man der Auffassung, daß Eiskristalle in der Atmosphäre erst dadurch entstehen, daß sich unterkühltes Wasser bei Temperaturen unter 0 °C an geeigneten *Gefrierkernen (Eiskeimen)* anlagert und daß dadurch die weitere Eiskristallbildung eingeleitet wird. In Abhängigkeit von der Temperatur lassen sich folgende drei Arten von Gefrierkernen unterscheiden: 1. feste, mit einer gefrorenen Wasserhaut überzogene Teilchen (0 bis −32 °C); 2. salzhaltige, unterkühlte Tröpfchen mit festen Partikeln, die das Gefrieren einleiten (−32 bis −41 °C); 3. Tröpfchen aus reinem Wasser oder einer salzhaltigen Lösung (ohne feste Teilchen), die bei Temperaturen unter −41 °C spontan zu Eiskristallen gefrieren.

Die Anzahl wirksamer Gefrierkerne ist viel geringer als die der Kondensationskerne. Bei geringen Unterkühlungen sind nur wenige Kerne als Gefrierkerne wirksam. Erst bei Temperaturen unter −10 °C nimmt deren Anzahl stetig und ab −30 °C sprunghaft zu.

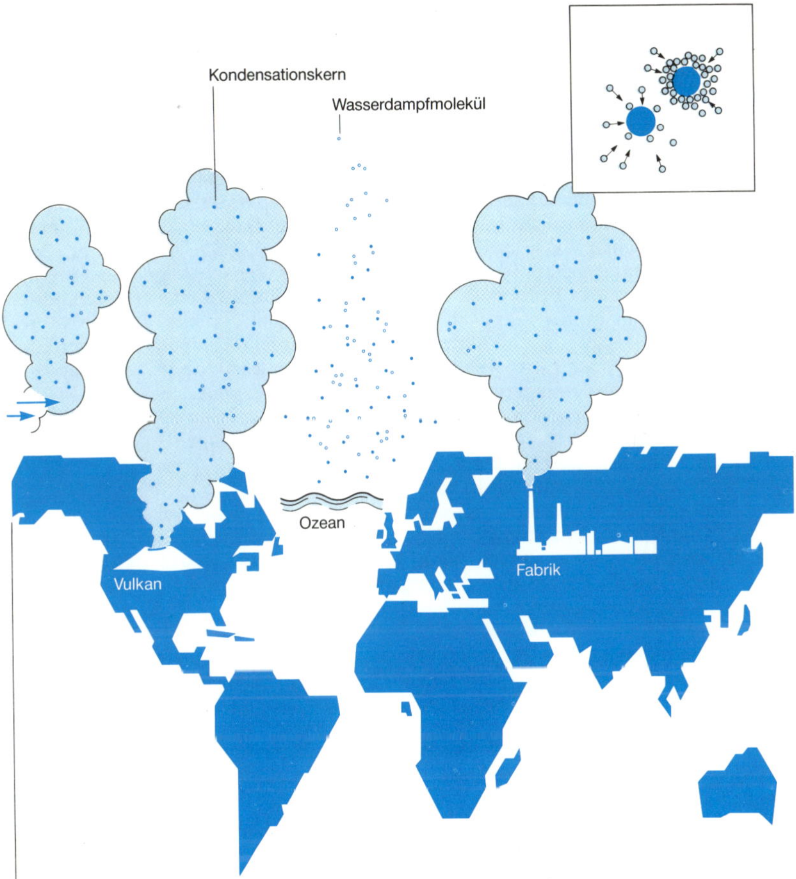

Abb.
Bildung von Wolkentröpfchen an Kondensationskernen

Bildung und Auflösung von Wolken

Für die *Bildung von Wolken* wurden bereits zwei wichtige Voraussetzungen behandelt (s. S. 76 und S. 78): die Wasserdampfsättigung und das Vorhandensein geeigneter Kondensations- bzw. Gefrierkerne (allgemein: Wolkenkerne).

Es bleibt die Frage zu beantworten, wie es zu einer *Wasserdampfsättigung* in der Atmosphäre kommt. Sie kann durch folgende Vorgänge erreicht werden: 1. Zufuhr zusätzlichen Wasserdampfs infolge Verdunstung; 2. Abkühlung durch Wärmeausstrahlung des Erdbodens und an Dunstschichten in der Atmosphäre (diabatische Prozesse); 3. Abkühlung durch Ausdehnung der Luft, wenn sie beim Aufsteigen unter geringeren Druck gelangt (adiabatische Prozesse); 4. Kombination der Vorgänge 1 bis 4.

Vorgang 1 tritt weniger häufig auf, da die Wasserdampfaufnahme stark vom Dampfdruckgefälle zwischen verdunstender Oberfläche und umgebender Luft abhängt. Je kleiner dieses wird, desto mehr wird die Verdunstung erschwert. Schwadenförmige Verdunstungswolken bilden sich beispielsweise, wenn warmer Niederschlag aus höheren Schichten in kältere Luftschichten fällt und verdunstet oder wenn kalte Luft über relativ warme, verdunstende Oberflächen strömt. Die Abkühlung durch Ausstrahlung (Vorgang 2) spielt eine Hauptrolle bei der Nebelbildung (vgl. S. 86). Aber auch über Dunstschichten in der freien Atmosphäre, die an Inversionen stark mit Wasserdampf und Luftverunreinigungen angereichert sind, findet durch eine ständige Wärmeabstrahlung eine Abkühlung statt. Diese ist nachts und im Winter besonders stark, so daß sich unterhalb der Sperrschicht ausgedehnte Schichtwolkenfelder (Stratus oder Stratocumulus) bilden können.

Die Mehrzahl aller Wolkenbildungen ist das Ergebnis einer adiabatischen Abkühlung durch Vertikalbewegungen: bei der thermischen Konvektion *(Konvektionswolken:* Cumulus, Cumulonimbus), beim aktiven oder passiven Aufgleiten feuchtwarmer Luftmassen (*Frontbewölkung,* vorwiegend Schichtwolken: Cirrostratus, Altostratus, Nimbostratus), bei der erzwungenen Hebung von Luftmassen an orographischen Hindernissen (*Staubewölkung:* Schicht- und Quellwolken), bei vertikaler Durchmischung *(Turbulenzwolken:* vorwiegend Stratus) und schließlich bei Wellenbildungen in der Atmosphäre (*Wogenwolken:* Stratocumulus undulatus, Altocumulus lenticularis).

Aufsteigende Luft kühlt sich zunächst trockenadiabatisch um 1 K/100 m ab, bis die Taupunkttemperatur erreicht bzw. die Luft mit Wasserdampf gesättigt ist (relative Feuchte = 100%). In dieser Höhe, dem *Kondensationsniveau,* kondensiert der überschüssige Wasserdampf zu Wolkentröpfchen (Durchmesser 0,02 – 0,1 mm). Ist die Taupunktdifferenz T_d (aktuelle Temperatur minus Taupunkttemperatur) eines aufsteigenden Luftpakets bekannt, so läßt sich das Kondensationsniveau (H_K) nach einer Faustformel berechnen:

$$H_K = 122(T - T_d)\ [m].$$

Von diesem Niveau ab kühlt sich die Wolkenluft langsamer ab, im Durchschnitt um 0,65 K/100 m (feuchtadiabatische Temperaturabnahme), weil beim Wolkenbildungsprozeß Kondensationswärme frei wird, die einen Teil der adiabatischen Abkühlung kompensiert. Beim Überschreiten des Gefrierpunktes entstehen im allgemeinen noch keine Eiskristalle. Diese bilden sich hauptsächlich erst bei Temperaturen ab −10 °C, wenn sich unterkühltes Wasser an geeigneten Gefrierkernen angelagert hat. Aus der ursprünglich reinen *Wasserwolke* wird dann eine *Mischwolke.* Mit weiter abnehmender Temperatur (zunehmender Höhe) vergrößert sich die Anzahl der Eiskristalle ständig, so daß bei Werten ab −35 °C Wolken überwiegend aus Eiskristallen bestehen *(Eiswolken).*

Die *Auflösung von Wolken* wird durch thermodynamische Vorgänge verursacht, die den Wolkenbildungsprozessen entgegengesetzt sind. Als Ursachen kommen hauptsächlich in Frage: 1. Abnahme des Wasserdampfgehaltes aufgrund ausfallender Niederschläge; 2. trockenadiabatische Erwärmung (um 1 K/100 m) durch absinkende Luftbewegungen; 3. Vermischung der Wolkenluft mit trockener Umgebungsluft *(Entrainment),* insbesondere an den Rändern von Konvektionswolken.

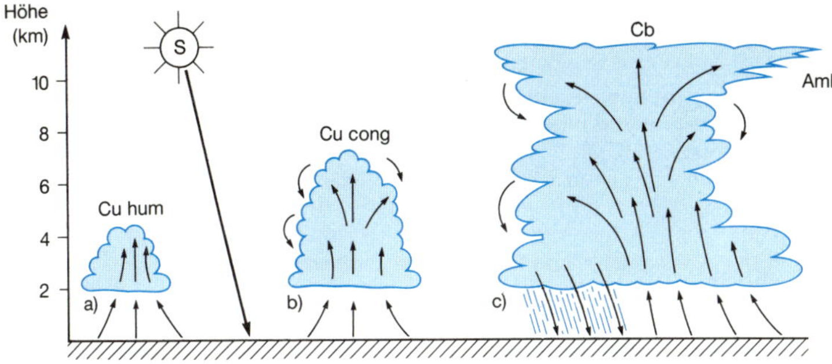

Abb. 1
Bildung von Haufenwolken durch Thermik (a) sowie Entwicklung von Konvektionsbewölkung bei feuchtlabiler Schichtung (b, c)

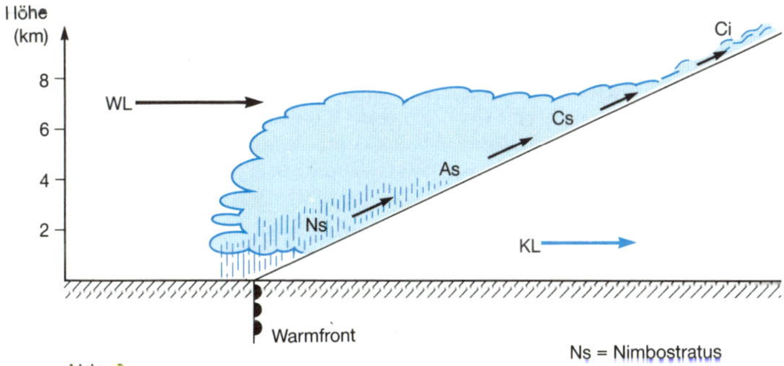

Abb. 2
Bildung von Schichtwolken durch Aufgleiten von Warmluft über Kaltluft

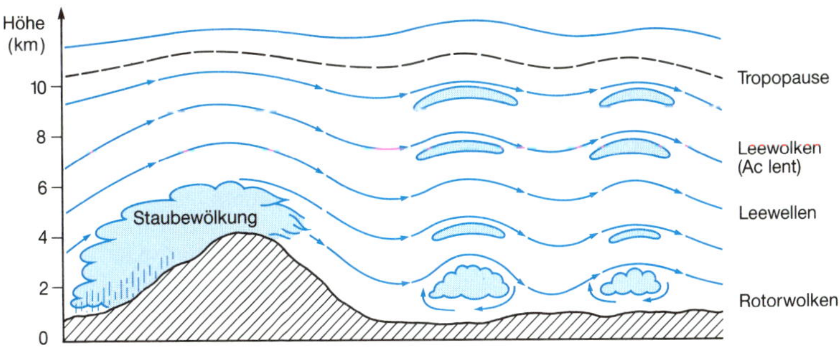

Abb. 3
Bildung und Auflösung von Wolken im Gebirge durch aufsteigende und absteigende Luftbewegungen

Angaben über Art, Menge und Höhe (Untergrenze) der Wolken sind ein wesentlicher Bestandteil der Wetterbeobachtungen, wie sie in den staatlichen Wetterdiensten angestellt und international verbreitet werden. *Wolken* kennzeichnen nicht nur den augenblicklichen Zustand des Wetters, sondern geben auch Aufschluß über die vertikale Schichtung in der Atmosphäre und über vertikale und horizontale Luftbewegungen. Sie liefern deshalb wertvolle Hinweise für die weitere Wetterentwicklung.

Um Wolkenbeobachtungen nach einheitlichen Gesichtspunkten durchzuführen, insbesondere für Zwecke der Wetteranalyse und -vorhersage, war es notwendig, die große Vielfalt der Wolkenformen durch ordnende Elemente überschaubar zu machen.

Grundsätzlich boten sich dafür zwei Wege an: 1. die Wolken nach ihrer Entstehung einzuteilen *(genetische Wolkenklassifikation)* oder 2. die charakteristischen Erscheinungsformen der Wolken zugrunde zu legen *(morphologische Wolkenklassifikation).*

Vom *genetischen Standpunkt* aus lassen sich die Wolken hauptsächlich in zwei Gruppen einteilen: in Wolken mit vertikaler Entwicklung (Konvektions- oder Haufen-/Quellwolken) und in schichtförmige Wolken. Die erste Gruppe umfaßt die *cumuliformen Wolkengattungen:* Cumulus, Altocumulus, Cirrocumulus, Stratocumulus, Cumulonimbus. Zur zweiten Gruppe gehören die *stratiformen Wolkengattungen:* Stratus, Altostratus, Cirrostratus, Nimbostratus. Diese und andere genetische bzw. physikalische Wolkeneinteilungen (z. B. in Wasserwolken, Eiswolken und Mischwolken) haben sich jedoch in der Praxis nicht durchgesetzt.

In den staatlichen Wetterdiensten richtet man sich ausschließlich nach der *internationalen Wolkenklassifikation,* die nach morphologischen Gesichtspunkten aufgestellt wurde. Eine erste Wolkenkennzeichnung dieser Art stammt von dem Engländer Luke Howard aus dem Jahre 1803. Auf ihrer Grundlage wurde später die Einteilung der Wolken nach ihrem Aussehen und ihrer Höhenlage verfeinert. Heute ist die Weltorganisation für Meteorologie für die einheitliche Anwendung der internationalen Wolkenklassifikation zuständig. Sie gibt den *Internationalen Wolkenatlas* heraus, der neben typischen Wolkenbildern verbindliche Definitionen der Hydrometeore (wozu auch die Wolken zählen), Beschreibungen der Wolkengattungen und -arten sowie Angaben über die Wolkenverschlüsselung für die internationale Verbreitung der Wettermeldungen enthält.

Die *internationale Wolkenklassifikation* unterscheidet nach der Höhenlage der Wolken (Höhe über dem Erdboden) vier *Wolkenfamilien:* tiefe Wolken (0–2 km), mittelhohe Wolken (2–7 km), hohe Wolken (5–13 km, in den Tropen 6–18 km) und Wolken mit großer vertikaler Erstreckung (0–13 km), die zusammen zehn *Wolkengattungen* (Hauptwolkentypen) umfassen und zwar: Cirrus, Cirrocumulus, Cirrostratus, Altocumulus, Altostratus, Nimbostratus, Stratocumulus, Stratus, Cumulus und Cumulonimbus. Nach dem allgemeinen Aussehen der Wolken unterscheidet man schleierförmige, schichtförmige und haufenförmige Hauptformen.

Zur genaueren Kennzeichnung werden die zehn Wolkengattungen nach mehreren Arten und Unterarten weiter unterteilt. Die *Wolkenart* bezeichnet die äußere Form oder die Mächtigkeit bestimmter Wolkengattungen etwas näher (z. B. fibratus = faserig, castellanus = türmchenförmig, lenticularis = linsenförmig, humilis = wenig entwickelt). Die *Wolkenunterart* charakterisiert die äußere Form noch detaillierter (z. B. undulatus = wellenförmig) oder gibt spezielle Eigenschaften der Wolken an (z. B. translucidus = durchscheinend). Schließlich können bestimmte *Sonderformen* und *Begleitwolken* durch Zusätze wie incus (= mit Amboß), mammatus (= mit beutelförmigen Auswüchsen an der Wolkenunterseite) gekennzeichnet werden. Die folgende Beschreibung der einzelnen Wolkengattungen basiert auf der internationalen Wolkenklassifikation:

Hohe Wolken

Cirrus (Federwolke), Abk. Ci: zarte, weiße Wolken in Form von Fäden, schmalen Bändern oder Flocken, oft seidig glänzend. Sie bestehen aus Eiskristallen (Kondensstreifen von hochfliegenden Flugzeugen sind künstlich erzeugte Cirren).

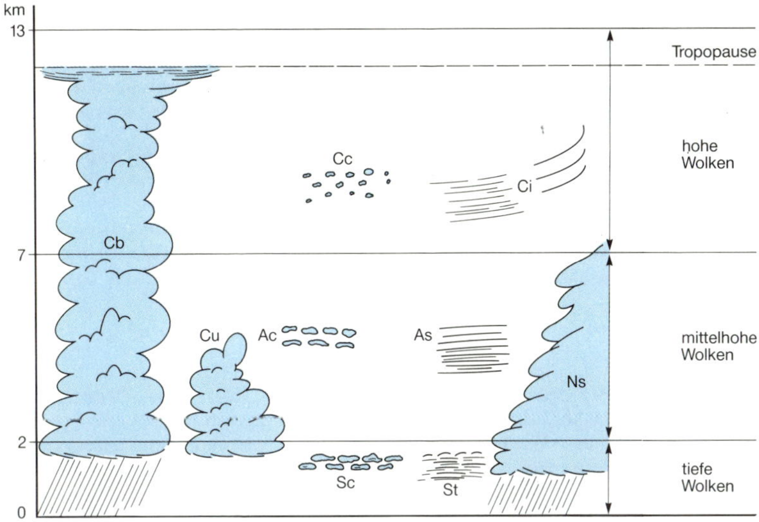

1. Hohe Wolken:	Ci (Cirren), Cc (Cirrocumulus), Cs (Cirrostratus)
2. Mittelhohe Wolken:	Ac (Altocumulus), As (Altostratus)
3. Tiefe Wolken:	Sc (Stratocumulus), St (Stratus)
4. Wolken mit großer vertikaler Erstreckung:	Ns (Nimbostratus), Cu (Cumulus), Cb (Cumulonimbus)

Abb. 1
Die 10 Wolkengattungen nach der internationalen Wolkenklassifikation, zusammengefaßt in 4 Wolkenfamilien

Cirrocumulus (feine Schäfchenwolke), Abk. Cc: dünne weiße Flöckchen, Bänke oder Schichten von Wolken ohne Eigenschatten, die aus sehr kleinen, voneinander isolierten oder miteinander verwachsenen Elementen bestehen und mehr oder weniger regelmäßig in Rippen oder Reihen angeordnet sind. Cc-Wolken sind überwiegend aus Eiskristallen zusammengesetzt. Vorübergehend können sie auch stark unterkühlte Wassertröpfchen enthalten, die gelegentlich zu farbigen Beugungserscheinungen führen.

Cirrostratus (Schleierwolke), Abk. Cs: durchscheinende, weißliche Wolkenschleier von faseriger, haarartiger oder glatter Struktur, die den Himmel ganz oder teilweise bedecken. In den aus Eiskristallen bestehenden Wolken können häufig Haloerscheinungen beobachtet werden (vgl. S. 120ff.).

Mittelhohe Wolken

Altocumulus (grobe Schäfchenwolke), Abk. Ac: weiße und/oder graue Wolkenbänder oder Wolkenschichten, im allgemeinen mit Eigenschatten, aus schuppenartigen Teilen, Ballen, Walzen u.ä. bestehend, die manchmal faserig oder strukturlos aussehen und zusammengewachsen sind. Ac-Wolken bestehen überwiegend aus unterkühlten Wassertröpfchen.

Altostratus (mittelhohe Schichtwolke), Abk. As: graue oder bläuliche Wolkenfelder oder -schichten von streifigem, faserigem oder einförmigem Aussehen, die den Himmel ganz oder teilweise bedekken und stellenweise so dünn sind, daß die Sonne schwach zu erkennen ist. Die Wolken bestehen aus Eiskristallen und Wassertröpfchen, oft sind auch Regentropfen und Schneekristalle bzw. Schneeflocken in ihnen enthalten. Haloerscheinungen treten nicht mehr auf.

Nimbostratus (Regenschichtwolke), Abk. Ns: graue, dunkle Wolkenschicht mit unscharfen Konturen, aus der gewöhnlich anhaltender Regen oder Schnee fällt. Die Sonne ist nicht mehr zu sehen. Unter der Wolkendecke hängen oft niedrige, zerfetzte Wolken *(Nimbostratus pannus).*

Tiefe Wolken

Stratocumulus (Schichthaufenwolke), Abk. Sc: graue oder weißliche, wattebauschartige Wolken mit dunklen Stellen, die auch in schichtförmiger Anordnung von größeren Ballen, Walzen oder Schollen den Himmel überziehen. Sc-Wolken bestehen aus feinen Wassertröpfchen; gelegentlich enthalten sie auch Regentropfen oder Graupelkörner, seltener Schneekristalle oder Schneeflokken.

Stratus (Schichtwolke), Abk. St: durchgehend graue Wolkenschicht mit gleichmäßiger Untergrenze, aus der Sprühregen, feiner Schnee oder Schneegriesel fallen können. Landläufig wird diese Schichtwolke auch als *Hochnebel* bezeichnet.

Cumulus (Haufenwolke), Abk. Cu: einzelne, allgemein dichte Wolken mit scharfen Umrissen, die sich nach oben in Form von Haufen, Kuppeln oder Türmen entwickeln und deren aufquellender oberer Teil oft ein blumenkohlähnliches Aussehen hat *(Cumulus congestus).* Die von der Sonne beschienenen Wolkenteile sind strahlend weiß; die Wolkenbasis ist dunkler und verläuft nahezu horizontal. Cu-Wolken bestehen hauptsächlich aus Wassertröpfchen. Aus den weniger entwickelten Formen *(Cumulus humilis, Cumulus mediocris)* fallen normalerweise keine Niederschläge. Sie werden deshalb auch *Schönwetterwolken* genannt.

Cumulonimbus (Schauer- und Gewitterwolke), Abk. Cb: massige, dichte und stellenweise sehr dunkle Wolke mit extremer vertikaler Ausdehnung, die die Form eines mächtigen Berges oder hohen Turmes (mitunter auch mehrerer) annimmt. Der Wolkengipfel ist häufig abgeflacht, hat ein faseriges oder streifiges Aussehen und breitet sich amboßförmig aus *(Cumulonimbus incus),* wenn eine Inversion (Sperrschicht) die weitere Ausdehnung nach oben hin verhindert. Gelegentlich kann es vorkommen, daß der Wolkengipfel infolge starker Vertikalbewegungen sogar die Tropopause durchstößt. In einer Cb-Wolke können sämtliche Wolken- und Niederschlagselemente vorkommen: Wasser- und Regentropfen, Eiskristalle (nur in ihrem oberen Teil), Schneeflocken, Reifgraupeln und Hagelkörner. Häufig fallen aus einer solchen Wolke schwere Regen-, Schnee- und Hagelschauer, die von Sturmböen und Gewittern begleitet sind.

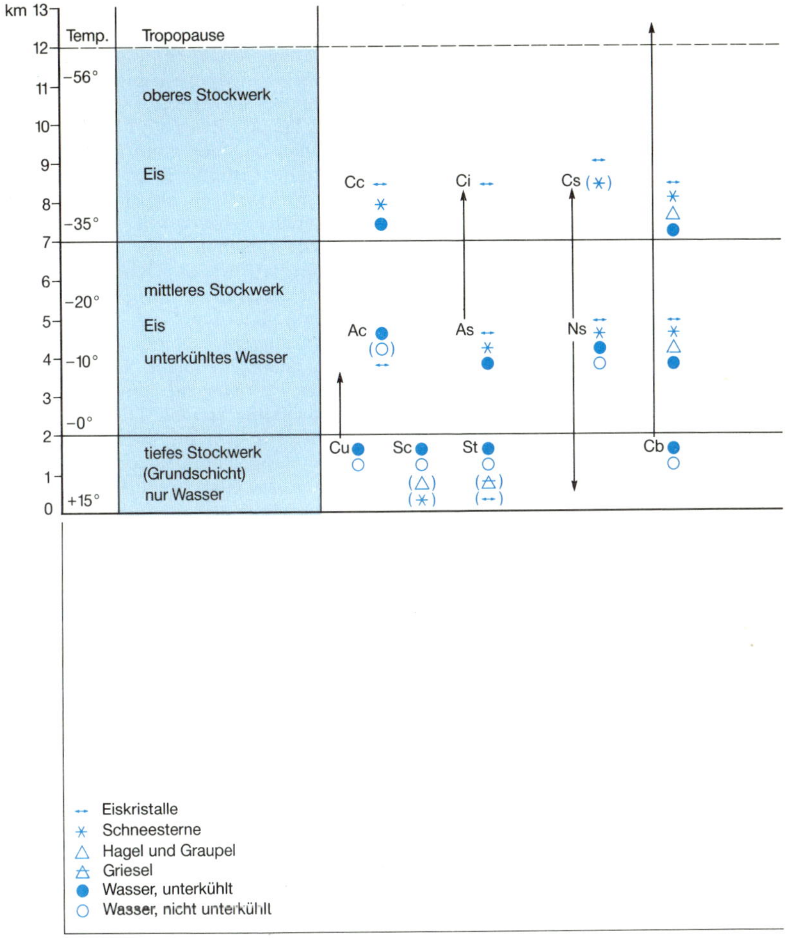

Abb. 2
Temperatur- und Höhenbereiche der Wolkengattungen sowie Art der Wolkenbestandteile

Nebel im herkömmlichen Sinne kann man als eine dem Erdboden aufliegende Schichtwolke (Stratus) auffassen. Eine Nebeldecke besteht aus unzähligen, winzig kleinen und in der Luft schwebenden Wassertröpfchen (Durchmesser 0,01–0,1 mm). In der Meteorologie wird die Bezeichnung *Nebel* dann verwendet, wenn die Sichtweite unter 1 km liegt.

Nebelbildung erfolgt wie bei einer Wolke durch Kondensation überschüssigen Wasserdampfs an Kondensationskernen. Die *Kondensation* wird im wesentlichen durch drei physikalische Prozesse verursacht: 1. Abkühlung feuchter Luft bis zum Taupunkt bzw. Reifpunkt *(Abkühlungsnebel);* 2. Mischung von feuchtwarmer und kalter Luft *(Mischungsnebel);* 3. Zunahme des Wasserdampfgehaltes der Luft infolge Verdunstung *(Verdunstungs-* bzw. *Verdampfungsnebel*).

Unter den Abkühlungsnebeln ist der *Strahlungsnebel* die häufigste Nebelart. Dieser tritt vor allem im Herbst bei windschwachen oder windstillen Hochdruckwetterlagen (Strahlungswetterlagen) auf, wenn sich der Erdboden und die darüber liegenden Luftschichten infolge ungehinderter nächtlicher Ausstrahlung bis unter den Taupunkt abgekühlt haben. Manchmal bildet sich unter einer höher gelegenen Inversion durch Ausstrahlungsabkühlung ein *Hochnebel,* der nach unten wachsen kann und dann als gewöhnlicher Nebel empfunden wird.

Flache *Bodennebel* entstehen meist über feuchten oder noch regennassen Böden, während über größeren, offenen Wasserflächen kaum Strahlungsnebel auftreten, da sie ihre gespeicherte Wärme an die Luft abgeben können und dadurch der Abkühlung infolge Ausstrahlung entgegenwirken. Nebelherde sind vor allem Täler und Mulden *(Talnebel).*

Wird die Abkühlung durch Advektion feuchtwarmer Luft über eine kalte Unterlage erreicht, so bilden sich *Advektionsnebel.* Zu dieser Nebelart gehören im Spätherbst und Winter Nebel im mitteleuropäischen Raum, die beim Vordringen milder und feuchter Luftmassen (vorwiegend maritimen Ursprungs) gegen das kalte Festland auftreten.

Bei der Entstehung von *Meeres-* und *Küstennebel* wirken meist advektive Abkühlung und Mischung verschieden temperierter Luftmassen zusammen. Solche (advektiven) *Mischungsnebel* bilden sich auch im Bereich von Kalt- und Warmfronten, wo eine turbulente Durchmischung feuchtwarmer und kälterer Luft stattfindet, die zudem mit adiabatischer Abkühlung verbunden ist (*Front-* oder *Niederschlagsnebel*). Durch Verdunsten des frontalen Niederschlags wird der Wasserdampfgehalt der bodennahen Luftschichten erhöht. Dabei kühlt sich die Luft durch den Entzug von Verdunstungswärme weiter ab.

Verdunstungsnebel (Verdampfungsnebel) entstehen, wenn die Wasserdampfsättigung vorwiegend durch Verdunstung zustande kommt. Diese Nebelart ist über warmen Gewässern zu beobachten, die Wasserdampf entsprechend ihrer Temperatur in eine darüberliegende oder darüberströmende kalte Luft abgeben, in der überschüssiger Wasserdampf in Form niedriger Nebelschwaden sofort wieder kondensiert (*Meeres-, See-* oder *Flußrauch,* bei Frostwetter auch als *Frostrauch* bezeichnet).

Eine schmutzige, gesundheitsgefährdende Abart des Nebels bzw. des feuchten Dunstes ist der *Smog* (aus engl. smoke = Rauch und engl. fog = Nebel gebildetes Kunstwort), der sich bei einer länger anhaltenden, austauscharmen Inversionswetterlage besonders im Herbst und Winter bilden kann.

Zur *Nebelauflösung* führen hauptsächlich die folgenden Prozesse: 1. Erwärmung der Luft über den Taupunkt durch Absorption der Sonnenstrahlung (unter besonderen Bedingungen kann sich infolge turbulenter Durchmischung ein Bodennebel auch in einen Hochnebel umwandeln); 2. Advektion des Nebels über eine warme Unterlage; 3. Entzug des Wasserdampfs bzw. von Nebeltröpfchen durch Tau- bzw. Reifbildung am Erdboden, oder bei Schneefall durch Sublimation des Wasserdampfs auf Schneekristallen bzw. durch Koagulation von Eiskristallen und Nebeltröpfchen sowie durch Kondensation von Nebelluft auf einer kalten Unterlage (z. B. Schneedecke) bei Temperaturen unter 0 °C.

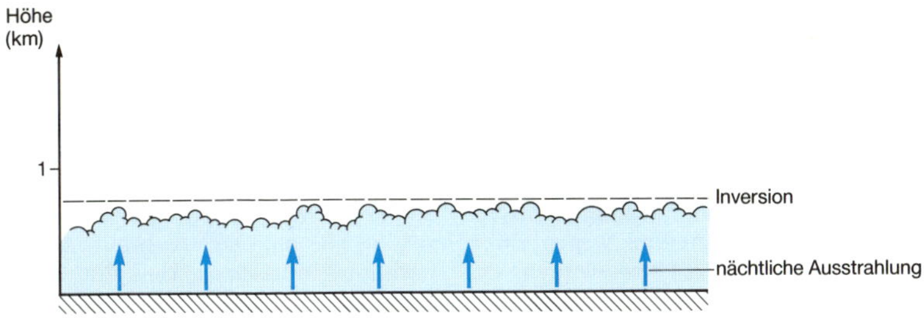

Abb. 1
Strahlungsnebel

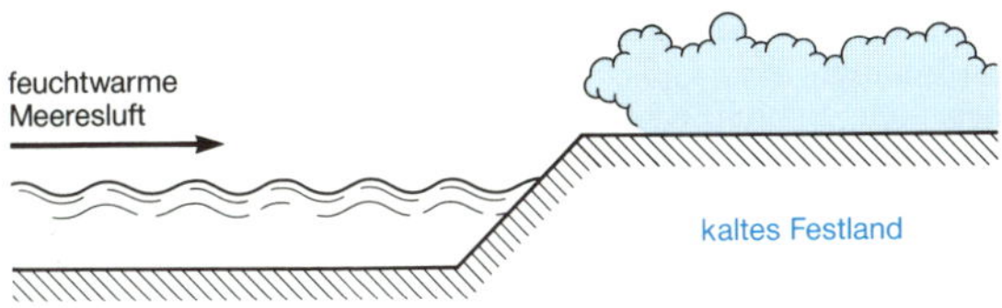

Abb. 2
Advektionsnebel

Abb. 3
Verdunstungsnebel
(See- und Flußrauch)

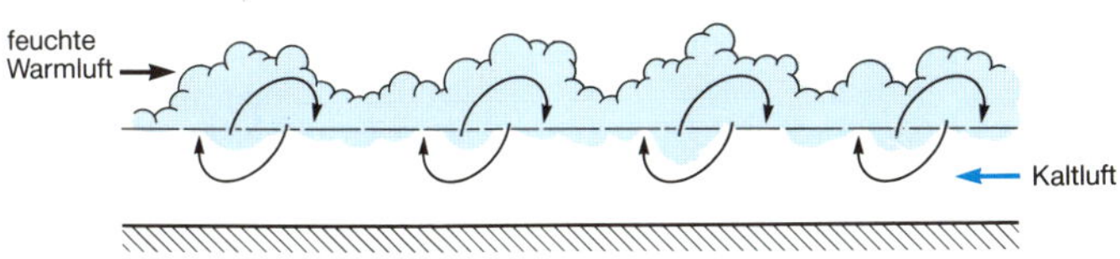

Abb. 4
Mischungsnebel im Bereich von Fronten durch horizontalen und/oder vertikalen Austausch (Turbulenz)

Niederschlagsbildung

Die Erfahrung lehrt, daß aus bestimmten Wolkentypen niemals oder höchst selten Niederschlag in Form von Regen oder Schnee bis auf die Erdoberfläche herabfällt. Solche Wolken enthalten zwar eine Unmenge winzig kleiner Tröpfchen oder Eiskristalle (mit Durchmessern von 0,01 bis 0,1 mm), aber die Wolkenelemente schweben im allgemeinen wegen ihrer Leichtigkeit in der Luft bzw. werden von nach oben gerichteten Luftströmungen (Aufwind) in der Schwebe gehalten. Diesen Wolken fehlt auch der ständige Nachschub an kondensierbarem Wasserdampf, wie er beispielsweise in großräumigen Aufgleitprozessen (Schichtwolkenbildung an Fronten) oder bei starken Vertikalbewegungen (Schauer- und Gewitterwolken) vor sich geht. Schließlich fehlen die für eine wirksame Niederschlagsbildung notwendigen wolkenphysikalischen Voraussetzungen. So fällt aus Cumuluswolken – solange sie keine Eiskristalle enthalten – im allgemeinen kein Niederschlag und aus dünnen, niedrigen Schichtwolken (Stratus- und Stratocumuluswolken) höchstens leichter Sprühregen (Durchmesser 0,1–0,5 mm) oder Schnee.

Größere Niederschlagselemente wie Regentropfen (Durchmesser 0,5–5 mm) können durch den Kondensationsprozeß allein nicht erklärt werden. Für die *Bildung großtropfigen Regens* sind im wesentlichen zwei wolkenphysikalische Vorgänge entscheidend: 1. das Wachstum von Eiskristallen auf Kosten der Wassertröpfchen in Mischwolken *(Bergeron-Findeisen-Prozeß* ; nach T. Bergeron und W. Findeisen); 2. das Zusammenfließen von Wassertröpfchen unterschiedlicher Größe bei Berührung aufgrund verschiedener Fallgeschwindigkeiten *(Koaleszenz).*

Während in den feuchtwarmen Tropen die Regenbildung in hochreichenden Konvektionswolken bei Temperaturen über 0 °C (sogenannte warme Wolken) von den Prozessen der Kondensation und der Koaleszenz (Abb. 1) beherrscht wird, erfolgt in den mittleren Breiten die Niederschlagsbildung vorwiegend über die Eisphase der Wolkenelemente (nach der *Bergeron-Findeisen-Theorie;* Abb. 2). Hier befinden sich in den bis in größere Höhen reichenden Wolken bei Temperaturen bis weit unter dem Gefrierpunkt unterkühlte Wassertröpfchen und Eiskristalle (vor allem im Temperaturbereich zwischen −10 und −35 °C) nebeneinander. Da der Sättigungsdampfdruck über Eis geringer ist als über (unterkühltem) Wasser, strömt ständig Wasserdampf aus der Umgebung der Tröpfchen zu den Eiskristallen und gefriert hier an. Die Verarmung an Wasserdampf führt dazu, daß die Wassertröpfchen durch Verdunsten immer kleiner werden und schließlich ganz verschwinden, während die Eiskristalle weiter anwachsen, insbesondere auch durch Berührung und spontanes Anfrieren von noch vorhandenen unterkühlten Tröpfchen *(Koagulation),* durch Verhaken von Schneekristallen *(Schneeflockenbildung)* und vermutlich auch durch Anziehungskräfte bei entgegengesetzter elektrischer Ladung der Niederschlagselemente. Werden die Eiskristalle wegen ihrer Größe (Durchmesser ~1,5–30 mm) nicht mehr vom Aufwind in der Wolke getragen, beginnen sie zu fallen und schmelzen bei Temperaturen über 0 °C zu großtropfigem Regen zusammen. Im Winter unterbleibt meist das Schmelzen, so daß der Niederschlag als Schnee fällt. In welchem Zustand (flüssig oder fest) der Niederschlag den Erdboden erreicht, hängt vor allem von der Temperaturschichtung unterhalb der Wolken ab.

In unseren Breiten spielt der Vorgang der Koaleszenz wahrscheinlich nur bei der Bildung von Sprühregen eine größere Rolle, indem unterschiedlich große Tröpfchen aufgrund verschiedener Fallgeschwindigkeit in der Wolke zusammenfließen und dadurch zu kleinen Niederschlagselementen anwachsen.

Die Entstehung von *Hagelkörnern* oder *Frostgraupeln* verläuft in besonderer Weise: An sogenannten *Hagelembryonen* (Graupel- oder Tropfembryonen), die durch Zusammenstoß von unterkühlten Wassertröpfchen und Eiskristallen entstanden sind, lagern sich als Folge starker Auf- und Abwinde in den Wolken unterkühlte Wassertröpfchen und/oder Eiskristalle ständig weiter an, so daß schließlich große Hagelkörner oder Frostgraupeln entstehen können, die, von den Aufwinden nicht mehr getragen, zu Boden fallen.

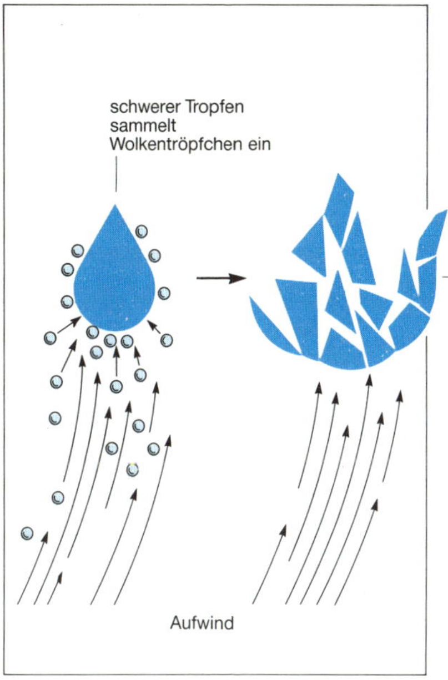

Abb. 1
Entstehung von Regentropfen in Wasserwolken durch Kollision und Zusammenfließen großer und kleiner Tröpfchen (Koaleszenz)

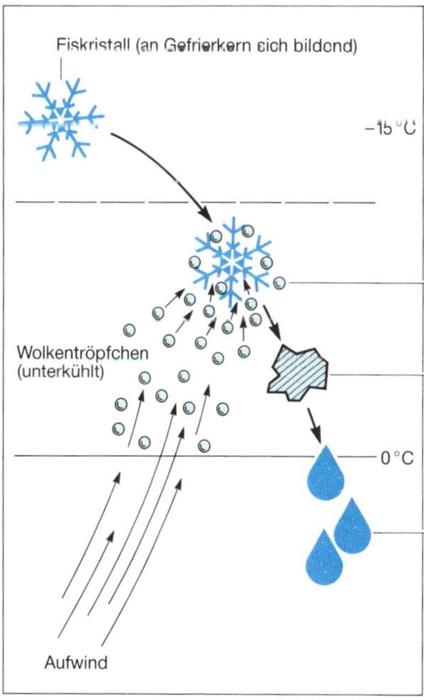

Abb. 2
Entstehung von Regentropfen in Mischwolken (nach der Bergeron-Findeisen-Theorie)

Niederschlagsarten

Wenn man unter *Niederschlag* ganz allgemein das in der Atmosphäre aus der Gasphase (Wasserdampf) in die flüssige oder feste Phase umgewandelte und ausgeschiedene Wasser versteht, so kann man unterscheiden zwischen *fallenden Niederschlägen* (Regen, Schnee, Hagel u. a.) und *abgesetzten Niederschlägen* (Tau, Reif u. a.). Niederschläge, die in flüssiger oder fester Form fallen, werden in folgende *Niederschlagsarten* eingeteilt:

1. Niederschläge in flüssiger Form

Sprühregen (Nieselregen): kleinste Regentropfen (Durchmesser 0,1–0,5 mm), die aus tiefen und häufig mächtigen Stratuswolken ziemlich gleichmäßig fallen oder in einem dichten, nässenden Nebel anzutreffen sind. Sie bilden sich vorwiegend durch Zusammenfließen (Koaleszenz) winziger Wolken- bzw. Nebeltröpfchen. Sprühregen ist typisch für feuchtwarme Luftmassen. Seine Intensität ist im allgemeinen gering.

Regen: aus Wolken fallende Wassertropfen mit einem Durchmesser von 0,5 bis 5 mm. Große Regentropfen besitzen meist Durchmesser von 2–4 mm. Wenn der Tropfendurchmesser den kritischen Wert von 5 mm erreicht hat, bricht der Tropfen beim Fallen aufgrund des Luftwiderstandes auseinander, und es entstehen mehrere kleinere Tropfen. Nach der Intensität unterscheidet man zwischen kurzdauerndem, aber oft heftigem *Schauerregen* und langanhaltendem, gleichmäßigem *Landregen*. Typische Regenwolken in mittleren Breiten sind Cumulonimbus (Schauer- oder Gewitterwolke) und Nimbostratus (Regenschichtwolke). Wenn unterkühlter Regen beim Auftreffen auf den Erdboden oder auf Gegenstände sofort zu Eis gefriert, handelt es sich um *Eisregen*.

2. Niederschläge in fester Form

Schnee: einzelne oder aneinanderhaftende Eiskristalle, die eine Größe zwischen 1 und 5 mm aufweisen (einzelne Schneekristalle), als große Schneeflokken aber Durchmesser von mehreren Zentimetern erreichen können. Die zarten Schneekristalle haben gewöhnlich die Form sechseckiger Plättchen und Prismen oder sechsstrahliger Sternchen und treten in vielfältigen Variationen auf, am häufigsten in dendritischen Formen. Die Kristallform hängt hauptsächlich von der Temperatur und in geringerem Maße von der herrschenden Übersättigung der Luft ab. Bei großer Kälte haben die Kristalle die Form von Eisplättchen, Schneesternchen oder Eisnadeln. Eiskristalle können mit Wolkentröpfchen weiter koagulieren und anwachsen. Langandauernde Schneefälle hängen mit großräumigen Aufgleitprozessen in der Atmosphäre zusammen.

Schneegriesel: undurchsichtige, weiße Körner aus Schneekristallen mit rauhreifartigem Überzug, abgeplattet oder länglich (Durchmesser meist < 1 mm), die bei Temperaturen unter 0 °C fallen.

Reifgraupel: weiße, undurchsichtige Eispartikel von schneeähnlicher Beschaffenheit, meist kegelförmig oder abgerundet (Durchmesser ≤ 5 mm). Reifgraupel fallen schauerartig bei Temperaturen um den Gefrierpunkt.

Frostgraupel: meist runde, schwer zusammendrückbare, nasse, halbdurchsichtige Bällchen mit weißem, trübem Kern und einer die Bällchen umhüllenden, sehr dünnen, klaren Eisschicht (Durchmesser 1–5 mm). Frostgraupeln fallen als kurze Schauer, oft zusammen mit Regen (bei Temperaturen um 0 °C).

Eiskörner: mehr oder weniger durchsichtige, aus gefrorenen Regentropfen bestehende Eiskügelchen (selten kegelförmig) mit einem Durchmesser < 5 mm. Eiskörner fallen bei Temperaturen um 0 °C.

Eisnadeln: bei strenger Kälte und Windstille aus klarem Himmel fallende, sehr kleine Eiskristalle, die sich durch direkte Sublimation des Wasserdampfs gebildet haben (*Diamantschnee;* sehr selten).

Hagel: durchsichtige, teilweise oder ganz undurchsichtige Eiskugeln oder Eisklumpen (Hagelkörner, Schloßen) mit einem Durchmesser von 5–50 mm (im Extremfall bis 10 cm). Der für größere Hagelkörner typische Schalenaufbau entsteht durch mehrmaliges Auf- und Absteigen in verschieden temperierter Luft.

Zu den *abgesetzten Niederschlägen (Beschlag)* zählen der *Nebelniederschlag,* der *Tau-* bzw. *Reifniederschlag* und die *Nebelfrostablagerungen* (in Form von *Rauhfrost* und *Rauheis*).

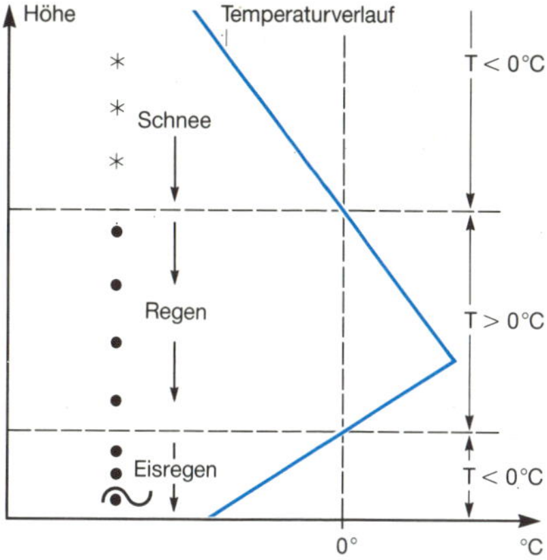

Abb. 2
Entstehung von unterkühltem Regen (Eisregen) mit Glatteisbildung am Boden

Hydrometeor	Fallgeschwindigkeit (in m/s)
Wolkentröpfchen	<0,01 – 0,25
Sprühregentröpfchen	0,25 – 2,0
Regentropfen	2,0 – 9,0
Schneesterne, Eiskristalle	0,3 – 0,7
Schneeflocken	1,0 – 2,0
Graupel	1,5 – 3,0
Hagel	5,0 – 30,0

Abb. 3
Fallgeschwindigkeiten der hauptsächlichen Hydrometeore

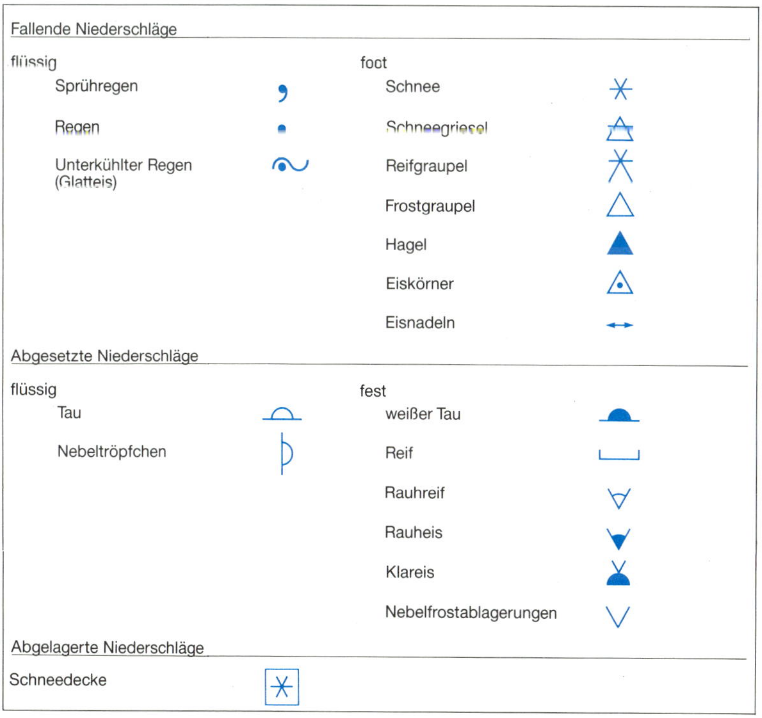

Abb. 1
Niederschlagsarten mit ihren meteorologischen Symbolen

Der Wasserkreislauf

Der Wasserkreislauf transportiert Wasser und Wärmeenergie, reinigt durch den fallenden Niederschlag die Atmosphäre von Luftbeimengungen und versorgt das Festland mit Süßwasser. Er setzt sich aus folgenden Gliedern zusammen: Erdoberfläche → Verdunstung in die Atmosphäre → Wolkenbildung → Niederschlag → Erdoberfläche (Abfluß, Verdunstung).

Die *Verdunstung* bringt Wasserdampf in die Atmosphäre, und zwar von den Ozeanen, Seen, Flüssen, Sümpfen und den Poren des Bodens *(Evaporation)*. Ferner geschieht dies durch die *Transpiration* der Pflanzen. Die Gesamtverdunstung der Erdoberfläche bezeichnet man als *Evapotranspiration;* ihre Höhe hängt ab von der Strahlung, den Temperaturen der Wasseroberfläche bzw. des Erdbodens und der darüberliegenden bodennahen Luftschicht, der Luftfeuchte (Sättigungsdefizit), von der Windgeschwindigkeit an den Oberflächen, vom Bodenwassergehalt und von der Bodenbedekkung. Sie kann daher vom Menschen durch Bodenmelioration oder Landbaumaßnahmen verändert werden. Bewässerung wirkt abkühlend und verdunstungssteigernd, Entwässerung dagegen erwärmend und verdunstungssenkend.

Man unterscheidet zwischen *tatsächlicher (aktueller)* und *potentieller* (bei ausreichendem Wasserangebot maximal möglicher) *Verdunstung*. Die *Verdunstungshöhe* ist in den Tropen und Subtropen am größten (tropische Meere 1 100–1 500 mm/Jahr); sie nimmt polwärts ab (in 60–70° Breite 100–200 mm/Jahr). Mit der *allgemeinen Zirkulation der Atmosphäre* (s. S. 116 ff.) wird der Wasserdampf nach höheren Breiten und in das Innere der Kontinente transportiert.

Bei den atmosphärischen Vorgängen kommt es durch die Kondensation zur *Wolken-* und *Niederschlagsbildung* (s. S. 80, S. 88, S. 90). Auf dem allgemeinen West-Ost-Transportweg des Wasserdampfs entstehen durch Vorgänge an Fronten, bei Konvektion und Stau kleine Kreisläufe, die über Abfluß und Verdunstung wieder zur Wasserdampfanreicherung in der Atmosphäre führen, jedoch die Abnahme der Niederschlagshöhe weiter landeinwärts nicht verhindern können. Die Polargebiete spielen hierbei keine Rolle, nur der Schnee hat dort einen hohen Speicherungsgrad durch Inlandeis, Gletscher und Meereis.

Der Wasserdampf kehrt letztlich als Niederschlag wieder zur Erdoberfläche zurück. Aufgrund des Wechsels der verschiedenen Aggregatzustände des Wassers ist der Kreislauf räumlich und zeitlich recht kompliziert und mit dem Wärmehaushalt eng verknüpft (z. B. Verdunstungs- und Kondensationswärme). Der auf die Erdoberfläche fallende Niederschlag zeigt große räumliche Unterschiede, die vor allem von der allgemeinen Zirkulation der Atmosphäre und von orographischen Gegebenheiten (s. S. 232) wesentlich beeinflußt werden.

Die gefallenen Niederschläge verdunsten entweder von der Erdoberfläche aus oder sie fließen über das Grundwasser und die oberirdischen Wasserläufe ab, oder sie werden durch Schnee und Eis, in Seen, Talsperren oder im Erdboden gespeichert. Bei einer langjährigen Bilanzierung des Wasserkreislaufs können Veränderungen in der *Wasserspeicherung* vernachlässigt werden, so daß nur noch Niederschlag (N), Abfluß (A) und Verdunstung (V) zu berücksichtigen sind ($N = A + V$).

Die mittlere jährliche Niederschlagshöhe auf der Erde beträgt etwa 973 mm, so daß sich der gesamte Wassergehalt der Atmosphäre etwa 33mal im Jahr oder etwa alle 11 Tage einmal umsetzen muß.

Die mittlere *jährliche Wasserbilanz* der Bundesrepublik Deutschland geht von einer „Einnahme" von 1 168 mm Wasserhöhe aus, bestehend aus 837 mm Niederschlag und 331 mm Zufluß von Oberliegern. Auf der „Ausgabenseite" stehen die Verdunstung mit 519 mm und der Abfluß zum Meer und zu den Nachbarländern mit 644 mm. Die Verdunstung setzt sich v. a. aus der Transpiration mit 371 mm, der Interzeption (Verdunstung von Blattoberflächen) mit 82 mm und der Bodenwasserverdunstung mit 47 mm zusammen.

Im Verlauf eines Jahres treten aufgrund der Veränderungen der monatlichen Höhen von Niederschlag und Verdunstung große Unterschiede in der Wasserbilanz auf, wobei auch die winterlichen „Rücklagen" im Erdboden sowie der sommerliche Aufbrauch der gespeicherten Wassermengen zu berücksichtigen sind (vgl. auch S. 256).

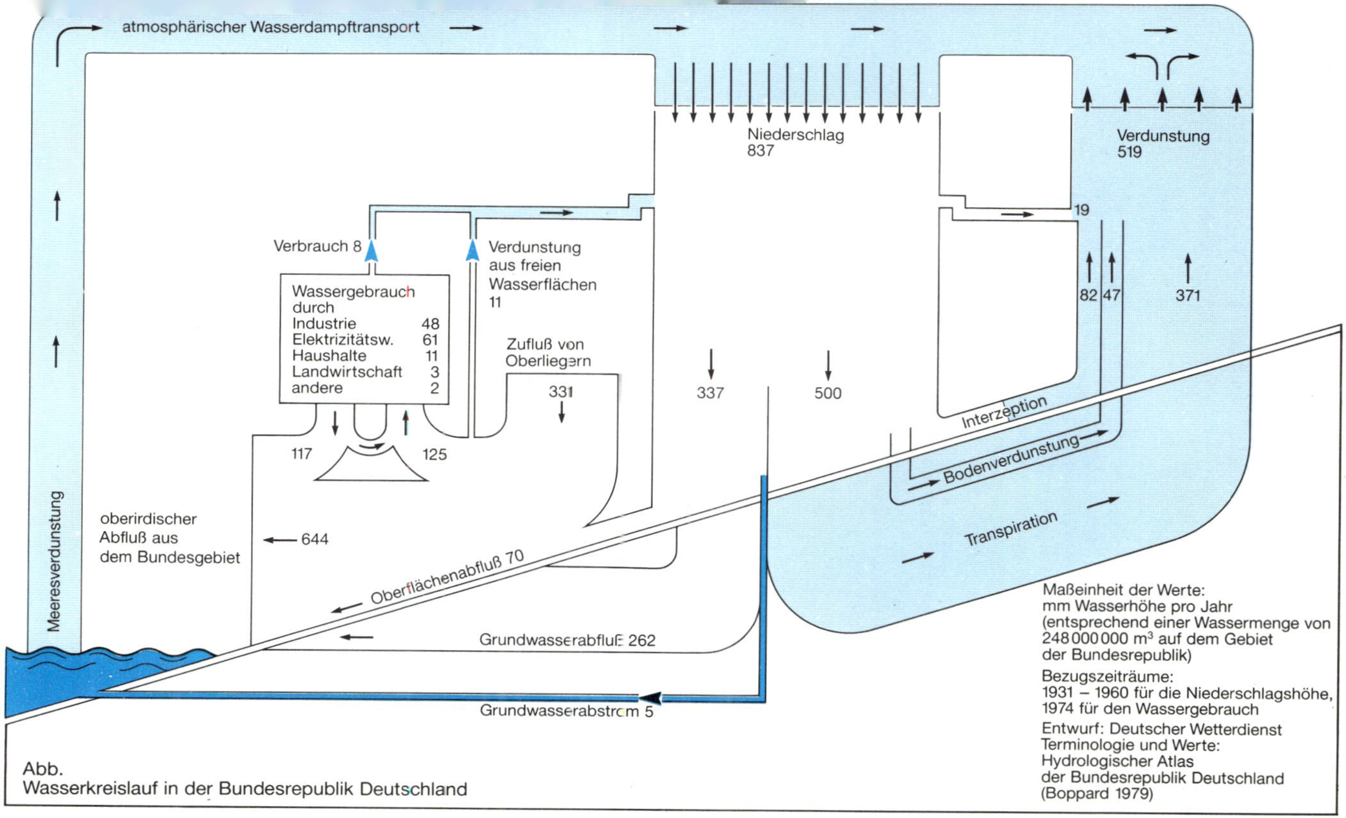

Abb.
Wasserkreislauf in der Bundesrepublik Deutschland

Luftdruckgradientkraft

Wenn ein Körper in Bewegung gesetzt werden soll, so ist eine Kraft nötig, die dem Körper eine Beschleunigung vermittelt. Ohne eine solche Kraft würde ein Körper entweder in Ruhe verharren oder seine augenblickliche Bewegung gleichförmig und geradlinig beibehalten, bis er durch die stets wirksame Reibung allmählich zur Ruhe käme.

Im Falle der atmosphärischen Luft ist die für alle Bewegungen ausschlaggebende Kraft die *Luftdruckgradientkraft* oder kurz *Gradientkraft*. Um diese Kraft zu verstehen, betrachten wir einen kleinen, aus der Atmosphäre herausgeschnittenen Luftwürfel (Abb. 1 und 2). Die in dem Würfel enthaltene Luft übt nach allen Seiten eine Druckkraft aus, deren Größe sich aus dem Produkt von Luftdruck und Seitenfläche ergibt. Dieser Kraft wird von dem von außen senkrecht auf die Seitenflächen wirkenden Luftdruck das Gleichgewicht gehalten. Wenn sich an allen Seitenflächen die Kräfte gerade ausgleichen, ist der Luftwürfel in Ruhe, es herrscht also Windstille.

Offensichtlich ist aber der Luftdruck an der Unterseite des Würfels größer als der an der Oberseite; denn der Luftdruck nimmt mit der Höhe stets ab (s. S. 44). Es müßte deshalb eine Bewegung des Würfels nach oben einsetzen. Daß dies im allgemeinen nicht der Fall ist, liegt daran, daß dieser Auftriebskraft das eigene Gewicht des Luftwürfels entgegenwirkt, das nach der statischen Grundgleichung (s. S. 44) genau so groß ist wie die vertikale Luftdruckabnahme. Damit herrscht in der Vertikalen ein Gleichgewicht, das man als *hydrostatisches Gleichgewicht* bezeichnet (Abb. 1). Dieses ist in der Atmosphäre großräumig meist annähernd erfüllt, nur kleinräumig können stärkere Abweichungen vorkommen.

Andererseits können natürlich auch in horizontaler Richtung Luftdruckunterschiede auftreten (Abb. 2). Nehmen wir an, daß der Luftdruck an der linken Fläche des Würfels höher ist als an der rechten Seite, dann resultiert eine Kraft, die dem Luftdruckgefälle von links nach rechts proportional ist. Das Gefälle des Luftdrucks pro Längeneinheit bezeichnet man als *Luftdruckgradient* oder kurz *Druckgradient*. Die vom Druckgradienten auf den Würfel ausgeübte Kraft nennt man *Luftdruckgradientkraft*. Meist bezieht man diese Kraft auf eine Masseneinheit, indem man sie durch die Masse (= Dichte × Volumen) dividiert; man erhält dann die Definition:

$$\text{Luftdruckgradientkraft} = -\frac{1}{\varrho} \cdot \text{Druckgradient},$$

wobei das Minuszeichen andeutet, daß die Kraft immer zum tiefen Druck gerichtet ist.

Auf Wetterkarten ist die Horizontalkomponente der Gradientkraft durch den Abstand der Isobaren bzw. der Isohypsen, die die Neigung einer Isobarenfläche darstellen, gegeben. Die Gradientkraft steht immer senkrecht auf den Isobaren und ist zum tiefen Druck gerichtet. Ihre Größe ist dem Abstand der Isobaren bzw. Isohypsen umgekehrt proportional (Abb. 3).

Wenn auf ein Luftelement allein die Horizontalkomponente der Gradientkraft wirkt und alle übrigen möglichen Kräfte (wie Reibungskraft oder ablenkende Kraft der Erdrotation) außer Betracht bleiben, so erfährt das Element eine Beschleunigung, die genau in Richtung der Gradientkraft gerichtet und proportional zu deren Stärke ist. Der auf diese Weise entstehende Wind wird als *Euler-Wind* (nach L. Euler) bezeichnet (Abb. 4). Da er vom hohen Druck senkrecht zum tiefen Druck weht, bewirkt er durch die mitgeführten Luftteilchen einen sofort einsetzenden Ausgleich der Luftdruckgegensätze und vermindert dadurch die ihn antreibende Kraft. Der Euler-Wind kann daher nie stationär sein und immer nur kurze Zeit wehen, wenn nicht durch andere Prozesse die Luftdruckunterschiede wieder aufgebaut werden.

In der Natur ist der Euler-Wind nur in der Anfangsphase einer entstehenden Luftbewegung und in kleinräumigen Windsystemen zu beobachten, da sich bei längeranhaltenden und großräumigen Strömungen sofort die ablenkende Kraft der Erdrotation auswirkt (s. S. 96). Lediglich in äquatornahen Gebieten, in denen die ablenkende Kraft der Erdrotation verschwindet, kann er auch in großräumigen Strömungen auftreten.

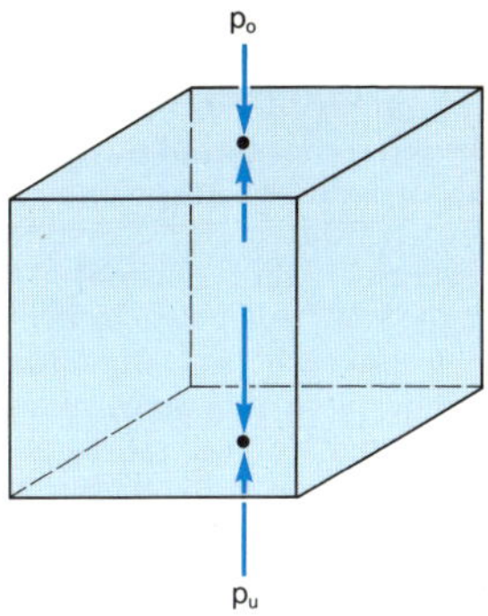

Abb. 1
Hydrostatisches Gleichgewicht

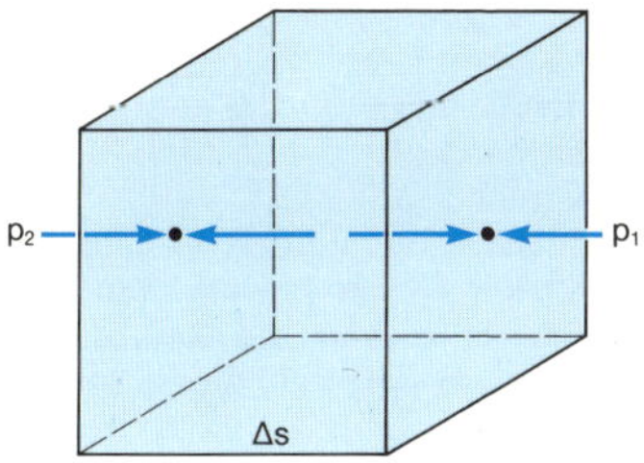

$p_2 - p_1 = \Delta p$

$\frac{\Delta p}{\Delta s}$ = Luftdruckgradient

Abb. 2
Luftdruckgradientkraft

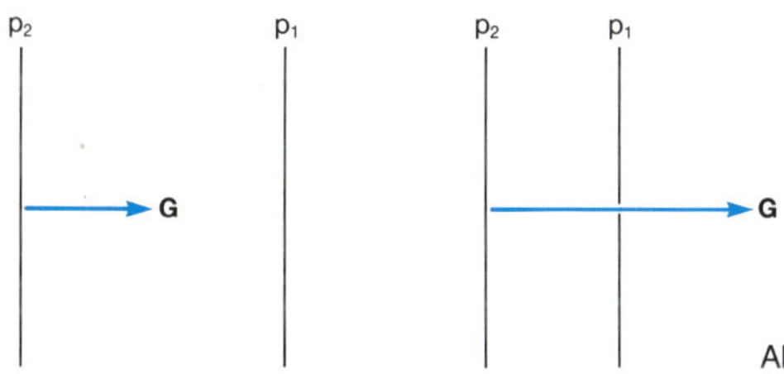

Abb. 3
Horizontale Luftdruckgradientkraft. Bei einem halb so großen Isobarenabstand ist die Luftdruckgradientkraft doppelt so groß

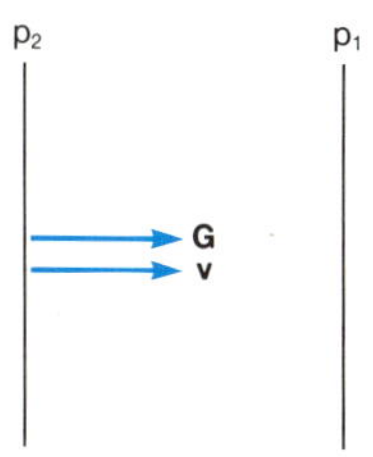

Abb. 4
Euler-Wind

Die ablenkende Kraft der Erdrotation

Die im vorigen Abschnitt (s. S. 94) erwähnte *ablenkende Kraft der Erdrotation,* die man nach ihrem Entdecker meist *Coriolis-Kraft* nennt, hat ihre Ursache – wie der Name sagt – in der Drehung der Erde um ihre Achse.

Jede Bewegung auf der Erde setzt sich aus zwei Komponenten zusammen: der unmittelbar wahrzunehmenden Relativbewegung zur Erdoberfläche und der von einem Beobachter auf der Erde nicht zu bemerkenden Drehbewegung der Erdoberfläche. So bringt ein Luftteilchen, das vom Äquator aus mit einer bestimmten Geschwindigkeit nach Norden in Bewegung gesetzt wird (Abb. a), zugleich die um ein Vielfaches höhere West-Ost-Geschwindigkeit, nämlich 1 674 km/h, vom Äquator mit. Es gelangt bald in geographische Breiten, in denen die West-Ost-Bewegung der Erdoberfläche wegen des geringer werdenden Abstands zur Drehachse der Erde kleiner ist. Vermöge seiner Trägheit eilt das Luftteilchen der Drehbewegung der Erde voraus; es weicht also nach Osten, d. h. auf der Nordhalbkugel nach rechts, von der ursprünglichen Richtung ab. Je weiter das Teilchen nach Norden kommt, um so größer wird diese Ablenkung nach rechts; denn der Abstand der Erdoberfläche von der Drehachse der Erde (und damit die West-Ost-Bewegung der Erdoberfläche) nimmt immer mehr ab.

Zu einem entsprechenden Ergebnis gelangt man, wenn man ein Teilchen verfolgt, das sich in Richtung auf den Äquator zu, auf der Nordhalbkugel also nach Süden, bewegt. Z. B. gelangt ein Teilchen von 60° n. Br. aus, wo die Erdoberfläche eine West-Ost-Geschwindigkeit von 887 km/h aufweist, bald in Gebiete, in denen wegen des größer werdenden Abstandes von der Erdachse die West-Ost-Bewegung der Erdoberfläche wesentlich größer ist als in der Ausgangslage. Es bleibt aufgrund seiner Trägheit hinter der West-Ost-Bewegung der Erdoberfläche zurück; seine Bahn biegt deshalb (auf der Nordhalbkugel) ebenfalls nach rechts von der ursprünglichen Richtung ab.

Für zonale Bewegungen auf der rotierenden Erde ist eine andere Überlegung anzustellen. Wenn sich ein Teilchen breitenkreisparallel nach Osten bewegt (Abb. b, links), so vergrößtert sich seine Umlaufgeschwindigkeit um die Erdachse und daraus folgend auch die darauf wirkende Zentrifugalkraft (die auf ein ruhendes Teilchen ausgeübte Zentrifugalkraft wird durch eine Komponente der Schwerkraft ausgeglichen). Dieser neu entstehende Anteil der Zentrifugalkraft steht senkrecht auf der Erdachse und damit je nach der geographischen Breite mehr oder weniger schräg auf der Erdoberfläche. Man kann diesen Anteil zerlegen in eine Komponente, die senkrecht auf der Erdoberfläche steht und damit die auf das Teilchen wirkende Schwerkraft (geringfügig) vermindert, und eine Komponente, die tangential zur Erdoberfläche nach Süden gerichtet ist und damit das Luftteilchen nach Süden, also nach rechts, ablenkt.

Entsprechend vermindert sich bei einem sich nach Westen bewegenden Teilchen (Abb. b, rechts) die Zentrifugalkraft. Die Komponenten dieses negativen Anteils der Zentrifugalkraft weisen einerseits senkrecht in die Erde hinein, verstärken also (geringfügig) die Schwerkraft, andererseits tangential zur Erdoberfläche nach Norden, also wiederum nach rechts (auf der Nordhalbkugel).

Da man jede beliebige Bewegung auf der Erde in eine Süd-Nord- und eine West-Ost-Bewegung zerlegen kann, folgt aus den obigen Überlegungen, daß jede Bewegung auf der Erdoberfläche einer Ablenkung unterliegt, die auf der Nordhalbkugel nach rechts, auf der Südhalbkugel nach links gerichtet ist.

Theoretische Ableitungen führen zusammenfassend zu dem Ergebnis, daß diese ablenkende Kraft, die Coriolis-Kraft, der Bewegungsgeschwindigkeit proportional ist, daß sie genau senkrecht auf dem Bewegungsvektor steht, am Äquator null ist und mit dem Sinus der geographischen Breite bis zum Pol zunimmt.

Der fiktive Wind, bei dem neben der Luftdruckgradientkraft nur die Coriolis-Kraft als wirksam angenommen wird, ist der *geostrophische Wind* (s. S. 98).

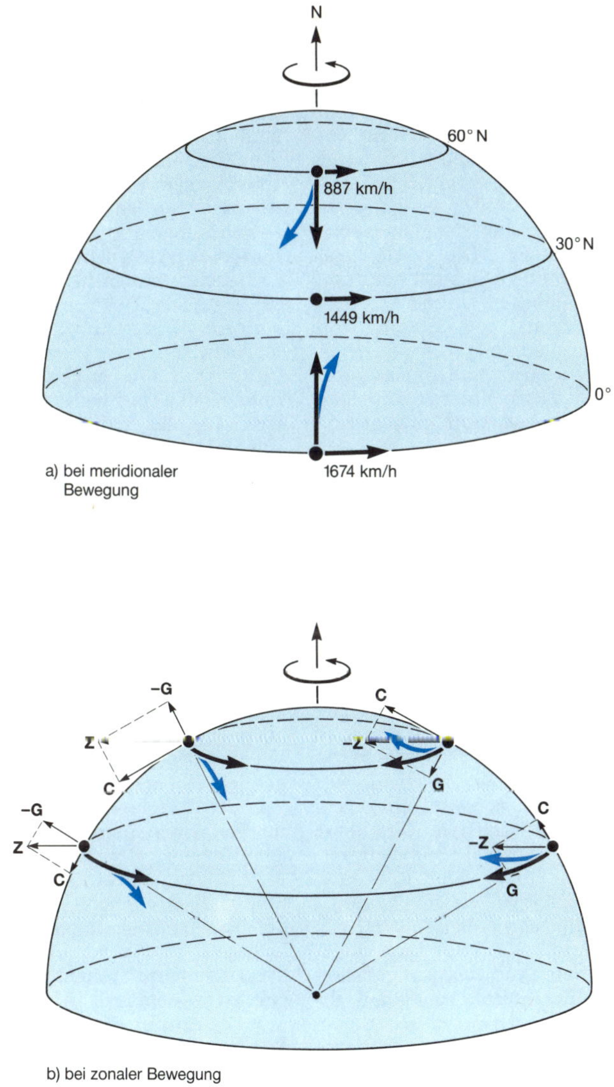

Abb.
Coriolis-Kraft

Zentrifugalkraft

Nach der Luftdruckgradientkraft (s. S. 94) und der Coriolis-Kraft (s. S. 96) ist die *Zentrifugalkraft* eine weitere wichtige Kraft, die die Luftbewegungen auf der Erde beeinflußt. Die Zentrifugalkraft tritt immer dann auf, wenn sich ein Körper auf einer gekrümmten Bahn bewegt (Abb. 1). Sie ist immer vom Krümmungsmittelpunkt nach außen gerichtet; sie steht also senkrecht auf der momentanen Bewegungsrichtung. Die Zentrifugalkraft nimmt mit dem Quadrat der Bewegungsgeschwindigkeit zu und ist umgekehrt proportional dem Abstand vom Krümmungsmittelpunkt. Um ein Gleichgewicht herzustellen, muß ihr eine gleich große, aber entgegengesetzt gerichtete Kraft, die *Zentripetalkraft,* entgegenwirken.

Wenn in der Atmosphäre bei Luftbewegungen eine Zentrifugalkraft auftritt, so wird die Rolle der Zentripetalkraft je nach dem Krümmungssinn der Luftbahnen von unterschiedlichen Kräften übernommen. Bei *zyklonaler Krümmung* (Abb. 2a) ist dies offensichtlich ein Teil der Gradientkraft, die zum Krümmungsmittelpunkt gerichtet ist. Wenn hier ein Gleichgewicht der Kräfte herrschen soll, das Voraussetzung für eine stationäre Luftbewegung ist, müssen die Kräfte so angeordnet sein, wie sie in Abb. 2a dargestellt sind. Da die Zentrifugalkraft, wie Berechnungen zeigen, meist klein gegenüber der Gradientkraft ist, wird diese durch die Zentrifugalkraft nur etwas vermindert. Ihr verbleibender Rest muß durch die entgegengesetzte Coriolis-Kraft ausgeglichen werden. Andererseits kann die Coriolis-Kraft nur dann entgegengesetzt zur Gradientkraft gerichtet sein, wenn die Luftbewegung auf ihr senkrecht steht und zwar in dem Sinne, daß auf der Nordhalbkugel die Coriolis-Kraft um 90° nach rechts von der Windrichtung abweicht. Daraus ergibt sich, daß im Gleichgewicht der Wind genau parallel zu den Isobaren weht, wobei der hohe Druck rechts, der tiefe Druck links liegt.

Bei einer *antizyklonalen Krümmung* (Abb. 2c) zeigt sich, daß hier Gradientkraft und Zentrifugalkraft in die gleiche Richtung, nämlich vom Krümmungsmittelpunkt weg, weisen. Die Rolle der Zentripetalkraft kann deshalb nur der Coriolis-Kraft zufallen. Da diese der Summe aus Gradientkraft und Zentrifugalkraft entsprechen muß, ist sie hier deutlich größer als im zyklonalen Fall. Das heißt aber auch, daß die auf ihr senkrecht stehende Windgeschwindigkeit höher sein muß als bei zyklonaler Strömung bei gleichem Gradienten. Aus den gleichen Überlegungen wie oben muß auch hier wie im zyklonalen Fall der Wind parallel zu den Isobaren so wehen, daß der hohe Luftdruck rechts, der niedrige links liegt.

Zwischen diesen beiden Möglichkeiten liegt schließlich der Fall des *geostrophischen Windes* (Abb. 2b), bei dem die Isobaren geradlinig verlaufen, die Zentrifugalkraft also verschwindet. Die Coriolis-Kraft ist hier genau gleich groß wie die Gradientkraft, die Windgeschwindigkeit entspricht der Gradientkraft und die Windrichtung derjenigen beim zyklonalen oder antizyklonalen Fall.

Alle drei Fälle faßt man unter dem Begriff *Gradientwind* zusammen. Die drei beteiligten Kräfte verleihen dem Gradientwind insgesamt folgende Eigenschaften:

1. Die Luftdruckgradientkraft ist in erster Linie verantwortlich für die Geschwindigkeit des Windes. Auf Wetterkarten ist sie am Abstand der Isobaren zu erkennen. Gradientkraft bzw. Windgeschwindigkeit sind umgekehrt proportional dem Isobarenabstand.
2. Die Coriolis-Kraft ist entscheidend für die Windrichtung. Diese entspricht der Richtung der Isobaren. Auf der Nordhalbkugel liegt, in Strömungsrichtung gesehen, der hohe Luftdruck rechts, der tiefe Luftdruck links; auf der Südhalbkugel sind hoher und tiefer Luftdruck relativ zur Strömungsrichtung umgekehrt angeordnet.
3. Die Zentrifugalkraft modifiziert die Windgeschwindigkeit in der Weise, daß diese bei zyklonaler Strömung verringert, bei antizyklonaler Strömung erhöht wird. Aus theoretischen Gründen existiert allerdings bei antizyklonaler Krümmung ein Grenzwert der Geschwindigkeit; dieser liegt beim doppelten Betrag des geostrophischen Windes, der sich bei geradlinigen Isobaren vom gleichen Abstand ergeben würde.

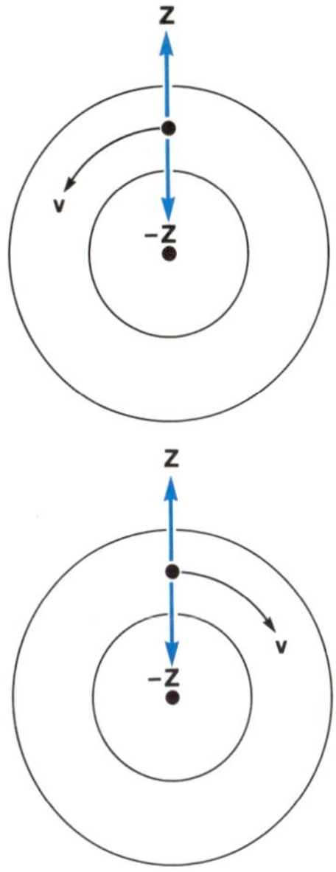

Abb. 1
Zentrifugalkraft **Z** und Zentripetalkraft **–Z** (**Z** und **–Z** sind unabhängig vom Drehsinn)

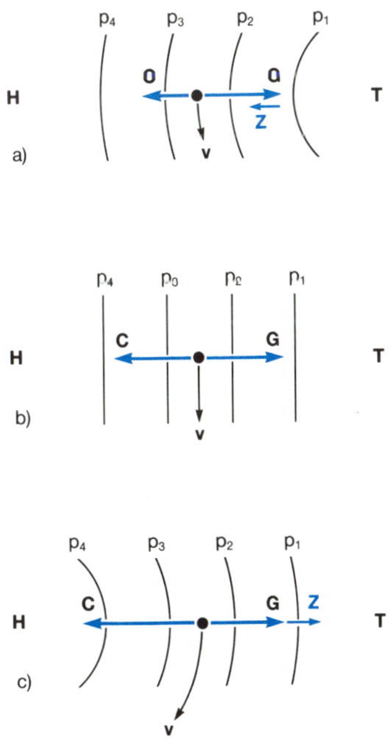

a) bei zyklonaler Krümmung
b) bei geradlinigen Isobaren (= geostrophischer Wind)
c) bei antizyklonaler Krümmung

Abb. 2
Der Gradientwind

Alle in den letzten Kapiteln angestellten Überlegungen bezogen sich auf Luftbewegungen, die so hoch über der Erdoberfläche vor sich gehen, daß sie von dieser nicht beeinflußt werden. Bei Bewegungsvorgängen in den untersten Schichten der Atmosphäre muß man berücksichtigen, daß an der mehr oder weniger rauhen Erdoberfläche Reibung auftritt, durch die eine bremsende Wirkung auf den Wind ausgeübt wird. Die Bremswirkung durch die Bodenreibung kann man nach C. M. Guldberg und H. Mohn als eine Kraft ansehen, deren Richtung der Windrichtung entgegengesetzt und deren Stärke in erster Linie der Windgeschwindigkeit proportional ist.

Versucht man, diese *Reibungskraft* mit der gleichzeitig wirkenden Gradientkraft und der Coriolis-Kraft ins Gleichgewicht zu bringen, so gelangt man zu einem Kräfteschema, wie es in Abb. 1 dargestellt ist. Da die Reibungskraft entgegengesetzt zur Windrichtung gerichtet ist und die Coriolis-Kraft senkrecht auf dem Wind steht, müssen beide Kräfte ebenfalls senkrecht aufeinander stehen. Beide zusammen müssen eine Vektorsumme ergeben, die der Gradientkraft das Gleichgewicht hält. Ein solches Gleichgewicht ist nur möglich, wenn der Wind gegenüber dem geostrophischen Wind nach links zum tiefen Druck abgelenkt ist. Wie stark diese Ablenkung ausfällt, wird von der Reibungskraft bestimmt, die nicht nur – wie oben erwähnt – von der Windgeschwindigkeit, sondern in zweiter Linie auch von der Beschaffenheit der Erdoberfläche abhängig ist. So beträgt der Winkel zwischen dem geostrophischen Wind und dem beobachteten Wind, der sogenannte *Ablenkungswinkel,* über See im allgemeinen 10 bis 20°, über Land steigt er je nach Art der Erdoberfläche auf 30 bis 50° an.

Der Reibungsansatz nach Guldberg-Mohn gilt nur für den Wind in Bodennähe, der im allgemeinen in einer Höhe von 10 m über Grund gemessen wird. Der Einfluß der Reibung erstreckt sich jedoch – wenn auch mit abnehmender Stärke – auf eine weit mächtigere Schicht, die man als *Reibungsschicht* (vgl. S. 20) bezeichnet. Ihre Höhe, die sogenannte *Reibungshöhe,* kann stark schwanken. Sie hängt von der thermischen Schichtung in der Reibungsschicht, von der Windgeschwindigkeit und von der Bodenrauhigkeit ab. Meist wird eine Höhe von etwa 500 bis 1 000 m angenommen. In dieser Höhe ist der Einfluß der Bodenreibung völlig abgeklungen, und es herrscht der ungestörte geostrophische Wind.

Wie sich der Wind vom Boden bis zur Reibungshöhe ändert, wurde für stark vereinfachte Bedingungen von dem schwedischen Physiker und Ozeanographen W. Ekman abgeleitet. Er hatte zunächst untersucht, wie sich eine vom Wind angetriebene Meeresströmung (eine Driftströmung) mit zunehmender Wassertiefe verhält, und dann die Ergebnisse auf die Luftbewegungen in der Reibungsschicht übertragen. Das Ergebnis seiner theoretischen Ableitung ist qualitativ in Abb. 2 dargestellt. Hier sind in perspektivischer Sicht Windpfeile, die den Wind in verschiedenen Höhen über einem Punkt in der Reibungsschicht darstellen, von einer senkrechten Linie aus eingetragen. Projiziert man diese Windpfeile senkrecht auf eine waagrechte Fläche und verbindet die Spitzen dieser Windpfeile durch eine Kurve, so hat diese die Form einer Spirale, die man nach ihrem Entdecker *Ekman-Spirale* nennt. Typisch an diesem Idealfall der Windverteilung in der Reibungsschicht ist, daß sie mit einem Bodenwind beginnt, der genau 45° gegenüber dem Gradientwind abgelenkt ist, daß der Wind von da aus stetig nach rechts dreht, schließlich kaum noch zunimmt und mit Annäherung an die Reibungshöhe spiralförmig in den ungestörten Gradientwind übergeht.

Angesichts vieler Vereinfachungen, die bei der Ableitung dieser idealen Windänderung mit der Höhe vorausgesetzt wurden, kann man nicht erwarten, daß die Form der Ekman-Spirale in der Natur durch Messungen immer gut bestätigt wird. Dies zeigt schon der Ablenkungswinkel von 45°, der in Wirklichkeit – wie oben erwähnt – zwischen 10 und 50° schwanken kann. Stärkere Abweichungen treten insbesondere durch zeitliche Änderungen der Luftdruckverteilung oder Luftmassenwechsel innerhalb der Reibungsschicht auf.

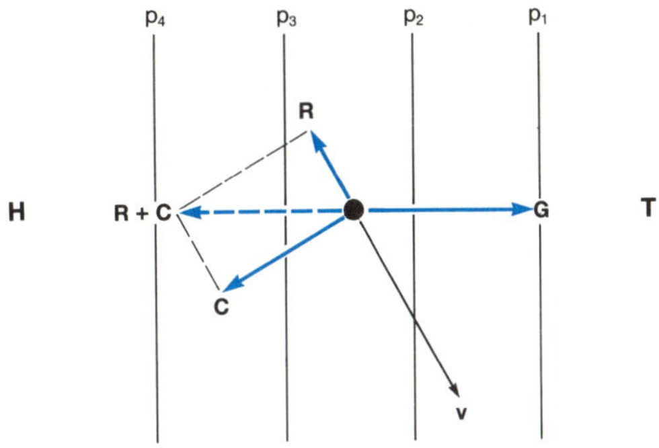

Abb. 1
Reibung nach Guldberg-Mohn

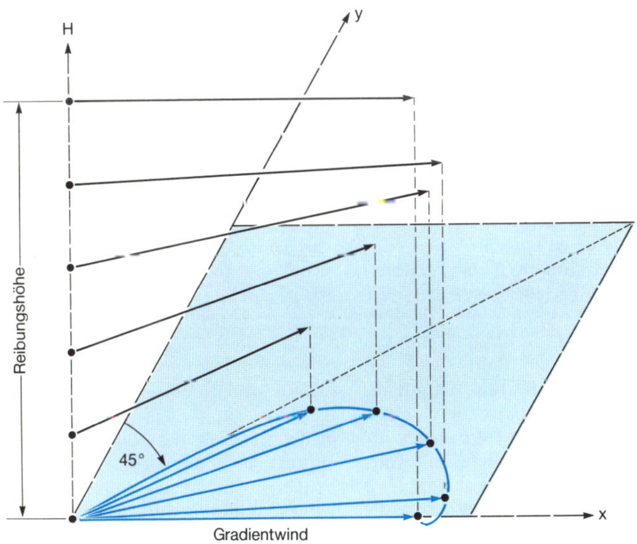

Abb. 2
Ekman-Spirale

Divergenz und Konvergenz

Gelegentlich treten in der Atmosphäre an bestimmten Stellen Unregelmäßigkeiten im Strömungsbild auf, die besondere Beachtung verdienen. Hierzu gehören Punkte oder Linien, von denen aus die Luft auseinanderströmt, und solche, zu denen sie hinströmt. Erstere werden als *Divergenzpunkte* oder *-linien,* letztere als *Konvergenzpunkte* oder *-linien* bezeichnet.

Das Strömungsbild um einen Divergenz- oder Konvergenzpunkt ist in Abb. 1 dargestellt. Hier ist zu unterscheiden zwischen dem Idealfall, in dem die Luftströmung geradlinig vom Divergenzpunkt nach außen bzw. zum Konvergenzpunkt hin gerichtet ist (Abb. 1a), und dem in der Natur auftretenden realen Fall, in dem die Coriolis-Kraft mitwirkt (Abb. 1b). Diese hat (auf der Nordhalbkugel) zur Folge, daß die bei Divergenz nach außen gerichtete Strömung nach rechts abgelenkt wird, so daß sich eine Umströmung des Divergenzpunktes im Uhrzeigersinn und damit das Bild einer *antizyklonalen Strömung* im Bereich eines Hochdruckgebietes ergibt. Bei Konvergenz wird die zum Konvergenzpunkt gerichtete Strömung ebenfalls nach rechts abgelenkt; es entsteht ein Einströmen gegen den Uhrzeigersinn, was der *zyklonalen Strömung* im Bereich eines Tiefdruckgebietes entspricht.

An Divergenz- und Konvergenzlinien gibt es vielfältige *Möglichkeiten des Strömungsbildes.* So kann im Idealfall (Abb. 2a) an einer Divergenzlinie die Strömung nach beiden Seiten weg gerichtet sein, sie kann nur nach einer Seite abfließen, sie kann aber auch nach einer Seite mit größerer Stärke wegführen, als sie von der anderen Seite nachfließt. Entsprechendes gilt im umgekehrten Fall für Konvergenzlinien. In der Natur (Abb. 2b) können sich diesen Strömungsanordnungen andere Komponenten überlagern. Sie können zu beiden Seiten der Divergenz- bzw. Konvergenzlinie entgegengesetzt oder gleich gerichtet sein. Es entstehen dann unterschiedliche Strömungsbilder, wie sie in den Beispielen der Abb. 2b dargestellt sind.

Ihre besondere *Bedeutung* erlangen *Divergenzen* und *Konvergenzen* in der Atmosphäre dadurch, daß durch sie an bestimmten Stellen ein Defizit, an anderen Stellen ein Überschuß an Luft entsteht. Eine solche ungleichmäßige Verteilung muß Auswirkungen haben, die wir anhand des in Abb. 3 dargestellten Vertikalschnittes verfolgen wollen. Hier wird angenommen, daß zunächst in Bodennähe ein Divergenz- und ein Konvergenzgebiet existiert. Wenn die divergente Strömung, die – wie oben erwähnt – mit einem Hochdruckgebiet zusammenfällt, nicht zu einem Luftdefizit und damit zu einer raschen Auflösung des Hochdruckgebietes führen soll (was in der Natur nicht beobachtet wird), so muß die abfließende Luft durch andere ersetzt werden, die aus der Höhe herabsinkt. Auf der anderen Seite würde die konvergierende Strömung im Bereich eines Tiefdruckgebietes eine Luftstauung bewirken, die die baldige Auffüllung des Tiefs zur Folge hätte, wenn nicht der Luftüberschuß durch eine aufsteigende Luftbewegung nach oben abgeführt würde. Diese beiden Vertikalströme können sich nur dann zu einer beständigen (quasistationären) Zirkulation schließen, wenn über der Divergenz am Boden in der Höhe eine konvergente, über der Konvergenz eine divergente Strömung herrscht und die Luft in der Höhe entgegengesetzt wie am Boden fließt. Daraus ergibt sich insgesamt das Schema einer *Vertikalzirkulation,* wie es für alle Hoch- und Tiefdruckgebiete typisch ist.

Für theoretische Betrachtungen ist es erforderlich, Divergenzen und Konvergenzen quantitativ zu erfassen. Zur Definition einer *Maßeinheit der Divergenz* geht man wieder von einem Einheitswürfel aus und definiert die Divergenz als das Flüssigkeits- bzw. Luftvolumen, das in der Zeiteinheit aus dem Würfel mehr heraus- als hineinströmt. Da man jede beliebige Strömungsrichtung in drei Komponenten zerlegen kann, ergibt sich die *Gesamtdivergenz* als die Summe der Divergenzanteile in den drei Komponentenrichtungen. Diese Summe kann positiv oder negativ sein. Der Ausdruck *negative Divergenz* ersetzt hierbei den Begriff *Konvergenz.*

Da Divergenzen in enger Beziehung zu Vertikalbewegungen stehen und damit viele Wettervorgänge bestimmen, stellt die Erfassung ihrer Stärke und Verteilung ein zentrales Problem der Wettervorhersage dar.

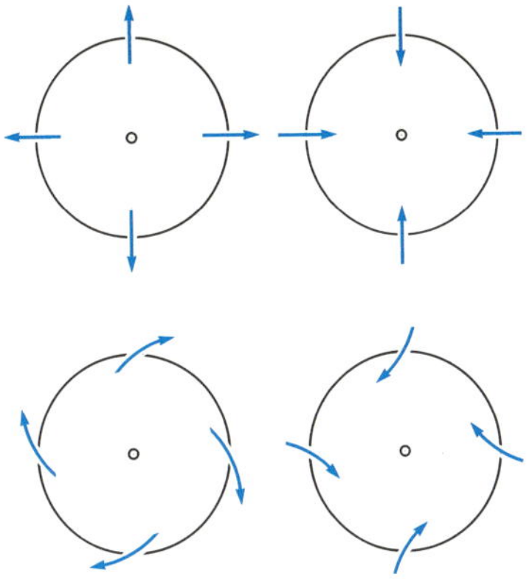

a) im Idealfall

b) in der Natur

Abb. 1
Divergenz- und Konvergenzpunkte

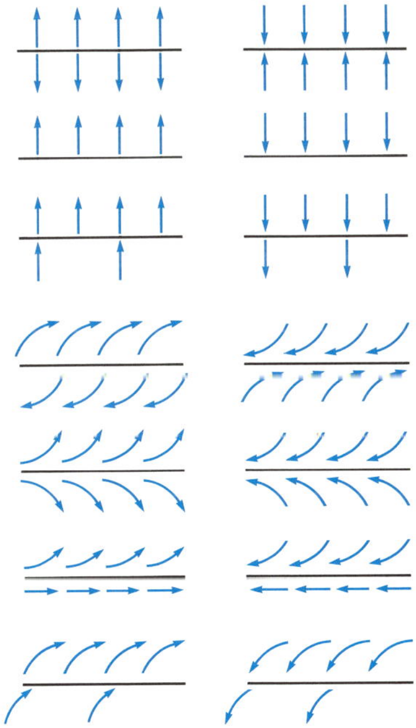

a) im Idealfall

b) in der Natur

Abb. 2
Divergenz- und Konvergenzlinien

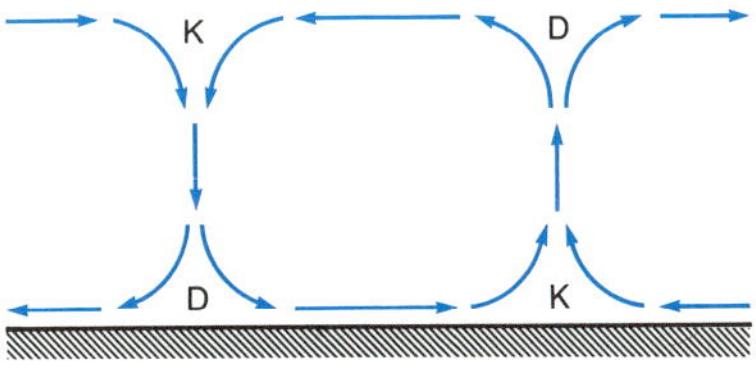

Abb. 3
Divergenzen (D), Konvergenzen (K) und ihr Zusammenhang mit Vertikalbewegungen

Vorticity

Neben der Divergenz und der Konvergenz gehören Rotationsbewegungen, also *Wirbel,* zu den wichtigsten Eigenschaften des Windfeldes. So zeigt nahezu jede Bodenwetterkarte, daß große zyklonale und antizyklonale Wirbel, die mit Tief- und Hochdruckgebieten verbunden sind, ein beherrschendes Element der Strömungsverteilung darstellen.

Als *Maß der Wirbelbewegung* in der Atmosphäre hat sich die *Vorticity* eingebürgert. Für eine feste Kreisscheibe ist die Vorticity (aus theoretischen Gründen) gleich der doppelten Winkelgeschwindigkeit dieser Scheibe (Abb. 1). Da eine sich auf der Erde drehende Scheibe zugleich auch an der Drehbewegung der Erde teilnimmt, unterscheidet man zwischen *relativer Vorticity,* die die Rotationsbewegung relativ zur Erdoberfläche angibt, und *absoluter Vorticity,* die die Drehbewegung der Erde mit einschließt:

Die *relative Vorticity* kann eine Drehbewegung entgegen dem Uhrzeigersinn sein (dann nennt man sie *positiv* oder *zyklonal*) oder eine Drehbewegung im Uhrzeigersinn (dann bezeichnet man sie als *negativ* oder *antizyklonal*). Drehbewegungen eines Luftteilchens kann man sich durch die Rotation einer in der Strömung mitgeführten Kreisscheibe veranschaulichen. Sie können durch unterschiedliche Strömungsformen verursacht werden.

Bei einer gekrümmten Luftbahn, im Idealfall bei einer Kreisströmung, entsteht *Krümmungsvorticity* (Abb. 2a), erkennbar an der Drehung der mitgeführten Scheibe. Sie kann je nach dem Krümmungssinn antizyklonal (negativ) oder zyklonal (positiv) sein. Sie ist um so größer, je höher die Windgeschwindigkeit und je kleiner der Krümmungsradius ist.

Im Falle einer *Scherung* (unterschiedliche Strömungsgeschwindigkeiten quer zur Strömung) entsteht antizyklonale oder zyklonale *Scherungsvorticity* (Abb. 2b). Diese ist proportional dem Betrag des Geschwindigkeitsgefälles quer zur Strömung.

Von Interesse ist die Verteilung der relativen Vorticity in einer wellenartigen Strömung, wie sie insbesondere in der freien Atmosphäre häufig auftritt. Verfolgt man eine mitschwimmende Kreisscheibe in einer solchen Wellenströmung (Abb. 2c), so findet man, daß die stärkste antizyklonale Drehung, d. h. das Maximum der negativen Vorticity, im Bereich der stärksten Krümmung der Luftbahnen im Wellenberg, also im Hochkeil, und die stärkste zyklonale Drehung, d. h. das Maximum der positiven Vorticity, im Wellental, also im Tiefdrucktrog, auftritt. Das Vorzeichen der Vorticity wechselt jeweils an den Flanken von Hochkeil oder Tiefdrucktrog.

Auch in komplexen Strömungsbildern, bei denen sich Krümmungen und Scherungen gegenseitig überlagern, ist die resultierende relative Vorticity am Drehsinn einer mitgeführten Kreisscheibe meist gut erkennbar.

Bei der *absoluten Vorticity* ist zur relativen Vorticity noch der Anteil der Erdrotation zu addieren. Dieser Anteil (Abb. 3) ist an den Polen am größten. Hier überträgt sich die volle Winkelgeschwindigkeit der Erde auf ein auf der Erdoberfläche ruhendes Teilchen. Die absolute Vorticity dieses Teilchens ist (nach obiger Definition) gleich der doppelten Winkelgeschwindigkeit der Erde. In anderen Breiten wirkt sich auf eine horizontale Strömung nur diejenige Komponente des Drehvektors der Erdrotation aus, die senkrecht auf der Erdoberfläche steht. Diese wird mit abnehmender geographischer Breite (mit dem Sinus der Breite) immer kleiner, bis sie am Äquator ganz verschwindet. Für eine bestimmte geographische Breite ist der Anteil der Erdrotation an der absoluten Vorticity immer konstant. Demzufolge wird für eine zonale Strömung eine Änderung der absoluten Vorticity allein durch die Änderung der relativen Vorticity bestimmt.

Es ist ein besonderer Vorzug der Vorticity, daß man sie – im Gegensatz zur Divergenz (s. S. 102) – aus üblichen Wetterkarten mit wenig aufwendigen Rechenverfahren direkt numerisch bestimmen kann. Da eine enge theoretische Beziehung zwischen Divergenz und Vorticity (Vorticity-Gleichung) existiert, kann man aus der Vorticityverteilung die für die Wetterentwicklung wichtige Verteilung der Divergenzen berechnen (vgl. S. 102).

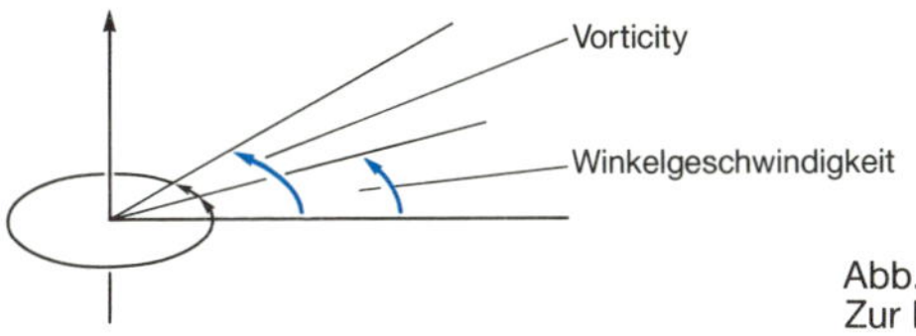

Abb. 1
Zur Definition der Vorticity

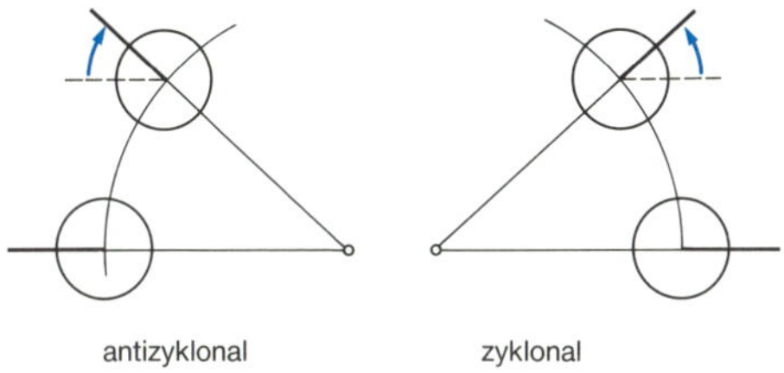

a) Krümmungsvorticity

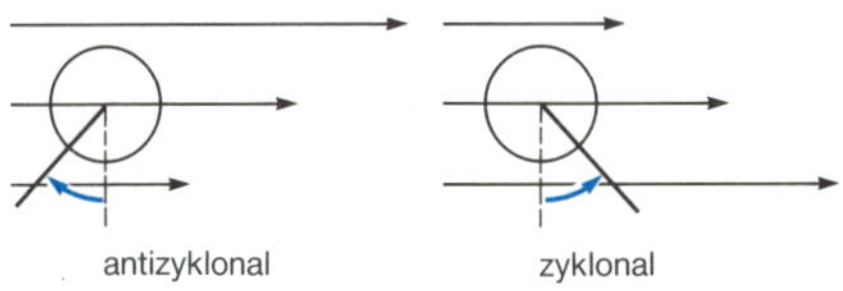

b) Scherungsvorticity

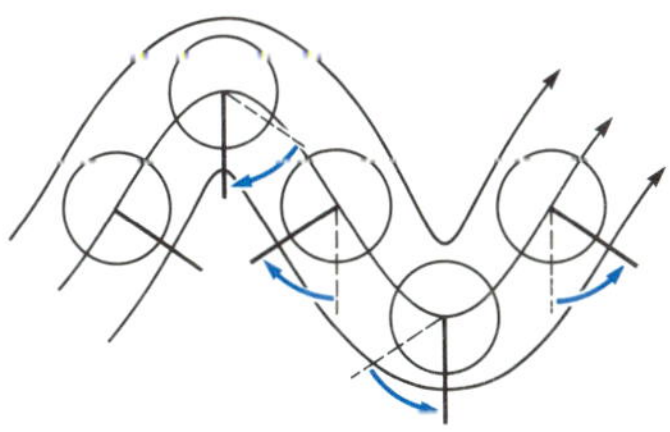

c) Vorticity in einer wellenförmigen Strömung

Abb. 2
Relative Vorticity

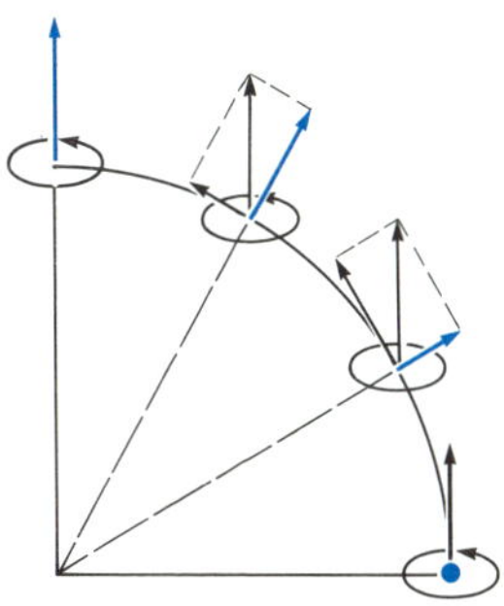

Abb. 3
Anteil der Erdrotation an der absoluten Vorticity

Auf Registrierstreifen der augenblicklichen Windgeschwindigkeit und Windrichtung (Abb. 1) fällt meist auf, daß in beiden Registrierungen eine ausgeprägte Unruhe, also stark unregelmäßige und kurzzeitige Schwankungen, vorhanden sind. Diese Schwankungen der Windgeschwindigkeit und -richtung sind Ausdruck der Böigkeit des Windes, die mehr oder weniger stark fast immer zu beobachten ist.

Die *Böigkeit* des Windes hat ihre Ursache darin, daß fast alle Luftströmungen in der Atmosphäre turbulent sind. In der Physik unterscheidet man zwischen einer solchen *turbulenten* und einer *laminaren Strömung*, bei der sich alle Teilchen auf parallelen Bahnen bewegen. Eine laminare Strömung schlägt in eine turbulente um, wenn ein kritischer Wert der sogenannten *Reynolds-Zahl* (nach O. Reynolds) überschritten wird. In dieser Zahl sind neben einer von der Art der Flüssigkeit abhängigen Konstanten als Faktoren vor allem die Geschwindigkeit und der Durchmesser einer Strömung enthalten. Wegen der sehr großen Dimensionen der Strömungen in der Atmosphäre wird hier auch bei kleinen Geschwindigkeiten die kritische Größe der Reynolds-Zahl meist überschritten, so daß atmosphärische Luftströmungen fast immer turbulent sind.

Untersucht man eine turbulente Strömung genauer, so zeigt sich, daß sich in ihr laufend kleine Störungen, meist Wirbel unterschiedlicher Größe, bilden und wieder zerfallen (Abb. 2b). Durch diese unregelmäßigen Wirbel entstehen zusätzliche Bewegungskomponenten, die der Strömung überlagert sind. Diese turbulenten Zusatzbewegungen sind grundsätzlich dreidimensional (Abb. 2c), d. h., sie führen zu Schwankungen sowohl der Windgeschwindigkeit als auch der Windrichtung.

In der Atmosphäre kommen zu der obengenannten Ursache weitere hinzu. So werden besonders in den unteren Schichten die turbulenten Vorgänge durch die Reibung am Erdboden wesentlich verstärkt, wobei vor allem der Bewuchs und die Bebauung eine maßgebende Rolle spielen. Die durch solche äußeren Einflüsse angeregte Turbulenz nennt man *dynamische Turbulenz*, im Gegensatz zur *thermischen Turbulenz* (auch als *Konvektion* bezeichnet), die durch die unterschiedliche Erwärmung des Erdbodens ausgelöst wird (vgl. auch S. 58).

Alle diese kleinräumigen Vorgänge der atmosphärischen Turbulenz faßt man unter dem Begriff *Mikroturbulenz* zusammen. Dieser steht die *Makroturbulenz* gegenüber, unter der man großräumige turbulente Erscheinungen versteht, zu denen die in den Wetterkarten erkennbaren Wirbel, also Hochdruck- und Tiefdruckgebiete, gehören. Diese sind zwar um viele Größenordnungen größer als die Phänomene der Mikroturbulenz, sie weisen aber aufgrund ihrer unregelmäßigen Verteilung, ihrer immer wieder auftretenden Neubildung und Auflösung die charakteristischen Eigenschaften der Turbulenz auf. Über diese Zweiteilung der atmosphärischen Turbulenz hinaus kann man in der Atmosphäre turbulente Vorgänge in nahezu allen Größenordnungen feststellen. Diese reichen von den kleinsten Wirbeln im Zentimeterbereich bis zu den langen planetarischen Wellen. Es existiert somit ein lückenloses *Turbulenzspektrum* in der Atmosphäre, in dem allerdings die verschiedenen Bereiche mit unterschiedlicher Häufigkeit vorkommen.

Die besondere Bedeutung der Turbulenz in der Atmosphäre liegt darin, daß diese immer bestrebt ist, bestehende Gegensätze auszugleichen. Sie hat eine Durchmischung zur Folge, durch die atmosphärische Eigenschaften und Beimengungen in der turbulenten Schicht ausgetauscht werden, bis eine Gleichverteilung erreicht ist. So kennt man einen *turbulenten Impulsaustausch* (Abb. 3a), der eine vertikal einheitliche Geschwindigkeitsverteilung bewirkt, einen *turbulenten Austausch von Luftfeuchte oder anderen Beimengungen* (Abb. 3b), der für eine vertikale Gleichverteilung dieser Stoffe sorgt, und einen *vertikalen Temperaturaustausch* (Abb. 3c). Bei letzterem ist allerdings zu beachten, daß vertikal sich bewegende Luftteilchen nicht ihre aktuelle, sondern ihre potentielle Temperatur behalten (vgl. S. 56), so daß sich schließlich eine einheitliche potentielle Temperatur, also ein trockenadiabatischer Temperaturgradient, einstellt.

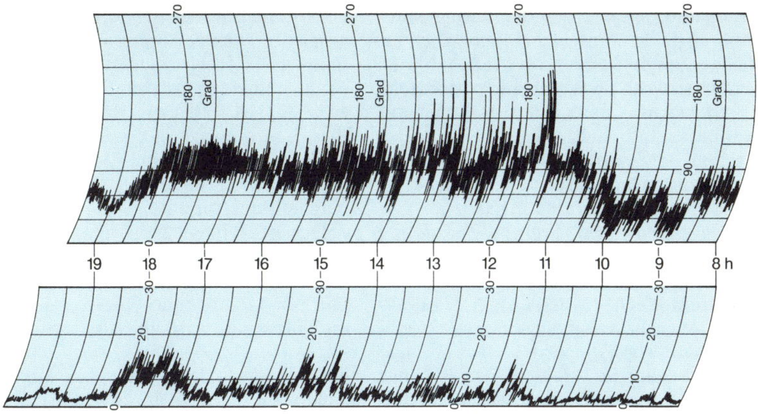

Abb. 1
Beispiel einer Windregistrierung
(10.10.1987, Offenbach/M)

oben: Windrichtung
unten: augenblickliche Windgeschwindigkeit in Knoten

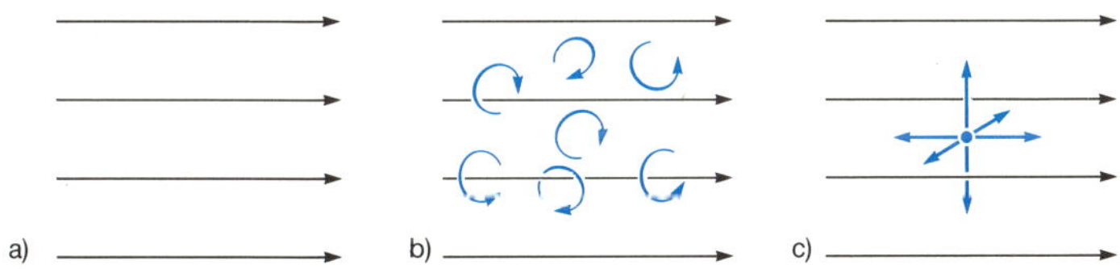

Abb. 2
Zur Definition der Turbulenz

a) laminare Strömung
b) turbulente Strömung
c) Zerlegung einer turbulenten Strömung in eine mittlere Strömung und in Zusatzbewegungen

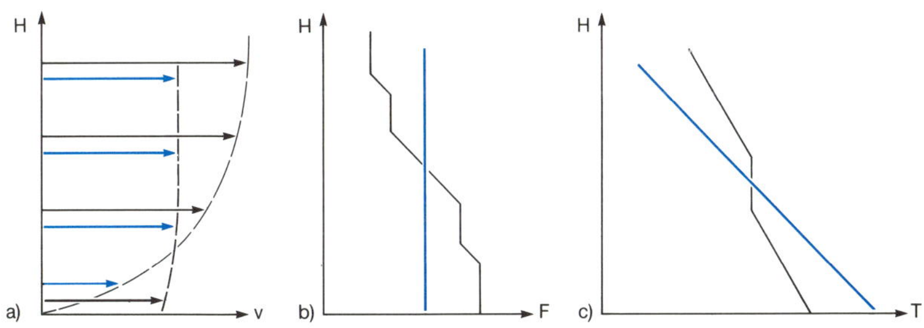

Abb. 3
Wirkung der turbulenten Durchmischung

a) vertikaler Impulsaustausch
b) vertikaler Austausch von Luftfeuchte oder anderen Beimengungen
c) vertikaler Temperaturaustausch

Verteilung vor der Durchmischung
Verteilung nach der Durchmischung

Land- und Seewind

Aufgrund des wechselnden Sonnenstandes und der unterschiedlichen Oberflächenbeschaffenheit der Erde bilden sich thermisch angetriebene, periodische Windsysteme aus. Zu ihnen zählen das System Land- und Seewind und das System Berg- und Talwind (s. S. 110) als tageszeitliche, die Monsune (s. S. 114) als jahreszeitliche Zirkulationen:

Die *Land- und Seewind-Zirkulation* entwickelt sich an Meeresküsten, in abgeschwächter Form auch am Ufer größerer Binnenseen während einer gradientschwachen Strahlungswetterlage (Hochdruckwetterlage), wenn großräumige Luftbewegungen fehlen oder nur schwach ausgeprägt sind. Bei einer solchen Wetterlage stellt der Küstenbewohner oder Urlauber regelmäßig fest, daß im Laufe des Vormittags der Wind, der bis kurz nach Sonnenaufgang als schwache Brise vom Land her wehte, mehr oder weniger plötzlich seine Richtung ändert und in eine mäßige bis frische Seebrise umschlägt.

Die Ursache der Land-Seewind-Zirkulation liegt in den unterschiedlichen physikalischen Wärmeeigenschaften von Land und Wasser. Am Tage erwärmt sich das Land viel stärker als das Wasser. Die über dem Festland erwärmte Luft dehnt sich nach oben hin aus. Dadurch werden in der Höhe die Flächen gleichen Luftdrucks gegenüber dem Meer angehoben, und es entsteht ein Luftdruckgefälle vom Land zum Meer mit einer entsprechenden, zum Meer hin gerichteten Höhenströmung. Durch den Massenabfluß in der Höhe bildet sich über Land ein flaches thermisches Tief, während sich über dem relativ kühlen Meer durch den Massenzufluß in der Höhe und durch absinkende Luftbewegungen ein flaches thermisches Hoch ausbildet. Als Folge des bodennahen Druckgefälles vom Meer zum Land weht nun der kühle und feuchte *Seewind* als Ausgleichsströmung einer in sich geschlossenen Zirkulation.

Vom späten Nachmittag an kehren sich die thermischen Verhältnisse über Land und Meer um und damit auch die Zirkulation. Während der Nacht kühlt sich das Land viel stärker ab als die See. Es entsteht ein Druckgefälle vom Land zum Meer (in der Höhe vom Meer zum Land), das nun einen seewärts gerichteten *Landwind* zur Folge hat.

Der *Seewind* ist am ausgeprägtesten, wenn der Temperaturgegensatz zwischen Land und Meer am größten ist, d.h. im Frühsommer. In unseren Breiten erreicht er Windstärken bis zu 5 Beaufort (frische Brise), während er in den Tropen Sturmstärke annehmen kann. Der Höhepunkt seiner Entwicklung liegt in den frühen Nachmittagsstunden.

Der nächtliche *Landwind* ist schwächer als der Seewind und am stärksten in den frühen Morgenstunden ausgebildet. Die unterschiedliche Stärke von Land- und Seewinden ist auf die verschieden starken vertikalen Antriebskräfte (turbulente Flüsse) dieser thermisch angetriebenen Zirkulation zurückzuführen, die über dem Land wesentlich stärker entwickelt sind. Der Luftdruckgegensatz zwischen Meer und Land ist beim Seewind deshalb größer als derjenige zwischen Land und Meer beim Landwind. Außerdem wird der Landwind durch die stärkere Bodenreibung über Land abgeschwächt. Aus diesen thermisch und oberflächenbedingten Unterschieden resultieren auch die unterschiedlichen Reichweiten und vertikalen Mächtigkeiten der Land- und Seewinde. Während der Seewind in mittleren Breiten im allgemeinen 20 bis 50 km ins Landinnere vordringt, ist der Landwind seewärts auf einen Streifen von 10 bis 20 km beschränkt. Die vertikale Mächtigkeit beträgt meist weniger als 500 m, die des Landwindes etwa ein Drittel davon. In den Tropen werden größere Reichweiten und Mächtigkeiten festgestellt.

Beim Vordringen des kühlen und feuchten Seewindes gegen die warme Festlandsluft bildet sich häufig eine *Seewindfront* aus, an der verstärkte Vertikalbewegungen landeinwärts zu Wolkenbildungen führen (Cumuluswolken oder geschlossene Wolkenbänder). Umgekehrt können sich auch bei nächtlichen ablandigen Winden über der relativ warmen See Quellwolken bilden, die gelegentlich sogar mit Gewittern verbunden sind.

Werden die Land- und Seewinde von einer großräumigen Luftdruckverteilung überlagert, die ebenfalls ab- oder auflandige Winde erzeugt, so treten erhebliche Verstärkungen bzw. Abschwächungen in diesem Windsystem ein.

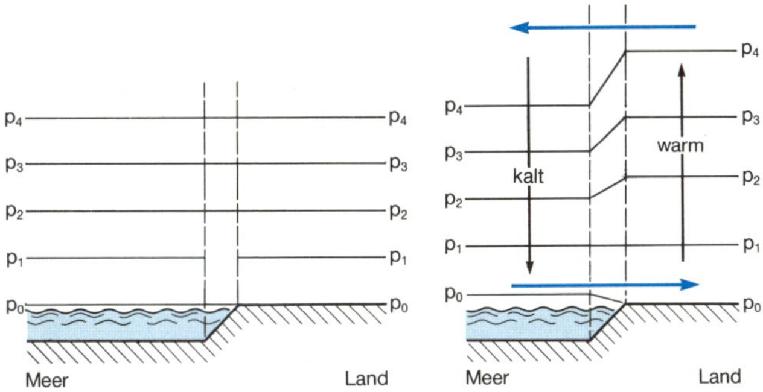

($p_0 \ldots p_4$ Flächen gleichen Druckes)
Druckgefälle →

Abb. 1
Entstehung des Seewindes

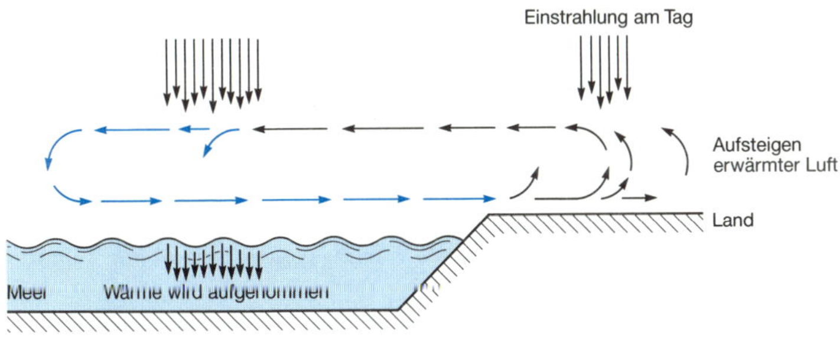

Abb. 2
Seewindzirkulation

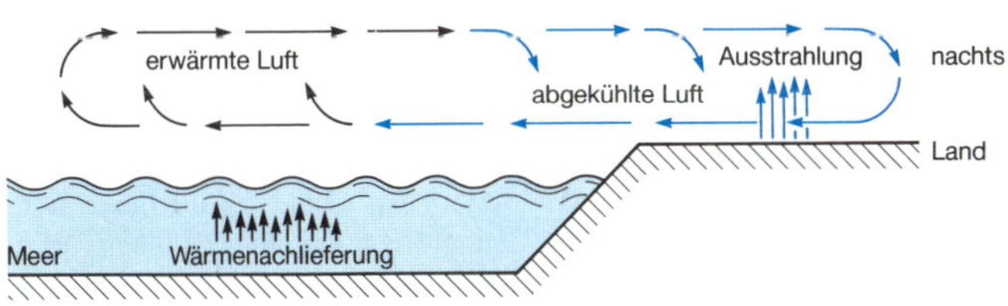

Abb. 3
Landwindzirkulation

Berg- und Talwind

Gegenüber dem Land- und Seewind sind die Verhältnisse bei der *Berg- und Talwind-Zirkulation* komplizierter. Neben dem täglichen Wechsel zwischen Ein- und Ausstrahlung spielen hier die Temperaturunterschiede zwischen den verschieden geneigten Hängen und Tälern auf der einen Seite und der freien Atmosphäre auf der anderen Seite eine entscheidende Rolle. Eine gut ausgebildete Berg- und Talwind-Zirkulation setzt wie bei den Land- und Seewinden eine Hochdruckwetterlage mit starker Sonneneinstrahlung voraus. Wenn sie von großräumigen Luftströmungen überlagert ist, tritt sie nicht mehr so deutlich in Erscheinung.

Teilglieder dieser thermisch angetriebenen Zirkulation sind die *Hangwinde (Hangauf-* und *-abwinde*) und die eigentlichen Berg- und Talwinde. Beide Systeme wirken zusammen bzw. gehen ineinander über. Nach Sonnenaufgang werden die besonnten Berghänge (vormittags die Ost-, nachmittags die Westhänge) stärker erwärmt als die in gleicher Höhe über dem Talboden befindliche Luft. Mit dem damit verbundenen thermischen Auftrieb der hangnahen Luft setzt der *Hangaufwind* ein (maximale Geschwindigkeit etwa 2–3 m/s), der im Laufe des Vormittags vom *Talwind,* einer talaufwärts gerichteten Luftströmung, abgelöst wird, welche die an den Hängen aufsteigende Luft von unten her ersetzt. Der Talwind stellt also eine Ausgleichsströmung dar, die horizontale Luftdruckunterschiede aufgrund lokaler Erwärmungen/Abkühlungen auszugleichen versucht, wobei das Druckausgleichsniveau ungefähr in Kammhöhe liegt. Durch den sich ändernden Sonnenstand wird immer mehr hangnahe Luft in die Zirkulation einbezogen, so daß der Talwind bis zum Nachmittag stärker und gegenüber dem Hangwind auch vertikal mächtiger wird. Seine maximale Geschwindigkeit beträgt etwa 6 m/s.

Nach Sonnenuntergang kippt das Talwindsystem in sein Gegenstück, das Bergwindsystem, um. Jetzt kühlt sich die Luft durch nächtliche Ausstrahlung an den Hängen viel stärker ab als die Luft im gleichen Niveau über dem Tal. Unter dem Einfluß der Schwerkraft entwickeln sich hangabwärts gerichtete Winde *(Hangabwinde),* die nach dem Zusammenströmen im Talgrund talauswärts den *Bergwind* hervorrufen. Der Bergwind ist im allgemeinen schwächer als der Talwind, sorgt aber wegen seiner Frische für eine gute Durchlüftung der Gebirgstäler. In mehr oder weniger abgeschlossenen, wenig durchlüfteten Tälern führen hangabwärts gerichtete Winde häufig (besonders in der kalten Jahreszeit) zu einem Kaltluftstau, der mit verstärkter Nebel- und Frostbildung verbunden ist.

Die *ab-* und *aufsteigenden (katabatischen* bzw. *anabatischen) Phasen* des Berg- und Talwind-Systems werden in der Höhe durch entsprechende, aber schwächer ausgebildete Kompensationsströmungen geschlossen. Da Hangaufwinde und Talwinde feuchte und warme Talluft im Laufe des Tages talaufwärts transportieren, kommt es nach Erreichen des Kondensationsniveaus zur Bildung von *Hangwolken* (Cumuluswolken), während über der Talmitte durch absinkende Ausgleichsströmungen (Querzirkulationen von den Hängen zur Talachse) vorwiegend sonniges Wetter herrscht. Umgekehrt können Bergwinde in Hochgebirgstälern durch die Strömungskonvergenz in der Talmitte zu einer schwachen, nächtlichen Wolkenbildung Anlaß geben (Stratocumulusformen).

In manchen Tälern fehlen die Ausgleichsströmungen in Kammhöhe; hier können die hangauf- und talaufwärts wehenden Winde in eine großräumige Strömung einmünden, die zur wärmsten Tageszeit vom Vorland bis zum Kamm des Gebirgsmassivs gerichtet ist.

Die Vielfalt in der Konfiguration der Berghänge, die Richtung und Geometrie des Tales (Längs- und Quertäler, breite und enge Täler), der Bewuchs und die Oberflächenbeschaffenheit der Hänge und Täler bedingen ganz verschiedenartige Berg- und Talwind-Zirkulationen.

In den Tropen und Subtropen wird die thermische Konvektion durch Gebirge, in denen sich Berg- und Talwinde ausbilden, sehr wirksam unterstützt.

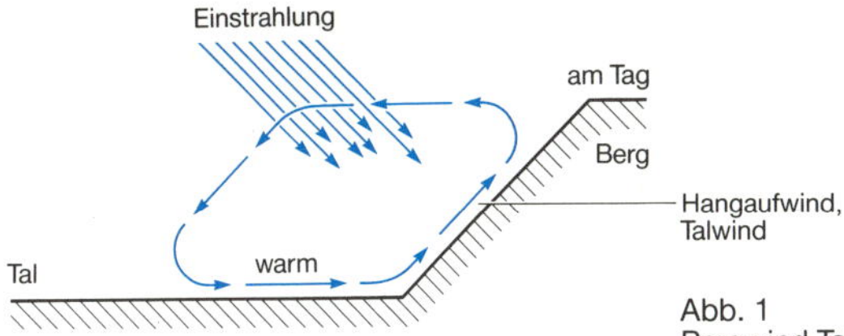

Abb. 1
Bergwind-Talwind-System: Talwind
(Aufsteigen leichterer Warmluft am Hang)

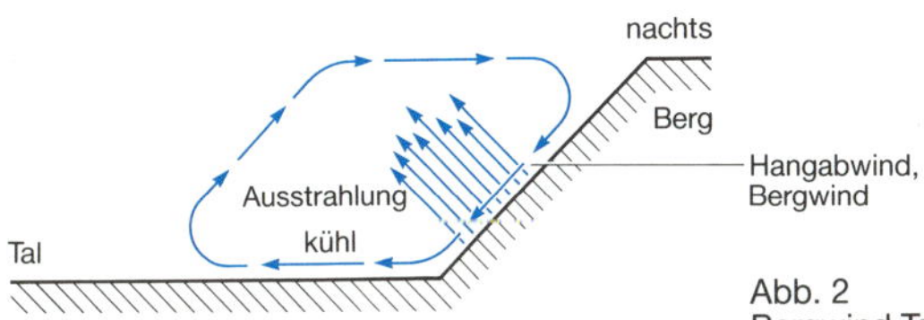

Abb. 2
Bergwind-Talwind-System: Bergwind
(Absinken schwererer Kaltluft am Hang)

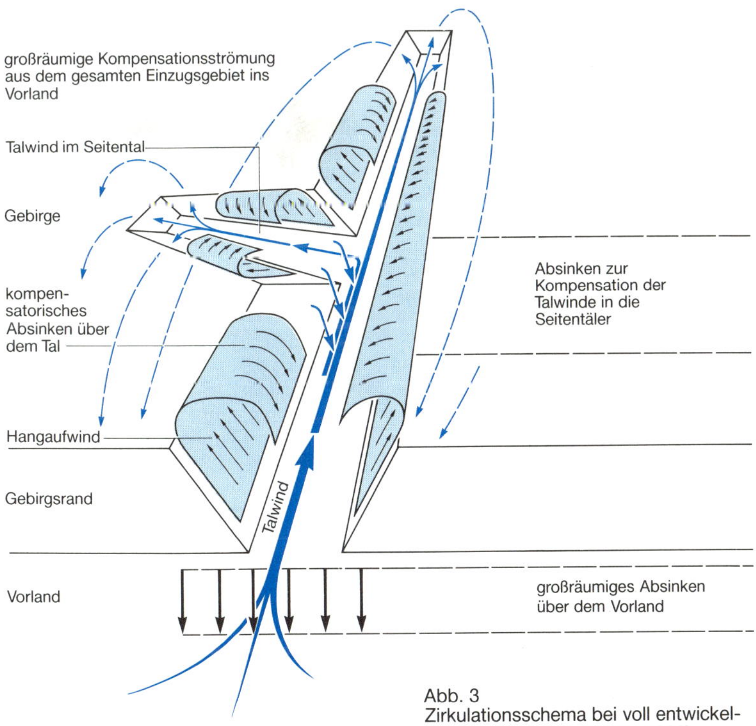

Abb. 3
Zirkulationsschema bei voll entwickeltem Talwind (nach Freitag, 1988)

Überall dort, wo eine Luftmasse durch die großräumige Luftdruckverteilung zum Überströmen eines Gebirges gezwungen wird, können auf der Leeseite sogenannte Fallwinde auftreten.

Unter den *warmen Fallwinden* ist der *Föhn* auf der Alpennordseite *(Südföhn)* der bekannteste. Die für die Entstehung eines Südföhns typische Wetterlage ist durch hohen Luftdruck südöstlich der Alpen und tiefen Luftdruck über Westeuropa gekennzeichnet. Bei einer solchen Luftdruckverteilung bildet sich bis in große Höhen eine südliche bis südöstliche Strömung aus, die nach dem Überqueren des Alpenhauptkamms bis in die Täler durchdringen kann *(Föhndurchbruch)*.

Der warme und trockene Charakter des Föhns beruht prinzipiell auf thermodynamischen Vorgängen. Die im Luv eines Gebirges aufsteigende Luft kühlt sich zunächst trockenadiabatisch um 1 K/100 m und nach Erreichen des Hebungskondensationsniveaus nur noch feuchtadiabatisch ab, da bei einsetzender Wolken- und Niederschlagsbildung laufend Kondensationswärme freigesetzt wird, die die Abkühlung teilweise kompensiert. Beim Absteigen auf der Leeseite erwärmt sich die Luft bei gleichzeitiger Auflösung der Wolken aber wieder trockenadiabatisch, so daß sie am Fuß des Gebirges im Vergleich zu ihrer luvseitigen Ausgangslage wesentlich wärmer und trockener ankommt.

Das in Abb. 1 dargestellte einfache Föhnschema reicht aber nicht aus, um den bei einem gut ausgebildeten Föhn auftretenden starken Temperaturanstieg (bzw. Feuchterückgang) und die hohen Windgeschwindigkeiten zu erklären. Neben der skizzierten großräumigen Luftströmung von Süden nach Norden führen orographiebedingte Vertikalbewegungen zu einem Druckanstieg auf der Luvseite *(Föhnkeil* bzw. *Föhnknie)* und Druckfall auf der Leeseite *(Leetief)*. Das sich gegenseitig bedingende barokline Druck- und Temperaturfeld zu beiden Seiten des Alpenhauptkamms wird dadurch weiter verstärkt (besonders auf seiner Nordseite) und verleiht der Föhnströmung die notwendige Energie, um mit hoher Geschwindigkeit (Spitzenböen bis über 150 km/h) bis in die nördlichen Alpentäler wasserfallartig hinabzustürzen und die dort lagernde Kaltluft wegzuräumen. Außerdem wird der Temperaturkontrast zwischen Luv und Lee dadurch erhöht, daß auf der Luvseite die tieferen Luftschichten (etwa bis 1500 m) aufgrund großer statischer Stabilität häufig nicht in die alpenüberquerende Strömung einbezogen werden. Die Absinkbewegung wird dann vorwiegend von Luftteilchen gespeist, die aus höheren Luftschichten stammen und wegen ihrer größeren potentiellen Temperatur auch entsprechend höhere Lufttemperaturen (bzw. geringere Luftfeuchten) verursachen.

Der *Nordföhn* auf der Alpensüdseite ist das Gegenstück zum Südföhn. Er bildet sich bei hohem Luftdruck nordwestlich und bei tiefem Luftdruck südöstlich der Alpen aus. Die nördliche, alpenüberquerende Luftströmung (tiefere Ausgangstemperatur) verursacht jedoch geringere dynamische Erwärmungseffekte.

Zu den markantesten Föhnwinden zählen auch der *Chinook* an der Ostflanke der Rocky Mountains (USA/Kanada), die *Zonda* am Ostabhang der südamerikanischen Anden, vor allem Argentiniens, und die *Santa-Ana-Winde* Südkaliforniens.

Ein klassisches Beispiel für *kalte (katabatische) Fallwinde* liefert die *Bora* an der dalmatinischen Küste Jugoslawiens. Sie entsteht dadurch, daß kalte Festlandsluft aus einem Hochdruckgebiet über Osteuropa oder dem Balkan von einem Tiefdruckgebiet südlich der Alpen angesaugt wird. Das föhnartige Absteigen auf der Leeseite des nicht sehr hohen Karstgebirges reicht nicht aus, um den kalten Charakter der Bora wesentlich abzuschwächen. Bei ihrem Durchbruch auf die relativ warme Adria kommt es zu starken Luftmassenumlagerungen, die mit außerordentlich heftigen Windstößen verbunden sein können.

Zu den kalten Fallwinden können auch die *Gletscherwinde* gerechnet werden, die über den Gebirgsgletschern oder an den Rändern der grönländischen und antarktischen Eisschilde auftreten. Die über den Eisflächen stark abgekühlte Luft fließt aufgrund ihrer größeren Dichte als Schwerewind abwärts und kann ebenfalls – besonders am Rand des antarktischen Kontinents – hohe Geschwindigkeiten erreichen.

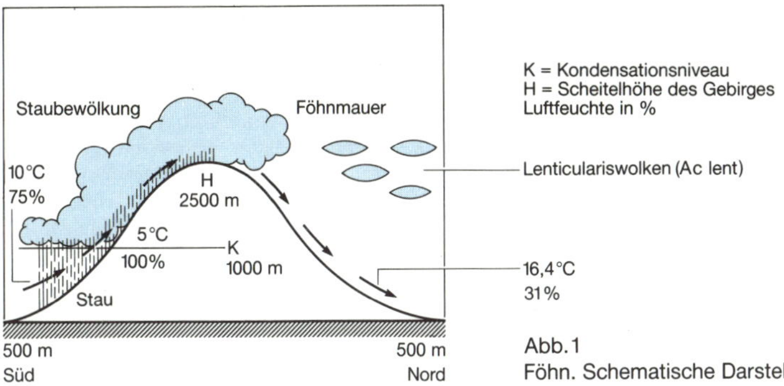

Abb. 1
Föhn. Schematische Darstellung

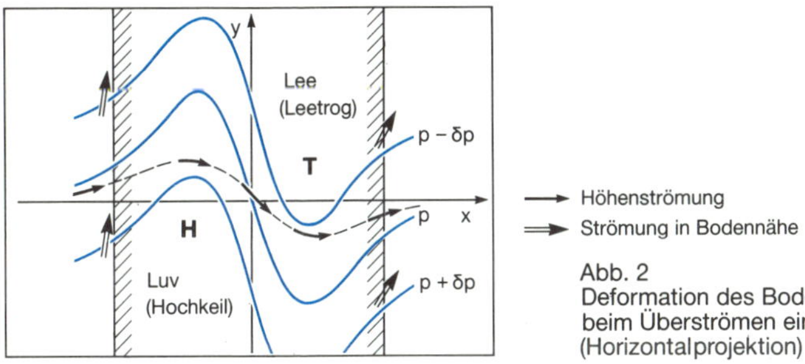

Abb. 2
Deformation des Bodendruckfeldes beim Überströmen eines Gebirges (Horizontalprojektion)

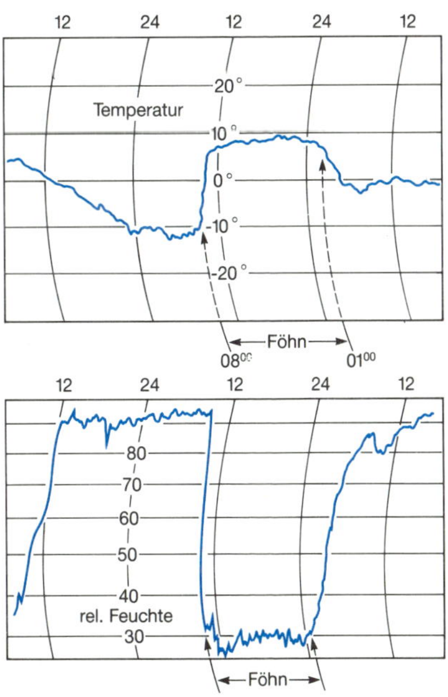

Abb. 3
Typische Temperatur- und Feuchteregistrierung bei einem ins Tal durchgebrochenen Südföhn

Monsune

Monsune sind beständig wehende Luftströmungen mit einem halbjährlichen Richtungswechsel, deren Auftreten im wesentlichen auf die Zone zwischen 30° n. Br. und 30° s. Br. beschränkt ist. Ursache dieser tropischen Winde ist die unterschiedliche Erwärmung von Meer- und Landflächen und die damit zusammenhängende jahreszeitliche Verlagerung der innertropischen Konvergenz.

Monsune sind um so ausgeprägter, je größer und geschlossener die Landflächen sind. Da es sich aber um großräumige, längeranhaltende Strömungen handelt, unterliegen sie der Wirkung der ablenkenden Kraft der Erdrotation, der Coriolis-Kraft. Monsunwinde wehen daher im Sommer spiralförmig in die sich über dem erwärmten Land bildenden Hitzetiefs und im Winter in entgegengesetzter, antizyklonaler Richtung aus dem Kältehoch der Kontinente heraus.

Besonders ausgeprägt tritt der Monsun im süd- und südostasiatischen Raum sowie im ostafrikanischen Küstenbereich in Erscheinung. Im Winter der Nordhalbkugel, wenn die innertropische Konvergenzzone weit im Süden liegt (Abb. 1 a), wehen etwa zwischen 30° und 10° n. Br. die Nordostpassate als *Wintermonsun* aus dem kalten asiatischen Festlandshoch heraus. Von Zentralasien und aus dem Hochland von Tibet gelangt die kontinentale Kaltluft in die tiefer gelegenen Gebiete Indiens, erwärmt sich beim Absteigen adiabatisch und trocknet dabei aus. Ab Oktober beginnt daher bei einem relativ kühlen Nordostwind, der weiter über den Indischen Ozean bis Ostafrika weht, die mehrere Monate anhaltende *Trockenzeit.*

In den Monaten März, April und Mai wird es mit zunehmender Sonneneinstrahlung wärmer, dabei klingt der *Nordostmonsun* ab. In der Küstenregion können in dieser Zeit einige Gewitterregen niedergehen, aber im Landesinnern verdorrt die Vegetation, der Boden wird steinhart. Der jetzt aufkommende *Sommermonsun* ist an die Nordwärtsverlagerung der innertropischen Konvergenz gebunden. Die Nordostpassate werden dabei von Südwestwinden, die zur äquatorialen Westwindzone gehören, dem eigentlichen Sommermonsun, abgelöst. Da die nach Indien vordringenden Luftmassen über das warme Arabische Meer streichen, sind sie labil geschichtet und sehr feucht. Sie bringen daher starke, hochreichende Quellbewölkung, *längeranhaltende Niederschläge* und schwere Gewitter mit. Innerhalb von 24 Stunden können mehr als 400 mm Regen fallen.

Die Intensität der Niederschläge wird dabei wesentlich durch die Ausbildung von Hitzetiefs über Indien beeinflußt. Diese bilden in den langjährigen Mittelkarten des Luftdrucks das sommerliche *Monsuntief,* das als wichtiges Aktionszentrum den niedrigsten Luftdruck der Nordhalbkugel aufweist. Die *Regenzeit* des Sommermonsuns hält in Indien von Juni bis Oktober an. Der Juli bringt es dabei in Bombay im Durchschnitt auf 710 mm Regen (Abb. 2). Das entspricht etwa einer mittleren Jahreshöhe im größten Teil Deutschlands. Im Stau des Himalajas sind die Niederschläge noch verstärkt und erreichen in Cherrapunji im Jahresdurchschnitt 11 633 mm (im Juni 2 922 mm). Von Jahr zu Jahr gibt es natürliche Schwankungen der *Monsunregen,* die für die Wirtschaft der betroffenen Länder von entscheidender Bedeutung sind.

Auf der *Südhalbkugel* befindet sich das ausgeprägteste Monsungebiet im Bereich von *Indonesien* und *Nordaustralien* (Abb. 1). Hier weht im Südsommer eine West- bis Nordströmung und im Südwinter eine Südost- bis Ostströmung. Die Regenzeit fällt daher in die Zeit etwa von November bis April, während von Mai bis Oktober (Südwinter) kaum Niederschläge fallen.

In den *übrigen Tropen* ist der Monsun als halbjährlicher Richtungswechsel des Windes weniger deutlich ausgeprägt, am schwächsten im tropischen Amerika.

Als *europäischen Monsun* bezeichnet man die von April bis Juli in *Mitteleuropa* vorherrschenden, aber nicht beständigen Nordwestwinde. Sie sind an ostwärts ziehende Tiefdruckgebiete gebunden und leiten in unregelmäßiger Folge die Vorstöße kalter Meeresluft zum Festland ein. Dieser Vorgang und die Häufigkeit der Nordwestwinde in der warmen Jahreszeit hängen mit der Erwärmung des eurasischen Kontinents zusammen. Es erfolgt zwar kein Richtungswechsel des Windes, wohl aber eine monsunale Drehung der sonst vorherrschenden Westwinde.

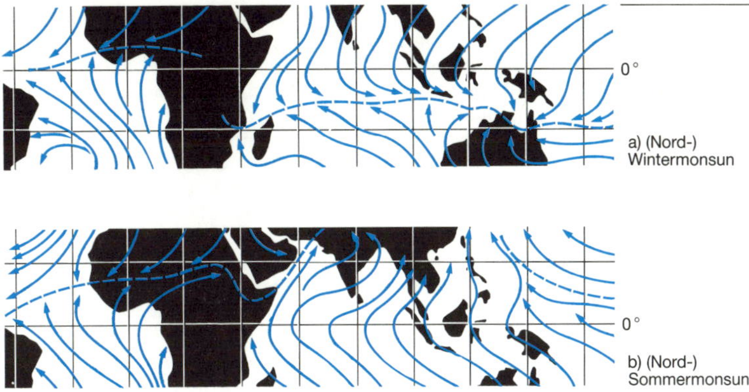

Abb. 1
Die Passate des indischen
Monsunsystems
(Stromliniendarstellung; gestrichelt:
innertropische Konvergenz)

Bombay: Mittlere Monatsmittel der Lufttemperatur (°C)

J	F	M	A	M	J	J	A	S	O	N	D
24,3	24,9	26,8	28,7	30,1	29,1	27,4	27,2	27,4	28,3	27,6	25,8

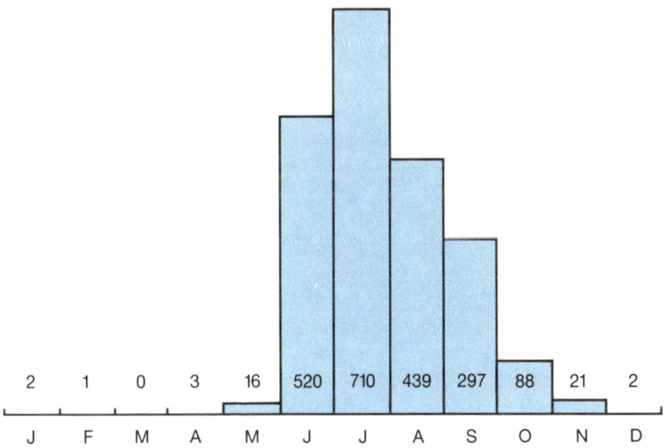

Abb. 2
Mittlere Monatshöhen des Niederschlags
(mm) in Bombay/Indien
(Quelle: Deutscher Wetterdienst)

Allgemeine Zirkulation der Atmosphäre

Unter der *allgemeinen Zirkulation der Atmosphäre* versteht man die planetarischen Windsysteme, die sich aufgrund der durchschnittlichen Luftdruckverteilung ausbilden. Diese großräumigen Luftbewegungen übernehmen den meridionalen Wärmetransport von den tropischen Wärmeüberschuß- zu den polaren Wärmedefizitgebieten. Aber auch warme und kalte Meeresströmungen sind an der Aufrechterhaltung einer im Mittel ausgeglichenen Wärmebilanz des Systems Erde–Atmosphäre beteiligt (Abb. 1). Nur auf einer ruhenden Erdkugel mit einer homogenen Oberfläche wäre eine thermisch angeregte, direkte Zirkulation zwischen dem Äquator und dem Pol für den Ausgleich der ungleichen Strahlungs- bzw. Wärmeverhältnisse denkbar. Auf jeder Halbkugel entstünde eine geschlossene Zirkulation: Am Äquator müßte die stark erwärmte Luft aufsteigen, in höheren Schichten der Atmosphäre wegen des dort herrschenden, von niederen zu höheren Breiten gerichteten Luftdruckgefälles nach Norden bzw. Süden abfließen, an den Polen absinken und an der Erdoberfläche wieder zum Äquator zurückkehren. Eine solche Zirkulation wird *Hadley-Zirkulation* genannt (nach dem Engländer G. Hadley, der sie im Jahre 1735 erstmals erklärte). Die tatsächlichen Strömungsverhältnisse sind viel komplizierter.

Auf der rotierenden Erde werden die Luftströmungen, die durch die unterschiedliche Erwärmung der Erdoberfläche und die daraus resultierende Luftdruckverteilung entstehen, vor allem durch die ablenkende Kraft der Erdrotation (Coriolis-Kraft) und die Erhaltung des Drehimpulses modifiziert. Dadurch wird auf der Nordhalbkugel die vom Äquator nordwärts strömende Luft immer mehr nach Osten (nach rechts) abgelenkt, so daß schließlich ein Westwind entsteht, während die vom Pol ausgehenden Nordwinde zunehmend nach Westen (nach rechts) zu Ostwinden umbiegen (auf der Südhalbkugel erfolgt die Ablenkung in umgekehrter Richtung). Unter dem Einfluß der Erdrotation kann deshalb ein direkter Wärmeaustausch zwischen dem Äquator und dem Pol, wenn überhaupt, nur in sehr abgeschwächter bzw. modifizierter Form zustandekommen.

Der *meridionale Wärmetransport* vollzieht sich hauptsächlich in drei Zirkulationsgliedern, die teilweise ineinander übergreifen, und zwar in tropischen und polaren *Hadley-Zellen* (direkte, thermisch angeregte Zirkulationen um eine waagrechte Achse) und in einer indirekten, dynamisch angeregten Zirkulation um eine vertikale Achse (*Ferrel-Zirkulation;* nach W. Ferrel).

In den tropischen Hadley-Zellen steigt die im Bereich der *innertropischen Konvergenzzone* zusammengeströmte, stark erwärmte und überwiegend feuchte Luft in die Höhe und fließt polwärts ab, wobei ihre Westwindkomponente aufgrund der Coriolis-Kraft immer mehr zunimmt. Jenseits von etwa 15° n. Br. geht die Strömung in ein großräumiges Absinken über, das im Jahresmittel den gesamten Subtropenbereich (bis etwa 35° n. Br.) überdeckt. In diesem Divergenzgebiet befindet sich der *subtropische Hochdruckgürtel,* aus dem die Luft äquatorwärts als *Passat* und polwärts in die Westwindzone der gemäßigten Breiten abfließt. Die tropischen Hadley-Zellen erhalten durch das Freiwerden großer Mengen von latenter Wärmeenergie in den mächtigen Konvektionswolken der innertropischen Konvergenzzone (Cumulonimben und Wolkencluster) einen zusätzlichen, starken Antrieb. Durch die freiwerdende latente Wärmeenergie liefern sie einen wesentlichen Beitrag zum Wärmeüberschuß der Tropen.

Die polaren Hadley-Zellen, insbesondere am Nordpol, sind weniger beständig und intensiv als in den Tropen. Im Bereich der polaren Hochdruckgebiete sinkt die durch Ausstrahlung stark abgekühlte Luft ab und strömt in Bodennähe auseinander, wobei östliche Winde vorherrschen. Zum Ersatz muß in der Höhe Luft polwärts transportiert werden.

Zwischen den tropischen und polaren Zirkulationszellen entwickeln sich in den gemäßigten Breiten, etwa zwischen 35° und 65° n. Br., andere Zirkulationsformen, die durch die Existenz von Wirbeln mit senkrechter Achse – zyklonal oder antizyklonal rotierend – gekennzeichnet sind (Ferrel-Zirkulationen). Die in der *Westwinddrift* von Westen nach Osten wandernden Tief- und Hochdruckgebiete entstehen an der Polarfront, wo sich insbesondere im Winterhalbjahr ein

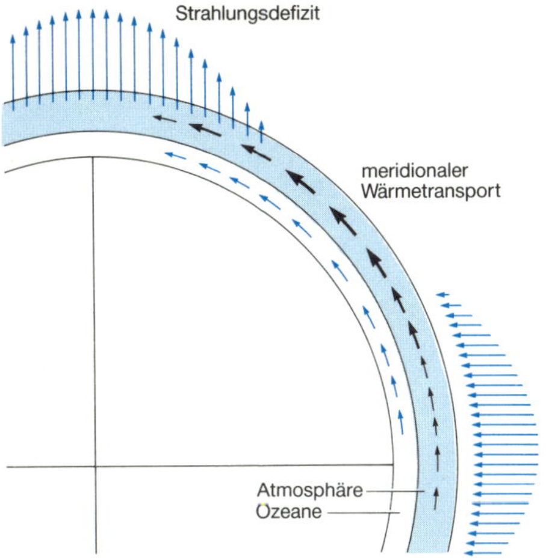

Abb. 1
Meridionale Wärmetransporte in der Atmosphäre und in den Ozeanen

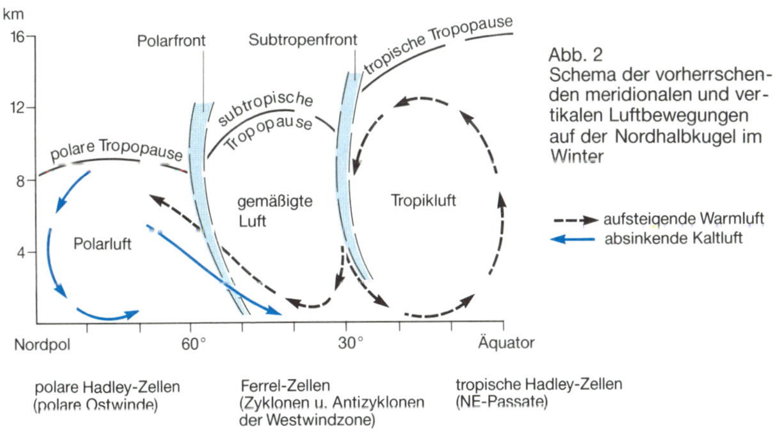

Abb. 2
Schema der vorherrschenden meridionalen und vertikalen Luftbewegungen auf der Nordhalbkugel im Winter

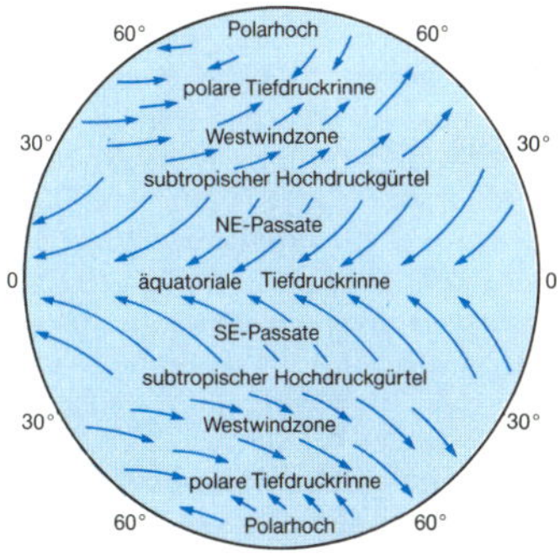

Abb. 3
Schematische Darstellung der planetarischen Luftdruckgürtel und der daraus resultierenden Windsysteme

starkes meridionales Temperaturgefälle ausbildet. Auf der Vorderseite der Zyklonen bzw. der Höhentröge werden mit südlichen Winden warme Luftmassen nach Norden und auf ihrer Rückseite mit nördlichen Winden Kaltluftmassen nach Süden transportiert. Bei dieser thermisch indirekten bzw. dynamischen Zirkulation wird die in der *subpolaren Tiefdruckrinne* aufsteigende Luft in höheren Schichten z. T. südwärts verfrachtet, sinkt im subtropischen Hochdruckgürtel ab und kehrt von hier aus als Ausgleichsströmung zur subpolaren Tiefdruckrinne zurück. Wie in den Hadley-Zellen wird auch bei diesen Zirkulationen potentielle Energie in kinetische Energie umgewandelt (Abb. 2).

Nach heutiger Auffassung sind die Zyklonen und Antizyklonen der *Westwindzone* und die mit ihnen verbundenen langen Wellen in der Höhenströmung keine „Störungen", sondern wesentliche Bestandteile der allgemeinen atmosphärischen Zirkulation, indem sie mit ihren Luftmassentransporten immer von neuem die strahlungsbedingten Temperaturgegensätze zwischen südlichen und nördlichen Breiten verringern und damit die Herstellung einer ausgeglichenen Wärmebilanz ermöglichen.

Die allgemeine Zirkulation der Atmosphäre kann schematisch durch das *planetarische Luftdruck- und Windsystem* dargestellt werden (Abb. 4).
Die mittlere Luftdruckverteilung am Boden ist auf jeder Halbkugel durch vier *Luftdruckgürtel* gekennzeichnet, die annähernd parallel zu den Breitenkreisen angeordnet sind:
1. *äquatoriale Tiefdruckrinne* im Bereich des thermischen Äquators bei 10 bis 15° n. Br. (Nordsommer) und bei 5° s. Br. (Nordwinter). Sie deckt sich mit der *innertropischen Konvergenzzone* (engl. *i*ntertropical *c*onvergence *z*one; = Abk.: ITC), die, dem Sonnenhöchststand folgend, auf den Festländern weit nach N und S wandern kann. Ihre mittlere Lage befindet sich bei 5° n. Br. (Abb. 3);
2. *subtropische Hochdruckgürtel* zwischen 25° und 40° n. Br. bzw. 25° und 35° s. Br., die in mehrere Hochdruckzellen aufgespalten sind (z. B. Azorenhoch, Pazifikhoch);
3. *subpolare Tiefdruckrinnen* zwischen 50 und 70° Br. (Hauptaktionszentren auf der Nordhalbkugel: Islandtief und Aleutentief);
4. *polare Hochdruckzonen* zwischen 70 und 90° Breite.

Aufgrund dieser Druckverteilung ergeben sich unter dem Einfluß der Erdrotation (Coriolis-Kraft) und anderer Faktoren (Reibungskraft, Land- und Meerverteilung, Beschaffenheit der Erdoberfläche) mehr oder weniger beständige *Windsysteme:*
1. vorwiegend *schwache östliche,* gelegentlich auch westliche *Winde* in der äquatorialen Tiefdruckrinne;
2. beständige *Passate (Nordost-* bzw. *Südostpassat)* zwischen den subtropischen Hochdruckgürteln und der äquatorialen Tiefdruckrinne;
3. vorwiegend *westliche Winde* zwischen den subtropischen Hochdruckgürteln und den subpolaren Tiefdruckrinnen (*Westwindzone* der gemäßigten Breiten);
4. vorherrschend *östliche Winde* zwischen den polaren Hochdruckgebieten und den subpolaren Tiefdruckrinnen *(polare Ostwinde).*

Die zonale Gliederung des planetaren Luftdruck- und Windsystems unterliegt aufgrund der Land- und Meerverteilung starken *jahreszeitlichen Schwankungen.* Diese wirken sich vor allem auf der Nordhalbkugel mit ihren großen Landmassen aus, die sich beim Übergang vom Winter zum Sommer immer mehr aufheizen und sich umgekehrt im Winter viel stärker abkühlen als die Ozeane. Als Folge davon bilden sich im asiatischen Raum die Monsunzirkulationen aus (s. S. 114). Der jahreszeitliche Einfluß kommt auch in der mittleren vertikalen Windverteilung zum Ausdruck (Abb. 5). Auf der Nordhalbkugel überwiegen im Winter westliche Winde bis in die Stratosphäre, während im Sommer Westwinde etwa bis 20 km Höhe auftreten (darüber wehen östliche Winde). Auf der Südhalbkugel findet man annähernd spiegelbildliche Verhältnisse: im Sommer westliche Winde bis in die Stratosphäre, im Winter Westwinde bis etwa 20 km Höhe (darüber östliche Winde). Im inneren Tropenbereich herrschen allgemein östliche Winde bis in große Höhen vor. Die polaren Ostwinde sind in beiden Hemisphären auf die untersten 2 bis 3 km beschränkt.

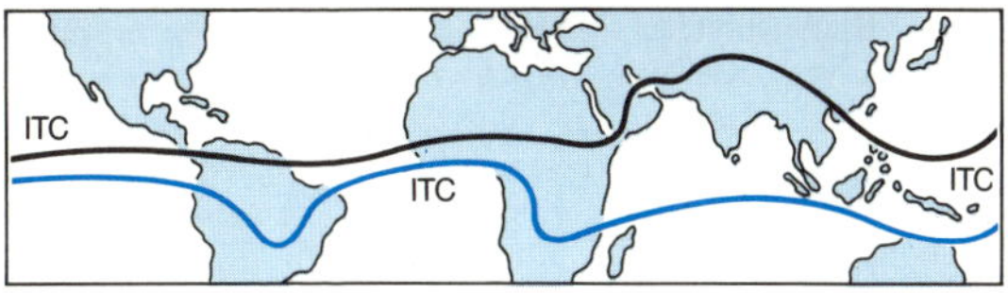

Abb. 4
Innertropische Konvergenz.
Mittlere Lage im Juli
(schwarze Linie) und im Januar
(blaue Linie)

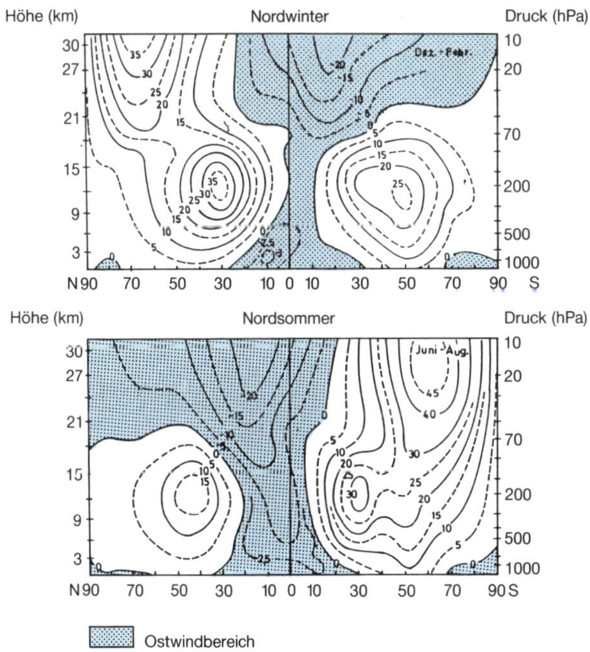

Abb. 5
Mittlere vertikale Verteilung der
zonalen Windkomponente (in ms^{-1})

Gelegentlich kann man Begleiterscheinungen des Wetters beobachten, die wegen ihrer Farbenpracht und strengen geometrischen Form Staunen und Bewunderung hervorrufen.

Die optischen Erscheinungen in der Atmosphäre sind primär darauf zurückzuführen, daß die Sonnenstrahlung (direkte und indirekte) beim Durchgang durch die Atmosphäre gestreut, reflektiert und absorbiert wird. In der atmosphärischen Optik ist die Lichtstreuung an den Luftmolekülen, Wassertröpfchen, Eiskristallen und Aerosolteilchen der maßgebende Vorgang, wobei zur Erklärung der Phänomene die Gesetze der geometrischen Optik über die Brechung (Refraktion), Spiegelung (Reflexion) und Beugung (Diffraktion) in den meisten Fällen ausreichen:

Der *Regenbogen,* die bekannteste und schönste aller atmosphärischen Lichterscheinungen, entsteht durch Brechung und Reflexion der Sonnenstrahlung in Regentropfen (Abb. 1). Am häufigsten tritt er nach dem Durchzug eines Regenschauers auf, wenn bei beginnender Aufheiterung des Himmels die Sonnenstrahlen ungestört auf die Tropfen treffen (die Sonne steht dabei im Rücken des Beobachters). Bei der Lichtbrechung im Tropfen wird der weiße Lichtstrahl wie in einem Prisma in seine Spektralfarben Rot, Orange, Gelb, Grün, Blau und Violett zerlegt, die von den Rückseiten der Regentropfen zum Auge des Beobachters reflektiert werden.

Der *Hauptregenbogen* (außen rot, innen violett) bildet sich bei einmaliger innerer Reflexion in Regentropfen, die einen Winkelabstand von etwa 42° von der gedachten Linie Sonne–Auge des Beobachters und ihrer Verlängerung zu einem Punkt auf der Erde vor dem Beobachter (dieser Punkt ist gleichzeitig der Mittelpunkt des Regenbogens) haben.

Gelegentlich erscheint außerhalb des Hauptregenbogens ein zweiter, schwächerer *Nebenregenbogen* mit einer umgekehrten Farbfolge (innen rot, außen violett) und einem Radius von etwa 51°, der durch Brechung und zweifache Spiegelung des Lichtstrahls zustande kommt. Je höher die Sonne steht, desto flacher ist der Regenbogen, der sich bei einem Sonnenstand über 42° gar nicht mehr bildet. Der Eindruck eines vollkommenen Halbkreises entsteht, wenn sich die Sonne nahe am Horizont befindet.

Vorgänge der Lichtbrechung und/oder Spiegelung des Lichtes verursachen an Eiskristallen (hauptsächlich an hexagonalen Plättchen und Säulen oder Nadeln) die sogenannten *Haloerscheinungen.* Diese haben am häufigsten die Form von z. T. farbenprächtigen Ringen um Sonne und Mond, Lichtstreifen oder Lichtflecken und treten vor allem in dünner und gleichmäßig strukturierter Cirrusbewölkung auf, d. h. beim Vorhandensein vieler gleichartiger Eiskristalle. Bei der Brechung an hexagonalen geraden und regellos orientierten Eisprismen (Plättchen- oder Säulenform) ist das gebrochene Licht am intensivsten bei einer Ablenkung von 22° und 46° von der Einfallsrichtung der Lichtstrahlen *(22°- und 46°-Halos).* Sind die Eisprismen in einer bevorzugten Richtung orientiert, so bilden sich je nach dem brechenden Winkel der Prismenkanten (60° oder 90°) andere Formen der 22°- und 46°-Halos aus. Einige Haloformen entstehen durch Reflexion des Lichtes an den Seiten- oder Grundflächen der Eisprismen und hängen von der Lage der Kristallhauptachse ab, andere auch durch mehrfache Reflexion und Brechung an Prismen oder komplizierteren Kristallformen. Abb. 2 zeigt schematisch die häufigsten Haloerscheinungen.

Im Gegensatz zum Regenbogen und Halo entstehen die *Kränze* bzw. *Glorien* durch Beugung der Lichtstrahlen an Wolkentröpfchen und Aerosolpartikeln. Dabei werden die längeren Wellenlängen am stärksten gebeugt. Um Sonne und Mond bildet sich durch Interferenz der Beugungsbilder ein diffuser, farbiger *Ring* (äußerer Rand rot, innerer Teil hell, als *Hof* oder *Aureole* bezeichnet), dessen Radius zwischen 4° und 10° liegt (abhängig von der Größe der Wolkentröpfchen). Als *Glorie* oder *Heiligenschein* bezeichnet man einen Kranz um den Gegenpunkt von Sonne oder Mond. Wenn ein Beobachter mit der Sonne im Rücken auf eine Wolke oder Nebelschicht hinabblickt (z. B. im Gebirge oder im Flugzeug), so erscheint gelegentlich dort sein vergrößerter Schatten (*Brockengespenst;* weil zuerst auf dem Brocken beobachtet) mit einer Glorie (Heiligenschein) um den Kopf, der sich im Zentrum der Beu-

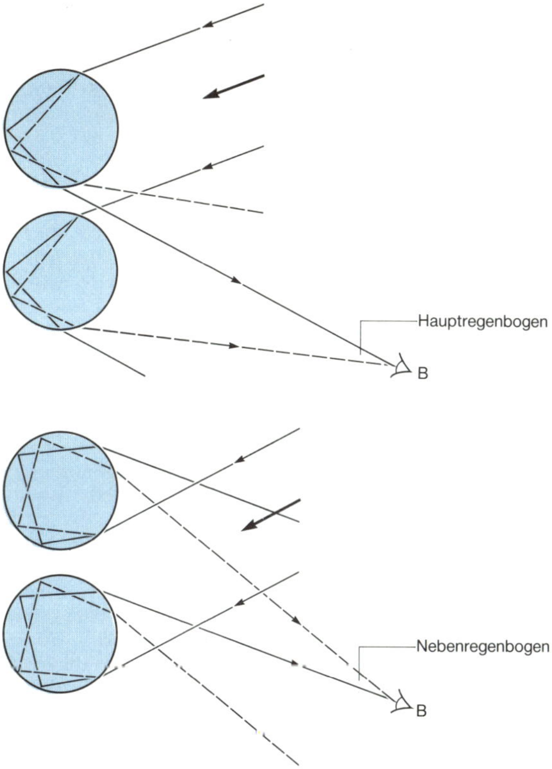

Abb. 1
Regenbogen. Brechungs- und Reflexionsvorgänge in Regentropfen, die zur Bildung von Haupt- (oben) und Nebenregenbogen führen

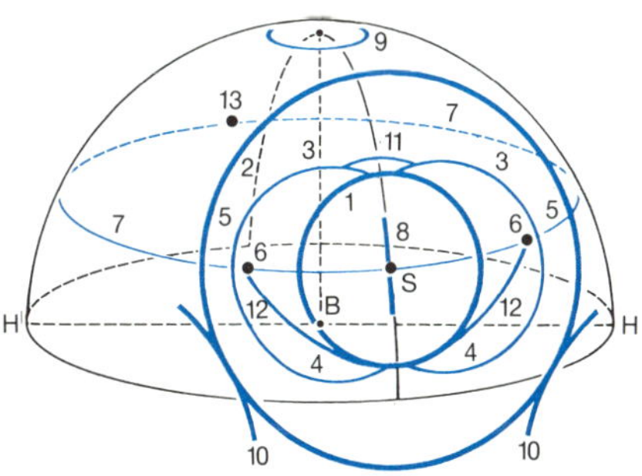

B Beobachter
S Sonne
H Horizont
1 22°-Ring
2 46°-Ring
3 oberer Berührungsbogen zum 22°-Ring
4 unterer Berührungsbogen zum 22°-Ring
5 umschriebener Halo (3 und 4 sind Teile davon)
6 Nebensonnen
7 Horizontalkreis
8 Lichtsäule
9 Zirkumzenitalbogen
10 seitliche untere Berührungsbogen zum 46°-Ring
11 Parry-Bogen
12 Lowitz-Bogen
13 Gegensonne

Abb. 2
Haloerscheinungen an der Himmelskugel

gungsringe befindet, oder er sieht auf der Wolken- bzw. Nebelschicht den Schatten seines Flugzeugs.

Brechungs- und Spiegelungsvorgänge treten auch in verschieden dichten Luftschichten auf. Lichtstrahlen, die von Sonne, Mond oder Sternen ausgehen, werden beim Durchgang durch immer dichtere Luftschichten stetig und konvex gebrochen, wobei die Krümmung mit abnehmendem Höhenwinkel stark zunimmt *(astronomische Refraktion)*. So kann ein Stern – geringe atmosphärische Trübung vorausgesetzt – noch sichtbar sein, wenn er sich bereits 0,6° unter dem Horizont befindet. Die scheinbare Hebung der untergehenden Sonne als Folge der astronomischen Refraktion wirkt sich auch in einer Abplattung der Sonnenscheibe aus, weil der untere Sonnenrand durch stärkere Brechung der Lichtstrahlen mehr gehoben wird als der obere. Eine starke Höheninversion kann außerdem zu einer Totalreflexion der Lichtstrahlen führen, so daß Sonne und Mond bei Auf- und Untergang gelegentlich seltsame Formen annehmen.

In den *Luftspiegelungen* findet die Lichtkrümmung ihren spektakulärsten Ausdruck. Man unterscheidet obere und untere Luftspiegelungen:

Obere Luftspiegelungen kommen besonders im Polargebiet oder über kalten Meeresgebieten vor, wo häufig die Temperatur mit der Höhe stark zunimmt bzw. die Dichte entsprechend abnimmt. Die von Objekten hinter dem Horizont ausgehenden Lichtstrahlen werden unterhalb der kräftigen Temperaturinversion in der bodennahen Kaltluftschicht nach unten gespiegelt, so daß z. B. Berge und weit entfernte Küsten als Spiegelbilder über dem Horizont sichtbar werden.

Untere Luftspiegelungen treten bei extremer Erhitzung der untersten Luftschichten auf (z. B. über Wüsten und Asphaltstraßen). Nimmt die Luftdichte unter solchen Bedingungen sogar mit der Höhe zu, dann werden die Lichtstrahlen nach oben gekrümmt (gespiegelt), und die Gegenstände erscheinen unter ihrer wirklichen Lage. Himmel und horizontnahe Gegenstände spiegeln sich in einer wasserähnlichen, dicht über dem Boden liegenden Fläche. So können untere Luftspiegelungen in heißen Wüstengebieten Wasserflächen vortäuschen oder entfernte Teile einer Landschaft näherrücken lassen und in besonderen Fällen (bei vertikalen und horizontalen Dichteänderungen) auch veränderliche Spiegelbilder hervorrufen. Solche faszinierenden Naturschauspiele werden als *Fata Morgana* bezeichnet.

Allgemein bekannt ist, daß die Himmelsfarbe mit dem Grad der atmosphärischen Trübung zusammenhängt. Das *Himmelsblau* entsteht dadurch, daß der kurzwellige (blaue) Anteil der Sonnenstrahlung in einer reinen Atmosphäre an den Luftmolekülen viel stärker gestreut wird als der langwellige (rote) Anteil, und zwar umgekehrt proportional zur vierten Potenz der Wellenlänge (*Rayleigh-Streuung;* vgl. S. 64). Je größer der Reinheitsgrad der Atmosphäre, z. B. nach dem Einbruch frischer polarer Meereskaltluft, desto tiefblauer erscheint der Himmel.

Sind lufttrübende Teilchen (feine Staub- und Dunstteilchen mit Durchmessern von etwa $\geqq 1\,\mu m$) vorhanden, so wird mit zunehmender Partikelgröße die Streuung mehr und mehr von der Wellenlänge des Lichtes unabhängig (*Mie-Streuung;* vgl. S. 64), d. h., der Himmel nimmt eine weißlichblaue Farbe an. Andererseits wird durch die Streuung der blaue Lichtanteil der Sonnenstrahlung beim Durchgang durch die Atmosphäre mehr geschwächt als der rote (je länger der Lichtweg, desto stärker). Die dem Horizont sich nähernde Sonne erscheint daher orangefarbig bis rötlich *(Morgen-* bzw. *Abendrot)*. Beim sogenannten *Alpenglühen* spiegeln sich die Dämmerungsfarben – nacheinander Gelb, Orange, Rot, Purpur – vor allem auf hellen Felsen (Kalkstein) und Firnen der Berggipfel wider.

Intensive und abnorme *Dämmerungserscheinungen* können bei starker atmosphärischer Trübung, besonders nach großen Vulkanausbrüchen, beobachtet werden. Dabei spielt auch die stratosphärische Staubschicht in 20–25 km Höhe eine Rolle, z. B. bei der Entstehung des *Purpurlichtes* (10 bis 50 Minuten nach Sonnenuntergang), das eine Mischung aus blauem Streulicht (durch Luftmoleküle oberhalb der Staubschicht) und rotem Streulicht (durch die staubgetrübte Atmosphäre) darstellt.

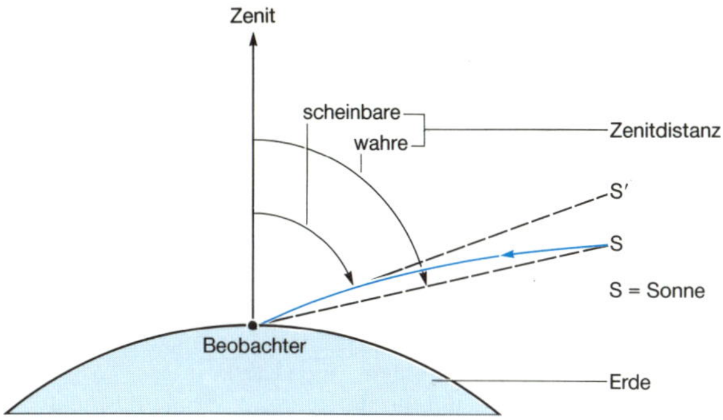

Abb. 3
Astronomische Refraktion

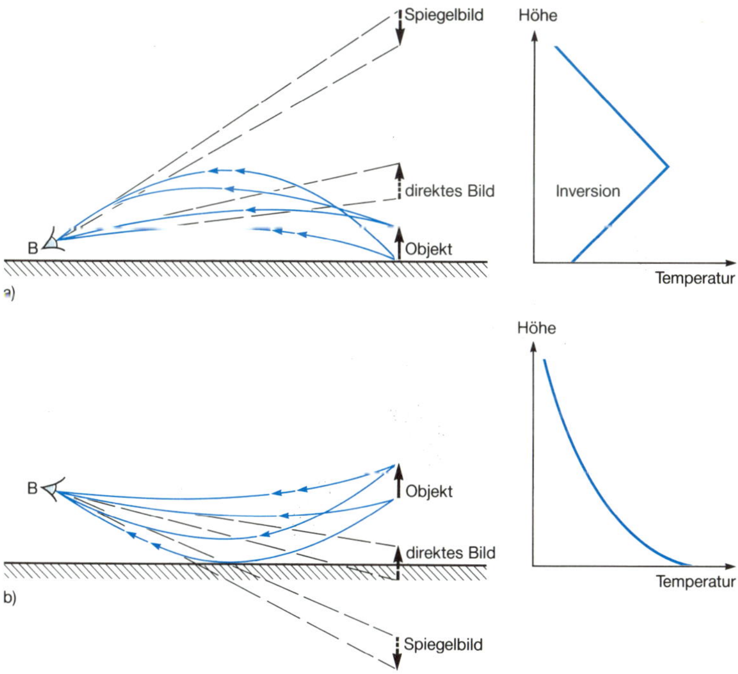

Abb. 4
Luftspiegelungen nach oben (a)
und nach unten (b)

Unter dem Einfluß der kurzwelligen Ultraviolett- und Röntgenstrahlung der Sonne, der durchdringenden kosmischen Strahlung und der Strahlung radioaktiver Substanzen an der Erdoberfläche und in der Luft werden in der Atmosphäre ständig Ladungsträger (negativ oder positiv geladene Ionen) gebildet, und zwar durch Abspaltung von Elektronen aus elektrisch neutralen Atomen oder Molekülen der Luft bzw. durch Anlagerung an diese.

Die *Ionisation der Luft* (entsprechend auch ihre Leitfähigkeit) nimmt mit der Höhe stark zu und erreicht Maximalwerte in den hochleitfähigen Schichten der Ionosphäre. Umgekehrt nimmt das durch die Ionisierungsprozesse aufgebaute *luftelektrische Feld* mit zunehmender Höhe immer mehr ab. So beträgt die elektrische Feldstärke in Bodennähe durchschnittlich + 130 V/m, in 10 km Höhe nur noch 4 V/m. Das Produkt beider Größen, der elektrischen Feldstärke und der elektrischen Gesamtleitfähigkeit der Luft, ergibt eine *vertikale Leitungsstromdichte* von $0{,}5-3 \cdot 10^{-12}$ A/m^2 oder, auf die Gesamtfläche der Erde bezogen, von 1 300 A.

Dieser schwache vertikale Leitungsstrom fließt bei störungsfreiem Wetter (Abwesenheit von Gewittern und Niederschlägen) ständig zwischen den leitenden Schichten der Ionosphäre und der Erdoberfläche, die einen Spannungsunterschied (Ionosphäre – Erdoberfläche) von durchschnittlich 280 kV aufweisen *(Ionosphärenspannung)*. Bei dieser sogenannten *Schönwetterelektrizität* werden durch den vertikalen Leitungsstrom ständig positive Ladungen (hauptsächlich Kleinionen) von der Hochatmosphäre (Pluspol) zur Erdoberfläche transportiert und in umgekehrter Richtung negative Ladungen. Der Ladungstransport beim elektrischen Schönwetterfeld sucht die Spannungsunterschiede in kürzester Zeit (in weniger als einer halben Stunde) auszugleichen. Da aber das luftelektrische Feld (bzw. der vertikale Leitungsstrom) an ungestörten Tagen erhalten bleibt (es handelt sich um ein stationäres Basisfeld), muß in der Atmosphäre dauernd ein Prozeß wirksam sein, der die Spannungsdifferenz Ionosphäre – Erdoberfläche nicht verschwinden läßt.

Auf der Grundlage einer Theorie von Ch. T. R. Wilson (1920) gilt es heute als ziemlich sicher, daß die *globale Gewittertätigkeit* den notwendigen Ausgleich schafft (Abb. 1). Danach müssen bei einem Dauerstrom von 1 A pro Gewitter (gemessen unter und über Gewitterwolken) auf der Gesamterde ständig und gleichzeitig 1 000–2 000 Gewitter tätig sein, die man als riesige elektrische Generatoren der Atmosphäre auffassen kann. Durch die Ladungstransporte der globalen Gewittertätigkeit wird die Potentialdifferenz zwischen Ionosphäre und Erdoberfläche im elektrischen Schönwetterfeld aufrechterhalten.

Dem globalen, stationären luftelektrischen Feld sind im allgemeinen *lokale Felder* überlagert, die von wolken- bzw. niederschlagsbildenden Prozessen verursacht werden und auch vom Grad bzw. Umfang der Luftverunreinigungen beeinflußt sind. Es entstehen dann Raumladungen, die die Ursache der zusätzlichen elektrischen Felder sind. Dabei kommt es zu einem Überschuß an Luftionen einer Polarität oder zu unterschiedlichen Ladungen auf den einzelnen, größeren Ladungsträgern. Die Ladungen sitzen nicht nur auf Klein- und Großionen, sondern auch auf größeren Partikeln; sie driften mit der Luft und führen zu Verschiebungsströmen bei raschen Änderungen der elektrischen Feldstärke.

Das *gestörte luftelektrische Feld* ist am stärksten beim Gewitter und seinen Blitzentladungen ausgeprägt. Obwohl die Entstehung der *Gewitterelektrizität* noch nicht restlos geklärt ist, bestehen am *elektrischen Aufbau einer Gewitterwolke* aufgrund aerologischer Messungen kaum Zweifel. Der untere und mittlere Teil der Wolke weisen überwiegend negative Raumladungen auf (Bereich bis etwa –15 °C), der obere Teil positive Überschußladungen. Häufig ist in der Nähe der Wolkenbasis ein kleines Gebiet mit positiven Ladungen eingelagert, das mit der Hauptniederschlagszone zusammenfällt (Abb. 2).

Über den *Bildungsmechanismus der Ladungstrennung und -verteilung* in Gewittern gibt es verschiedene *Theorien*. Wahrscheinlich ist, daß viele Vorgänge am Elektrisierungsprozeß und an der Ladungstrennung beteiligt sind. Neben den

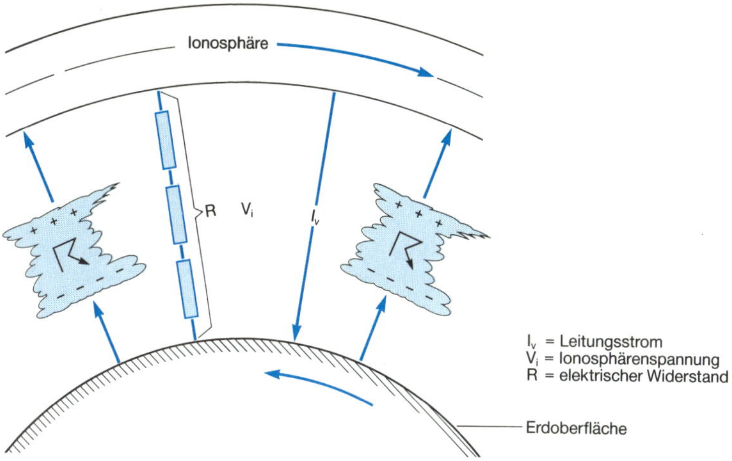

Abb. 1
Globaler elektrischer Stromkreis

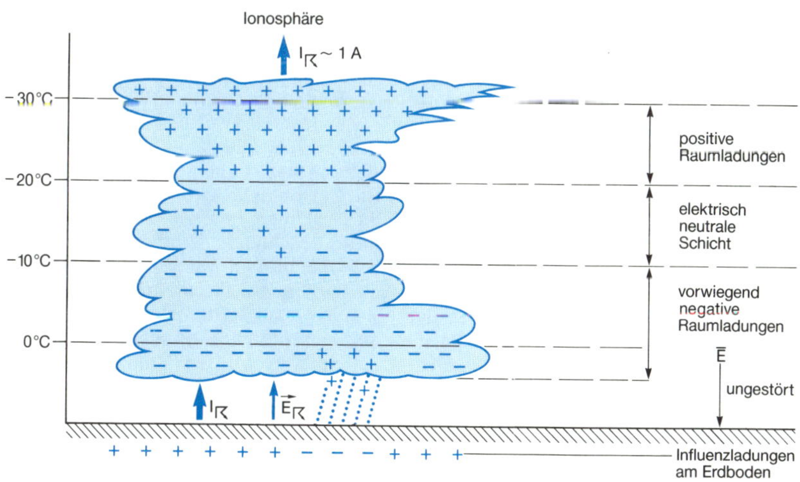

Abb. 2
Raumladungen in einer Gewitterwolke
($\bar{E}$ Vektor der elektrischen Feldstärke;
$I_{⊵}$ Gewitterstrom)

starken Vertikalbewegungen in einer Gewitterwolke spielen vor allem Zusammenstöße zwischen Eisteilchen (Schneekristallen) und die Zustandsänderungen des Wassers (fest, flüssig oder gasförmig) eine Rolle. Es könnten folgende Prozesse besonders wirksam sein:

1. Die im oberen Teil eines Cumulonimbus sich bildenden Graupelkörner sind im stationären luftelektrischen Feld an ihrer Unterseite positiv, an ihrer Oberseite negativ geladen. Stoßen sie beim Fallen mit Regentropfen und Eiskristallen zusammen, so werden von den abprallenden Tropfen und Eiskristallen durch die starken Aufwinde Teile der positiven Ladung ihrer Eisschale in die oberen Wolkenschichten getragen, wobei sich dort eine positive Raumladung aufbaut.

2. Beim Gefrieren von unterkühlten Wassertröpfchen findet eine Trennung der elektrischen Ladungen dadurch statt, daß von der anfangs entstehenden dünnen äußeren Eiskruste kleine, positiv geladene Eispartikel abgestoßen und in der Konvektionswolke nach oben getragen werden, während der größere, negativ geladene Rest zurückbleibt.

3. Zerplatzen große Regentropfen beim Fallen durch die Luft, so sind die größeren Resttropfen positiv und die kleineren negativ geladen *(Lenard-* [nach Ph. Lenard] oder *Wasserfalleffekt).* Damit erklären sich vielleicht die begrenzte positive Raumladung im unteren Teil der Wolke und die gelegentlich beobachtete positive Ladung des gefallenen Regens.

An gestörten Tagen, d. h. bei entstehender Gewitterelektrizität, erfolgt der *Ladungstransport* von der Erdoberfläche in die Atmosphäre (der Vektor der elektrischen Feldstärke ist in diesem Fall nach oben gerichtet). Es können sich Spannungsunterschiede bis zu einer halben Million V/m ausbilden. Überschreitet die Spannungsdifferenz innerhalb einer Wolke oder zwischen ihr und der Erdoberfläche das Durchschlagspotential von ~30 kV/cm, so kommt es zu einer plötzlichen Entladung in Form von *Blitzen.* Man unterscheidet *Erdblitze* (zwischen Wolke und Erde), *Wolkenblitze* (innerhalb einer Wolke oder zwischen verschiedenen Wolken) und *Luftentladungen* (von der Wolke in den freien Luftraum).

Der gesamte Blitzvorgang beginnt mit einer Vorentladung, die sich im Falle eines *Erdblitzes* von oben nach unten auf einer meist verzweigten Zickzackspur ruckweise (Wegstrecke 10–50 m) vorarbeitet und einen *Blitzkanal* (Durchmesser bis zu 12 mm, Länge 5–10 km; enthält ionisierte Luft) aufbaut, wobei zunächst negative Ladungen von der Wolke zur Erdoberfläche transportiert werden. Bei Annäherung an die Erdoberfläche wächst dem Blitzkanal aus der im Boden influenzierten Ladung eine positive Fangladung entgegen; es entsteht eine leitende Verbindung zwischen Boden und Wolke, und im vollständig gebildeten Blitzkanal erfolgt die Hauptentladung *(Blitzschlag)* von unten nach oben. Der hohe Stromfluß im Blitzkanal (Stromstärken bis $4 \cdot 10^5$ A) bewirkt innerhalb weniger Mikrosekunden den Ladungsausgleich. Der Hauptentladung folgen meist mehrere Teilentladungen (bis zu 40) in Abständen von einigen hundertstel bis tausendstel Sekunden nach. Durch den hohen Stromfluß im Blitzkanal wird die Luft plötzlich (innerhalb von Mikrosekunden) bis auf 30 000 K erwärmt und dehnt sich explosionsartig als Schockwelle aus, die wir als *Donner* wahrnehmen.

Zu den merkwürdigsten Blitzerscheinungen zählt der *Kugelblitz,* dessen Entstehung aber bis heute noch nicht geklärt ist. Gewöhnlich wird er als eine glasigdurchsichtige, in allen Farben des Spektrums leuchtende Erscheinung von kugel- oder birnenförmiger Gestalt (Durchmesser bis zu 20 cm) beschrieben, die sich langsam und ruckartig fortbewegt und sich plötzlich geräuschlos wie eine Seifenblase auflösen kann. In seltenen Fällen zerplatzen Kugelblitze in einer heftigen Explosion, richten aber im allgemeinen keinen größeren Schaden an.

Das *Elmsfeuer* ist eine stille elektrische Entladung in Form von Büscheln oder als Glimmlicht an Spitzen und Kanten aufragender Gegenstände (Spitzenentladung). Die lichtschwache Erscheinung ist bei gewittrigem Wetter vor allem im Gebirge und an der See zu beobachten, wenn das Spannungsgefälle in Bodennähe sehr hoch ist (~10^5 V/m).

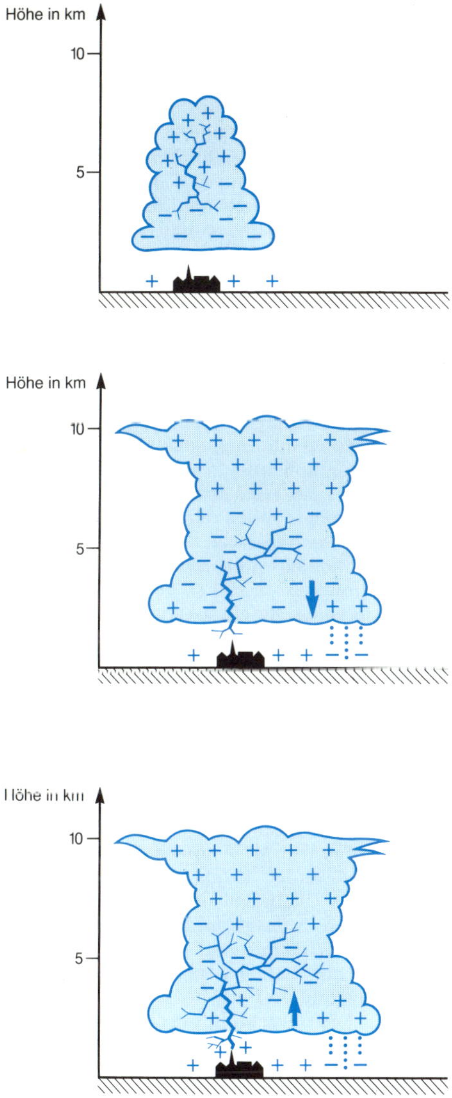

a) Entladungen innerhalb der Gewitterwolke (meist von unten nach oben)

b) Vorentladung. Negative Ladungen werden stufenweise zum Erdboden transportiert. Aufbau eines Blitzkanals

c) Hauptentladung im Blitzkanal (Blitzschlag), Entladung von unten nach oben („return stroke“), Auslösung einer Schockwelle (Donner)

Abb. 3
Entwicklungsstadien einer Blitzentladung

Die Wetterbeobachtung

Unter *Wetter* versteht man die Gesamtheit aller zu einem bestimmten Zeitpunkt wahrnehmbaren Zustände und Vorgänge in der unteren Atmosphäre. Zu seiner genauen Beschreibung genügt es nicht, von schönem, schlechtem, veränderlichem oder unfreundlichem Wetter zu sprechen. Solche meist aus dem persönlichen Empfinden gewonnenen Aussagen sind unzulänglich und als Grundlage einer Wetteranalyse und -vorhersage unbrauchbar. Stattdessen muß man bei der *Wetterbeobachtung* das sehr komplizierte Gesamtbild Wetter in seine einzelnen Bestandteile, die *meteorologischen Elemente,* auflösen. Für die amtlichen *Wetterstationen* hat man daher aufgrund internationaler Vereinbarungen ein Meß- und Beobachtungsprogramm aufgestellt, mit dem überall in der Welt stündlich (oder dreistündlich), an Flughäfen halbstündlich vergleichbare Angaben über die folgenden *Elemente* gewonnen werden:

- Windrichtung, Windgeschwindigkeit, Böen;
- Lufttemperatur in 2 m Höhe;
- Taupunkttemperatur (als Maßzahl für die Luftfeuchte);
- Luftdruck (in Stationshöhe und meist auf Meereshöhe reduziert);
- Betrag und Art der dreistündigen Luftdrucktendenz;
- horizontale Sichtweite;
- Wetterzustand und -verlauf;
- Wolkenhöhe, Wolkengattung, Bedekkungsgrad;
- gegebenenfalls besondere Wettererscheinungen.

Hinzu kommen tägliche Angaben über:

- Niederschlagshöhe;
- Gesamt- und Neuschneehöhe;
- Maximum und Minimum der Lufttemperatur in 2 m Höhe, Minimum in 5 cm Höhe über dem Erdboden;
- Erdbodentemperaturen in 5, 10, 20, 50 cm und 1 m Tiefe;
- Erdbodenzustand;
- Sonnenscheindauer.

Von Küsten- und Seestationen zusätzlich:

- Temperatur der Wasseroberfläche;
- Wellenhöhe und -periode;
- Angaben über Meereis.

Die meisten dieser Elemente werden durch spezielle Instrumente gemessen, ein Teil wird durch *Augenbeobachtungen* festgestellt. Unter den Instrumenten unterscheidet man zwei große Gruppen, je nachdem, ob die Geräte zu bestimmten Terminen von Beobachtern abgelesen werden müssen oder ob sie ständig die Änderungen der meteorologischen Elemente aufzeichnen, also *Instrumente mit Terminablesungen* und *Registriergeräte.*

Die Messungen und Beobachtungen sollen auf möglichst engem Raum gewonnen werden. Für die im Freien aufgestellten Geräte wird daher ein *Meßfeld* angelegt, das einwandfreie, für einen größeren Umkreis repräsentative Messungen gewährleistet. Auf dem Meßfeld befinden sich u.a. Thermometerhütte, Niederschlagsmesser und -schreiber, Erdbodenthermometer, Sonnenscheinautograph und in hindernisfreiem Gelände der 10 m hohe Windmast. Die Instrumente sollen der natürlichen Luftbewegung ausgesetzt sein. Die Entfernung zu Baulichkeiten, Bäumen und sonstigen Hindernissen soll so groß sein, daß weder eine Beschränkung der Luftbewegung noch eine Beeinflussung durch die Rückstrahlung der Gebäude eintritt.

Die *Thermometerhütte* (Abb. 1), in der die zur Messung von Lufttemperatur und Feuchte benötigten Instrumente, vor direkter Strahlung geschützt und genügend belüftet, untergebracht sind, ist so aufzustellen, daß sie möglichst ununterbrochen, mindestens aber in der Zeit von 10 bis 16 Uhr MEZ von der Sonne beschienen werden kann. Im Stationsgebäude selbst befinden sich Barometer, Barograph, Anzeige- und Registriergeräte für die Windmessung sowie Anzeigegeräte für die Fernübertragung von Temperatur- und Taupunktmessungen.

Die Durchführung der Wetterbeobachtung, die Reihenfolge der Messungen und der Augenbeobachtungen erfolgt einheitlich und zu den gleichen (synoptischen) Terminen. Alle Meßwerte und visuellen Wahrnehmungen, Beginn und Ende von Wettererscheinungen werden in das *meteorologische Beobachtungstagebuch* eingetragen. Die Weitergabe der auf diese Art dokumentierten *synoptischen Wetterdaten* erfolgt nicht im Klartext, sondern zur zeit- und raumsparenden Übermittlung in einem international vereinbarten computergerechten Zahlenschlüssel, dem *synoptischen Wetterschlüs-*

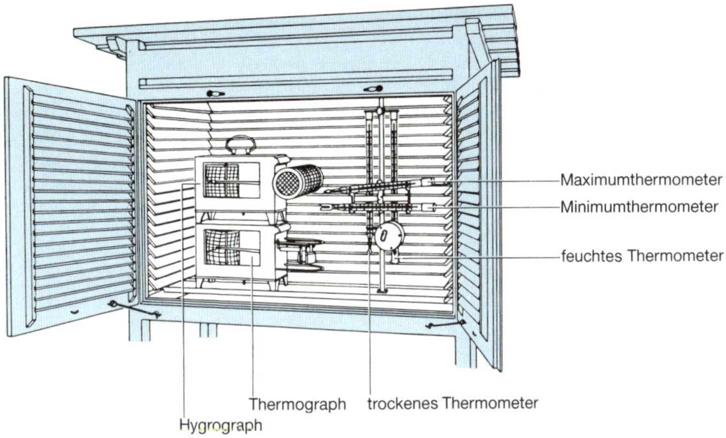

Abb. 1
Thermometerhütte (offen) und die darin aufgestellten Instrumente

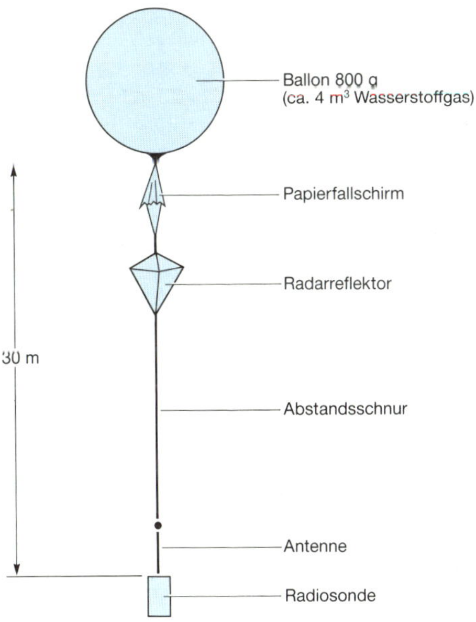

Abb. 2
Aufstiegsgespann für Radiosonden- und Radarwindaufstieg

sel, in dem die einzelnen Wetterelemente als Zahlen stets in der gleichen Reihenfolge erscheinen.

Zur Gewinnung meteorologischer Daten aus schwer zugänglichen Regionen, aber auch zur Verdichtung des Beobachtungsnetzes im Binnenland wurden *automatische Wetterstationen* entwickelt. Es handelt sich um elektronische Anlagen, die mit Meßfühlern für zahlreiche Wetterelemente ausgestattet sind. Zu den programmierten Zeiten werden die gemessenen Werte über Funk oder Fernschreibleitungen an die zugewiesene Sammelstelle geliefert und ausgewertet.

Die am Erdboden gewonnenen Wetterbeobachtungen, insbesondere über Art und Zug der Wolken, Niederschläge, optische Erscheinungen und Luftdruckänderung, erlauben bereits Schlüsse auf bestimmte Vorgänge in höheren Schichten der Atmosphäre. Dieses Verfahren wird als *indirekte Aerologie* bezeichnet. Für eine vollständige Beschreibung der atmosphärischen Vorgänge sind aber direkte Messungen aus der freien Atmosphäre (hauptsächlich durch *Radiosonden* und *Wettersatelliten*) unabdingbar.

Die Radiosonde (Abb. 2) besteht aus einer Instrumentenkombination von Luftdruck-, Temperatur- und Feuchtefühler. Instrumententräger ist ein gasgefüllter freifliegender Ballon mit einem Durchmesser von 2 m (am Erdboden). Durch Anpeilen der Radiosonde mit einem Windradar oder Radiotheodoliten wird aus der Ballondrift der Höhenwind bestimmt. Die Meßwerte von Druck, Temperatur und Feuchte werden durch einen Kurzwellensender zur *aerologischen Station* übermittelt. Durch die Radiosondenbeobachtungen werden meteorologische Daten bis in 30 km Höhe, bei günstigen Bedingungen auch in größeren Höhen gewonnen. Sie werden ähnlich wie die Bodenbeobachtungen mit Hilfe eines Wetterschlüssels über Funk und Fernschreiber verbreitet.

Mit dem Start des ersten *Wettersatelliten* TIROS 1 (Abk. für engl. *T*elevision and *I*nfra-*r*ed *O*bservational *S*atellite) am 1. April 1960 begann ein neues Zeitalter der globalen Wetterbeobachtung. Seither wurden diese Satelliten ständig weiterentwickelt und verbessert. Von ihrer Umlaufbahn her sind zwei verschiedene Typen zu unterscheiden:

Die *polarumlaufenden Satelliten* bewegen sich auf einer fast kreisförmigen, sonnensynchronen Flugbahn, die nahe am Nord- und Südpol vorbeiführt, in 800 bis 1500 km Höhe um die Erde. Sie liefern dabei alle 12 Stunden Informationen von einem bestimmten Gebiet. Die Geräteausstattung besteht aus hochauflösenden *Radiometern,* die Bilder im sichtbaren und infraroten Spektralbereich liefern. Aus den Grautönungen lassen sich Land, Wasser, Schnee und Eis sowie Wolkenkomplexe unterscheiden; auch die Meeresoberflächentemperaturen können bestimmt werden. Eine Vertikalsondierungseinrichtung erlaubt es, Temperatur- und Feuchteprofile herzustellen.

Die *geostationären Satelliten* befinden sich in einer Umlaufbahn in 36000 km Höhe über dem Äquator. Sie haben die gleiche Winkelgeschwindigkeit und die gleiche Richtung wie der Erdpunkt unter ihnen, so daß sie ortsfest über diesem stationiert erscheinen. Der für die Wetterbeobachtung in Europa wichtigste Satellit dieses Typs ist *METEOSAT 2* (Abb. 3). Seine Position ist über dem Schnittpunkt Äquator/Nullmeridian. Er liefert alle 30 Minuten Bilder im sichtbaren, infraroten und Wasserdampfspektralbereich.

Da die Bildteile der höheren geographischen Breiten tangential aufgenommen werden, werden sie in eine polarstereographische Projektion im Format der Wetterkarten transformiert. Der Benutzer sieht dann die Wolken so, als wären sie senkrecht von oben aufgenommen worden. In einem weiteren Verarbeitungsschritt können aus den Bildern des infraroten Spektralbereichs die Oberflächentemperaturen von Land, Meer und Wolken bestimmt und daraus Rückschlüsse auf die Höhe der Wolkenobergrenzen gezogen werden. Außerdem können aus der Verlagerung geeigneter Wolken Windvektoren errechnet werden. Neben diesen quantitativen Informationen der Satellitendaten können aus den *Wolkenbildern* und Zeitrafferfilmen der Wolkenbilder qualitativ zahlreiche meteorologische Phänomene erkannt, lokalisiert und interpretiert werden, z. B. Fronten, Tief- und Hochdruckgebiete, Wirbelstürme, Strahlströme, aber auch kleinräumigere Effekte wie Gewitter, Nebel, Leewellen und Sandstürme.

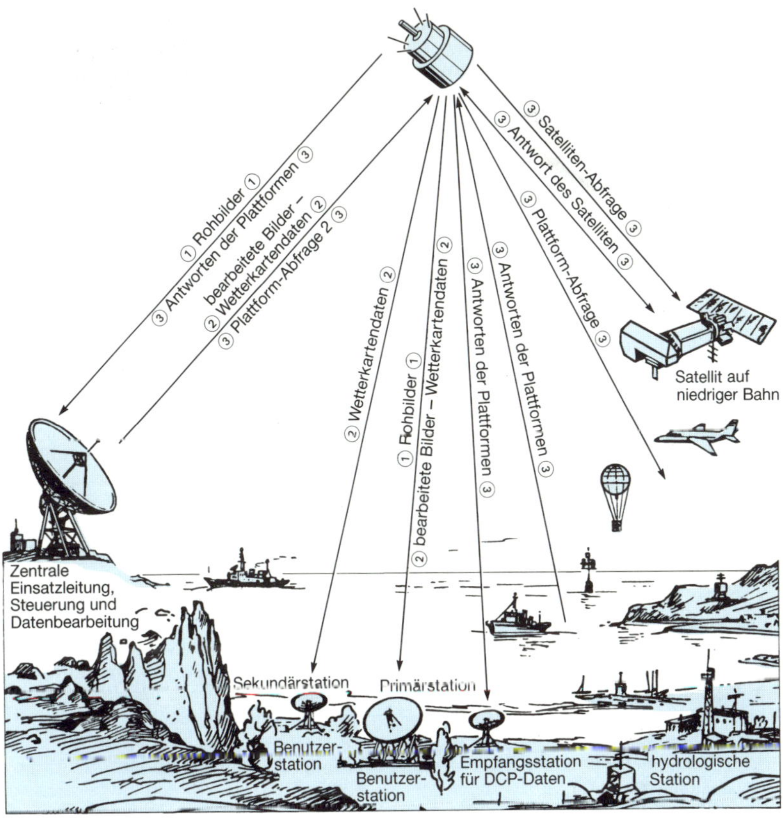

Satellitenmissionen (1)
– Wolkenbeobachtung im sichtbaren und Infrarotbreich
– Direktübertragung der Rohbilder an die Zentrale und an die wichtigsten Benutzerstationen

Satellitenmissionen (2)
– Empfang der bearbeiteten Bilddaten und der Wetterkartendaten
– Ausstrahlen der bearbeiteten Bilddaten und der Wetterkartendaten an die Benutzerstationen

Satellitenmissionen (3)
für automatische Plattformen und Satelliten mit niedrigen Umlaufbahnen
– Abfragen (interrogation)
– Sammeln von Meßdaten und Rücksendung an Zentrale

Abb. 3
Überblick über die Hauptaufgaben des Meteosats

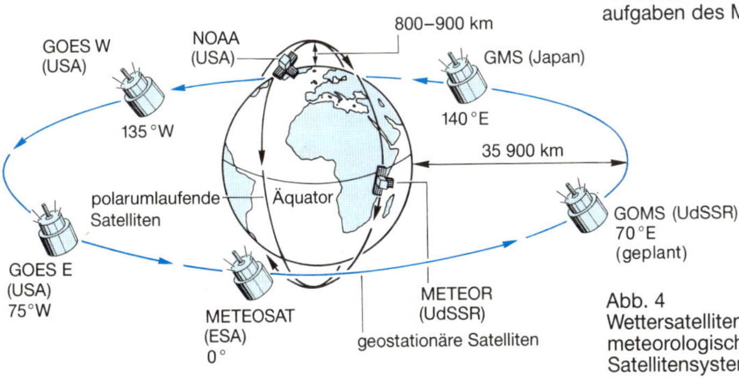

Abb. 4
Wettersatelliten. Globales meteorologisches Satellitensystem

Beobachtungsnetze

Ein Fortschritt in der Meteorologie war die Erkenntnis, daß Beobachtungen an einem Ort allein nicht ausreichen, um die Wettervorgänge begreifen zu können. In der zweiten Hälfte des 17. Jahrhunderts begann man Wetterbeobachtungen und Messungen von Luftdruck und Temperatur an mehreren Orten gleichzeitig durchzuführen und die Ergebnisse miteinander zu vergleichen. Einen ersten Höhepunkt erreichte dieses Bestreben in der Gründung eines *weltweiten Wetterbeobachtungsnetzes* durch die *Pfälzische Meteorologische Gesellschaft* (vgl. auch S. 290) im Jahre 1780. Für die 39 Stationen dieses Netzes gab es zum ersten Mal in der Geschichte eine einheitliche Beobachteranleitung, die gleichen Beobachtungszeiten (7, 14, 21 Uhr mittlere Ortszeit), einheitliche verglichene Instrumente sowie eine Zentrale (Mannheim) zum Sammeln, Auswerten und Publizieren der Wetterbeobachtungen.

Durch die Wirren der Französischen Revolution zerbrach dieses bedeutsame wissenschaftliche Unternehmen. In den 15 Beobachtungsjahren waren aber so viele Wetterdaten gesammelt worden, daß daraus wertvolle Erkenntnisse über Wetter und Klima gewonnen werden konnten. Freilich waren diese Beobachtungen für eine Wettervorhersage noch nicht geeignet. Dazu fehlte eine wichtige technische Erfindung, der Telegraf. Seine allgemeine Verbreitung in der zweiten Hälfte des 19. Jahrhunderts förderte auch die Einrichtung von Wetterstationen und den Austausch der Wetterdaten. Da das Wetter keine Grenzen kennt, fanden sich die Meteorologen vieler Länder wieder zu einer internationalen Zusammenarbeit bereit, die heute in der *Weltorganisation für Meteorologie* ihre Vollendung gefunden hat.

Ein wesentlicher Teil dieser weltweiten Bemühungen basiert auf der Vorstellung, daß zur Lösung der komplexen Wettervorhersageprobleme die Atmosphäre der Erde als ein zusammenhängender Organismus gesehen werden muß. Die großräumigen atmosphärischen Vorgänge müssen daher ständig und vollständig überwacht werden. So entstand der großartige Plan einer *Weltwetterwacht* (engl. *W*orld *W*eather *W*atch; Abk.: WWW), der seit 1967 zügig verwirklicht wird. Er sieht den Ausbau eines *globalen Beobachtungssystems* vor (engl. *G*lobal *o*bserving *s*ystem; Abk.: GOS), das aus den regionalen *synoptischen Stationsnetzen* (insgesamt auf der Erde mehr als 8 000 Boden- und etwa 700 aerologische Stationen) sowie aus *meteorologischen Flugzeug-* und *Satellitenbeobachtungen* besteht.

International erarbeitete Richtlinien regeln Fragen u. a. bezüglich der instrumentellen Ausstattung der Wetterstationen, ihrer repräsentativen Lage, der Beobachtungszeiten und der Anwendung von Wetterschlüsseln. Die Forderung nach einem möglichst dichten Beobachtungsnetz zwingt meistens zu einem Kompromiß zwischen der fachlichen Notwendigkeit, die für die einzelnen meteorologischen Elemente verschieden ist (z. B. braucht man für den Luftdruck weit weniger Stationen als für den Niederschlag), und wirtschaftlichen Überlegungen bezüglich der Kosten für Einrichtung und Unterhaltung der Stationsnetze. Für das globale Beobachtungssystem gilt daher als Minimalforderung für Bodenwettermeldungen ein Stationsabstand von weniger als 150 km sowie Beobachtungen alle 3 Stunden und für aerologische Meldungen ein Stationsabstand von weniger als 300 km bei einer Meßfolge von 6–12 Stunden.

Ein besonderes Problem bildet die Datenbeschaffung aus entlegenen, menschenleeren Räumen, z. B. Ozeanen, Polargebieten, Wüsten und tropischen Regenwäldern. Auf den Meeren gibt es ein weitmaschiges Netz von *Wetterschiffen* auf festen Positionen. Außerdem sind Handelsschiffe verpflichtet, am Wetterbeobachtungsdienst teilzunehmen. Daneben sind *Bojen* und *automatische Wetterstationen* im Einsatz. Schließlich werden wertvolle Informationen gerade aus den genannten Räumen durch das globale Satellitenbeobachtungssystem gewonnen (s. Abb. 4, S. 131).

Für die Vorhersage kleinräumiger Phänomene, z. B. Gewitter, Nebel, Tornados, reicht die Netzdichte des globalen Beobachtungsnetzes nicht aus. Für die Aufgabenerfüllung der nationalen Wetterdienste sind daher neben dem Grundnetz zusätzliche Wetterstationen und spezielle anwendungsorientierte Meßnetze für einzelne meteorologische Elemente notwendig (s. Tabelle).

I. Synoptisch-klimatologisches Stationsnetz	
a) regionales Grundnetz	30
b) Ergänzungsnetz	53
c) automatische Wetterstationen	24
d) Wetterhilfsmeldestellen	40
(Leistung: 585 000 Wettermeldungen pro Jahr)	
II. Synoptisches aerologisches Stationsnetz	
kleinaerologische Aufstiegsstellen	7
(Messungen bis 4 km Höhe bei austauscharmen Wetterlagen [Smogwarndienst] und für regionale klimatologische Untersuchungen)	
III. Maritimes Stationsnetz	
a) Küstenmeldestellen für Wind- und Wetterbeobachtungen	20
b) Nebelbeobachtungsstellen	6
c) Feuerschiffe, Leuchttürme (z.T. automatisch)	8
d) Wetterbeobachtungsstationen auf Fischereischutzbooten, Forschungsschiffen und Spezialeinheiten	14
e) Wetterbeobachtungsstationen auf deutschen Fischereifahrzeugen und Handelsschiffen	432
IV. Klimabeobachtungsnetz	
a) Klimastationen (7, 14, 21 Uhr mittl. Ortszeit)	495
b) Niederschlagsstationen	2525
c) phänologische Beobachter	2300
d) Sofortmelder für phänologischen Phasenbeginn	410
V. Sondermeßnetze	
a) Radioaktivitätsmeßnetz	20
b) Strahlungsmeßnetz	29
c) Bodenfeuchtemeßnetz	19
d) Sonnenscheinmeßnetz	300
e) Windmeßnetz	200
VI. Immissionsmeßnetz zur Überwachung der Luftqualität	
a) des Umweltbundesamtes	15
b) der Landesämter für Umweltschutz, besonders in Ballungsgebieten	etwa 250

Quelle: I bis V Deutscher Wetterdienst Jahresbericht 1987

Abb. 1
Beobachtungsnetze. Anzahl der Wetter- und Klimastationen in der Bundesrepublik Deutschland

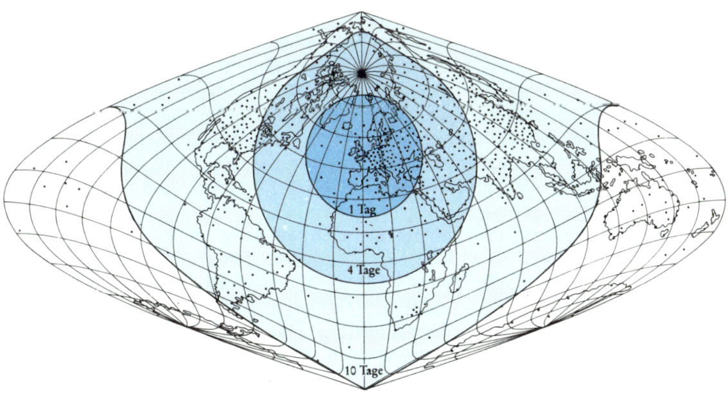

Abb. 2
Globale Verteilung der Radiosonden-Stationen mit Abstufungen der Beobachtungsgebiete, die für Wetterprognosen von 1, 4 und 10 Tagen für Europa benötigt werden

Wetterfernmeldenetze

Wetterbeobachtungen an möglichst vielen Orten der Erde sind die Grundlage für wissenschaftliche Wettervorhersagen. Damit sie rasch an die verarbeitenden Zentralen gelangen, sind moderne Wetterfernmeldenetze erforderlich. Der Austausch von Wetterdaten, -karten und -vorhersagen erfolgt dabei über nationale, regionale und globale Fernmeldesysteme.

Die *nationalen Fernmeldesysteme* bestehen aus den Fernmeldeverbindungen der Wetterstationen zu einer Sammelstelle *(Fernmeldezentrale),* die die Aufgabe hat, die Beobachtungsdaten aus ihrem Verantwortungsbereich zu sammeln und an andere Fernmeldezentralen bzw. zur Auswertung an meteorologische Dienste zu übermitteln (s. S. 136).

Der Einsatz von technischem Gerät hat sich dabei im letzten Jahrzehnt wesentlich gewandelt. Erfolgte die Übermittlung früher über Telefon-, Fernschreib- und Funkfernschreibnetze, stehen heute öffentliche *Datenübertragungsnetze* der Post mit verschiedenen Übertragungsgeschwindigkeiten zur Verfügung, die auch vom *Wetterfernmeldedienst* genutzt werden. Die Vermittlung der Daten geschieht hier in Form genormter Datenpakete.

Damit die unterschiedlichen Meldungen richtig erkannt werden, müssen beim Abfassen bestimmte Formatvorschriften eingehalten werden. Die Daten werden bei der Sammelstelle auf Bildschirmen einer Sichtkontrolle im Hinblick auf meteorologische Plausibilität unterzogen, bevor sie auf Datenspeichern zum automatischen Abruf bereitgehalten werden.

Das nationale Wetterfernmeldenetz wird außerdem für die Verbreitung von Wetterberichten, -vorhersagen, verschlüsselten Wetterkarten und sonstigen Informationen genutzt.

Bei den *regionalen Fernmeldesystemen,* die sich über einen ganzen Kontinent erstrecken, besorgen bestimmte Zentralstellen, z. B. der Deutsche Wetterdienst in Offenbach am Main, die Sammlung und Weiterleitung der Wettermeldungen aus mehreren Ländern. Hierfür stehen Datenleitungen mit Übertragungsgeschwindigkeiten von 2400 bis 4800 bit/s zur Verfügung.

Für den *weltweiten Wetternachrichtenaustausch* (einschließlich der Ergebnisse von Wettersatellitenbeobachtungen) wurde von der Weltorganisation für Meteorologie im Rahmen der Weltwetterwacht das „globale Fernmeldesystem" *GTS* (Abk. für engl. *G*lobal *t*elecommunication *s*ystem) geschaffen. Es besteht aus einer ringförmigen globalen Hauptverbindung mit Verzweigungen sowie den regionalen und nationalen Wetterfernmeldenetzen (Abb. 1). Mit Hochgeschwindigkeitsleitungen werden Beobachtungsdaten und Bildinformationen rund um die Erde verbreitet. Die Zentrale in Offenbach empfängt so auch Wetterdaten aus Amerika und Wetterkarten der Weltwetterzentrale Washington. Daneben ist sie mit folgenden internationalen Wetterzentralen verbunden: Paris, Bracknell (England), Zürich, Norrköping (Schweden), Rom, Prag, Wien, Nairobi (Kenia), Bet Dagan (Israel), Dschidda (Saudiarabien), Peking, Potsdam und De Bilt (bei Utrecht). Außerdem bestehen Datenleitungen zum Europäischen Zentrum für mittelfristige Wettervorhersage bei Reading, England, und dem Operationszentrum für Weltraumforschung (ESOC) in Darmstadt.

Über das globale Fernmeldesystem werden bei nuklearen Unfällen auch Frühwarnmeldungen weltweit rasch bekannt gemacht.

Zur speziellen Versorgung der Flugwetterwarten wurde neben diesen Netzen das *europäische Flugwetterfernmeldenetz* MOTNE (Abk. für engl. *M*eteorological *O*perational *T*elecommunication *N*etwork *E*urope; Abb. 2) eingerichtet. Darin ist Offenbach eine von 9 Zentralen, die durch Duplexleitungen ringförmig verbunden sind. Über Wetterring I (Brüssel, Amsterdam, Offenbach, Zürich, Paris, London) und Wetterring II (Kopenhagen, Rom, Wien) erfolgt ein rechnergesteuerter Austausch der Flugplatzwettermeldungen, wobei den Zentralen das Einsammeln und Einsteuern der Daten des jeweils zuständigen Bereichs sowie die Versorgung der *Flugwetterwarten* obliegt. Auf diese Art erhalten die in einem MOTNE-Ring verbundenen 12 Flugwetterwarten des Deutschen Wetterdienstes halbstündlich die Wetterbeobachtungen und Vorhersagen von etwa 180 Flughäfen des Bereichs Europa–Mittelmeer und Naher Osten.

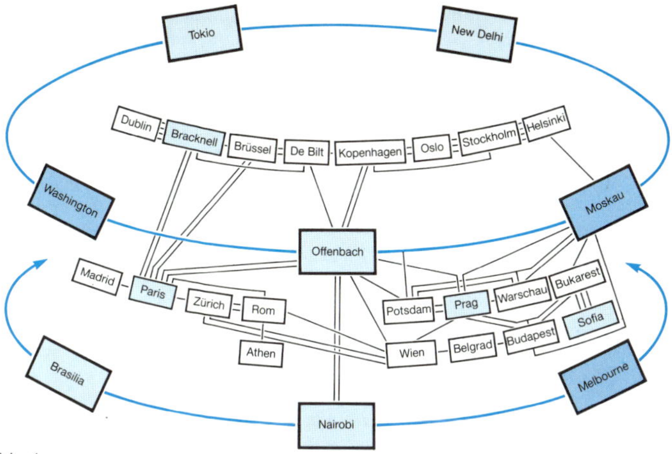

Abb. 1
Globales Hauptwetterfernmeldenetz

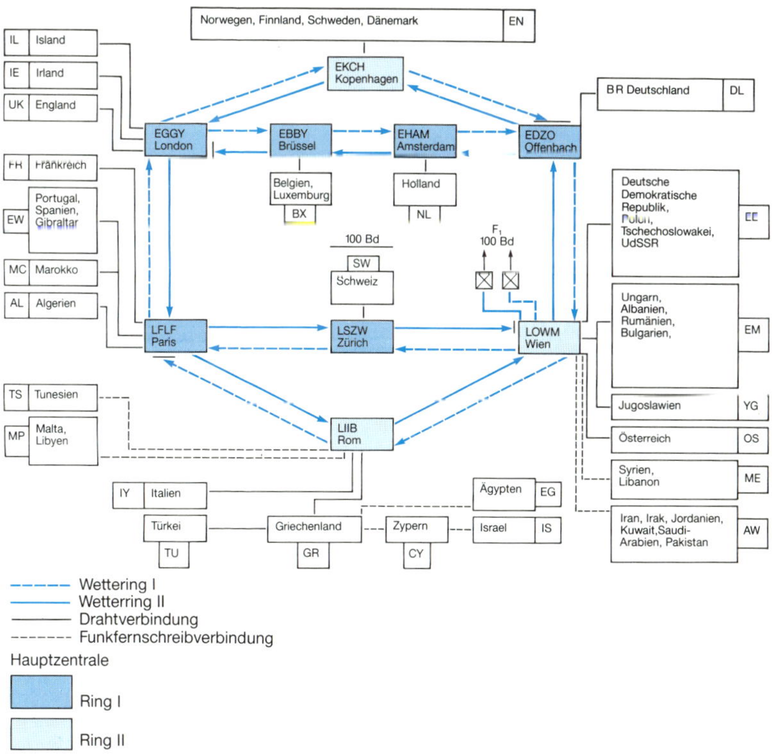

Abb. 2
Europäisches Flugwetterfernmeldenetz
(MOTNE)

Wenn die umfangreichen Datenmengen der Beobachtungsnetze (s. S. 132) mit Hilfe der Fernmeldenetze (s. S. 134) in einer Zentrale gesammelt sind, müssen sie einer Bearbeitung und Auswertung zugeführt werden. Da es sich um große Mengen in sich gleichartiger Daten handelt, die nach einheitlichen Gesichtspunkten weiterverarbeitet werden müssen, ist hierfür der Einsatz der elektronischen Datenverarbeitung besonders geeignet. Das früher übliche manuelle Arbeiten mit Stößen von Fernschreibausdrucken mit endlosen Zahlenkolonnen wurde deshalb in fast allen Ländern durch den Betrieb von meteorologischen Rechenzentren ersetzt.

In einem ersten Arbeitsgang müssen die *synoptischen Meldungen,* die vom Fernmeldedienst in verschlüsselter Form, in beliebiger Reihenfolge und ungeprüft angeliefert werden, *entschlüsselt* werden. Dies beginnt mit der Feststellung des verwendeten Wetterschlüssels; denn jede Art von Meldung (Bodenmeldung, Höhenmeldung, Schiffsmeldung, Flugzeugmeldung usw.) hat ein auf die speziellen Erfordernisse zugeschnittenes *Verschlüsselungsschema.* Im Regelfall ist dies an bestimmten Kennungen leicht zu erkennen. Es kann aber, wenn eine Meldung verstümmelt oder fehlerhaft vorliegt, ein schwieriges, nur mit ausgeklügelten Testverfahren zu lösendes Problem werden.

Anschließend beginnt die eigentliche *Entschlüsselung,* in der die Werte der einzelnen Wetterelemente herausgezogen, geprüft und geordnet werden. Die *Datenprüfung* ist hierbei das Kernstück der gesamten Verarbeitungskette. Sie hat das Ziel, möglichst alle Fehler, die sich bei der Ablesung der Meßinstrumente, bei der Verschlüsselung entsprechend den einschlägigen Vorschriften, bei der Sammlung im Ursprungsland oder bei der Übermittlung der Daten ergeben haben können, zu erkennen und nach Möglichkeit zu korrigieren.

Da der Datenprüfung (oft auch als *Qualitätskontrolle* bezeichnet) eine große Bedeutung beim internationalen Datenaustausch zukommt, wurden dafür weltweit anzuwendende Richtlinien festgelegt. Danach sollen die Daten z. B. daraufhin überprüft werden, ob sie im Einklang mit den vorher gemeldeten Daten stehen, ob die in einer Meldung enthaltenen Angaben sich nicht widersprechen und ob die Meßwerte innerhalb der klimatologisch möglichen Grenzen liegen. Wird ein Fehler festgestellt, erfolgt eine Korrektur. Ist dies nicht genau möglich, wird in einer Art Fußnote die Unsicherheit des betreffenden Wertes vermerkt.

Nach Durchlaufen dieser umfangreichen Prüfverfahren werden die Meldungen in einer bestimmten Ordnung in der *Datenbank* abgelegt, in der vorher schon die Originaldaten (die sogenannten *Rohdaten*) zwischengespeichert waren. Diese geprüften und geordneten Daten stehen nun für eine Reihe weiterer Verarbeitungsgänge zur Verfügung. So können aus den Bodenmeldungen mit Hilfe von automatischen Zeichengeräten Eintragungskarten für den Boden, aus den aerologischen Meldungen Eintragungskarten für verschiedene Höhen hergestellt werden, die dann als Grundlage für Bodenkarten (vgl. S. 138) oder Höhenkarten (vgl. S. 140) dienen. Es können auch Diagramme der aerologischen Aufstiege oder Zusammenstellungen von Listen und Tabellen für unterschiedliche Zwecke angefertigt werden.

Hauptziel dieser *vorbereitenden Datenverarbeitung* ist jedoch, die Grundlage für die sich anschließende *numerische Analyse* (vgl. S. 144) bereitzustellen. Auf diese baut schließlich die *numerische Vorhersage* auf (vgl. S. 190 ff.). Auch die Ergebnisse dieser Rechnungen werden jeweils in der Datenbank aufbewahrt. Von da aus können sie dann zur Darstellung auf Bildschirmen, zum Zeichnen von Wetterkarten durch Zeichengeräte oder zur Übermittlung in digitaler Form über das Fernmeldesystem weiterverarbeitet werden.

Den Abschluß der Datenverarbeitung bildet schließlich die *Archivierung,* die in regelmäßigen Abständen (meist alle 24 Stunden) den wesentlichen Inhalt der Datenbank in das Datenarchiv überführt und damit in der Datenbank genügend Raum für die nächsten Termine freigibt.

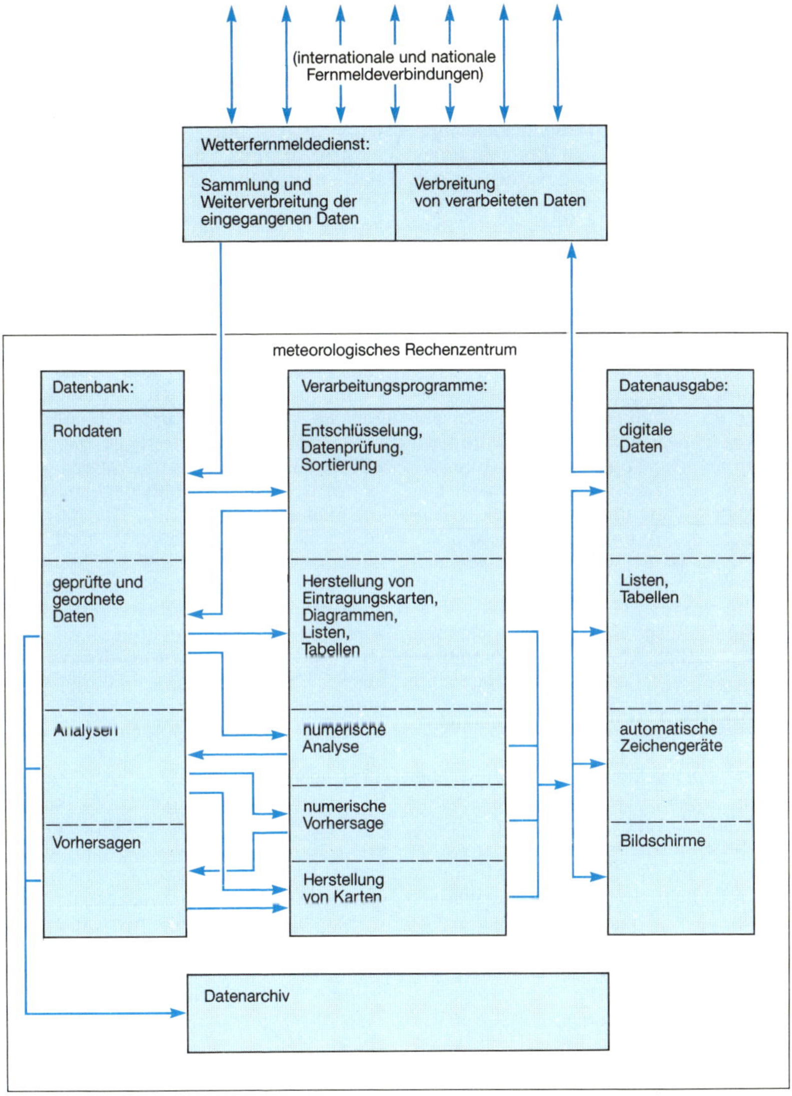

Abb.
Stark vereinfachtes Schema eines Datenflußplans zur zentralen Verarbeitung synoptischer Daten

Bodenwetterkarten

Zur Beurteilung der Wetterlage sind Wetterbeobachtungen an möglichst vielen Orten der Erde notwendig. Über weltweite Wetterfernmeldenetze erfolgt daher alle drei Stunden ein Austausch von Meßwerten und Augenbeobachtungen. Die als fünfziffrige Zahlengruppen verbreiteten Meldungen werden in den großen Wetterdienstzentralen gesammelt, entschlüsselt, in Wetterkarten eingetragen und ausgewertet. Die *Wetterkarte* ist somit eine Momentaufnahme des Wetterzustandes über großen Räumen zu einem gegebenen Zeitpunkt. Man unterscheidet dabei *Bodenwetterkarten* und *Höhenwetterkarten*.

Um die Vergleichbarkeit von Wetterkarten zu erleichtern, hat man sich auf bestimmte Maßstäbe und Kartenprojektionen geeinigt. So sollen nur Karten verwendet werden, die eine winkeltreue Wiedergabe und damit eine exakte Darstellung der Windrichtung gewährleisten. Dies ist bei der *stereographischen Projektion* der Fall, die sich für die Darstellung größerer Gebiete bis zu einer gesamten Hemisphäre und der polnahen Gebiete eignet. Andere international zugelassene winkeltreue Projektionen sind für die mittleren Breiten die konforme Kegelprojektion, für äquatornahe Gebiete die Merkatorprojektion.

Der Maßstab der Wetterkarten richtet sich im wesentlichen nach der meteorologischen Aufgabe, die gelöst werden soll. So dient die *Bodenwetterkarte Mitteleuropa* im Maßstab 1:5 Millionen hauptsächlich der regionalen Wetterüberwachung. Die *Bodenwetterkarte Europa/Atlantik* im Maßstab 1:15 Millionen reicht in der Westhälfte, da aus dieser Richtung die meisten Wettervorgänge heranziehen, über den gesamten Nordatlantik, Island, Grönland bis zur Ostküste Nordamerikas. Sie wird alle sechs Stunden gezeichnet und ist die eigentliche „Arbeitswetterkarte" des Meteorologen (s. S. 142). Als weitere wichtige Bodenwetterkarte wird zweimal täglich von den synoptischen Beobachtungsterminen 00 und 12 UTC (Weltzeit) eine *Nordhemisphärenkarte* im Maßstab 1:30 Millionen hergestellt. Ihre Analyse stützt sich auf etwa 750 eingetragene Wettermeldungen und ermöglicht einen Überblick über die großräumigen Wettervorgänge der gesamten Nordhalbkugel.

Wetterkarten, in die Wettermeldungen eingetragen sind, werden auch als *Eintragungskarten* bezeichnet. Die Eintragung in geographische Karten, die anstelle der Ortsnamen Stationskennziffern enthalten, erfolgte früher manuell durch Wetterdiensttechniker und an jeder Dienststelle, die Wettervorhersagen herauszugeben hatte. Heute geschieht dies an den Wetterzentralen weitgehend maschinell mit Hilfe eines automatischen Zeichengerätes, des *Plotters,* der an die elektronische Datenverarbeitungsanlage angeschlossen ist (s. S. 136).

In beiden Fällen erfolgt das Eintragen einer Wettermeldung nach einem bestimmten, international vereinbarten Schema, dem *Stationsmodell* (Abb. 1). Der *Stationskreis* kennzeichnet dabei die geographische Lage der Wetterstation. Er wird dem Gesamtbedeckungsgrad entsprechend ausgefüllt. Die übrigen meteorologischen Elemente sind als Zahlen oder Zeichen um den Stationskreis angeordnet und haben stets den im Stationsmodell vorgegebenen Platz. Der *Windpfeil* gibt Windrichtung und -geschwindigkeit an und ist bei der maschinellen Eintragung tangential am Stationskreis angelegt (s. Abb. S. 143). Außerdem steht bei der maschinellen Eintragung die Angabe der Sichtweite nicht links neben, sondern über dem Symbol für das gegenwärtige Wetter. Zur besseren internationalen Verständigung und aus Gründen der Rationalisierung hat man für viele Wettererscheinungen meteorologische Zeichen festgelegt, die teilweise auch als *Wetterkartensymbole* (Abb. 2) verwendet werden.

Die in der Eintragungskarte dargestellten Wettermeldungen geben dem Meteorologen bereits einen ersten Überblick über die großräumige Verteilung des Wetters. Für eine eingehende Beurteilung der Wetterlage ist aber eine genaue Analyse (s. S. 142) notwendig, zu der auch die Höhenwetterkarten und Satellitenbilder herangezogen werden.

In Veröffentlichungen, z. B. in der *Zeitungswetterkarte* (s. S. 202), enthält die Bodenwetterkarte neben der Luftdruckverteilung und den Fronten meist nur eine Auswahl der Stationseintragungen.

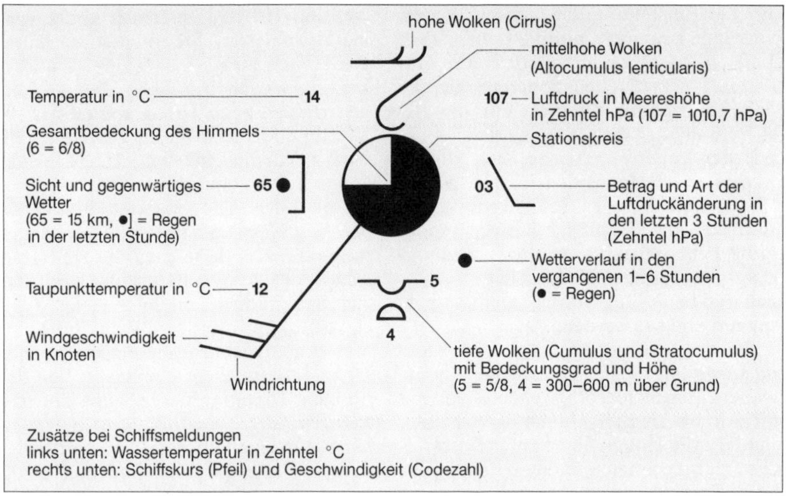

Abb. 1
Stationsmodell auf der Bodenwetterkarte

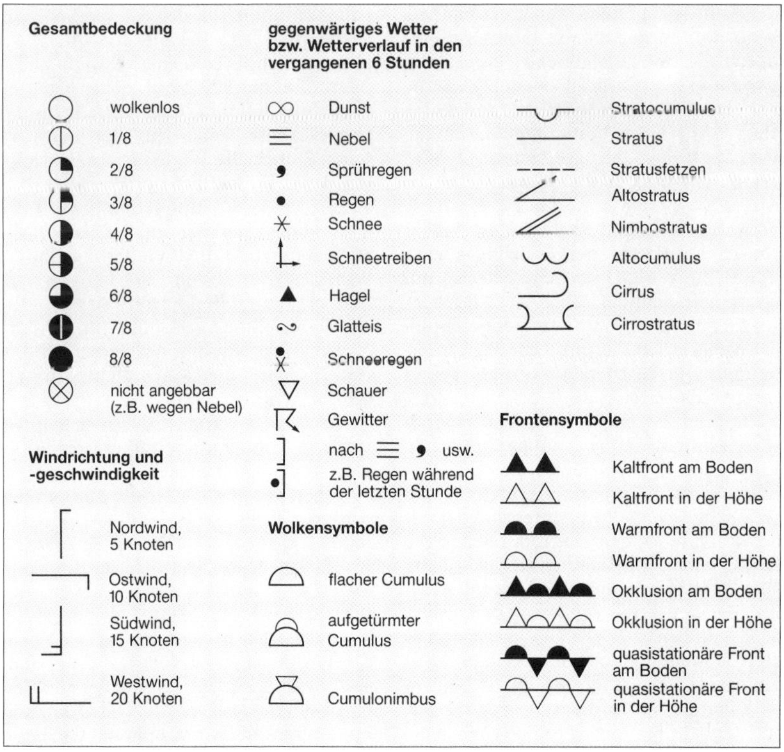

Abb. 2
Wetterkartensymbole (Auswahl)

Höhenwetterkarten

An der Entstehung der meisten Wettervorgänge sind nicht nur die bodennahen Luftschichten, sondern meist in weit größerem Ausmaß auch höhere Schichten der Atmosphäre beteiligt. Für die Beschreibung der Wetterlage sind daher neben der Bodenwetterkarte auch *Höhenwetterkarten* erforderlich. Voraussetzung für das Zeichnen der Höhenwetterkarten sind Meßwerte bezüglich Druck, Temperatur, Feuchte und Wind, die durch Flugzeug- und Radiosondenaufstiege gewonnen und neuerdings durch Satellitenmessungen ergänzt werden.

Bei der *Auswertung der Radiosondenaufstiege* hat es sich als zweckmäßig erwiesen, die meteorologischen Elemente nicht in bestimmten Höhen darzustellen, sondern die Höhen bestimmter *Druckflächen* zu berechnen und die in dem jeweiligen *Druckniveau* gemessenen Temperatur- und Feuchtewerte sowie den Wind anzugeben. Diese Druckflächen sind in der Atmosphäre nur selten horizontal angeordnet, normalerweise lassen sie eine durch die unterschiedliche Temperaturschichtung beeinflußte Neigung erkennen. Dadurch ist es möglich, Linien gleicher Höhe einer bestimmten Druckfläche, die *Isohypsen,* zu zeichnen. Als Maß verwendet man nicht das gewöhnliche Meter (m), sondern das *geopotentielle Meter* (gpm), mit dem die unterschiedliche Schwerkraft berücksichtigt wird. Beide Maßzahlen unterscheiden sich nur wenig voneinander, aber viele Rechenvorgänge werden mit dem geopotentiellen Meter erleichtert und die Wetterkarten aus verschiedenen Niveaus besser vergleichbar.

Da die Isohypsenscharen den Höhenschichtlinien einer topographischen Karte der Erdoberfläche gleichen, bezeichnet man Höhenwetterkarten auch als *Topographien.* Man unterscheidet dabei *absolute Topographien,* mit denen die Höhe einer bestimmten Druckfläche über dem Meeresniveau in geopotentiellen Dekametern (gpdam) angegeben wird, von den *relativen Topographien,* die den Höhenunterschied zwischen zwei bestimmten Druckflächen darstellen. Im praktischen Wetterdienst werden zweimal täglich aus den aerologischen Aufstiegen der synoptischen Termine 00 und 12 UTC die absoluten Topographien der *Hauptdruckflächen* 850, 700, 500, 300, 200 und 100 hPa berechnet und kartenmäßig analysiert. Sie entsprechen mittleren Höhen von 1,5, 3, 5,5, 9, 12 und 16 km. Für wissenschaftliche Untersuchungen werden auch Topographien der 50-, 30-, 10- und 5-hPa-Fläche gezeichnet, die einer mittleren Höhe von 21, 24, 30 und 36 km entsprechen.

Von allen Topographien nimmt die *500-hPa-Fläche* eine gewisse Sonderstellung ein, weil sie je etwa die Hälfte der Masse der Atmosphäre unter und über sich hat. Dadurch nimmt sie eine Steuerungsfunktion bei der Wanderung von Tief- und Hochdruckgebieten bzw. von Druckänderungsgebieten wahr. Von den übrigen Topographien erlaubt die *850-hPa-Fläche* u. a. bei bestimmten Wetterlagen Aussagen über die zu erwartenden Temperaturmaxima am Boden, die *700-hPa-Fläche* über die Verlagerung der niederschlagsbringenden Wolken, und die Hauptdruckflächen der oberen Troposphäre sind für den Luftverkehr unentbehrlich. Ein Beispiel hierfür ist die nebenstehende Abb. der absoluten Topographie der 300-hPa-Fläche. Nach einem international festgelegten Eintragungsschema stehen an der aerologischen Station die Werte von Temperatur, Höhe der Druckfläche (z. B. Paris 52 = 9 520 gpm) und Taupunkttemperatur untereinander. Der Windpfeil weist auf die Station hin, und die Befiederung gibt die Windgeschwindigkeit in Knoten an. Man erkennt, daß die Isohypsen parallel zur Windrichtung verlaufen. Ihr Abstand ist ein Maß für die Windgeschwindigkeit: je dichter die Isohypsen, um so stärker der Wind.

Die *relativen Topographien* geben die mittlere Temperaturverteilung einer bestimmten Schicht wieder, da der Abstand zwischen zwei Druckflächen nur von der mittleren Temperatur der dazwischenliegenden Luftschicht abhängt. Man kann mit dieser Höhenwetterkarte die Lage von Warm- und Kaltluft erkennen. Am meisten wird die relative Topographie 500 über 1 000 hPa verwendet. Ihre Isohypsen im Abstand von 4 zu 4 gpdam sind gleichzeitig *Isothermen* der unteren Troposphäre von 2 zu 2 K. Die Drängung der Isohypsen in bestimmten Gebieten und besondere Formen der Linienführung geben Hinweise auf die Lage der Fronten in der Bodenwetterkarte.

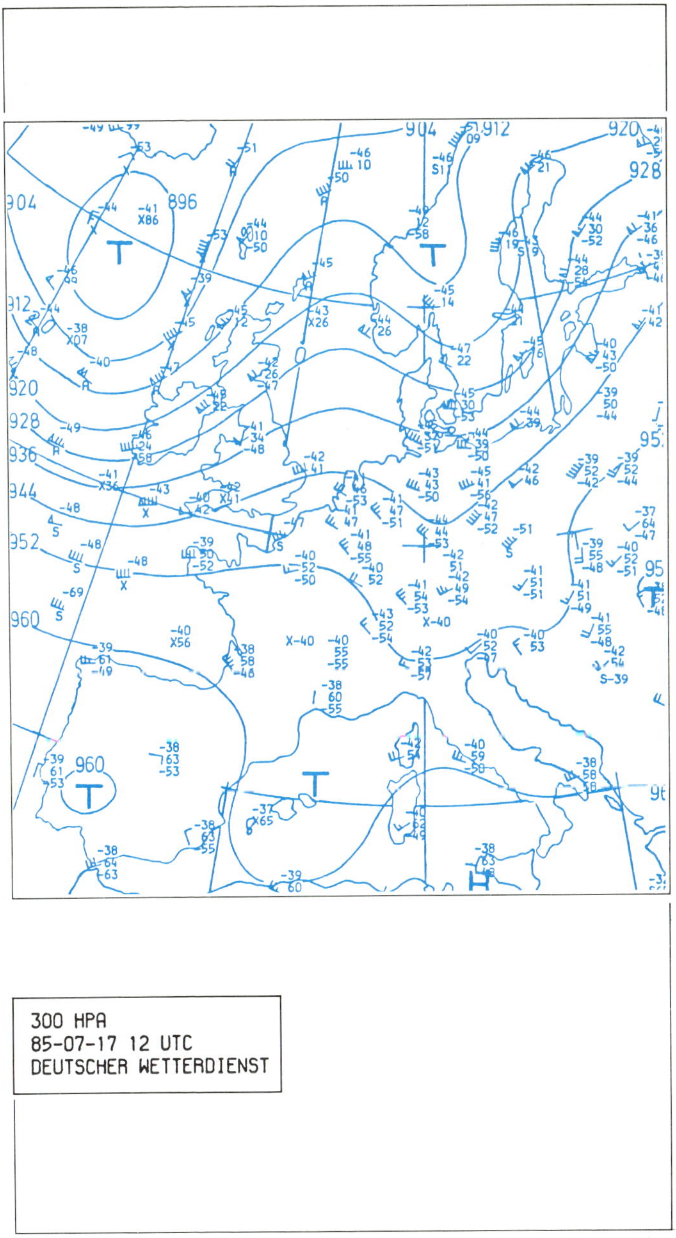

Abb.
Absolute Topographie 300 hPa
vom 17. Juli 1985, 12 UTC
(zugehörige Bodenwetterkarte
s. S. 143)

Synoptische Wetteranalysen

Nach dem Eintragen der Meldungen zahlreicher Stationen in die Wetterkarte erfolgt die weitere Bearbeitung durch den Meteorologen. Aus der Fülle von Meßwerten und Beobachtungen muß er sich einen Überblick über den derzeitigen Zustand der Atmosphäre und die relevanten atmosphärischen Vorgänge eines größeren Gebietes verschaffen. Die *Wetteranalyse* beschränkt sich dabei nicht auf die *Bodenwetterkarte,* sondern berücksichtigt auch die Wechselbeziehungen zwischen Boden und Höhe, die in den *Höhenwetterkarten* und den *aerologischen Aufstiegen,* den Temps, sichtbar werden. Schon vor der Analyse kennt der Meteorologe aus den Karten der vorherigen Termine die Lage von Hoch- und Tiefdruckgebieten sowie die Entwicklung und Verlagerung der Fronten.

Die *Analyse der Bodenwetterkarte* vollzieht sich daher in drei Arbeitsgängen, deren Reihenfolge sich nach den Besonderheiten der jeweiligen Wetterlage richtet. Sie beziehen sich auf die Bestimmung der *Frontenlage,* die Darstellung der *Luftdruckverteilung* und die Feststellung der *Frontenart.*

Zunächst werden in der Karte die Gebiete mit *Hydrometeoren* durch *farbige Symbole* markiert, z.B. Niederschläge grün, Nebel gelb, Gewitter rot. Dann bringt man zur Feststellung des Frontenverlaufs die zu analysierende Wetterkarte mit der Karte des Vortermins auf einem Leuchttisch zur Deckung. Im durchscheinenden Licht erkennt man die frühere Frontenlage und weiß so, welche Gebiete der aktuellen Karte „frontenverdächtig" sind. Die genaue Lage ergibt sich aus dem Vergleich der eingetragenen Wetterelemente benachbarter Stationen. In erster Linie wird auf eine *Windkonvergenz,* eine sprunghafte Änderung der Windrichtung, geachtet. Weitere Argumente ergeben sich aus der *Analyse der Luftmassen* vor und hinter der Front durch Vergleich von Temperatur, Taupunkt und Sichtweite sowie durch die Temperaturverteilung im 850-hPa-Niveau. Ebenso zeigen die *3stündigen Luftdruckänderungen,* die gesondert in die *Tendenzkarte* eingetragen werden, ein typisches Verhalten, vor der Front meist Druckfall, dahinter Druckanstieg. Schließlich werden für die Festlegung der Front auch besondere Wettererscheinungen wie Bewölkung, Niederschläge und Gewitter herangezogen, wobei aber zu beachten ist, daß Niederschlagsgebiete auch von der Front abgesetzt sein können.

Das *Luftdruckfeld* wird durch Zeichnen von Isobaren im Abstand von 5 zu 5 hPa analysiert. Man benutzt dabei ebenfalls den Leuchttisch, da so die Luftdruckverteilung des vorangegangenen Termins besser berücksichtigt werden kann. Dies ist besonders für die Gebiete wichtig, aus denen gerade keine Wettermeldungen vorliegen. An den Fronten ist der Isobarenverlauf unstetig und zeigt einen Knick (s. Abb.). Für die Bestimmung der Lage von Hoch- und Tiefdruckkernen sowie für die *Frontenanalyse* sind die *Satellitenbilder* ein wertvolles Hilfsmittel. Sie helfen auch neben anderen Argumenten bei der Festlegung der Frontenart, ob es sich um eine Warmfront, Kaltfront oder Okklusion handelt.

Bei der *Analyse der Höhenwetterkarten* bedient man sich der *Aufbaumethode,* bei der die absolute Topographie einer Hauptdruckfläche durch Addition der Höhe der darunterliegenden Hauptdruckfläche und der zwischen beiden liegenden relativen Topographie gewonnen wird. Hierbei verwendet man die Luftdruckverteilung der Bodenwetterkarte als absolute Topographie der 1000-hPa-Fläche. Für die relative Topographie 500/1000 hPa werden die aus den Radiosondenaufstiegen errechneten Werte in eine Karte eingetragen. Bei der Analyse des Isohypsenverlaufs achtet man auf die großräumigen Luftmassentransporte. Durch graphische Addition beider Liniensysteme erhält man die absolute Topographie 500 hPa. Eine abschließende Feinanalyse hebt die *Frontalzonen,* Gebiete mit einer auffallend starken Drängung der Isohypsen, besonders hervor.

In ähnlicher Weise gelangt man zu den absoluten Topographien der 300- und 200-hPa-Fläche. In ihnen wird die Lage der *Starkwindfelder* durch Linien gleicher Windgeschwindigkeit *(Isotachen)* zusätzlich gekennzeichnet.

Diese manuellen Analyseverfahren, besonders die der Höhenwetterkarten, wurden mit dem Einsatz moderner Computer weitgehend durch numerische Verfahren ersetzt (vgl. S. 144).

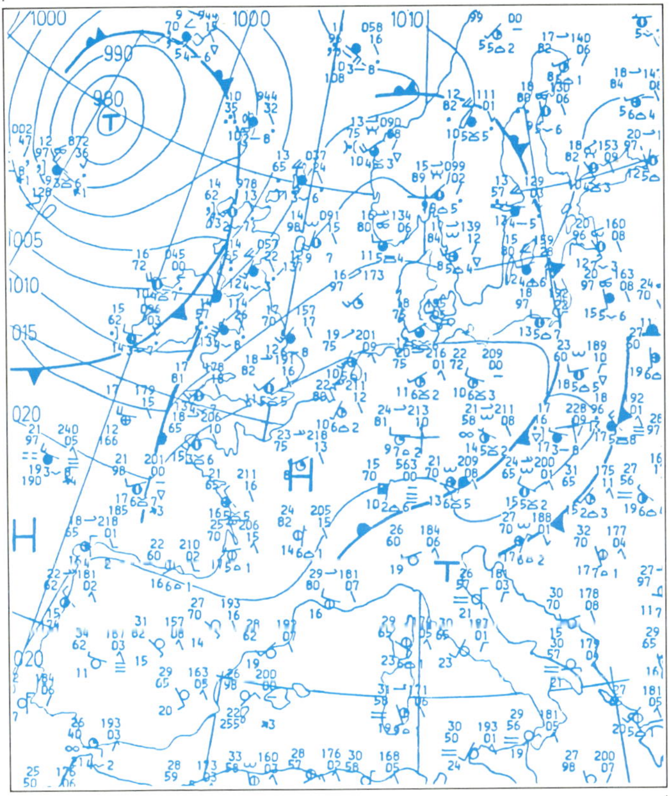

BODEN
85-07-17 12 UTC
DEUTSCHER WETTERDIENST

Abb.
Bodenwetterkarte vom
17. Juli 1985, 12 UTC (zugehörige
Höhenwetterkarte s. S. 141)

Wetteranalyse durch den Computer

Es gibt gute Gründe, auch für die Wetteranalyse die Hilfe eines Computers in Anspruch zu nehmen und die synoptische durch die numerische Analyse zu ersetzen. Ein erster Grund dafür ist der Zeitgewinn. Benötigt ein Meteorologe für die Analyse einer Wetterkarte je nach Art der Karte einen Zeitaufwand von einer halben bis zu mehr als einer Stunde, so erledigt eine moderne Rechenanlage diese Arbeit in Zeiträumen der Größenordnung Sekunden bis höchstens Minuten. Ein weiterer Grund ist der Vorteil der Objektivität, weswegen die *numerische Analyse* auch oft als *objektive Analyse* bezeichnet wird. „Objektiv" soll hierbei bedeuten, daß Analysenberechnungen, denen die gleichen Wettermeldungen zugrunde liegen, immer zum gleichen Ergebnis führen, während synoptische Analysen, die von verschiedenen Meteorologen erarbeitet werden, subjektiv sind und in gewissen Grenzen durchaus differieren können. Freilich sind numerische Analysen der gleichen Wetterlage nur dann wirklich gleich, wenn zu ihrer Berechnung auch das gleiche Verfahren und das unveränderte Rechenprogramm verwendet werden.

Numerische Analysen sind ferner in sich völlig homogen und widerspruchsfrei, eine Eigenschaft, die bei synoptischen Analysen (s. S. 142) nur schwer zu erreichen ist.

Der entscheidende Vorteil numerischer Analysen ist jedoch, daß die Ergebnisse der Analysenrechnungen in der Rechenanlage in einer Form vorliegen, wie sie unmittelbar für die sich anschließende numerische Vorhersage (s. S. 190 ff.) verwendet werden können. Wollte man die Ergebnisse einer synoptischen Analyse einem Rechenprogramm computergerecht zur Verfügung stellen, wären mühsame und zeitaufwendige Eingabearbeiten nötig.

Während bei einer synoptischen Analyse die feldmäßige Verteilung eines meteorologischen Elements durch Linien gleichen Wertes des Elements (z. B. Isobaren und Isothermen) dargestellt wird, muß bei einer numerischen Analyse die Verteilung durch Zahlenwerte an bestimmten Punkten der Fläche angegeben werden. Diese festzulegenden Punkte sollen das Analysengebiet möglichst gleichmäßig überdecken. Die gesamte dreidimensionale Atmosphäre versucht man dann durch eine Anzahl übereinanderliegender Flächen zu erfassen (Abb. 1). Man ist sich natürlich darüber im klaren, daß durch eine solche skelettartige Darstellung in einem *Gitternetz* die wahre Atmosphäre nur in vereinfachter Form erfaßt werden kann und insbesondere manche Details und kleinräumige Strukturen verlorengehen.

Ein Gitternetz kann unterschiedlich aufgebaut sein. Für hemisphärische Darstellungen wird dafür am häufigsten ein *kartesisches (quadratisches) Koordinatensystem* verwendet, das einer geographischen Karte in einer (polständigen) stereographischen Projektion überlagert wird. Die Maßstabsverzerrung hält sich bei dieser Projektion bis zum Äquator in Grenzen und kann durch einen verhältnismäßig einfachen Maßstabsfaktor, der nur von der geographischen Breite abhängt, berücksichtigt werden.

Die eigentliche Aufgabe der numerischen Analyse besteht nun darin, aufgrund der Meßwerte, die entsprechend der Lage der Beobachtungsstationen unregelmäßig verteilt sind, für jeden Gitterpunkt den Wert des zu analysierenden Elements zu bestimmen. Das zu lösende Problem kann man sich an einem einfachen (eindimensionalen) Beispiel veranschaulichen (Abb. 2). Längs einer Achse seien in unregelmäßigen Abständen jeweils vertikal die Beträge eines meteorologischen Elements (z. B. Luftdruck) aufgetragen. Durch diese Meßwerte ist nun eine möglichst wenig gekrümmte Kurve so zu zeichnen, daß sie sich den Meßwerten am besten anpaßt. Von dieser Kurve können dann an den in regelmäßigen Abständen liegenden Gitterpunkten die gesuchten Gitterwerte abgelesen werden.

Geht man von der angenommenen eindimensionalen Anordnung der Beobachtungswerte auf eine zweidimensionale Verteilung über, so erweitert sich die Aufgabe insofern, als anstelle der Kurve eine möglichst schwach gekrümmte Fläche gesucht werden muß, die im Durchschnitt den geringsten Abstand von den Meßwerten hat; diese Fläche liefert dann an den Punkten des Gitternetzes die gesuchten Werte. Um den dreidimensionalen Zustand der Atmosphäre zu beschreiben, müssen viele solcher Flächen bestimmt werden.

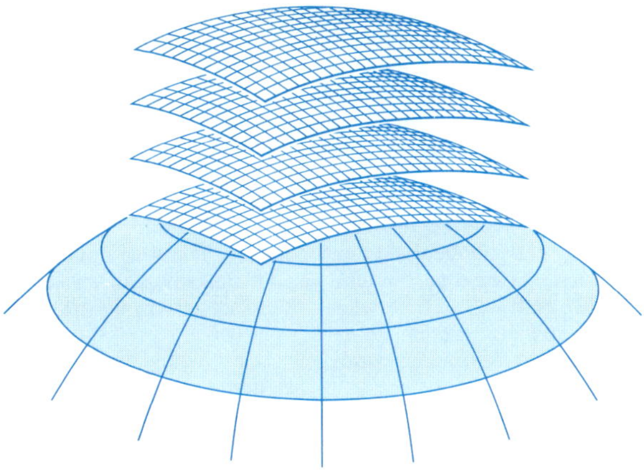

Abb. 1
Ausschnitt aus einem Gitternetz für numerische Analysen (stark überhöht)

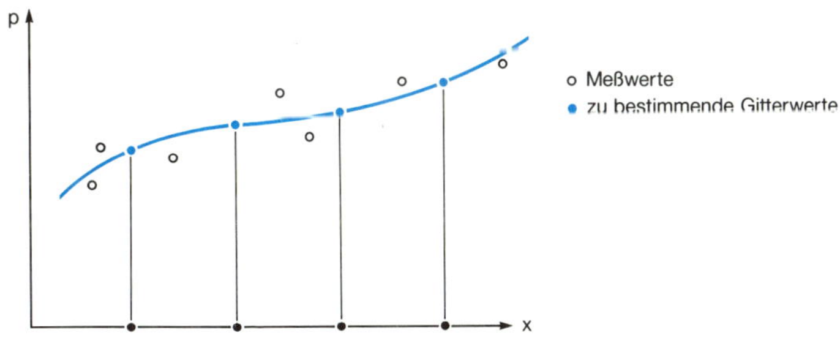

Abb. 2
Zum Prinzip der numerischen Analyse

Die Lösung dieser Aufgabe wird in der Praxis durch einige Probleme erschwert, die in der Art und Qualität der Meßwerte liegen. So sind die Beobachtungen grundsätzlich sehr ungleich verteilt; es gibt weite Gebiete, in denen sie fast völlig fehlen, z. B. über den Ozeanen (Abb. 3). Die Beobachtungen entstammen zudem sehr verschiedenen Beobachtungssystemen (Bodenbeobachtungen, Radiosonden, Flugzeuge, Satelliten). Demzufolge muß bei der Verwendung der Meßwerte mit deren unterschiedlicher Genauigkeit und Streuung gerechnet werden.

Ferner beziehen sich die Meßwerte mancher moderner Beobachtungssysteme (vor allem der umlaufenden Wettersatelliten) überwiegend nicht auf den Analysentermin, sondern sie haben, da sie kontinuierlich gewonnen werden, bis zu einigen Stunden Abstand davon. Zu den drei Dimensionen der Atmosphäre kommt also die Zeit als vierte Dimension noch hinzu, die bei der Analyse berücksichtigt werden muß. Man spricht deshalb, wenn solche *asynoptische Daten* mit verwendet werden, von *vierdimensionaler Analyse* oder auch von *vierdimensionaler Datenassimilation.*

Zu diesen aus den Beobachtungen entstehenden Problemen kommen weitere, die durch die Struktur und die zeitliche Veränderlichkeit der zu analysierenden meteorologischen Felder bedingt sind. So gibt es Felder, die – wie Höhenkarten der Stratosphäre – nur verhältnismäßig weiträumige Deformationen und praktisch keine Feinstruktur aufweisen und deren Änderungen von Tag zu Tag ebenfalls über größeren Bereichen einheitlich sind. Ihnen stehen Felder gegenüber, die von großer räumlicher und zeitlicher Veränderlichkeit geprägt sind, wie etwa die Temperaturverteilung am Boden, in der sich der Tagesgang der Temperatur ebenso auswirkt wie die Art der Erdoberfläche. Auch diese Eigenschaften müssen bei der numerischen Analyse sowohl bei der Beurteilung der Streuung der Meßwerte als auch bei der durchzuführenden Glättung der Felder berücksichtigt werden.

Dabei ist ferner zu beachten, daß es zwischen manchen meteorologischen Elementen aus physikalischen Gründen Beziehungen gibt, die eine enge Kopplung dieser Felder zur Folge haben. Hier sind in erster Linie die geostrophische Windbeziehung (s. S. 98) zu nennen, durch die das Luftdruckfeld mit dem Windfeld verbunden ist, oder auch die statische Grundgleichung (s. S. 44), durch die der Abstand übereinanderliegender Druckflächen streng an die Temperaturverteilung zwischen ihnen gebunden ist. Darüber hinaus gibt es statistische Beziehungen zwischen verschiedenen Elementen, die ebenfalls zu berücksichtigen sind.

Zur Lösung dieser Probleme wurden in den letzten Jahrzehnten eine Reihe von Methoden entwickelt, die schrittweise immer mehr der erwähnten Punkte einbeziehen. Von diesen Verfahren wird heute von den großen Wetterzentralen am häufigsten die sogenannte *multivariate statistische Interpolation* als die am weitesten fortgeschrittene und entwickelte Methode verwendet. Das Verfahren geht von einer Anfangsnäherung des zu analysierenden Feldes aus, wofür meist die neueste verfügbare numerische Vorhersage des Feldes verwendet wird, und berechnet für jeden Gitterpunkt unter Verwendung der in einem bestimmten Umkreis liegenden Meßwerte Korrekturen für den Gitterwert. Hierzu werden die Differenzen zwischen dem Meßwert und dem Wert der Anfangsnäherung an diesem Punkt gebildet, mit einem Gewicht versehen und als Korrektur für den Gitterwert verwendet. Der Schwerpunkt der Rechnungen ist dabei die Berechnung der Gewichte, in denen mit aufwendigen mathematisch-statistischen Methoden

- die räumliche und zeitliche Variabilität des zu analysierenden Feldes,
- die Genauigkeit und die charakteristischen Fehler der Meßwerte,
- die statistischen und physikalischen Beziehungen zwischen den Meßwerten der verschiedenen Elemente

berücksichtigt werden.

Sind alle Gitterwerte korrigiert, so stellt die Gesamtheit der Werte, die *Gitterfunktion,* das Ergebnis der numerischen Analyse dar (Abb. 4).

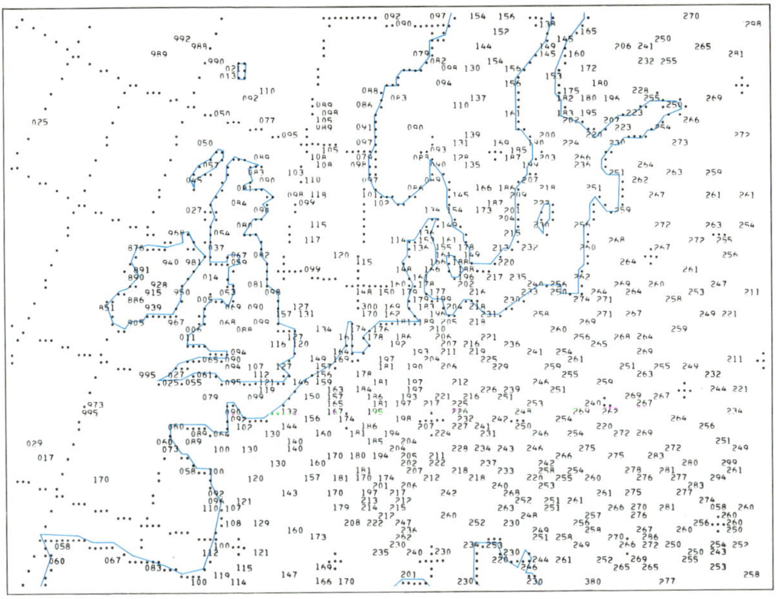

Abb. 3
Beispiel der Verteilung der Meßwerte, die für eine numerische Analyse zur Verfügung stehen

Ausschnitt aus einem EDV-Ausdruck vom 19. 1. 1988; die eingetragenen Werte sind Luftdruckangaben in Zehntel hPa unter Weglassung der Hunderter- und Tausenderziffer

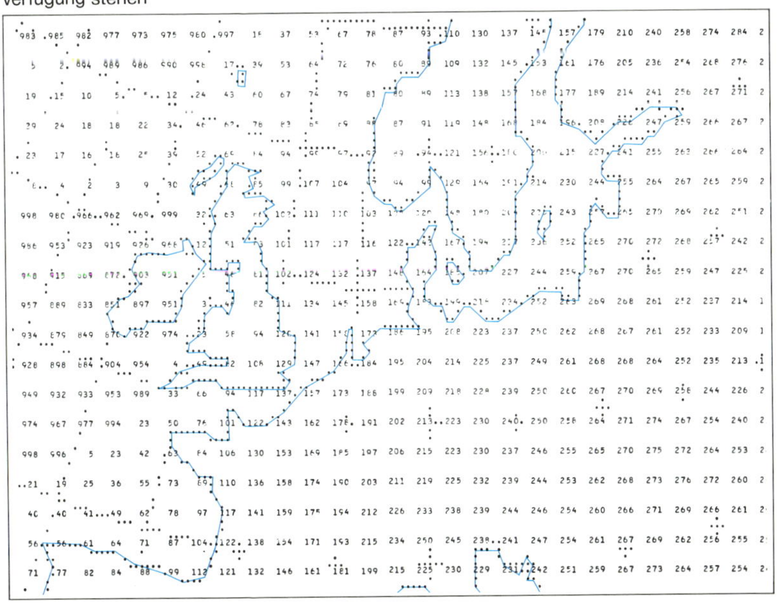

Abb. 4
Gitterpunktwerte des Luftdrucks einer numerischen Analyse

Luftmassen – Definition, Entstehung und Transformation

Die Wetterbeobachtungen zeigen, daß das Temperaturgefälle zwischen Äquator und Pol nicht gleichmäßig verteilt ist. Es gibt vielmehr größere Gebiete der Erde, die von relativ gleichmäßig temperierter Luft erfüllt sind. Gegenüber benachbarten Gebieten, in denen ebenfalls einheitliches Wetter, jedoch eines anderen Typs herrscht, sind sie durch schmale Zonen getrennt, in denen sich auf geringe Entfernung die Temperatur stark ändert. Auch andere Eigenschaften der Luft sind in größeren Bereichen quasihomogen und ändern sich in den Übergangszonen fast sprunghaft. Eine solche großräumige Ansammlung von Luft einheitlichen Charakters bezeichnet man als *Luftmasse*, die Übergangszonen als *Luftmassengrenzen*.

Luftmassen haben eine horizontale Ausdehnung von weit mehr als 500 km und eine vertikale Mächtigkeit von mehr als 1000 m, oft bis in die Stratosphäre. Zu den Eigenschaften, die sich bei äußeren Einflüssen in der freien Atmosphäre nur langsam ändern und daher konservativ genannt werden, gehören die Temperatur, der vertikale Temperaturgradient, die Feuchtigkeit und der Gehalt an Beimengungen (Staub). Die Temperatur der bodennahen Luft wird jedoch vom Untergrund her stark beeinflußt und unterliegt bei Vertikalbewegungen adiabatischen Zustandsänderungen (vgl. S. 48 ff.). Zur Kennzeichnung der Luftmassen verwendet man daher die *pseudopotentielle Temperatur*, eine Maßzahl für den gesamten Wärmevorrat der Luftmasse. Von den Feuchtemaßen benutzt man die *spezifische Feuchte* oder das *Mischungsverhältnis*. Oft ist auch die *Taupunkttemperatur* ein gutes Unterscheidungsmerkmal. Schließlich unterscheiden sich Luftmassen in der Größe des *vertikalen Temperaturgradienten*, der die Stabilität der thermischen Schichtung kennzeichnet.

Der einheitliche Charakter einer Luftmasse bildet sich in einem mehrtägigen Prozeß, bei dem die gleichen physikalischen Einflüsse (z. B. Strahlung, turbulenter und konvektiver Austausch sowie Verdunstung vom jeweiligen Untergrund her) auf sie einwirken. Unterschiedliche Bedingungen ergeben sich dabei durch die geographische Breite und die Verteilung von Land, Meer und Eis. Eine längere Verweilzeit setzt geringe Luftbewegung voraus. Dies ist in den *quasistationären Hochdruckgebieten* der Fall, die daher als *Quellgebiete der Luftmassen* gelten. So wird in den Hochdruckzellen der Subtropen Warmluft und in den Polargebieten, im Winter auch in den Kältehochs Zentralasiens, Sibiriens und Kanadas, Kaltluft produziert.

Aufgrund des geringeren Luftdrucks der Umgebung strömen die Luftmassen aus den Hochdruckgebieten heraus und werden von der atmosphärischen Zirkulation in andere Regionen geführt. Bei einem raschen Transport bringen sie die im Entstehungsgebiet erworbenen Eigenschaften weitgehend mit. Ein plötzlicher *Luftmassenwechsel* zeigt sich daher dem Beobachter als markanter Wetterumschlag mit deutlicher Abkühlung oder Erwärmung (Abb. 1).

Bei weiten Transportwegen werden die Luftmassen durch Einflüsse des Untergrundes und der Strahlung allmählich transformiert. Die in ihrem Ursprungsgebiet stabil geschichtete *Polarluft* wird so auf ihrem Weg nach Süden vom Untergrund her erwärmt und über dem Meer mit Feuchtigkeit angereichert. Dadurch wird die Schichtung labil und der vertikale Austausch der geänderten Temperatur- und Feuchteverhältnisse begünstigt. Im Satellitenbild zeigt sich diese Entwicklung in zellenförmig angeordneten Quellwolken, die z. B. für „Aprilwetter" typisch sind.

Umgekehrt verhält es sich mit der im Quellgebiet indifferent geschichteten und durch große Verdunstung mit Feuchtigkeit angereicherten *subtropischen Luft*. Sie wird bei ihrem Transport nach Norden durch den kälteren Untergrund abgekühlt und stabiler. Es bilden sich daher Stratocumulus- und Stratuswolken oder verbreitet Nebel und Sprühregen. Die Umwandlung der Luftmasse vollzieht sich dabei langsamer als bei der Polarluft und beschränkt sich zunächst auf die bodennahe Schicht. Erst wenn die Warmluft in die Strömung eines Tiefdruckgebietes einbezogen wird und sich durch großräumige Hebung abkühlt, verliert sie ihren ursprünglichen Charakter. Die *Luftmassentransformation* von Kaltluft, die *Alterung*, vollzieht sich überwiegend in Hochdruckgebieten durch Absinkerwärmung und Strahlungseinflüsse.

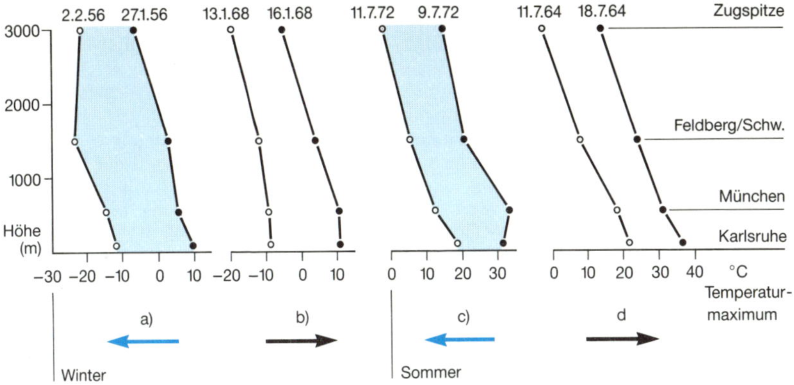

a) Einbruch arktischer Polarluft 27.1./2.2.1956
b) Vorstoß milder Meeresluft 13./16.1.1968
c) Ende einer Hitzeperiode 9./11.7.1972
d) Tropikluft verdrängt Meeresluft 11./18.7.1964

Abb. 1
Luftmassenwechsel

Luftmasse	Bezeichnung	Ursprungsgebiet (Weg)	Eigenschaft
cP_A	nordsibirische Polarluft	Nordsibirien (Rußland)	extrem kalt, trocken
mP_A	arktische Polarluft	Arktis (Nordmeer)	sehr kalt, feucht
cP	russische Polarluft	Osteuropa (östl. Mitteleuropa)	kalt, trocken, (So: tagsüber warm)
mP	grönländische Polarluft	Arktis (Grönlandmeere)	mäßig kalt/kühl, feucht
cP_T	rückkehrende Polarluft	Arktis (Südosteuropa)	erwärmt/mäßig kalt, trocken
mP_T	erwärmte Polarluft	Arktis (Nordatlantik)	kühl/normal, feucht
cT_P	Festlandsluft	Mitteleuropa	trocken, So: warm, Wi: mäßig kalt
mT_P	Meeresluft	Nordostatlantik (England)	feucht, mild/mäßig warm
cT	kontinentale Tropikluft	Naher Osten (Südosteuropa)	sehr warm/heiß, trocken
mT	atlantische Tropikluft	Azorenraum (Südwesteuropa)	feucht, warm
cT_S	afrikanische Tropikluft	Sahara (Balkan)	trocken, heiß
mT_S	Mittelmeer-Tropikluft	Nordafrika (Mittelmeer)	schwül, dunstig

Abb. 2
Die Luftmassen Europas
(nach Scherhag)

P = Polarluft c = kontinental
T = Tropikluft m = maritim
A = Arktis So = Sommer
S = Sahara Wi = Winter

Luftmassenklassifikation

Die Veränderlichkeit der Witterung in den gemäßigten Breiten ist eine Folge des ständigen Wechsels unterschiedlicher Luftmassen. Ihr geographischer Ursprung ist ein wesentlicher Faktor für ihre Kennzeichnung. Weitere Einteilungsprinzipien sind der Wanderweg und ihre typischen Eigenschaften.

Ursprünglich unterschied man nur zwei Luftmassen, die *Polarluft* (P) und die *Tropikluft* (T), die durch die Polarfront getrennt sind. Später definierte man noch eine *Arktikluft* (A) bzw. *Antarktikluft* (AA) mit extremer Kälte, die an den Kältepolen der Erde entstehen, sowie eine *Äquatorialluft* (E), die heiß und feucht ist und in der innertropischen Konvergenzzone beheimatet ist. Andere Überlegungen führten zu drei Hauptluftmassen, der Tropikluft (T), der Luft der gemäßigten Breiten (G) und der Polarluft (P), die jeweils durch Frontalzonen getrennt sind.

Nach diesem Grundschema wurden für die einzelnen Regionen der Erde detailliertere Klassifikationen entwickelt. So sind nach R. Scherhag für *Europa* zwei Gruppen von Luftmassen wirksam, und zwar Luftmassen polarer und subtropischer Herkunft (Abb. 1 und 2). Sowohl bei der Polarluft (P) als auch bei der (Sub)tropikluft (T) werden jeweils drei Varianten unterschieden, die ihre ursprünglichen Eigenschaften nach Mitteleuropa mitbringen. Schließlich wird beachtet, ob der kontinentale (c) oder maritime (m) Charakter überwiegt. Nach dieser Einteilung sind zwölf Luftmassen, allerdings in unterschiedlicher Häufigkeit, am Wettergeschehen Mitteleuropas beteiligt (s. Tab. S. 149).

Die *nordsibirische Polarluft,* im winterlichen kontinentalen Kältehoch entstanden, stößt mit starkem Nordostwind mitunter bis Mitteleuropa vor und verursacht hier die extremen Kälteperioden der Wintermonate. Strömt die *arktische Polarluft* über das Nordmeer und die Nordsee nach Mitteleuropa, bleibt ihr nur wenig Zeit, sich über dem relativ warmen Meer zu erwärmen. Sie bringt daher die Kälte und Klarsichtigkeit des hohen Nordens mit, wird aber unterwegs labiler und feuchter, so daß sie mit kräftigen Regen-, Schnee- und Graupelschauern, oft auch kurzen Gewittern deutlich in Erscheinung tritt. Die *russische Polarluft* aus den Weiten der europäischen Sowjetunion ähnelt im Winter stark der nordsibirischen Polarluft, zeichnet sich aber im Sommer durch Tageserwärmung und große Trockenheit aus. Kalt und feucht empfinden wir dagegen die *grönländische Polarluft,* die auf der Rückseite von Tiefdruckgebieten mit stürmischen Winden in Mitteleuropa einbricht. Sie verursacht im Sommer kühles Schauerwetter, im Winter in den Niederungen vorübergehend Tauwetter, in den Mittelgebirgen jedoch durch Stau verstärkte Schneefälle.

Die *Polarluftausbrüche* reichen sowohl über dem Atlantik als auch über dem Kontinent oft weit nach Süden, so daß die Eigenschaften der Luftmassen geändert, „tropisch" beeinflußt werden. Diese von Westen einfließende *erwärmte Polarluft* (mP_T) kommt in Mitteleuropa am häufigsten vor und ist durch große Unbeständigkeit der Witterung gekennzeichnet. Seltener erscheint der kontinental beeinflußte Anteil, der als *rückkehrende Polarluft* (cP_T) aus Südosteuropa zu uns gelangt.

Der gealterten Polarluft entspricht bei den Warmluftmassen die gemäßigte (Tropik)luft, die ihren Ursprung im Bereich der subtropischen Meere hat. Auf ihrem Weg nach Norden „polar" beeinflußt, erreicht sie als feuchte *Meeresluft* (mT_P) aus West bis Nordwest Mitteleuropa. Sie ist wesentlich an den milden Wintern und kühlen Sommern beteiligt. Ihr kontinentales Gegenstück ist die *Festlandsluft* (cT_P), die über Mitteleuropa entsteht und im Sommer warm, im Winter dagegen mäßig kalt ist. Kommt die Warmluft aus dem Azorenraum mit einer Südwestströmung direkt zu uns, sprechen wir von *atlantischer Tropikluft,* die viel Regen, aber auch Schwüle, Gewitter und föhnige Aufheiterungen verursacht. Seltener ist die *kontinentale* oder *asiatische Tropikluft,* die als trockene und sehr warme Luft aus Kleinasien und Südrußland herangeführt wird. Gelegentlich nehmen wir auch Anteil am Klima Afrikas, wenn *afrikanische Tropikluft* ihren in der Sahara aufgewirbelten Wüstenstaub als *Blutregen* bei uns ausscheidet oder die mit Feuchtigkeit angereicherte *Mittelmeer-Tropikluft* durch unerträgliche Schwüle viele Menschen physisch stark belastet.

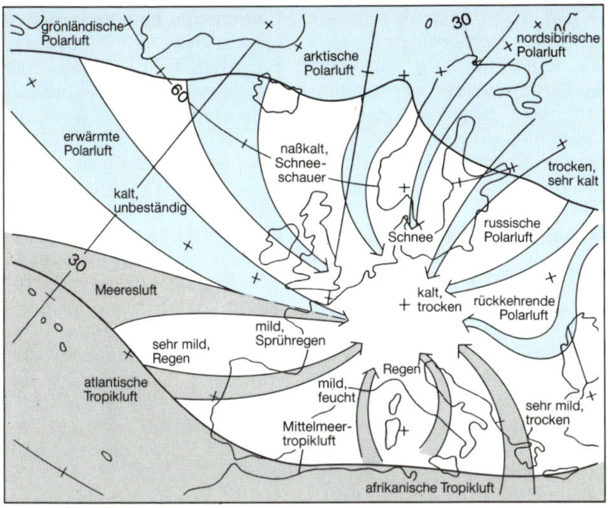

Abb. 1
Grundströmungen und Wetter
der Luftmassen Europas im Winter

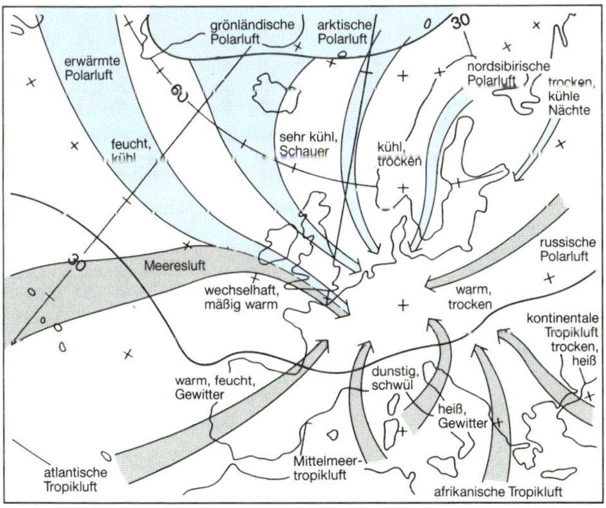

Abb. 2
Grundströmungen und Wetter
der Luftmassen Europas im Sommer

Zwischen Luftmassen unterschiedlicher Temperatur bilden sich geneigte Grenzflächen, an denen sich die schwerere Kaltluft keilförmig unter die leichtere Warmluft schiebt. Eine solche Grenzfläche bezeichnet man als *Frontfläche* oder *Frontalfläche,* ihre Schnittlinie mit der Erde als *Front* im engeren Sinne. Meist wird jedoch unter „Front" das gesamte System verstanden. Im Idealfall müßten die Isothermen an der Frontfläche einen Sprung aufweisen (Abb. 1 a). In Wirklichkeit treten anstelle solcher *idealer Fronten* mehr oder weniger breite Übergangsschichten auf. Diese werden *Frontalzonen* genannt; sie kennzeichnen eine *reale Front* (Abb. 1 b).

Die *Neigung einer Frontfläche* wurde erstaunlicherweise schon Anfang des Jahrhunderts theoretisch berechnet, zu einer Zeit also, in der die Begriffe „Luftmasse" und „Front" noch gar nicht in die Meteorologie eingeführt waren. Das Ergebnis dieser Ableitung (nach ihrem Entdecker *Margules-Formel* genannt) besagt, daß die Neigung einer Grenzfläche, abgesehen von einem Einfluß der geographischen Breite, nur von der Temperatur- und Winddifferenz beiderseits der Grenzfläche abhängt; und zwar ist sie um so steiler, je größer der Sprung der Windgeschwindigkeit und je kleiner der Temperatursprung sind. Im Mittel beträgt die Neigung etwa 1:100. Der Wind weht dabei, da stationäre Verhältnisse vorausgesetzt werden, beiderseits parallel zur Grenzfläche.

Ferner folgt aus der Margules-Formel, daß der *Windsprung* an der Grenzfläche (auf der Nordhalbkugel) immer im zyklonalen Sinn vor sich gehen muß, d. h. daß ein Beobachter, der sich mit einer der beiden Luftmassen mitbewegt und gegen die Grenzfläche blickt, die Luftmasse jenseits der Grenzfläche jeweils nach links strömen sieht. Dabei können sich die beiden Luftmassen entweder in entgegengesetzter Richtung oder auch in gleicher Richtung mit entsprechend unterschiedlicher Geschwindigkeit bewegen (Abb. 2 a). Dies gilt auch, wenn diesen frontparallelen Bewegungen eine frontsenkrechte Bewegung überlagert wird, wenn es sich also um eine wandernde Front handelt. Dabei entstehen Strömungsbilder, wie sie in Abb. 2 b schematisch dargestellt sind. In jedem Fall erkennt man an der Grenzfläche einen zyklonalen Windsprung, der zur Folge hat, daß an einem festen Ort bei ihrem Durchgang der Wind im Uhrzeigersinn dreht. Auf der Südhalbkugel sind die Verhältnisse umgekehrt.

Wie sich eine Front in der Höhe auswirkt, ist in Abb. 3 dargestellt. Da in der Kaltluft der Luftdruck mit der Höhe rascher abnimmt als in der Warmluft, muß sich über dem Frontenbereich eine starke Neigung der Isobarenflächen von der Warm- zur Kaltluft einstellen. In einer Höhenkarte verursacht diese Neigung eine Bündelung der Isohypsen der Isobarenflächen, der ein Band stärkerer Winde entspricht. Dieses hat man, da es unmittelbar mit der unter ihm liegenden Front in Verbindung steht, ebenfalls als *Frontalzone* bezeichnet. In diesem Sinne ist der Begriff Frontalzone weitgehend mit der Bezeichnung *Strahlstrom* (vgl. S. 178) identisch, die allerdings erst viele Jahre später geprägt wurde.

Vom theoretischen Standpunkt aus ist bedeutsam, daß es sich bei Fronten und Frontalzonen um schmale Gebiete in der Atmosphäre handelt, in denen starke *Baroklinität* (s. S. 60) herrscht. Die Baroklinität ist an den zahlreichen Schnittpunkten zwischen Isobaren und Isothermen, die sich in einem (etwas vergrößert gezeichneten) Vertikalschnitt durch eine reale Front ergeben (Abb. 4), zu erkennen.

Ferner ist mit der Baroklinität im Bereich einer Front im allgemeinen eine aufwärts gerichtete Vertikalbewegung verbunden. Diese folgt schon aus dem zyklonalen Windsprung am Boden; denn aufgrund der Bodenreibung (vgl. S. 100) wird der Wind in der Reibungsschicht von beiden Seiten zur Front hin abgelenkt. So entsteht eine konvergente Strömung, die eine aufsteigende Bewegung und damit Wolken- und Niederschlagsbildung zur Folge haben muß (s. S. 102). Eine Front ist also immer auch eine Konvergenzlinie, diese ist aber nur dann eine Front, wenn sie unterschiedliche Luftmassen voneinander trennt.

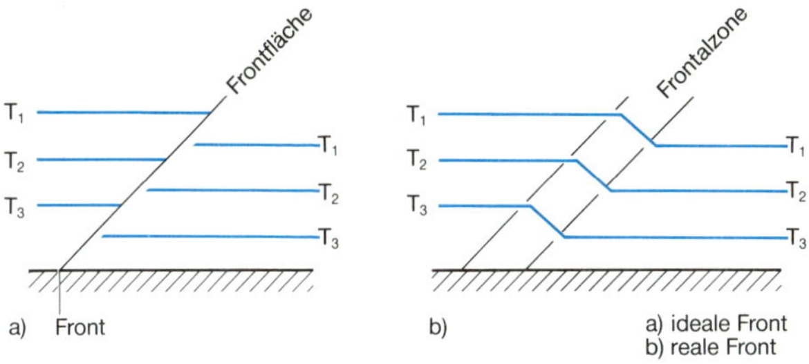

a) ideale Front
b) reale Front

Abb. 1
Zur Frontendefinition

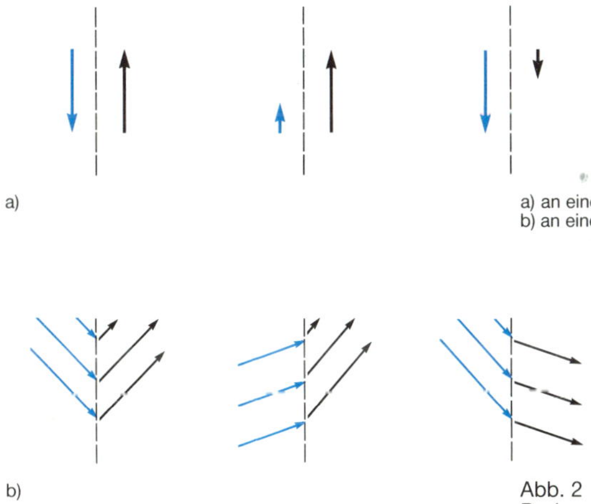

a) an einer stationären Front
b) an einer wandernden Front

Abb. 2
Bodenströmung

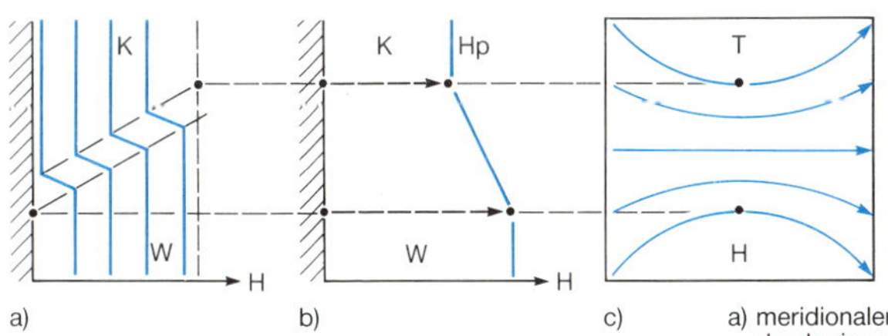

a) meridionaler Vertikalschnitt durch eine reale Front
b) Höhe einer Isobarenfläche (Hp) über der Front
c) Topographie einer Isobarenfläche über der Front

Abb. 3
Frontalzone in einer Höhenkarte

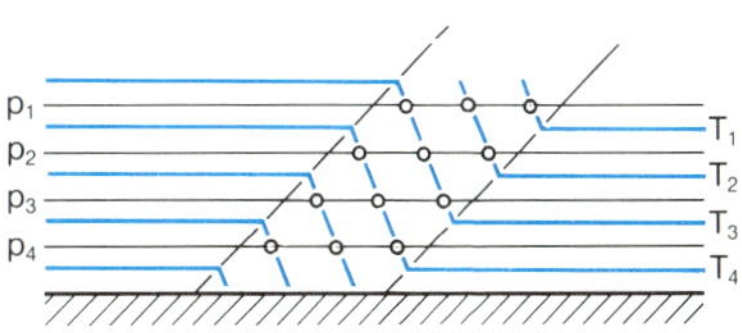

Abb. 4
Baroklinität im Bereich einer Front

Die Entstehung von Fronten

Damit sich die für eine *Front* notwendigen Temperaturgegensätze bilden können, müssen Luftmassen unterschiedlicher Temperatur gegeneinander geführt werden. Dazu sind bestimmte Strömungsverhältnisse erforderlich.

Ideale Voraussetzungen für die *Frontogenese,* wie man die Entstehung von Fronten bezeichnet, bildet eine Luftdruckverteilung, die man *Deformationsfeld* nennt. In diesem stehen sich je zwei Hoch- und Tiefdruckgebiete kreuzweise gegenüber (Abb. 1). Bei dieser Luftdruckverteilung wird Luft aus entgegengesetzten Richtungen gegen eine Grenzlinie geführt, an der sie dann nach beiden Seiten abbiegt. Ein Luftpaket von quadratisch angenommener Grundfläche, das in eine solche Strömung eingelagert ist, erfährt mit Annäherung an die Grenzlinie eine typische Deformation, die aus einer Dehnung parallel zur Grenzlinie und einer Schrumpfung in der ursprünglichen Strömungsrichtung besteht. Man bezeichnet deshalb die Grenzlinie als *Dehnungsachse* und die senkrecht auf ihr stehende Mittellinie als *Schrumpfungsachse.*

Nimmt man nun an, daß dem Deformationsfeld ein gleichförmiges Temperaturfeld überlagert ist, dessen Isothermen parallel zur Dehnungsachse verlaufen und untereinander etwa gleichen Abstand haben (Abb. 1 a), so führen die Strömungsverhältnisse zu einer Verschiebung der Isothermen von beiden Seiten in Richtung auf die Dehnungsachse. Es ergibt sich schließlich eine Drängung der Isothermen längs der Dehnungsachse. Im Endzustand (Abb. 1 b) entstehen dadurch scharfe Temperaturgegensätze, wie sie für die Bildung einer Front notwendig sind.

Die Frontogenese tritt im übrigen auch dann ein, wenn die Isothermen im Ausgangszustand nicht genau parallel zur Dehnungsachse verlaufen, sondern mit dieser einen spitzen Winkel bilden. Wird dieser allerdings größer als 45°, so tritt genau der entgegengesetzte Effekt ein. Die Isothermen werden dann durch die Strömung im Deformationsfeld von der Schrumpfungsachse nach beiden Seiten weggeführt, die Temperaturgegensätze verringern sich in diesem Bereich, und es kommt zur Auflösung einer hier vorhandenen Front *(Frontolyse).*

In der Wirklichkeit können natürlich vielfältige Abwandlungen dieser idealen Voraussetzungen für die Frontogenese auftreten. So können die vier beteiligten Luftdruckgebilde mehr oder weniger gut ausgeprägt sein, einzelne von ihnen können sogar fehlen. Entscheidend ist nur, daß die Strömungsverhältnisse zu einer Verschärfung der Temperaturgegensätze führen.

Neben der Strömungsanordnung kann die Land-Meer-Verteilung einen beträchtlichen zusätzlichen Einfluß auf die Frontogenese ausüben. Das ist z. B. dann der Fall, wenn im Winter über dem Festland eine Luftmasse stark abgekühlt und über benachbarten Meeresgebieten eine andere Luftmasse durch warme Meeresströmungen erwärmt wird. Wenn dann durch eine entsprechende Luftdruckverteilung beide Luftmassen gegeneinander geführt werden, sind besonders günstige Voraussetzungen für die Frontogenese gegeben. Bevorzugte Gegenden für solche Bedingungen sind die Ostküsten der großen Kontinente.

Eine *typische Wetterlage für eine zyklogenetische Situation* im Bereich der ostamerikanischen Küste ist in Abb. 2 wiedergegeben. Man erkennt auf dieser Wetterkarte zunächst die für ein Deformationsfeld charakteristischen vier Druckgebilde: ein Hochdruckgebiet südwestlich der Hudsonbai, ein Tiefdruckgebiet über den Südstaaten der USA, ein in mehrere Kerne aufgespaltenes Tiefdrucksystem über dem Nordatlantik und südlich davon ein etwas nach Westen verschobenes Azorenhoch. Bei dieser Luftdruckverteilung wird über Ostkanada ein breiter Strom kalter Polarluft nach Süden geführt. Sie stößt im Küstenbereich auf maritime Warmluft, die im Südwesten des Azorenhochs gegen die ostamerikanische Küste strömt. Die sich hier ergebenden scharfen Temperaturgegensätze, die bereits zur Bildung einer langgestreckten Front geführt haben, sind nicht nur als Folge der einem Deformationsfeld ähnlichen Luftdruckverteilung, sondern auch der jahreszeitlich bedingten Kaltluftbildung über dem nordamerikanischen Kontinent und der Erwärmung der Maritimluft über dem Golfstrom anzusehen.

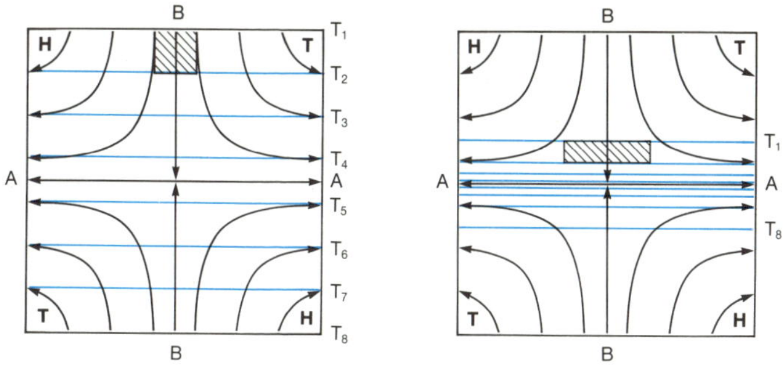

a) Anfangszustand

b) Endzustand

A — A = Dehnungsachse
B — B = Schrumpfungsachse

Abb. 1
Deformationsfeld mit überlagertem Temperaturfeld

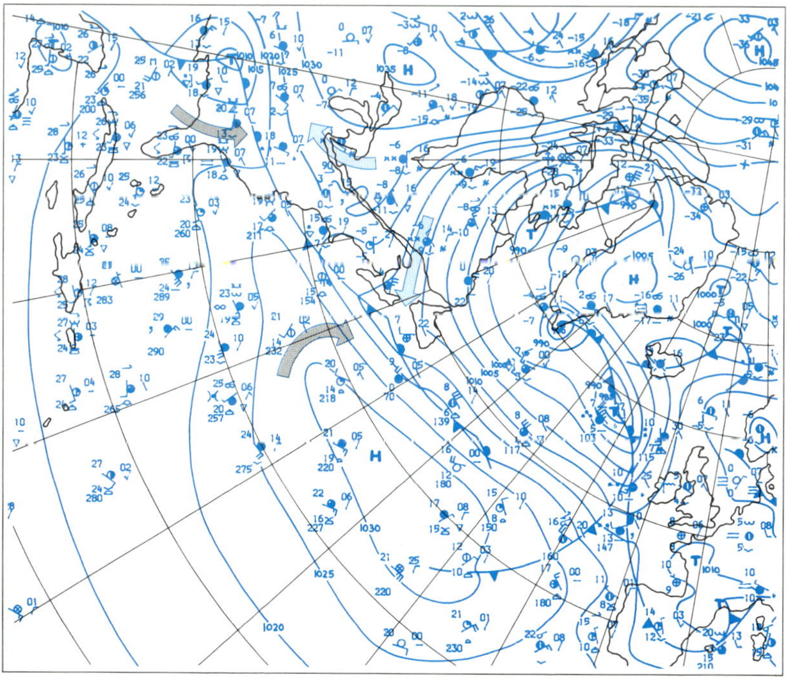

Abb. 2
Wetterlage mit Deformationsfeld über der ostamerikanischen Küste (Wetterkarte vom 10.11.1987)

Der Definition der *Polarfront* liegt die Vorstellung zugrunde, daß es auf einer Hemisphäre zwei Hauptluftmassen gibt, nämlich die kalte Polarluft in den höheren Breiten und die warme Tropikluft in den niederen Breiten. Bildet sich im Übergangsgebiet zwischen diesen beiden Luftmassen bei günstigen Strömungsanordnungen (s. S. 154) eine Front, so nennt man diese Polarfront.

In Darstellungen der zonal gemittelten Luftdruck- und Strömungsverhältnisse auf der Erde müßte die Polarfront in der subpolaren Tiefdruckrinne liegen, in der die dem subtropischen Hochdruckgürtel mit südwestlichen bis westlichen Winden entströmende Warmluft auf die aus dem Polarhoch stammende, aus Nordosten herangeführte Polarluft trifft.

Dieses stark vereinfachte Bild wird allerdings, vor allem auf der Nordhalbkugel, sehr wesentlich durch die Land-Meer-Verteilung modifiziert. Betrachtet man z. B. die mittlere Luftdruckverteilung im Januar auf der Nordhalbkugel (Abb. 1), so erkennt man, daß die subpolare Tiefdruckrinne ebenso wie der subtropische Hochdruckgürtel in einzelne markante Luftdruckzentren aufgespalten sind. Durch diese Aufteilung in einzelne Zellen entstehen in bestimmten Gebieten der Erde, die zum Teil weit entfernt von der subpolaren Tiefdruckrinne sind, Strömungsanordnungen, die ähnlich wie Teile eines Deformationsfeldes eine Verschärfung von Temperaturgegensätzen und damit eine Frontogenese begünstigen. Ein solches Gebiet ist in der Januarmittelkarte über dem Westatlantik zu erkennen. Hier strömt einerseits Polarluft zwischen dem gut ausgeprägten Islandtief und einem Hochdruckausläufer über dem westlichen Nordamerika nach Süden, andererseits fließt Tropikluft um das Azorenhoch herum nach Norden und biegt – ebenso wie die entgegenkommende Polarluft – nach Osten ein. Eine sich hier bildende Front, die sich im Mittel von hier weiter ostwärts bis nordostwärts bis zum europäischen Festland verfolgen läßt, wird nach ihrem Entstehungsgebiet oft als *atlantische Polarfront* bezeichnet.

Ein Gegenstück zu ihr ist die *pazifische Polarfront*. Sie entsteht entsprechend zwischen der Polarluft, die zwischen dem Aleutentief und hohem Luftdruck über dem asiatischen Kontinent südwärts fließt, und der Tropikluft, die im Westen der subtropischen Hochdruckzelle über dem Ostpazifik nach Norden gelangt. Auch die pazifische Polarfront erstreckt sich über den gesamten Ozean bis zur Westküste Nordamerikas.

Es fällt auf, daß sich solche frontogenetischen Strömungsanordnungen in der winterlichen Mittelkarte über den Kontinenten nicht finden. Die aufgrund der obigen Definition naheliegende Vorstellung, die früher auch gelegentlich vertreten wurde, daß die Polarfront die gesamte Hemisphäre ringförmig umschließe, läßt sich also anhand der Mittelkarten nicht bestätigen. Das heißt natürlich nicht, daß über den Kontinenten im Winter keine Fronten auftreten. Es besagt nur, daß es hier bevorzugte Entstehungsgebiete für Fronten nicht gibt und daß Frontensysteme, die der Polarfront zuzurechnen sind, über den Kontinenten im Winter in so stark streuender Lage vorkommen, daß sie sich in einer Mittelkarte der Luftdruckverteilung nicht auswirken.

Auch die Lage der atlantischen und pazifischen Polarfront unterliegt großen Schwankungen. So führt jede Störung an der Polarfront, die sich zu einer mehr oder weniger umfangreichen Zyklone entwickelt (vgl. S. 164 ff.), zu starken Verschiebungen der Front. Auf der Rückseite von Zyklonen kann die Polarluft weit nach Süden bis in den Bereich der subtropischen Hochdruckzone vorstoßen; andererseits kann die Tropikluft auf der Ostseite von Zyklonen weit nach Norden, im Falle der atlantischen Polarfront bis in das europäische Nordmeer hinein, gelangen.

Neben den von wechselnden Wetterlagen abhängigen Schwankungen treten natürlich auch jahreszeitliche Änderungen der mittleren Lage und Stärke der Polarfront auf. Wie die Glieder der allgemeinen Zirkulation der Atmosphäre (s. S. 116 ff.) ist auch die Polarfront im Sommer deutlich weiter nach Norden verschoben. Sie ist dann allerdings, da die Temperaturgegensätze im Sommer allgemein geringer sind als im Winter, im Durchschnitt weniger klar ausgeprägt.

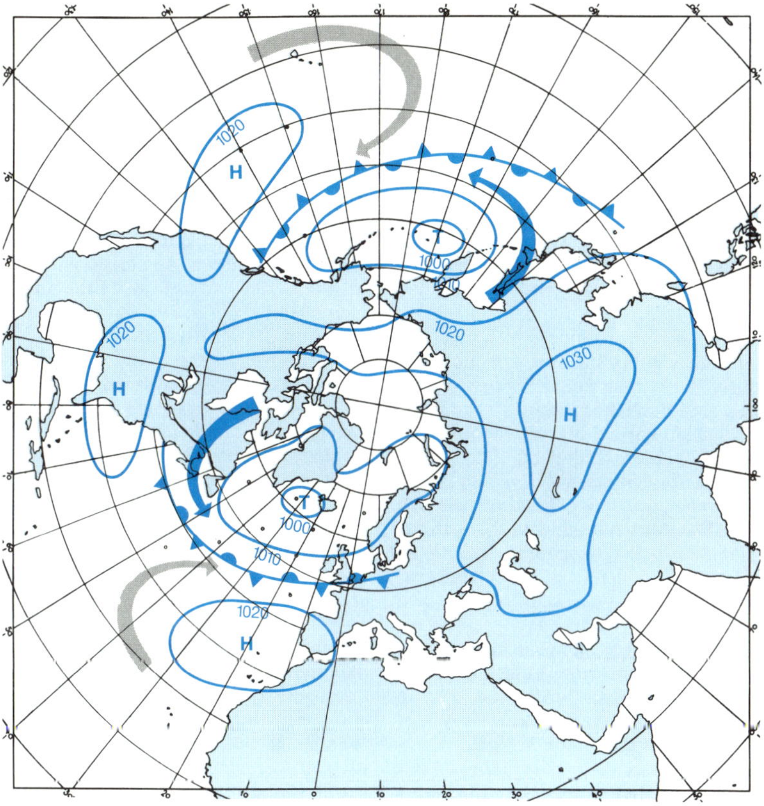

Abb.
Mittlere Luftdruckverteilung (nach Scherhag)
und mittlere Lage der Polarfront im Januar
über der Nordhalbkugel

Warmfronten

Eine Front, an der wärmere Luft gegen kältere vordringt, bezeichnet man als *Warmfront*. An ihr schiebt sich die leichtere Warmluft oberhalb der Frontalfläche schräg auf die langsam zurückweichende Kaltluft. Diese schräg aufwärts gerichtete Luftbewegung, das sogenannte *Aufgleiten*, führt zur Bildung eines für Warmfronten typischen Wolken- und Niederschlagssystems. Dieses tritt an gut ausgeprägten Warmfronten verhältnismäßig einheitlich auf und weist im Idealfall etwa folgendes Aussehen auf (Abb. 1):

Geht man von einer Neigung der Frontfläche von 1:100 aus, so ergibt sich, daß in 5 bis 10 km Höhe die ersten Vorboten des Bewölkungsfeldes schon 500 bis 1 000 km vor der eigentlichen Bodenfront erscheinen. Dabei handelt es sich zunächst um *Cirrusbewölkung* von faseriger oder hakenförmiger Struktur, die sich allmählich verdichtet und zu *Cirrostratus* zusammenwächst. Letzterer ist oft an Haloerscheinungen (s. S. 120) erkennbar, da er nur aus Eiskristallen besteht. Mit dem weiteren Anwachsen der Wolkenschicht nach unten bilden sich neben den Eisteilchen auch unterkühlte Wassertröpfchen, und der Cirrostratus geht in *Altostratus* über. Auch durch diesen ist die Sonne anfangs noch schwach sichtbar, es können sich aber keine Halos mehr bilden. Später wird der Altostratus immer dichter und vertikal mächtiger, die Wolkentropfen wachsen an und erreichen schließlich als Niederschlag den Boden. Gleichzeitig sinkt die Untergrenze der Bewölkung bis in das Niveau tiefer Wolken ab, und der Altostratus wandelt sich in hochreichenden *Nimbostratus* um. Bedingt durch die Verdunstung des fallenden Niederschlags bilden sich unterhalb der geschlossenen Wolkendecke noch Wolkenfetzen, die als *Fractostratus* nur wenige hundert Meter über dem Boden erkennbar sind.

Der Durchgang einer Warmfront an einer Station ist oftmals wenig deutlich ausgeprägt, da aufgrund der stabilen Schichtung an der Front nur eine geringe vertikale Durchmischung eintritt und die übrigbleibende flache Kaltluftschicht nur zögernd weggeräumt wird. So löst sich die unterste Wolkenschicht oft nicht auf; aus ihr kann der für flache Wolkenschichten typische Sprühregen fallen. Der mit dem Frontdurchgang zu erwartende Temperaturanstieg am Boden ist demzufolge häufig nur gering und erreicht selten Beträge wie in der freien Atmosphäre. Im Windfeld sollte, wie an jeder Front, immer ein zyklonaler Windsprung auftreten, und der der Front vorangehende Luftdruckfall sollte mit dem Durchgang der Warmfront deutlich nachlassen oder ganz aufhören.

In der Wirklichkeit kommt es natürlich zu vielfältigen Abweichungen vom Idealbild der Warmfront. Eine durchschnittliche *reale Warmfront* veranschaulicht Abb. 2. Hier herrscht vor der Warmfront, die Norddeutschland westostwärts überquert, zwar verbreitet bedecktes Wetter, die zu erwartende systematische Abfolge von hoher über mittelhohe bis zu niedriger Bewölkung ist aber nicht erkennbar, da sich fast überall eine geschlossene Stratus- oder Stratocumulusdecke gebildet hat, wie es für winterliche Verhältnisse nicht ungewöhnlich ist. Der Niederschlag hat im Raum um Berlin, etwa 200 km vor der Warmfront, eingesetzt. Er geht bei Hannover von Regen in Regen mit Sprühregen über, ein Zeichen, daß sich hier die Warmluft weitgehend durchgesetzt hat und die Warmfront soeben über die Station hinweggezogen ist. Wenig markant, aber noch gut erkennbar ist der *Anstieg der Temperatur* an der Front; sie steigt am Boden von Werten von 6 bis 7 °C vor der Front auf 9 bis 10 °C hinter ihr an. Demgegenüber erreicht die Temperaturzunahme in der freien Atmosphäre Werte von mehr als 5 K. Dies zeigt Abb. 3, in der der Temperaturverlauf über Hannover von 12 Uhr (dem Termin der in Abb. 2 dargestellten Wetterkarte) demjenigen von 12 Stunden vorher gegenübergestellt ist.

Am eindeutigsten ist die Warmfront schließlich im Wind- und Luftdrucktendenzfeld belegt. Der an der Front notwendige zyklonale Windsprung zeigt sich in einer Drehung des Windes von Südwest (über Berlin) auf Westsüdwest (über Hannover), und der Luftdruckfall, der bei Berlin noch 1,5 hPa in 3 Stunden betragen hat, geht in Hannover auf 0,1 hPa zurück.

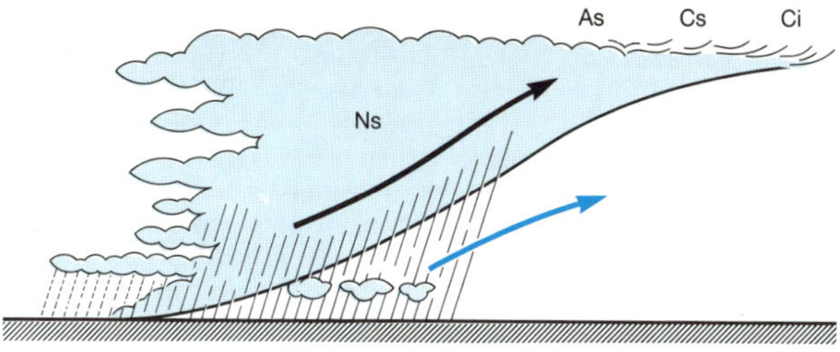

Abb. 1
Schema einer idealen Warmfront

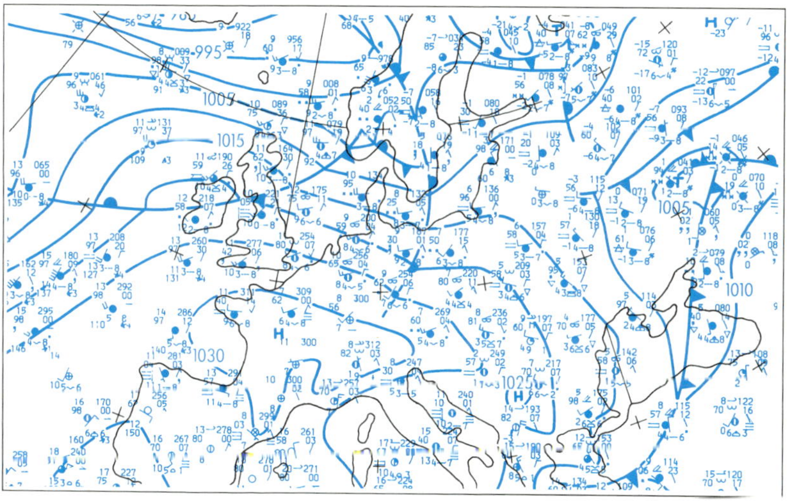

Abb. 2
Wetterlage vom 20.12.1987 mit Warmfront über Norddeutschland

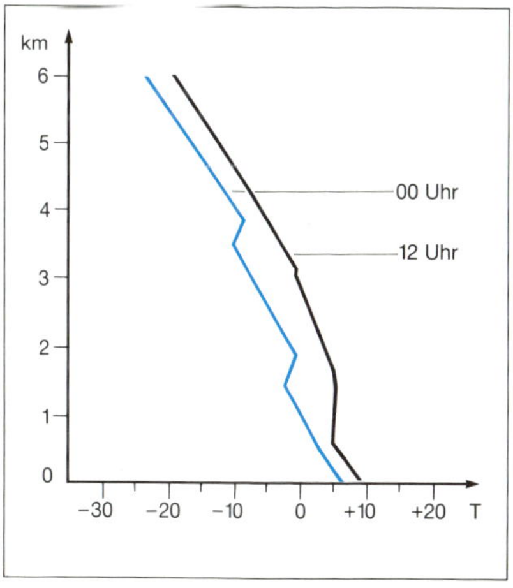

Abb. 3
Vertikale Temperaturverteilung über Hannover am 20.12.1987

An einer *Kaltfront* dringt kältere Luft gegen vorgelagerte Warmluft vor. Das Vordringen der Kaltluft kann in sehr unterschiedlicher Weise erfolgen, so daß ein einheitliches Schema ähnlich wie bei Warmfronten für Kaltfronten nicht angegeben werden kann. Am ehesten kann man die Vielfalt der Erscheinungsformen der Kaltfronten in zwei Gruppen einteilen. Dabei umfaßt die erste Gruppe diejenigen Kaltfronten, bei denen die Kaltluft sich keilförmig unter die Warmluft schiebt. Da die Warmluft hierbei gehoben wird und passiv auf die Kaltluft aufgleitet, bezeichnet man diese Art von Kaltfronten als *passive Kaltfronten*. Das dadurch entstehende Wolken- und Niederschlagssystem entspricht etwa der Umkehrung des Systems einer Warmfront (Abb. 1 a). Allerdings kommt es am Vorderrand eines solchen Wolkensystems durch die erzwungene Hebung der Warmluft nicht selten zu einer Labilisierung und zur Bildung von Konvektionsbewölkung sowie von Schauern oder Gewittern.

Voraussetzung für die Entstehung einer passiven Kaltfront ist, daß die Windkomponente, die senkrecht gegen die Front gerichtet ist, in den unteren Schichten stärker ist als in der Höhe, da sich sonst die Kaltluft nicht unter die Warmluft schieben würde.

Häufiger tritt in der Atmosphäre allerdings der Fall ein, daß die frontsenkrechte Komponente mit der Höhe zunimmt. In diesen Fällen stößt die Kaltluft in höheren Schichten aktiv gegen die Warmluft vor. Man nennt diese Gruppe von Kaltfronten deshalb *aktive Kaltfronten* (Abb. 1 b).

Das Vordringen der Kaltluft in höheren Schichten führt notwendigerweise zur Labilisierung der Schichtung, zu vertikalen Umlagerungen und zur Bildung von hochreichender *Cumulus-* oder *Cumulonimbusbewölkung,* der im mittelhohen Niveau *Altocumulusfelder* vorausgehen können. Hinter einem solchen *Kaltfrontwolkenband,* an dem die Kaltluft aufgrund der vertikalen Durchmischung in allen Höhen nahezu gleichzeitig eintrifft, setzt meist sehr rasch verstärktes Absinken und Wolkenauflockerung ein. Erst in einem gewissen Abstand von der Kaltfront führt die Aufheizung der Kaltluft vom Boden her zur Bildung von mehr oder weniger hochreichender Quellbewölkung.

Im Gegensatz zu Warmfronten sind Kaltfronten trotz ihrer oft sehr unterschiedlichen Erscheinungsformen in Wetterkarten meist sehr gut ausgeprägt. Man erkennt sie an einem deutlichen zyklonalen Windsprung und am plötzlichen Einsetzen des Luftdruckanstiegs. Der Temperaturrückgang am Boden kann dagegen sehr unterschiedlich sein. Bei winterlichen Verhältnissen kann er völlig fehlen. Es kann sogar nach Durchgang der Kaltfront zu einer Erwärmung am Boden kommen; man spricht dann von einer *maskierten Kaltfront.*

Bei den Wettererscheinungen sollte die Kaltfront – besonders im Sommer – die Trennungslinie zwischen stabiler Bewölkung auf der Vorderseite und labiler Bewölkung mit entsprechenden Labilitätsniederschlägen auf der Rückseite darstellen.

Ein Beispiel einer durchschnittlich gut ausgeprägten *aktiven Kaltfront* ist in Abb. 2 dargestellt. An der über Norddeutschland angelangten Front dreht der Wind von Südsüdwest auf westliche Richtungen. Der Luftdruckfall, der in Berlin noch 4,5 hPa in den letzten drei Stunden betragen hat, hört in Hannover auf und wird westlich davon von kräftigem Druckanstieg abgelöst. Wie in der kälteren Jahreszeit üblich ist die Labilität an der Front verhältnismäßig gering. Der Wechsel des Bewölkungs- und Niederschlagscharakters an der Front ist jedoch noch gut ausgeprägt. So geht die geschlossene Schichtbewölkung an der Front in aufgelockerte Haufen- und Schichtbewölkung über und verschiedentlich fallen Regenschauer.

Am wenigsten klar ist die Front an den Temperaturverhältnissen in der Bodenkarte erkennbar. Dagegen sind die mit der Front verbundenen Temperaturänderungen in der freien Atmosphäre, die maßgebend für den Charakter einer Front sind, gut ausgeprägt (Abb. 3). Der Radiosondenaufstieg von Essen um 12 Uhr, der nur etwa 3 Stunden nach Frontdurchgang gemacht wurde, zeigt im Vergleich zum Aufstieg von 00 Uhr einen markanten Temperaturrückgang, der mit der Höhe auf Werte von 6–8 K zunimmt und damit die Kaltfront eindeutig belegt.

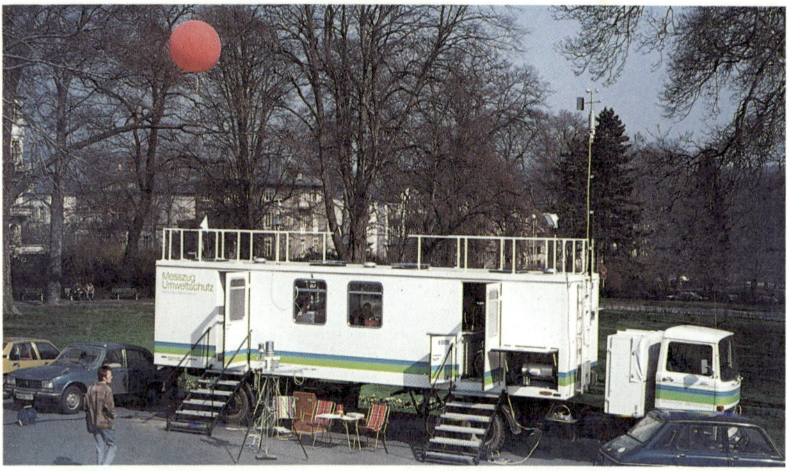

Meßzug (mobile Wetterstation). Meßzüge werden im Rahmen des Umweltschutzes und für Gutachten in der Städte- und Regionalplanung eingesetzt (vgl. auch S. 128 ff., S. 246 ff.)

Wetterschiffe dienen der Datenbeschaffung auf den Weltmeeren; ihnen werden bestimmte Positionen zugewiesen. Im Bild: ein britisches Atlantikwetterschiff (vgl. auch S. 132)

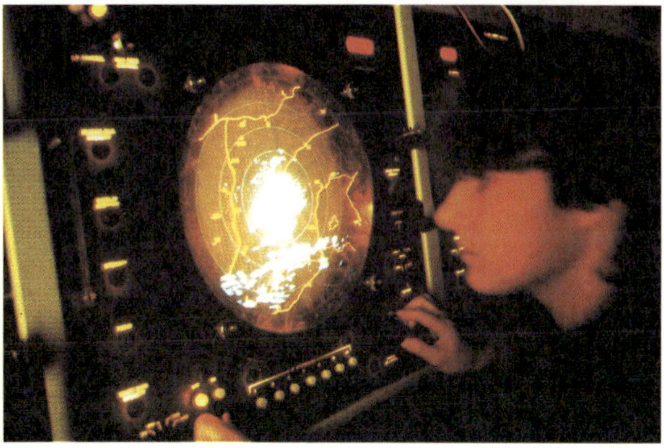

Wetterradar. Mit seiner Hilfe können Entwicklungen und Verlagerungen von Schlechtwettergebieten beobachtet und kurzfristig vorhergesagt werden (vgl. auch S. 42)

Radiosondenaufstieg (vgl. auch S. 130)

Der Wettersatellit METEOSAT auf seiner geostationären Bahn um die Erde (Fotomontage). Das Bild symbolisiert den Wandel meteorologischer Beobachtungsmethoden während der letzten 30 Jahre. Mit Hilfe der Satelliten wurde eine lückenlose Erfassung und Überwachung der Erde möglich (vgl. auch S. 130)

Allgemeine Zirkulation der Atmosphäre. Die Erde mit ihrer Atmosphäre, aufgenommen vom Wettersatelliten METEOSAT aus einer Höhe von rund 36000 km. Auf dem Bild sind wesentliche Glieder der allgemeinen Zirkulation deutlich zu erkennen: die innertropische Konvergenzzone etwa 5° nördlich des Äquators mit ihrem breitenparallelen Wolkenband, in dem an einigen Stellen (vor der Küste Westfarikas, im westlichen tropischen Atlantik) größere Zusammenballungen konvektiver Wolken (Cloud-cluster) auftreten; ferner die wolkenarmen Zonen der subtropischen Hochdruckgürtel und die Bereiche der Westwinddrift der mittleren Breiten mit eingelagerten Störungen (vgl. auch S. 116 ff.)

METEOSAT-Bild der Erde im Wasserdampfabsorptionsband. Die Sensoren der Satelliten empfangen hierbei die vom atmosphärischen Wasserdampf emittierte Strahlung. Die hellen Gebiete weisen hohe Feuchte, die dunklen geringe Feuchte auf (vgl. auch S. 42 und S. 130)

METEOSAT-Bild der Erde im infraroten Spektralbereich. Die Strahlungswerte können in Temperaturwerte umgerechnet werden, so daß man unterschiedlich warme Erdzonen erkennen kann. In der Farbdarstellung erscheinen hier die Wolken dunkel (vgl. auch S. 42)

Wolkenspirale eines Tiefdruckgebietes über Irland. Aufnahme des polarumlaufenden Satelliten NOAA 9 vom 6. 8. 1986. Das Bild setzt sich aus Satellitenmessungen im sichtbaren und infraroten Spektralbereich zusammen (vgl. auch S. 164 ff.)

Cirrus
(Federwolke)

Cirrus uncinus
(Hakencirrus)

Cirrocumulus
(feine Schäfchenwolke)

Cirrostratus
(Schleierwolke)

Altocumulus
(grobe Schäfchenwolke)

Altostratus
(mittelhohe Schichtwolke)

Nimbostratus
(Regenschichtwolke)

Stratocumulus
(Schichthaufenwolke)

Stratus
(Schichtwolke)

Cumulus humilis
(wenig entwickelte Haufenwolke)

Cumulus
(Haufenwolke)

Wolkenstraße in der Oberrheinebene

Cumulonimbus (Schauer- und Gewitterwolke). Sie besteht aus unterkühlten Wassertröpfchen und Eisteilchen in Form von Schnee- und Frostgraupeln, Eis- und Hagelkörnern (vgl. auch S. 58)

Linsenförmige Wolken (lenticularis)

Wolken mit beutelförmigen Auswüchsen (mammatus)

Tornado. Aus einer Gewitterwolke senkt sich der aus Wassertropfen bestehende „Rüssel" in Richtung Erdboden, wobei außerordentlich hohe Rotations- und Vertikalgeschwindigkeiten auftreten (vgl. auch S. 186)

Tromben an einer Gewitterwolke (vgl. auch S. 186)

Eine Windhose, aufgenommen in Kenia (vgl. auch S. 186)

Halo. 22°-Ring und oberer Berührungsbogen. Die Erscheinung um Sonne oder Mond wird durch Brechung oder Spiegelung der Lichtstrahlen an Eiskristallen (Cirrus, Cirrostratus) hervorgerufen (vgl. auch S. 120)

Halo. Nebensonne, ein heller Lichtfleck seitlich der Sonne (oder zu beiden Seiten), der durch Brechung oder Spiegelung der Lichtstrahlen an Eiskristallen entsteht (vgl. auch S. 120)

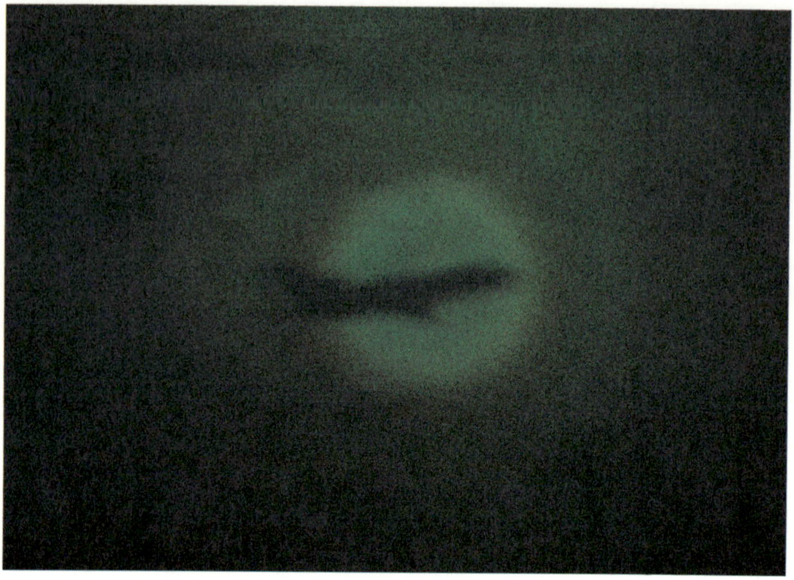

Glorie um einen Flugzeugschatten auf einer Wolkendecke. Die optische Erscheinung entsteht durch Beugung des Lichtes an Wolkentropfen (vgl. auch S. 120)

Polarlicht, ein am nächtlichen Himmel der polaren Gegenden zu beobachtendes Phänomen der Ionosphäre in 100 bis 400 km Höhe (vgl. auch S. 16)

Kaltluftbildung am Abend, sichtbar durch Nebel (vgl. auch S. 218)

Taldunst unter einer Inversion. Er entsteht bei windschwachen Strahlungswetterlagen besonders häufig im Herbst und Winter (vgl. auch S. 172)

Flache, bei einer austauscharmen Wetterlage im Winter entstehende Hochnebeldecke über einem Stadtgebiet und darüber hinausragende emittierende Schornsteine. Eine Inversion behindert die Ausbreitung nach oben

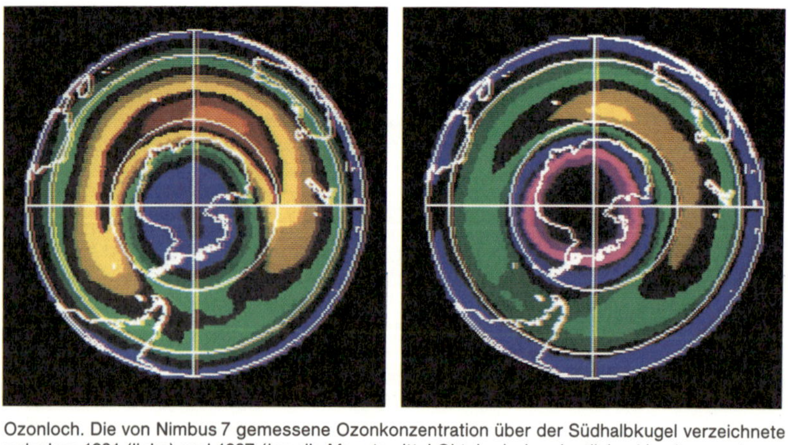

Ozonloch. Die von Nimbus 7 gemessene Ozonkonzentration über der Südhalbkugel verzeichnete zwischen 1981 (links) und 1987 (jeweils Monatsmittel Oktober) eine deutliche Abnahme, gekennzeichnet durch eine farbliche Veränderung im Zentrum des saisonalen Ozonlochs vom Blau ins Rötliche

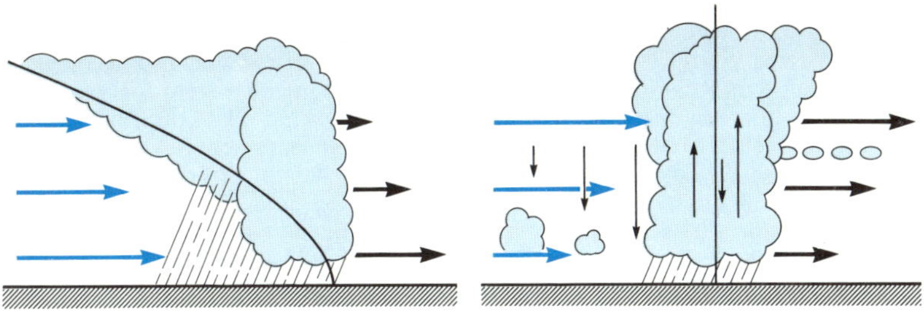

Abb. 1
Schema einer passiven Kaltfront (links) und einer aktiven Kaltfront (rechts)

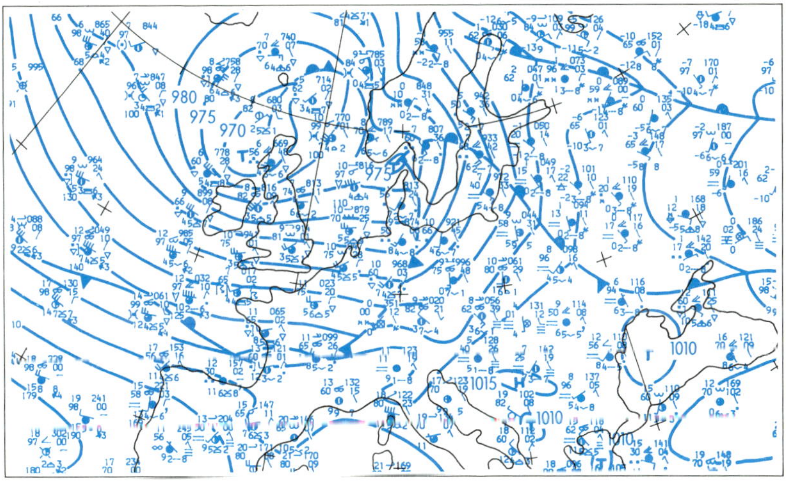

Abb. 2
Wetterlage vom 12.11.1987 mit Kaltfront über Norddeutschland

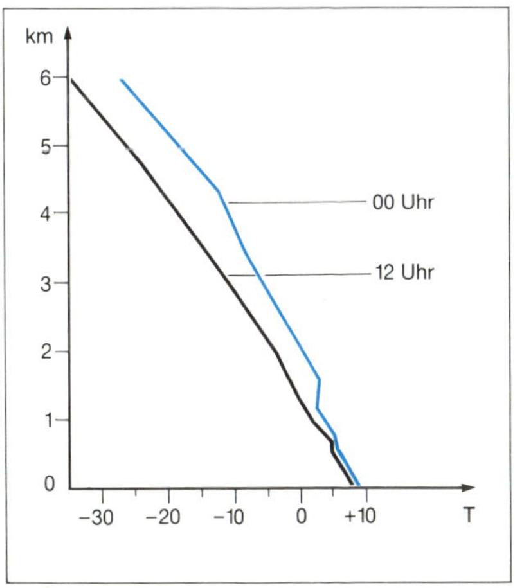

Abb. 3
Vertikale Temperaturverteilung über Essen am 12.11.1987

Mit *Okklusion* bezeichnet man eine Front, die durch Vereinigung einer Kaltfront mit einer Warmfront entsteht, wie es in der Regel im Reifestadium der Entwicklung eines Tiefdruckgebietes der Fall ist (s. S. 168). Im Idealfall setzt sich das Bild einer Okklusion deshalb aus dem einer Warm- und einer Kaltfront zusammen. Wenn die Kaltluft vor der Warmfront von der Kaltluft hinter der Kaltfront eingeholt wird, können die Temperaturgegensätze am Boden weitgehend verschwinden. Es bleibt lediglich in der Höhe die abgehobene Warmluft als Kennzeichen einer Okklusion erhalten.

Häufig weisen allerdings Vorderseiten- und Rückseitenkaltluft unterschiedliche Temperaturen auf, so daß bei ihrem Zusammentreffen ein Luftmassengegensatz bestehen bleibt. Ist die Rückseitenkaltluft nicht so kalt wie die Vorderseitenkaltluft, so verhält sie sich wie die Warmluft an einer Warmfront, indem sie auf die vorgelagerte, sehr kalte Luft aufgleitet (Abb. 1a). Das Wolken- und Niederschlagssystem gleicht in diesem Fall weitgehend dem an einer Warmfront. Man bezeichnet diese Art von Okklusion als *Warmfrontokklusion* oder *Okklusion mit Warmfrontcharakter*. Warmfrontokklusionen treten in Mitteleuropa bevorzugt im Winter auf, da die mit der vorherrschenden Westdrift heranströmende Kaltluft im Winter meist wärmer ist als die über dem Festland ausgekühlte Kaltluft.

Im anderen Fall, wenn also die Rückseitenkaltluft kälter ist als die Vorderseitenkaltluft, wird die Okklusion einer Kaltfront ähnlich. Eine solche Okklusion nennt man *Kaltfrontokklusion* oder *Okklusion mit Kaltfrontcharakter*. Entsprechend der Vielgestaltigkeit der Kaltfronten können Kaltfrontokklusionen sehr unterschiedliche Erscheinungsbilder haben. In schematischen Schnittzeichnungen (Abb. 1b) wird im allgemeinen von einer passiven Kaltfront (s. S. 160) ausgegangen. Meist ist bei Kaltfrontokklusionen das Aufgleiten vor der Front weniger gut ausgeprägt als bei Warmfrontokklusionen. Sie kommen in Mitteleuropa vor allem im Sommer vor, wenn die über dem Festland liegende Kaltluft soweit erwärmt worden ist, daß sie wesentlich höhere Temperaturen aufweist als die vom kühlen Atlantik heranströmende Kaltluft.

In *Bodenkarten* sind Okklusionen oft schwer zu identifizieren. Sie sind zwar durch den Wind- und Luftdrucktendenzsprung und durch ein Schlechtwettergebiet meist leicht als Front zu erkennen, das Wolken- und Niederschlagsfeld und die mit ihnen verbundenen Temperaturänderungen können aber weitgehend entweder einer Warmfront oder einer Kaltfront gleichen. Wenn es nicht möglich ist, anhand der vorhergegangenen Entwicklung den Zusammenschluß einer Kalt- und Warmfront nachzuweisen, bleibt als eindeutiges Erkennungsmerkmal nur die Änderung bzw. Verteilung der Temperatur in der freien Atmosphäre. Nach der Definition der Okklusion muß in der Höhe über ihr Warmluft vorhanden sein; bei ihrem Durchzug tritt in der Höhe also zunächst Erwärmung, danach Abkühlung ein. Am deutlichsten sind Okklusionen in Karten der Temperaturverteilung in der freien Atmosphäre, wie sie relative Topographien (vgl. S. 140) darstellen, zu erkennen; sie wirken sich dort als Warmluftzungen aus.

In Abb. 2 ist ein Beispiel einer gut ausgeprägten *Okklusion* wiedergegeben. Die Bodenkarte (Abb. 2a) zeigt die sich von der Rheinmündung bis nach Südschweden erstreckende Okklusion als eine scharfe Front mit einer Konvergenz zwischen südlichen Winden und Luftdruckanstieg auf ihrer Südseite sowie nordöstlichen Winden mit etwa gleichbleibendem Luftdruck auf ihrer Nordseite. Die Bewölkungs-, Niederschlags- und Temperaturfelder gleichen weitgehend denen einer Warmfront. Das Aufgleiten vor der Front überdeckt mit Regen- und Schneefällen das Gebiet von der südlichen Nordsee bis Südschweden. Daß es sich um eine Okklusion und nicht um eine Warmfront handelt, ist auf der relativen Topographie (Abb. 2b) zu erkennen. In dieser reicht eine gut entwickelte Warmluftzunge von der südlichen Ostsee über die Nordseeküste bis nach Westfrankreich. Sie fällt also weitgehend mit der in der Bodenkarte analysierten Front zusammen und bestätigt damit den Charakter dieser Front als Okklusion.

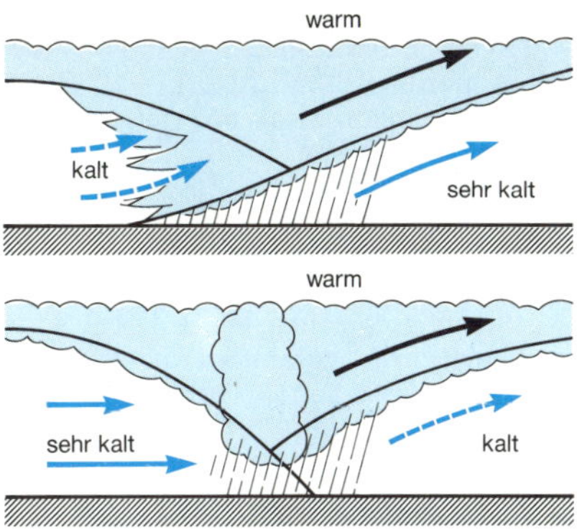

a)

b)

Abb. 1
Schema einer Warmfrontokklusion (a) und einer Kaltfrontokklusion (b)

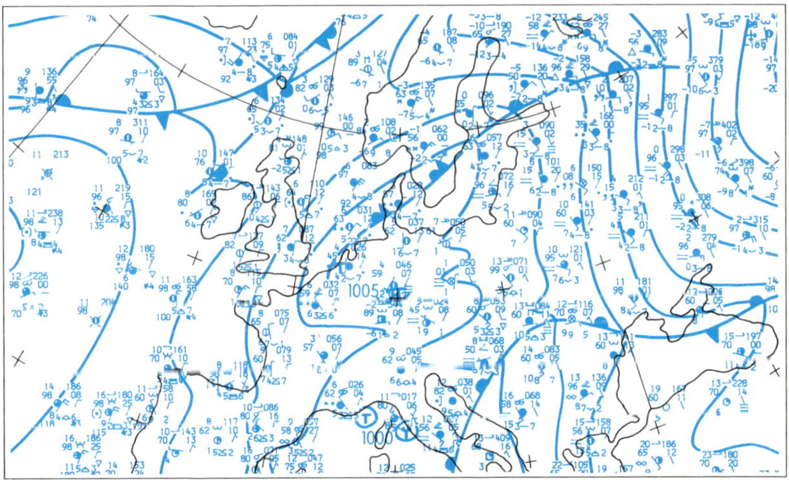

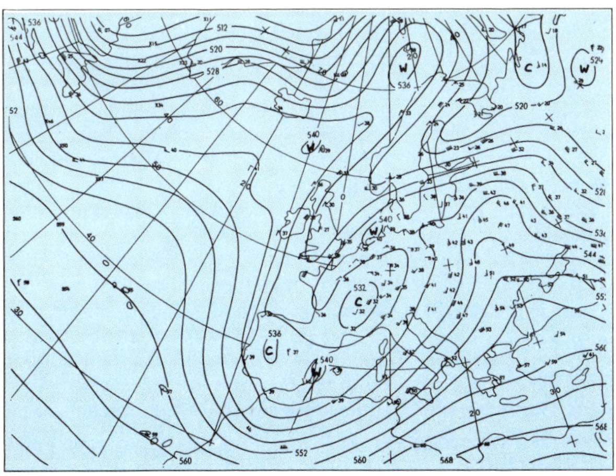

b) a)

a) Bodenkarte mit Okklusion von der Rheinmündung bis Südschweden
b) Relative Topographie 500/1000 hPa

Abb. 2
Wetterlage vom 26.12.1987

Die Entstehung von Tiefdruckgebieten

Unter einem *Tiefdruckgebiet* oder einer *Zyklone* versteht man ein Gebiet relativ niedrigen Luftdrucks, in dem der Luftdruck zu einem Zentrum hin abnimmt. Tief- und Hochdruckgebiete sind die wichtigsten für das Wetter maßgebenden Druckgebilde. Beide sind Luftwirbel unterschiedlichen Ausmaßes mit vertikaler Achse, deren Rotationsrichtung von der Coriolis-Kraft bestimmt wird. So weht in einem Tiefdruckgebiet der Nordhalbkugel der Wind grundsätzlich entgegen dem Uhrzeigersinn, in einem Hochdruckgebiet im Uhrzeigersinn, jedoch im allgemeinen mit geringerer Geschwindigkeit. Auf der Südhalbkugel ist die Umströmungsrichtung der Druckgebilde umgekehrt (Abb. 1). Das bedeutet, daß auf der nördlichen Halbkugel auf der Ostseite der Tiefdruckgebiete und an der Westflanke der Hochdruckgebiete Warmluft nach Norden sowie auf der Westseite der Tiefs und auf der Ostseite der Hochs Kaltluft nach Süden strömt. In den unteren Luftschichten erfährt dabei der Wind infolge Reibung eine Ablenkung in das Tief hinein und aus dem Hoch heraus (Abb. 2 a).

Für die *Entstehung eines Tiefdruckgebietes,* die *Zyklogenese,* ist nach der *Polarfronttheorie* das Vorhandensein von zwei unterschiedlichen Luftmassen, einer warmen und einer kalten, erforderlich. Diese werden bei einer bestimmten Druckverteilung im Bereich einer Frontalzone gegeneinander geführt (s. S. 154). Dadurch wird eine großräumige Vertikalbewegung der Luft eingeleitet, die zu Wolken- und Niederschlagsbildung führt. Die dabei frei werdende Kondensationswärme begünstigt die Hebung der Luft. In höheren Schichten der Troposphäre strömt die Luft horizontal auseinander, d. h., sie divergiert. Da bei einem zyklogenetischen Prozeß die Divergenz in der Höhe größer ist als die Konvergenz in den unteren Schichten (Abb. 2 b), kommt es in der Luftsäule zu einem Massenverlust, so daß der Luftdruck am Boden fällt und ein Tiefdruckgebiet entsteht. Durch die nun wirksam werdenden Kräfte (vgl. S. 94 ff.) setzt eine horizontale Rotation der Luft ein. Die Intensität der Verwirbelung ist dabei vom Grad der Baroklinität (s. S. 60) abhängig.

Gelegentlich sind an der Entstehung von Tiefdruckgebieten auch drei Luftmassen beteiligt. Dabei wird am Rand eines schon bestehenden Tiefs eine neue Luftmasse, z. B. frische arktische Polarluft oder subtropische Warmluft, einbezogen. Die Temperaturgegensätze werden dann auf engem Raum besonders groß und das Starkwindfeld in der Höhe mit Divergenz entsprechend kräftig. Im Bereich des *Dreimassenecks,* in dem die drei unterschiedlich temperierten Luftmassen nahe zusammenkommen, entsteht dann innerhalb weniger Stunden durch rapiden Luftdruckfall ein mächtiges Tief mit schweren Stürmen und Orkanen. Derartige spontane Entwicklungen werden hauptsächlich im Winter in den Seegebieten Neufundlands, Grönlands und Islands beobachtet.

Auch orographische Hindernisse können die Entwicklung eines Tiefdruckgebietes auslösen, wenn sie eine Strömung abbremsen, ablenken oder beschleunigen und dadurch das Gleichgewicht der Druck- und Temperaturverteilung stören. So wird z. B. die Neubildung von Tiefdruckgebieten an der Südspitze Grönlands und Spitzbergens gefördert. Daneben sind in Europa der Südrand der Alpen, wo sich die für das Wetter Mitteleuropas bedeutsamen *Genuatiefs* und *Adriatiefs* entwickeln, und das Skagerrakgebiet der Nordsee, wo oft Neubildungen der *Skagerrakzyklone* für Überraschungen sorgen, zyklogenetisch wirksame Regionen.

Eine ganz andere Art von Tiefdruckgebieten sind die sommerlichen *Hitzetiefs,* die über dem Festland bei geringen horizontalen Luftdruckunterschieden in einer einheitlichen Warmluftmasse entstehen. Durch starke Sonneneinstrahlung erwärmen sich der Erdboden und die bodennahe Luftschicht. Diese dehnt sich nach oben aus. In der Höhe steigt dabei der Druck, weil Luft, die bisher unter der betreffenden Höhe lag, durch die Ausdehnung über sie gehoben wurde. Es entsteht so ein kleines Höhenhoch, aus dem die Luft horizontal abfließt. Dies bedeutet aber für das Erwärmungsgebiet unten einen Massenverlust, der am Boden Luftdruckfall und die Entstehung von Hitzetiefs verursacht. Sie reichen meist nicht sehr hoch, dennoch können sich durch die Labilisierung der Luft bei ausreichender Feuchtigkeit heftige Wärmegewitter bilden.

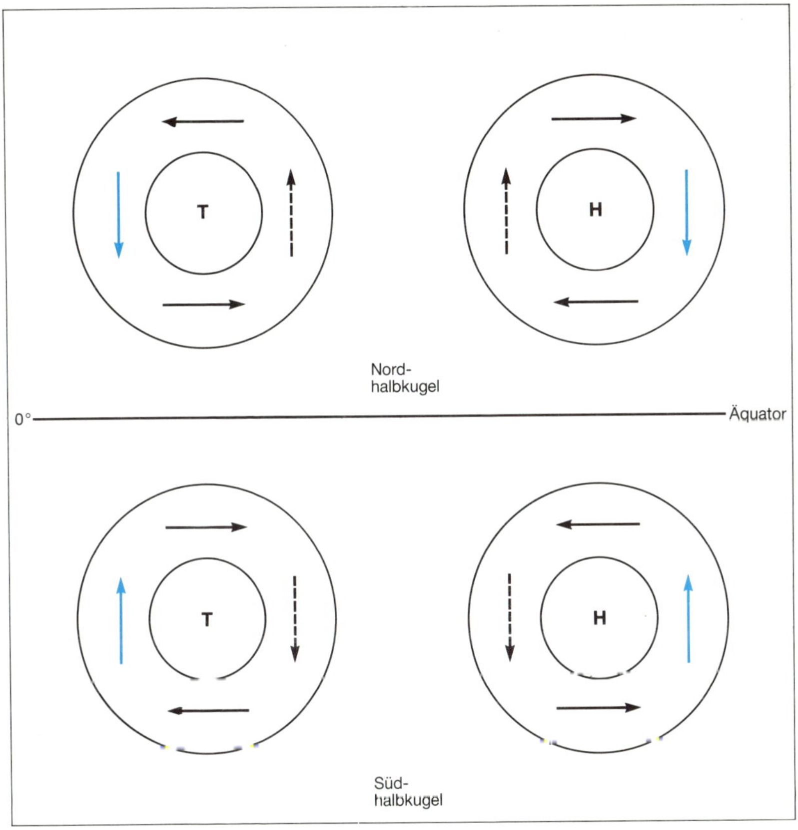

Abb. 1
Luftbewegung in der freien Atmosphäre
um Tiefs und Hochs

Abb. 2
Luftströmungen in einem Tiefdruckgebiet

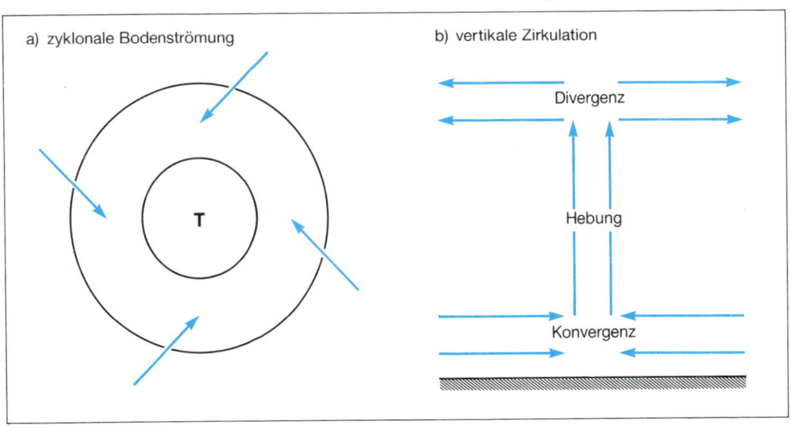

Mitteleuropa wird in unregelmäßigen Abständen von atlantischen Tiefdruckgebieten oder ihren Ausläufern überquert. Ein Beobachter kann dabei ganz bestimmte zeitliche Abläufe im Wolkenbild, bei den Niederschlägen, der Fernsicht, beim Wind und, sofern er über Meßgeräte verfügt, auch bei der Lufttemperatur, dem Luftdruck und der Luftfeuchte feststellen. Das hängt damit zusammen, daß bei der Entwicklung eines Tiefs immer wieder die gleichen physikalischen Prozesse ablaufen.

Als *Idealzyklone* bezeichnete J. Bjerknes 1919 das Stadium der *jungen Zyklone* mit einem gut ausgeprägten Warmsektor, an dessen Scheitel sich der Kern eines in ständiger Vertiefung begriffenen Druckgebildes befindet (Abb. 1). Auf der *Vorderseite* des Tiefs gleitet in der Höhe Warmluft auf die vorgelagerte kältere Luft auf. Vor der *Warmfront* bildet sich daher eine breite Zone mit *Aufgleitniederschlägen.* Auf der *Rückseite* des Tiefs dringt frische Kaltluft nach Südosten vor. Ihre vordere Begrenzung, die Kaltfront, wird durch eine schmale Zone schauerartiger Niederschläge gekennzeichnet. Diese Wetterphänomene wird daher ein Beobachter bei der Ostwärtsverlagerung des Tiefs wahrnehmen, wenn er sich z. B. im Punkt B (Abb. 1) befindet oder von B nach A die Zyklone durchfährt.

Im *Zwischenhoch* vor der Zyklone beobachtet er windschwaches heiteres Wetter. Als erste Anzeichen einer Wetteränderung zeigen sich im Westen *hakenförmige Cirruswolken,* die der Warmfront 800 bis 1 000 km vorauseilen. Der Luftdruck beginnt zu fallen. Bald darauf wird das Aufgleiten von Warmluft durch einen dünnen, weißlichen Wolkenschleier erkennbar. Es ist ein *Cirrostratus,* der den Himmel nach kurzer Zeit völlig bedeckt. Die Sonneneinstrahlung wird dabei nur wenig gemindert, so daß Gegenstände am Boden noch Schatten werfen können. Um Sonne und Mond bilden sich die für Eiswolken typischen Haloerscheinungen (s. S. 120). Allmählich wird die Wolkendecke grauer, Sonne und Mond scheinen nur noch anfangs als blasse Scheiben durch den *Altostratus,* dessen Untergrenze weiter absinkt, bis schließlich aus dem dichten *Nimbostratus* die ersten Regentropfen den Erdboden erreichen. Nun kann man sich auf einen gleichmäßigen Landregen (im Winter auch auf Schneefall) einstellen, der mitunter mehrere Stunden dauert; denn das *präfrontale Niederschlagsgebiet* hat normalerweise eine Breite von 100 bis 300 km. Mit Annäherung der Warmfront dreht der Wind auf Süd bis Südwest und frischt auf. Der Luftdruck fällt etwas stärker, und die Temperatur steigt schon leicht an. Gleichzeitig verschlechtert sich die Sicht durch aufkommenden Dunst, der sogar in Nebel übergehen kann.

Mit dem Durchgang der Warmfront hört der Niederschlag auf, und die Wolkendecke reißt auf. Der Luftdruck bleibt niedrig, und das Thermometer zeigt bei Südwest- bis Westwinden eine deutlich wärmere Luftmasse an. Im *Warmsektor* selbst herrscht im allgemeinen freundliches, tagsüber sonniges Wetter, aber es gibt jahreszeitliche Unterschiede. So halten sich im Winter mitunter niedrige Schichtwolken, aus denen Sprühregen fällt, oder es bleibt neblig-trüb. Meist schon nach wenigen Stunden zeigen neue, aus Westen heranziehende Wolken die durch die vordringende Kaltluft verursachte Labilisierung der Schichtung und damit den bevorstehenden Wetterumschlag an. Rasch folgt die aus mächtig aufgetürmten *Cumulus-* und *Cumulonimbuswolken* bestehende *Kaltfront,* bei deren Durchgang kurze heftige Niederschläge, nicht selten Hagel- und Graupelschauer mit Gewittern auftreten. Der Wind frischt dabei stark böig auf und springt plötzlich von Südwest auf Nordwest. Der Luftdruck, der kurz vor der Kaltfrontpassage gefallen war, steigt jetzt rasch und kräftig an, und der plötzliche Temperatursturz zeigt dem Beobachter, daß er sich nun im Bereich frischer Polarluft befindet.

Nach Abzug der Kaltfront lockert die Bewölkung schnell auf. Die Sonne strahlt von einem tiefblauen Himmel, und es herrscht eine sehr gute Fernsicht. Aber in der nachströmenden Kaltluft entwickeln sich noch zahlreiche Haufenwolken, die sich in kurzen Schauern entladen. Dieses wechselhafte *Rückseitenwetter* klingt allmählich ab, wenn bei stetig ansteigendem Luftdruck das nachfolgende Zwischenhoch (Abb. 2) für das Wetter maßgebend wird. Dann ist es wie zu Anfang sonnig, heiter und klar.

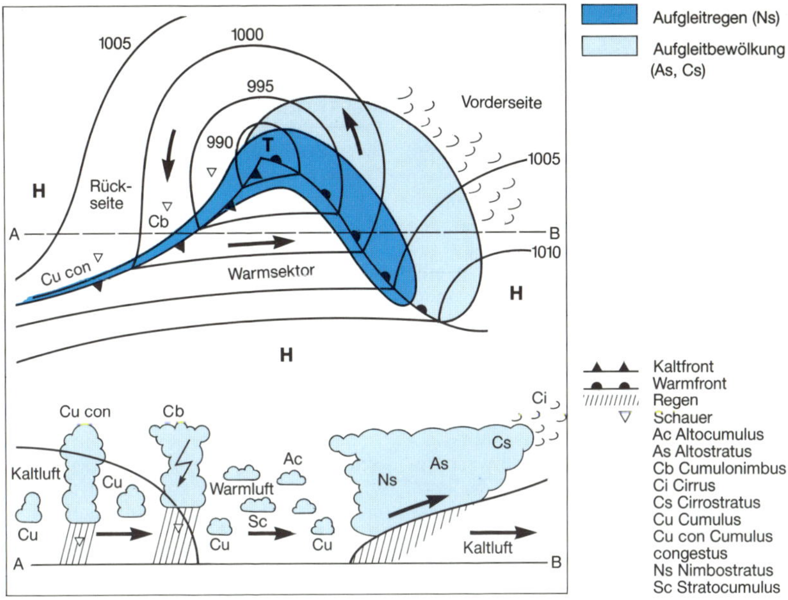

Abb. 1
Idealzyklone. Aufbau eines jungen Tiefdruckgebietes und dazugehörige Wettererscheinungen

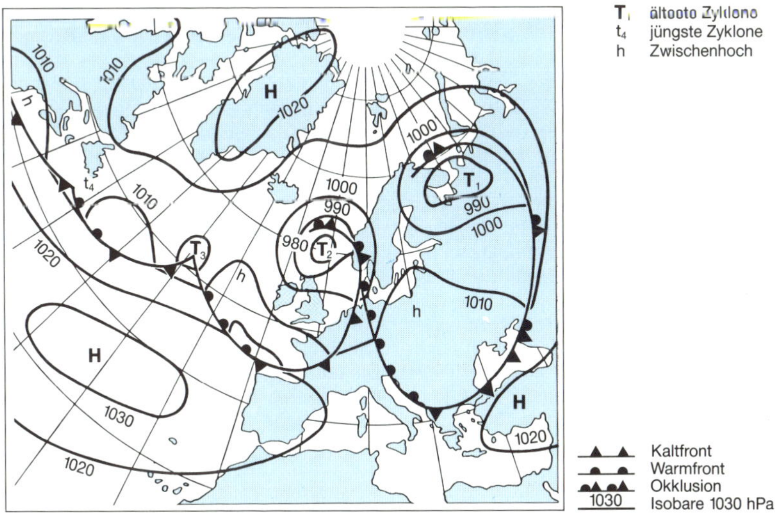

Abb. 2
Zyklonenfamilie

Der Lebenszyklus der Tiefdruckgebiete

Obwohl der Prozeß der *Zyklonenentwicklung* in vielfältiger Form ablaufen kann, zeigen die meisten Tiefdruckgebiete doch einen weitgehend ähnlichen Lebenslauf, der erstmals in der *Polarfronttheorie* beschrieben wurde. Aufgrund synoptischer Erfahrungen entwarfen J. Bjerknes und H. Solberg 1922 ein Schema, in dem mehrere Stadien unterschieden werden (Abb. 1). Diese Anschauungen wurden später aufgrund neuerer Erkenntnisse ergänzt, die sich besonders aus dem Studium der Höhenwetterkarten ergaben (Abb. 2). Danach entsteht ein Tiefdruckgebiet aus einer *wellenförmigen Deformation* einer quasistationären Front, die im angegebenen Schema (a) eine kalte östliche von einer warmen westlichen Strömung trennt. In der Höhe ist eine gleichmäßige Weströmung überlagert, die aufgrund der herrschenden Temperaturgegensätze eine ausgeprägte Starkwindzone ist. Im *Bildungsstadium der Welle* (b) beobachtet man eine auffällige Ausweitung des frontalen Wolken- und Niederschlagsbandes hauptsächlich zur kalten Seite der Bodenfront hin. Sie ist eine Folge der leichten Strömungskonvergenz in den unteren Schichten, aus der sich großräumige Hebungsvorgänge ergeben. Zugleich fällt der Luftdruck, so daß um den Wellenscheitel eine *zyklonale Zirkulation* entsteht. Dadurch bekommt der Wind vor dem Wellenscheitel eine Komponente von der warmen zur kalten Luft und hinter ihm von der kalten zur warmen. Das bedeutet, daß die Warmluft auf der Vorderseite nach Norden und die Kaltluft auf der Rückseite des entstehenden Tiefs nach Süden an Raum gewinnt. Dabei bilden sich *Warmfront* und *Kaltfront* mit ihren typischen Wettererscheinungen (vgl. S. 166). Beide begrenzen den *Warmsektor* der *jungen Zyklone* (c), die sich in Richtung und mit der Geschwindigkeit der Warmluftströmung oberhalb der atmosphärischen Grenzschicht fortbewegt.

Durch die Verlagerung der Luftmassen wird die Höhenströmung etwas geändert, indem östlich des Tiefkerns ein Höhenhochkeil und westlich davon ein Höhentrog entsteht.

Für die weitere Entwicklung ist charakteristisch, daß die Kaltfront schneller vordringt als die Warmfront. Der Warmsektor wird dadurch immer schmäler (d). In dieser Phase erreicht die Zyklone ihr *Reifestadium,* in der die zyklonale Rotation am intensivsten ist. Schließlich holt die Kaltfront die vorauslaufende Warmfront ein, ein Vorgang, der als *Okklusion* bezeichnet wird. Die Zyklone weist dabei meist den niedrigsten Kerndruck auf. Typisch für die *okkludierende Zyklone* ist die langsamere Verlagerungsgeschwindigkeit. Das Frontensystem kann dadurch um den Kern herumschwenken (e und f), was in den Satellitenbildern deutlich an einer *Wolkenspirale* zu erkennen ist. Die zyklonale Rotation hat dabei auch die höheren Schichten der Troposphäre und der unteren Stratosphäre erfaßt. Die absoluten Topographien zeigen daher ein *Höhentief.*

Bei der *okkludierten Zyklone* ist die Warmluft von der Rückseitenkaltluft völlig vom Boden abgehoben, so daß sich das Tiefdruckgebiet in einen kalten Wirbel umgewandelt hat. Die Zyklone befindet sich jetzt im *Alterungsstadium,* in dem sich die vorher geneigte vertikale Achse allmählich aufrichtet, bis schließlich beim *quasistationären Tief* Boden- und Höhentief die gleiche geographische Position einnehmen (g).

Da die Temperaturgegensätze, die das Energiepotential für die Tiefdruckentwicklung darstellen, ausgeglichen sind, erlahmt die zyklonale Rotation allmählich. Durch die Bodenreibung, die einen Massenfluß in das Tief hinein bewirkt, füllt sich das Bodentief auf, das Druckgefälle an seinem Rand wird geringer und damit der Wind schwächer. Schließlich hat sich das Tief aufgelöst, und die Luftmassengrenze (h) hat eine ähnliche Lage wie zu Beginn der Entwicklung eingenommen.

Nicht selten bilden sich aber bereits in einem früheren Stadium an der langgestreckten Kaltfront weitere Wellenstörungen, die eine ähnliche Entwicklung durchlaufen wie die geschilderte. Man spricht dann von einer *Zyklonenfamilie* (s. Abb. 2, S. 167), deren jüngere Mitglieder jeweils südlicher entstehen als die vorangehenden. Sie bewirken meist einen intensiven Warmlufttransport nach Nordosten, während am westlichen Ende der Serie ein Ausbruch hochreichender Polarluft weit nach Süden erfolgt.

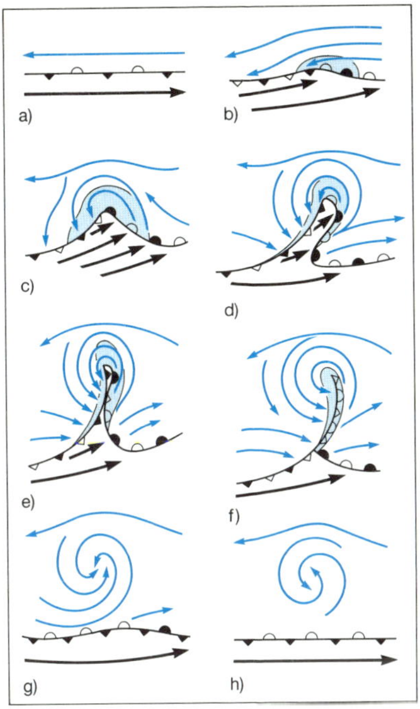

Abb. 1
Entwicklung einer Zyklone im Bodendruckfeld (nach J. Bjerknes und H. Solberg, 1922)

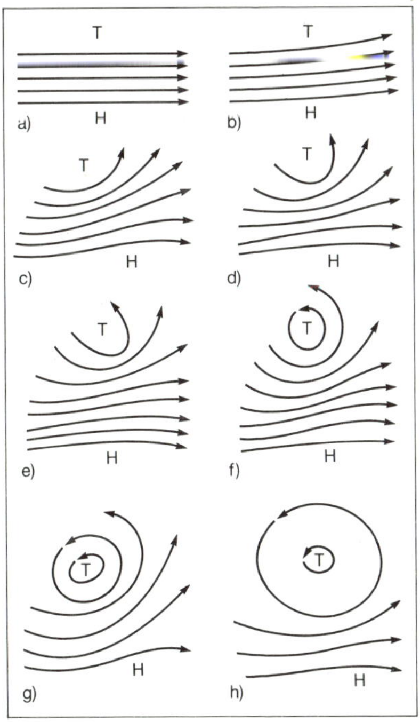

Abb. 2
Entwicklung einer Zyklone in der oberen Troposphäre (nach R. Scherhag, 1948)

Hochdruckgebiete

Unter einem *Hochdruckgebiet* oder einer *Antizyklone* versteht man ein Gebiet relativ hohen Luftdrucks, dessen Zentrum, der *Hochdruckkern*, den größten Druckwert besitzt. Aufgrund des Luftdruckgefälles zur Umgebung fließt in den unteren Schichten Luft aus dem Hoch heraus in Richtung des tieferen Luftdrucks. Durch die Coriolis-Kraft werden diese Luftströme auf der Nordhalbkugel nach rechts abgelenkt, so daß der Wind im Uhrzeigersinn um das Hoch herumweht (Abb. 1 a). Als Ersatz für die nach außen divergierenden Luftmassen sinkt die Luft im Hoch aus höheren Schichten herab. Sie erwärmt sich dabei adiabatisch, wobei sie relativ trockener wird und die Wolken sich auflösen. Über dem Bodenhoch bewirkt eine horizontale konvergente Strömung den Massenzufluß in der Höhe. Der vertikale Kreislauf wird durch die Hebungsvorgänge in den benachbarten Tiefdruckgebieten geschlossen.

Beim *Aufbau eines Hochs*, der *Antizyklogenese*, ist die Konvergenz in der Höhe größer als die Divergenz der unteren Schichten (Abb. 1 b). Der *Abbau eines Hochs* kündigt sich durch fallenden Druck am Boden an. Der Massenzufluß in der Höhe läßt dann nach, während die Luft unten weiter auseinanderfließt.

Nach dem thermischen Aufbau unterscheidet man warme und kalte Hochdruckgebiete. Von den *warmen (dynamischen) Hochdruckgebieten* ist das *Azorenhoch* am bekanntesten. Es gehört zu den subtropischen Hochdruckgebieten, die in mehreren Zellen in einem Hochdruckgürtel um die Nordhalbkugel angeordnet sind. Sie werden durch die allgemeine Zirkulation der Atmosphäre verursacht (vgl. S. 116 ff.) und sind aus absinkender Tropikluft aufgebaut. Daher sind sie warm, vertikal hochreichend und von großer horizontaler Ausdehnung (Abb. 2). Hinsichtlich der einmal eingenommenen geographischen Lage zeichnen sie sich durch ein großes Verharrungsvermögen aus. Hochreichende warme Antizyklonen zählen daher zu den quasistationären Druckgebilden.

Warme Antizyklonen können auch außerhalb der Subtropen entstehen, wenn sich z. B. aus einem Keil des Azorenhochs eine selbständige *Hochdruckzelle* löst und über Mittel- oder Nordeuropa stationär wird. Solche Entwicklungen werden häufig im Spätwinter und Frühjahr vor den Westküsten Europas und Nordamerikas beobachtet. Diese langlebigen und nahezu ortsfesten Hochs versperren den von Westen heranziehenden Tiefdruckgebieten den Weg nach Osten und zwingen sie, weit nach Norden oder Süden auszuweichen. Man spricht dann von einem *blockierenden Hoch*.

Eine andere Möglichkeit der antizyklogenetischen Entwicklung in den mittleren Breiten besteht darin, daß sich bei einer starken Meridionalisierung der Höhenströmung ein kalter Zwischenhochkeil in eine hochreichende warme Antizyklone des subtropischen Typs umwandelt.

Kalte Hochdruckgebiete oder *Kältehochs* bilden sich regelmäßig im Winter im Bodendruckfeld über den nördlichen Kontinenten als Folge der strahlungsbedingten Auskühlung der bodennahen Luftmassen. Im Kältehoch über Sibirien steigt dabei der Luftdruck im Extremfall bis 1 080 hPa, und die Temperatur kann unter −70 °C sinken. Das entsprechende Hoch über Kanada ist nicht so stark und häufig in mehrere Zellen aufgespalten. Im Sommer fehlen derartige kontinentale Kältehochs. Sie sind dann lediglich im Bereich der arktischen Eisfelder zu finden. Die Kältehochs sind im allgemeinen nur von geringer vertikaler Mächtigkeit. Sie sind oft bereits in 2 bis 3 km Höhe von einer zyklonal gekrümmten Höhenströmung oder in der oberen Troposphäre von einem Tiefdruckgebiet überlagert. Auch in der Antarktis wird durch die permanente Ausstrahlung im Südwinter ein Kältehoch ständig regeneriert. Es weist eine markante Bodeninversion auf, in der mit −89,2 °C das absolute Temperaturminimum der Erde gemessen wurde.

Kältehochs der mittleren Breiten entstehen häufig in der Rückseitenkaltluft von Tiefdruckgebieten. Sie haben dann oft die Form eines Keils (Abb. 2), der von der subtropischen Antizyklone ausgeht. Sie verlagern sich als verhältnismäßig flache Druckgebilde in Richtung der stärksten Kaltluftadvektion. Da sie in eine Serie wandernder Tiefdruckgebiete eingebettet sind, bezeichnet man sie als *Zwischenhoch* und den zugehörigen Keil als *Zwischenhochkeil*.

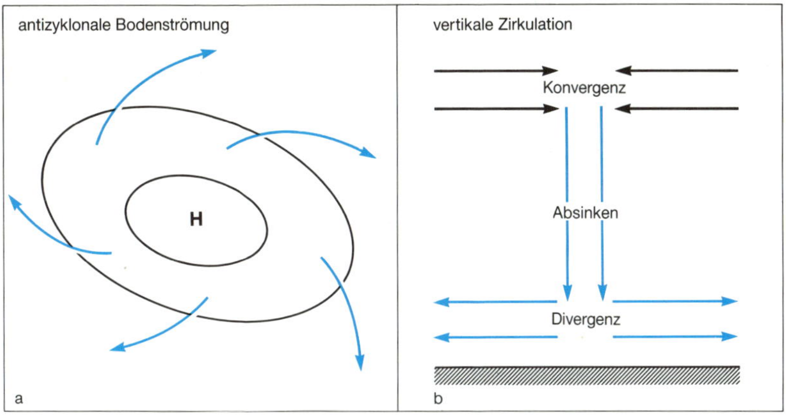

Abb. 1
Luftströmungen in einem Hochdruckgebiet

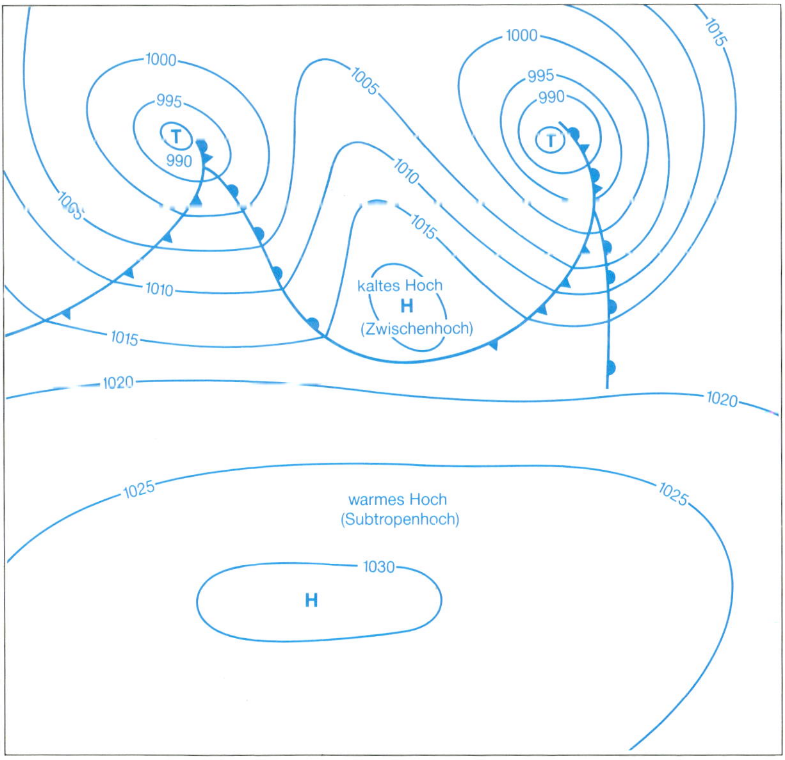

Abb. 2
Kaltes und warmes Hochdruckgebiet

Das Wetter in Hochdruckgebieten

Hochdruckgebiete sind durch die Wirkung der großräumig absinkenden Luftbewegung umfangreiche Schönwetterzonen. Für den größten Teil des Jahres kann man daher das Wetter mit der Kurzformel beschreiben: heiter, trocken, warm. Ein aufmerksamer Beobachter wird aber neben jahreszeitlichen Unterschieden auch andere interessante lokale Wetterphänomene feststellen. Im Gegensatz zum zyklonalen Wetter, das meist von weither herantransportiert wird, ist *Hochdruckwetter* überwiegend „hausgemacht". Da die horizontalen Luftdruckunterschiede gering sind, ist es meist windstill, so daß die Luft der bodennahen Schicht stark der täglichen Ein- und Ausstrahlung ausgesetzt ist. Dadurch haben die meteorologischen Elemente einen ausgeprägten Tagesgang.

Der *Tagesgang der Lufttemperatur* zeigt infolge nächtlicher Abkühlung das Minimum etwa bei Sonnenaufgang. Mit zunehmender Sonneneinstrahlung erwärmt sich die Luft rasch bis zum Temperaturmaximum, das etwa zwei Stunden nach Sonnenhöchststand erreicht wird. Danach sinkt die Temperatur wieder mehr oder weniger rasch ab. An ungestörten sommerlichen Strahlungstagen beträgt die *Tagesschwankung* durchschnittlich 15 K, im Extremfall mitunter bis 25 K. In der kalten Jahreszeit ist die Sonneneinstrahlung geringer und von kürzerer Dauer. Dementsprechend ist die Tagesschwankung durchschnittlich nur halb so groß wie im Sommer (Abb. 1).

Der *Tagesgang der relativen Feuchte* verläuft genau umgekehrt; die kleinsten Werte, oft unter 40 %, werden am Nachmittag, die größten am frühen Morgen beobachtet. Bei Erreichen des Sättigungspunktes (100 %) entstehen Tau oder Nebel. *Frühnebel* sind ein typisches Zeichen herbstlicher Hochdrucklagen. Aber sie können bei entsprechender Feuchtigkeit auch in den anderen Jahreszeiten vorkommen. Im Sommer lösen sie sich jedoch schon kurz nach Sonnenaufgang auf. Mit fortschreitender Jahreszeit dringt die Sonne aber erst gegen Mittag durch den Nebel, und im Winter beseitigt sie ihn in den Niederungen oft gar nicht.

Von der Feuchtigkeit der Luft hängt an Strahlungstagen auch die *Wolkenbildung* ab. Durch die Überhitzung des Bodens strudelt die Luft in Thermikschläuchen nach oben, so daß sich bei Erreichen des Kondensationsniveaus flache *Schönwettercumuli* bilden, die sich abends wieder auflösen. An heißen Tagen quellen diese Wolken mitunter blumenkohlartig auf und entladen sich in einem kurzen *Wärmegewitter.*

Andere Wetterphänomene der Hochdrucklagen sind die *lokalen Windsysteme* mit täglicher Periode. Sie werden durch Temperaturunterschiede im Gelände verursacht und sind hauptsächlich als Flurwinde, Hangwinde, Berg- und Talwind, Land- und Seewind bekannt.

Im *Winter* ist das Wetterbild der Hochdrucklage deutlich anders als im Sommer. Bleibt der Himmel klar, z. B. in trockener Festlandsluft, sinkt die Temperatur über einer eventuell vorhandenen Schneedecke nachts auf extrem niedrige Werte. Da die Strahlungsinversion durch die Sonne nicht aufgelöst werden kann, sammeln sich Dunst und Wasserdampf an dieser Sperrschicht an. Bei ausreichender Feuchtigkeit bilden sich tiefliegende Wolken und *Hochnebel,* der manchmal bis zum Boden herunterwächst. Dann herrscht in den Niederungen tagelang trübes und naßkaltes Wetter. Oberhalb der Inversion strahlt dagegen die Sonne von einem meist wolkenlosen Himmel, und es ist ungewöhnlich mild. Sehr beeindruckend ist dann eine Wanderung durch den reifbehangenen Winterwald zu den Gipfeln der Mittelgebirge, unter denen sich bei sehr guter Fernsicht das Nebelmeer mit seiner welligen Oberfläche ausbreitet.

In den unteren Schichten sammeln sich unterdessen Verbrennungsprodukte und sonstige Schadstoffe als Folge einer *austauscharmen Wetterlage* an. Sie wird durch ein Hoch über Mitteleuropa gekennzeichnet, das sich in unserem Beispiel (Abb. 2) über mehrere Tage hinweg kaum verändert. Ein West-Ost-Schnitt läßt erkennen, wie sich Warmluft wie ein Deckel über die schwerere, sehr kalte Bodenluft lagert. Die Temperaturzunahme nach oben beträgt dabei mehr als 15 K. Bei dieser großen Stabilität der Schichtung und sehr schwachen Winden nimmt die Konzentration der Luftverunreinigung rasch zu, so daß sich gefährlicher Smog einstellt.

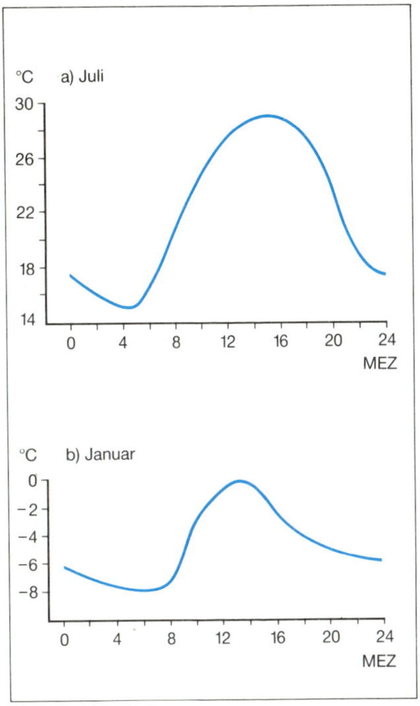

Abb. 1
Mittlerer Tagesgang der Lufttemperatur (°C) an ungestörten Strahlungstagen in Frankfurt am Main

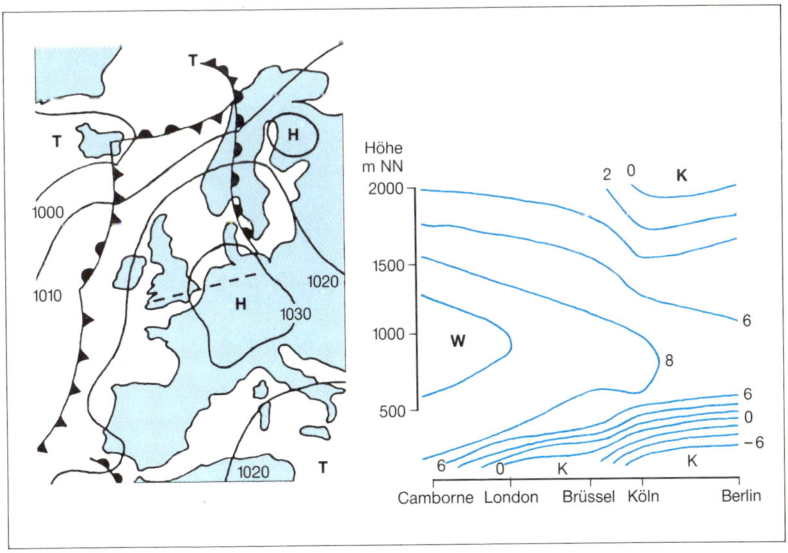

Abb. 2
Wetterlage vom 5.12.1962 00 GMT. Links Bodendruckverteilung, rechts Vertikalschnitt der Temperatur (in °C)

Formen und Entwicklung der Höhenströmung

In der Troposphäre besteht ein Temperaturgefälle vom Äquator zum Pol, dem ein polwärts gerichtetes Luftdruckgefälle entspricht. Unter Mitwirkung der ablenkenden Kraft der Erdrotation resultieren daraus im Durchschnitt Westwinde. Meist schwankt jedoch die *Höhenströmung* zwischen Nordwest und Südwest. Der westlichen zonalen Grundströmung (Abb. 1 a) sind dabei Wellen überlagert, die durch die Verteilung und Verlagerung von warmen und kalten Luftmassen verursacht werden. Ebenso beeinflußt das verschieden stark ausgeprägte Relief der Erdoberfläche die Höhenströmung bis in große Höhen. So wird eine Strömung, die quer über ein hohes und langgestrecktes Gebirge verläuft, auf der Leeseite nach rechts abgelenkt. Leeseitig bildet sich dabei ein *Höhentrog* (Abb. 2), stromabwärts entstehen weitere Wellen. Das Gebirge übt auf diese Art eine Fernwirkung auf die Strömung und den Wetterablauf in entfernten Gebieten aus, da mit den Trögen (Wellentälern) und Keilen (Wellenbergen) bestimmte Wettererscheinungen verbunden sind. Typisch hierfür ist der Einfluß der Rocky Mountains in Nordamerika und der Anden in Südamerika auf die westliche Höhenströmung. Diese wird auf der Leeseite der Gebirge häufig durch die Bildung von Höhentrögen deformiert, die auch in den langjährig gemittelten Höhenwetterkarten in Erscheinung treten.

Bei den Störungen der zirkumpolaren *westlichen Grundströmung* unterscheidet man lange und kurze *Wellen*. Die *langen Wellen* bewegen sich verhältnismäßig langsam in Richtung des Grundstroms. Sie haben eine Wellenlänge zwischen 50 und 120 Längengraden, was einer hemisphärischen Wellenzahl zwischen 7 und 3 entspricht. In den täglichen zirkumpolaren Höhenwetterkarten findet man in mittleren Breiten häufig die Wellenzahl 4 oder 5 mit Wellenlängen von 90 bzw. 72 Grad, d. h., rund um die Nordhalbkugel sind dann 4 oder 5 äquatorwärts gerichtete Höhentröge und die gleiche Anzahl polwärts weisender *Höhenkeile* zu erkennen (Abb. 1 b und 1 c). Die Höhentröge sind dabei von Kaltluft und die Höhenkeile von Warmluftmassen angefüllt. Durch dieses Mäandrieren der Höhenströmung und die Verlagerung der Druckgebilde in der Höhe findet ein großräumiger meridionaler Luftmassenaustausch und damit auch ein Temperaturausgleich zwischen den polaren und äquatornahen Zonen statt.

Den langen Wellen sind die *kurzen Wellen* überlagert, die wesentlich schneller wandern und von den ersteren gesteuert werden. Die kurzen Wellen sind in der unteren Troposphäre identisch mit den rasch wandernden Zyklonen, auf deren Vorderseite durch die Warmluftadvektion ein Höhenrücken und auf deren Rückseite im Bereich der Kaltluft ein *Kurzwellentrog* entsteht. Eine *Zyklonenfamilie* besteht so in der Höhe aus mehreren kurzen Wellen, die in der Vorderseitenströmung eines *Langwellentrogs* nordostwärts gesteuert werden. Bei einer bestimmten Temperatur- und Druckverteilung wird am südlichen Ende des Höhentrogs ein selbständiger Tiefdruckwirbel abgeschnürt (Abb. 1 d). In ihm herrschen gegenüber der Umgebung die niedrigsten Temperaturen. Man spricht daher auch von einem *Kaltlufttropfen* (s. S. 176). Meist handelt es sich aber um ein *quasistationäres Tief* der Bodenwetterkarte, das sich langsam durch die reibungsbedingte Konvergenz der unteren Schichten auffüllt.

In ähnlicher Weise kommt es im Höhenkeil zur Abschnürung einer warmen Hochdruckzelle, die zu einer hochreichenden *quasistationären Antizyklone* gehört (Abb. 1 d). Durch diese Abschnürungen *(Cut-off-Prozeß* und *Blocking effect)* wird die westliche Höhenströmung in zwei Äste aufgespalten. Der südliche Ast verläuft um das abgeschnürte *Höhentief* weit nach Süden, während der nördliche Ast im hohen Norden um das Hoch herumführt. Dementsprechend wird die Ostwärtsverlagerung der heranziehenden Druckgebilde blockiert. Sie folgen den Ästen der angegebenen Höhenströmung. Bei dieser Form der Zirkulation ist die westliche Strömungskomponente klein, die meridionalen Strömungsanteile dagegen sind sehr groß. Im mittelfristigen Zeitraum und im kontinentalen Ausmaß wechselt die Höhenströmung ständig zwischen den beiden Extremen, die einerseits durch eine kräftige Weströmung und andererseits durch starke meridionale Strömungen und Ostwinde gekennzeichnet sind.

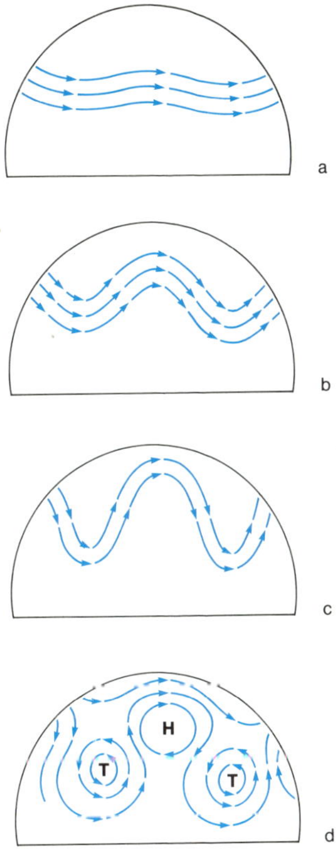

a) Starke westliche Grundströmung (High-Index-Zirkulation)
b) und c) Entwicklung langer Wellen
d) Abschnürung von Höhentief und -hoch, schwache westliche Strömung (Low-Index-Zirkulation)

Abb. 1
Formen der Höhenströmung (nach J. Namias)

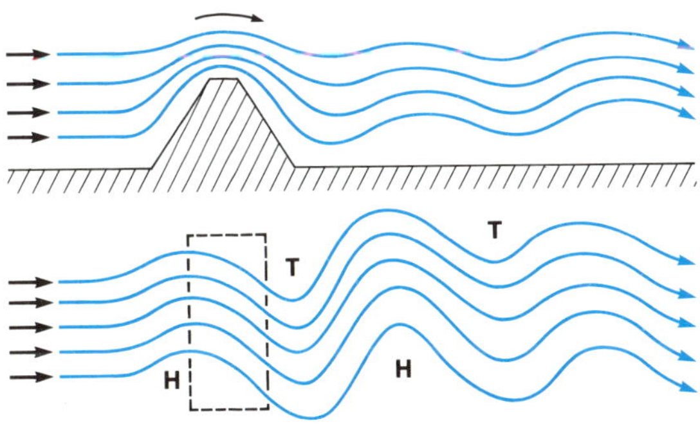

a) Vertikalschnitt, Ausbildung von Leewellen
b) Horizontalprojektion, Ausbildung von Tiefdrucktrögen (T) und Hochdruckkeilen (H) in der Höhenwetterkarte

Abb. 2
Einfluß von Gebirgen auf die Höhenströmung

Kaltlufttropfen

Eine besondere, nicht alltägliche Erscheinung in den Höhenkarten sind die sogenannten *Kaltlufttropfen*. Darunter versteht man abgeschlossene Kaltluftgebiete in der mittleren und höheren Troposphäre, die sich in der Bodenluftdruckverteilung entweder gar nicht oder nur durch eine schwache zyklonale Deformation auswirken, die aber vor allem in den relativen Topographien durch mehrere geschlossene Isohypsen und meist auch in den absoluten Topographien durch ein Höhentief erkennbar sind.

Kaltlufttropfen können auf der Rückseite von alten, sich auflösenden Zyklonen entstehen, wenn die Zufuhr von Rückseitenkaltluft abgeschnitten wird und die Bodenzyklone sich auflöst. Auch ohne diese ist die Bildung von Kaltlufttropfen dadurch möglich, daß sich in der Höhenströmung im Wellental einer sich verstärkenden Welle ein in der Höhe mit Kaltluft verbundenes Höhentief abschnürt.

Besonders markante Kaltlufttropfen treten in Mitteleuropa im Winter auf, wenn mit östlichen Winden sehr kalte kontinentale Kaltluft aus Osteuropa herangeführt wird. Ein solcher winterlicher Kaltlufttropfen ist in Abb. 1 schematisch dargestellt. Er bewegt sich in einer nahezu gleichförmigen Bodenluftdruckverteilung in Richtung des Bodengradientwindes nach Westen. Allerdings beträgt seine Verlagerungsgeschwindigkeit im allgemeinen nur 60 bis 70% der Geschwindigkeit des Bodengradientwindes.

Auffallend ist eine meist zu beobachtende Asymmetrie in den Wettererscheinungen. So tritt auf der Vorderseite überwiegend klares, wolkenarmes Wetter auf. Auf der Rückseite kommt es hingegen im allgemeinen zur Bildung einer ausgedehnten Aufgleitbewölkung und zu verbreiteten Niederschlägen, die entsprechend der kalten Jahreszeit vorherrschend als Schnee fallen.

Diese Verteilung der Wettererscheinungen wird verursacht durch eine für winterliche Kaltlufttropfen typische Anordnung der Vertikalbewegungen (Abb. 2). Die auf der Vorderseite auftretende Wolkenauflösung ist die Folge einer allgemeinen Absinkbewegung. Dieser steht eine aufwärts gerichtete Vertikalbewegung auf der Rückseite gegenüber, die hier für die Entstehung von Bewölkung und Niederschlag verantwortlich ist.

Die Vertikalbewegungen müssen notwendigerweise mit entsprechenden Konvergenzen und Divergenzen in der Horizontalströmung verbunden sein, nämlich in den unteren Schichten mit Divergenz auf der Vorderseite und Konvergenz auf der Rückseite, in der Höhe mit Konvergenz auf der Vorderseite und Divergenz auf der Rückseite. Daraus ergeben sich überlagerte horizontale Strömungskomponenten, die in der Höhe in Richtung der Verlagerung, am Boden entgegengesetzt dazu gerichtet sind.

Eine weitere Folge der Vertikalbewegungen sind adiabatische Temperaturänderungen. So führt das Absinken auf der Vorderseite zu einer adiabatischen Erwärmung, das Aufsteigen auf der Rückseite zu einer Abkühlung. Der Kaltlufttropfen unterliegt daher bei seiner Verlagerung einem „Abschmelzvorgang" auf der Vorderseite und einem gleichzeitigen Anwachsen auf der Rückseite. Relativ zur Grundströmung bewegt sich sein Kern deshalb langsam rückwärts. Diese Relativbewegung führt zu der obenerwähnten Verminderung der Verlagerungsgeschwindigkeit gegenüber der Gradientwindgeschwindigkeit der unteren Schichten (Abb. 2, unten).

Bezüglich Wettererscheinungen und Vertikalbewegungen unterscheiden sich sommerliche Kaltlufttropfen sehr wesentlich von winterlichen. Im Sommer kommt die kälteste, nach Mitteleuropa gelangende Luft meist aus dem Raum um Grönland und Island. Entsprechend ihrem Ursprung und ihrem langen Weg über Meeresgebiete ist sie stark mit Feuchtigkeit angereichert. Wenn sie auf das relativ warme Festland gelangt, führt die Erwärmung vom Boden her rasch zu einer Labilisierung. Der Wettercharakter sommerlicher Kaltlufttropfen wird daher von labilitätsbedingten vertikalen Umlagerungen, von Quellbewölkung, Schauern und Gewittern bestimmt, die sich über den gesamten Bereich des Kaltlufttropfens erstrecken. Nicht selten werden sie, wenn sie aus Nordwesten nach Mitteleuropa gelangen, durch die Alpen aufgehalten und bleiben über Süddeutschland mehrere Tage wetterwirksam.

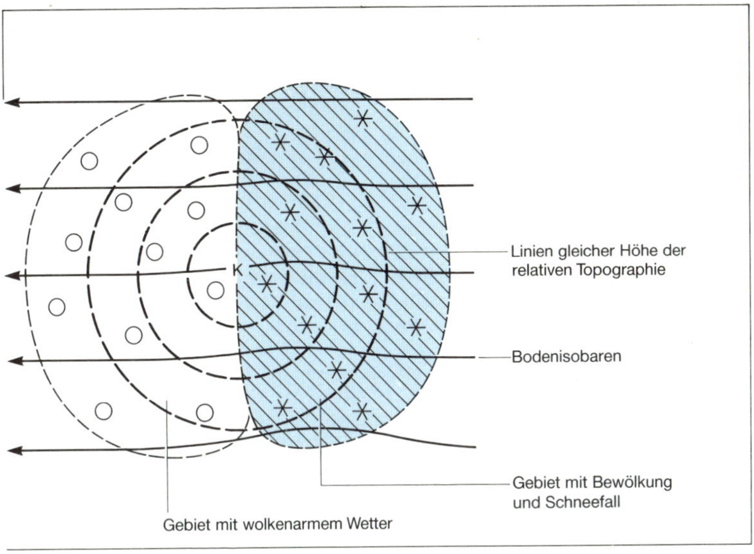

Abb. 1
Horizontalschnitt durch einen winterlichen Kaltlufttropfen

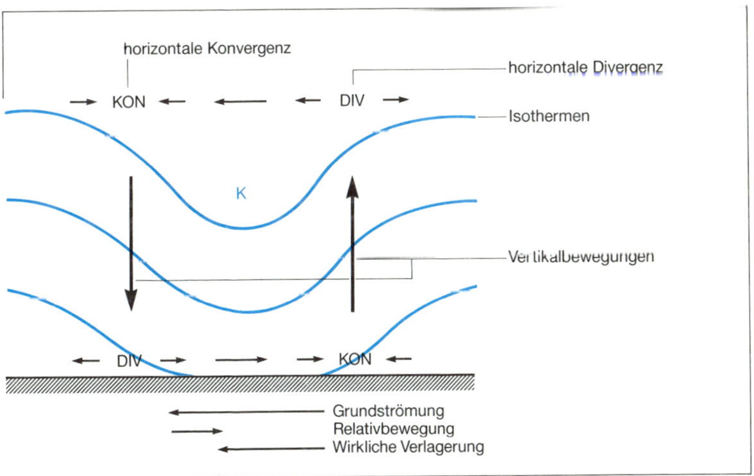

Abb. 2
Vertikalschnitt durch einen winterlichen Kaltlufttropfen

In der freien Atmosphäre nimmt die Windstärke mit der Höhe meist zu und erreicht in der Nähe der Tropopause ihr Maximum. Da große Windgeschwindigkeiten von großen horizontalen Temperaturunterschieden abhängen, die hauptsächlich im Bereich der Frontalzonen (vgl. S. 152) vorkommen, sind auch die *Starkwindfelder* im allgemeinen an diese Zonen gekoppelt. Eine starke Strömung ist dabei wie ein mächtiger Strahl in eine Atmosphärenschicht mit schwächerer Strömung eingebettet. Diese Erscheinung bezeichnet man als *Strahlstrom (Jetstream).* Er ist definiert als ein starker, bandförmiger Luftstrom, der entlang einer quasihorizontalen Achse in der Troposphäre oder Stratosphäre konzentriert ist und ein oder mehrere Geschwindigkeitsmaxima aufweist.

Im Normalfall erstreckt sich ein Strahlstrom über eine Länge von einigen tausend Kilometern bei einer Breite von mehreren hundert Kilometern und einer vertikalen Mächtigkeit von einigen Kilometern. Als unteren Grenzwert hat man eine Geschwindigkeit von 30 m/s festgelegt, doch werden nicht selten Geschwindigkeiten von 70 bis 100 m/s und im Extremfall Werte um 170 m/s (über 600 km/h) gemessen. Zum Vergleich sei daran erinnert, daß ein Bodenwind ab 33 m/s (118 km/h) als Orkan (Windstärke 12) bezeichnet wird.

Auf jeder Halbkugel der Erde gibt es zwei *markante Strahlstromsysteme:* den Polarfrontstrahlstrom und den Subtropenstrahlstrom:

Der *Polarfrontstrahlstrom* umgibt als wellenförmiges, stellenweise auch unterbrochenes Starkwindband die Nordhalbkugel. Seine Lage schwankt zwischen 40 und 70° n. Br. Im Winter ist der Wind wegen des größeren Temperaturgradienten stärker als im Sommer. Doch gibt es in allen Jahreszeiten hinsichtlich geographischer Lage und Geschwindigkeit rasche und kräftige Änderungen, wobei sich die Strahlstromachse mitunter in mehrere Äste aufspaltet. Ihr Kern befindet sich im Mittel in 10 km Höhe. In Satellitenaufnahmen ist der Strahlstrom meist durch ein auffallendes langgestrecktes Wolkenband hervorgehoben, dessen Obergrenze im dargestellten Beispiel (Abb. 1) auf 11000 m Höhe bestimmt wurde. Diese Cirrusbewölkung entsteht auf der warmen Seite durch aufsteigende Luftbewegung. Der scharfe, glatte Wolkenrand an der Nordwestflanke kennzeichnet den Verlauf der Strahlstromachse. Ursache des scharfen Randes ist eine Absinkbewegung, die zu einer abrupten Auflösung des Cirrusbandes führt.

Auf der linken, der zyklonalen Seite des Strahlstroms liegt in einem Höhentrog über dem Ostatlantik (Abb. 2) labil geschichtete Kaltluft mit zellenförmig angeordneter Cumulusbewölkung. Die gestrichelt eingezeichnete Strahlstromachse verläuft zum Teil quer zu den Isohypsen der Höhenwetterkarte. Die Isotachenanalyse senkrecht zur Frontalzone (Abb. 3) zeigt das Windmaximum mit 75 m/s (270 km/h) in 9000 m Höhe über Schottland. Die Drängung der Isotachen (Linien gleicher Windgeschwindigkeit) läßt die typische große vertikale und horizontale Änderung der Windgeschwindigkeit deutlich erkennen. Diese Windscherungen verursachen in der Strömung ungewöhnlich starke Turbulenzen, auch im wolkenfreien Raum, weshalb man sie als *Clear-air-Turbulenz (CAT)* bezeichnet.

Der *Subtropenstrahlstrom* ist im Gegensatz zum Polarfrontstrahlstrom wesentlich beständiger; auch die jahreszeitlich bedingten Änderungen gehen nur langsam vor sich. Er befindet sich im Mittel in 12 km Höhe über dem subtropischen Hochdruckgürtel. Durch Satellitenaufnahmen wird er oft im sonst wolkenleeren Raum als langgestrecktes Cirruswolkenband von mehreren 1000 km Länge erfaßt. Wie ein leicht gewellter Ringstrom ist er auf der Nordhalbkugel längs der Linie Bermudainseln – Kanarische Inseln – Nordafrika – Persischer Golf – Indien – Südchina und über den Pazifik nach Kalifornien zu verfolgen.

Schließlich verdient ein weiteres Starkwindband besondere Erwähnung. Es entsteht durch die Temperaturdifferenz an der Grenze zwischen den sonnenbeschienenen Gebieten der Erde und dem Bereich der Polarnacht in 65° Breite im jeweiligen Winterhalbjahr beider Halbkugeln in 20 bis 50 km Höhe. Man bezeichnet es als *arktischen (antarktischen) stratosphärischen Strahlstrom* oder *Polarnachtstrahlstrom.*

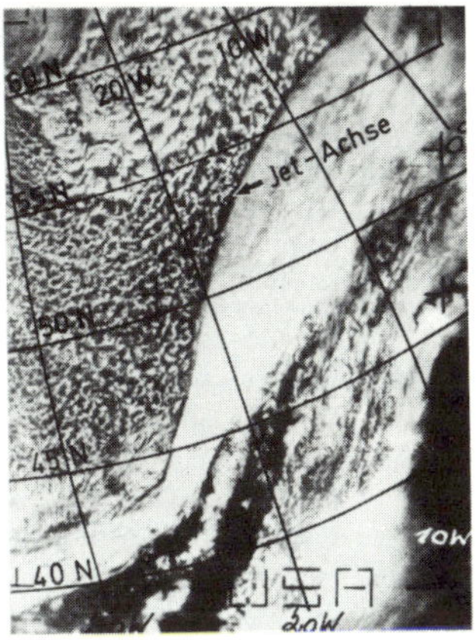

Abb. 1
Strahlstrom im Satellitenbild vom 11.11.1970, 12.06 GMT
(Aufnahme: ESSA 8, APT-Empfangsanlage DWD, Offenbach a.M.)

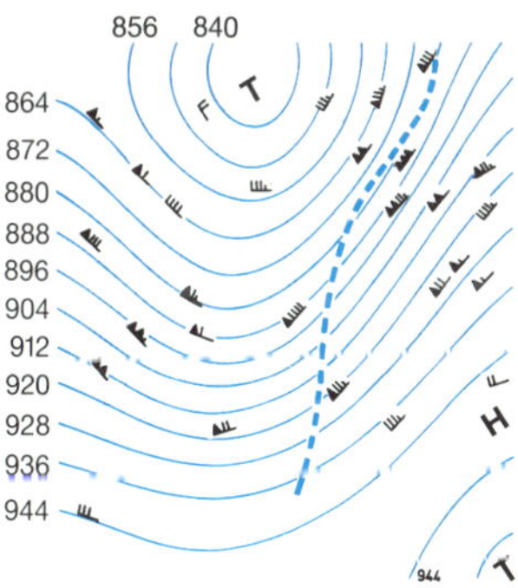

Abb. 2
Absolute Topographie der 300-mbar-Fläche 11.11.1970, 12.00 GMT

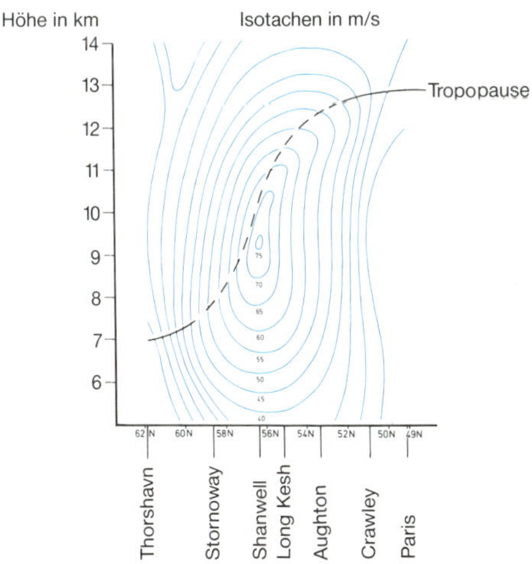

11. November 1970, 12.00 GMT

Abb. 3
Vertikalschnitt senkrecht zur Frontalzone: Isotachen 11.11.1970, 12.00 GMT

Typische Großwetterlagen

Unter einer *Wetterlage* versteht man den Wetterzustand über einem bestimmten Gebiet während eines kurzen Zeitintervalls. Sie wird durch Wetterkarten dargestellt. Bei der Betrachtung einer Folge von Wetterkarten stellt man fest, daß charakteristische Merkmale der Wetterlage oft über mehrere Tage erhalten bleiben. Die Zusammenfassung dieser gleichartigen Wetterlagen ergibt die *Großwetterlage,* die als mittlere Luftdruckverteilung eines mehrtägigen Zeitraums für einen Großraum etwa von der Größe Europas einschließlich der angrenzenden Teile des Nordatlantiks definiert ist.

Grundlage für die Einteilung der Großwetterlagen ist die *Zirkulationsform,* die durch die Lage von quasistationären Hoch- und Tiefdruckgebieten bzw. Frontalzonen bestimmt wird. Es wird dabei unterschieden zwischen zonaler und meridionaler bzw. gemischter Zirkulationsform, bei der zonale und meridionale Strömungsanteile etwa gleich groß sind. Ein weiteres Unterscheidungsmerkmal ist der *Witterungscharakter* über Mitteleuropa, der überwiegend zyklonal oder antizyklonal sein kann.

Für den europäischen Raum wurden so 29 verschiedene Großwetterlagen definiert, die sich für *Mitteleuropa* in acht *Großwettertypen* zusammenfassen lassen: West (W), Nord (N), Ost (E), Süd (S) (Abb. 1) sowie Südwest (SW), Nordwest (NW), Tief Mitteleuropa (TM) und Hoch Mitteleuropa (HM). Die Bezeichnungen geben dabei die in der Troposphäre nach Mitteleuropa gerichtete Strömung sowie die Lage von Tiefs und Hochs an.

Die *Westwetterlagen (Westlagen)* sind im langjährigen Durchschnitt am häufigsten (Abb. 3). Sie sind gekennzeichnet durch ein stationäres Hoch bei den Azoren und ein Zentraltief zwischen Island und Skandinavien. Durch diese Druckverteilung wird vom Atlantik bis Mitteleuropa eine starke Westwindzone aufrechterhalten, in der Zyklonenfamilien rasch ostwärts ziehen und mit wolkenreicher Meeresluft das Wetter wechselhaft gestalten. Der Jahresgang zeigt in den Sommer- und Wintermonaten zwei Häufigkeitsgipfel, während im Mai Westlagen selten sind (Abb. 4).

Verschiebt sich das Azorenhoch nach Norden, entsteht an seiner Nordostflanke die zur gemischten Zirkulationsform gehörende *Nordwestlage.* In ihrer zyklonalen Form bringt sie in Mitteleuropa ergiebige Niederschläge und oft Hochwasser.

Liegt der Kern des Subtropenhochs weiter im Osten und reicht gleichzeitig ein Keil über Spanien zum östlichen Mitteleuropa, entwickelt sich eine *Südwestlage,* bei der z. B. im Winter mit starken Südwestwinden sehr milde Meeresluft nach Deutschland geführt wird (Abb. 2).

Die Großwettertypen mit westlicher Strömungskomponente, also die Südwest-, West- und Nordwestlagen, kommen im Winter und Sommer durchschnittlich an 45 bis 50% aller Tage vor (gegenüber 28% im Frühjahr und 40% im Herbst). Daraus wird deutlich, daß die Winter und Sommer Mitteleuropas ein stark maritimes Gepräge haben, d. h., unsere Winter sind normalerweise niederschlagsreich und mild, die meisten Sommer wechselhaft und kühl.

Die Großwetterlagenstatistik bestätigt die klimatologischen Erkenntnisse, die auch durch den Jahresgang meteorologischer Elemente untermauert werden. So weisen Bewölkung und Niederschlag ebenfalls Maxima im Winter und Sommer auf. Der Sommergipfel beim Niederschlag ist dabei durch starke Konvektionsniederschläge und den höheren Feuchtegehalt der wärmeren Luft markanter ausgeprägt als der Wintergipfel (Abb. 5).

Im Jahresverlauf finden diese Großwettertypen an zwei Terminen besondere Beachtung, nämlich am *Siebenschläfer* (27. Juni), der nach alten Bauernregeln als Lostag für die weitere Sommerwitterung gilt. In vielen Jahren stellt sich nach einer längeren Wärmeperiode um diese Zeit die großräumige Zirkulation auf eine Westwetterlage um, die dann für einige Zeit wechselhaftes und kühles Sommerwetter bringt.

Das zweite bedeutende Ereignis ist das *Weihnachtstauwetter,* eine Südwest- oder Westlage, die mit ziemlicher Regelmäßigkeit zwischen Weihnachten und Neujahr erscheint und durch Warmluftzufuhr bis in die Hochlagen der Mittelgebirge Tauwetter und dadurch mitunter Hochwasser verursacht.

Das Gegenstück zur zonalen Zirkulationsform der westlichen Strömung sind

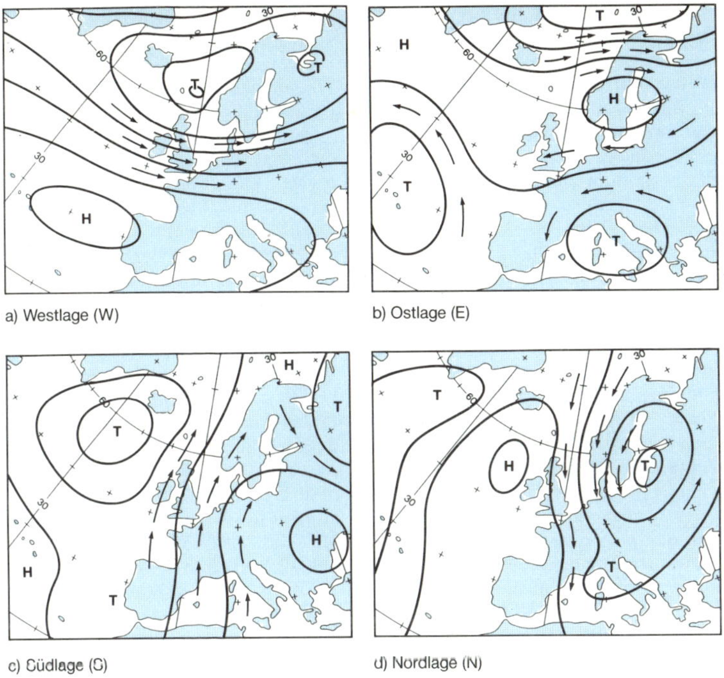

Abb. 1
Grundformen der Großwetterlagen Mitteleuropas

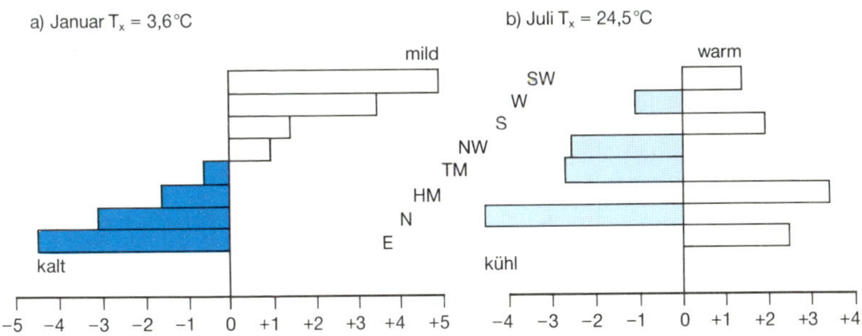

Abb. 2
Mittlere Abweichung der Tageshöchsttemperatur (°C) vom Monatsmittel (T_x) in Karlsruhe bei bestimmten Großwettertypen

die *meridionalen Wetterlagen,* darunter am bedeutsamsten die *Ostlagen,* die uns am kontinentalen Klima teilnehmen lassen. Ihre Luftdruckverteilung zeigt ein Hoch über Nordrußland, Finnland und Skandinavien, das sich manchmal bis zum Nordmeer ausweitet. Gleichzeitig liegt ein umfangreiches Tiefdruckgebiet über dem Mittelmeer. Dadurch wird über Mitteleuropa eine östliche Strömung aufrechterhalten, mit der im Winter kalte Festlandsluft (in extremen Fällen sibirische Polarluft) und im Sommer warme Festlandsluft herangeführt wird. Da die Großwetterlagen mit östlicher Strömungskomponente (Nordost-, Ost- und Südostlagen) eine große Erhaltungsneigung aufweisen, sind lange und strenge Frostperioden im Winter und Hitzeperioden im Sommer typische Merkmale. Das jahreszeitlich entgegengesetzte Temperaturverhalten spiegelt sich in den mittleren Abweichungen der Temperaturmaxima wider (Abb. 2), die beim Großwettertyp Ost von April bis August positiv und von September bis März negativ sind. Da die Festlandsluft verhältnismäßig trocken ist, überwiegt das antizyklonale Witterungsgepräge. Mitunter kommt es aber im Bereich von Kaltlufttropfen (s. S. 176), die in der Oströmung mitgeführt werden, zu Niederschlägen, oder Ausläufer des Mittelmeertiefs verursachen auch auf der Nordseite der Alpen anhaltende und ergiebige Niederschläge.

Mit 27 % aller Tage erreicht der Großwettertyp Ost im Mai seine größte Häufigkeit, mit 10 % stellt er sich am wenigsten im Juli ein. An der Witterung des Hochwinters ist er mit 20 % maßgeblich beteiligt, wobei sich der Anteil in strengen Wintermonaten noch steigert.

Erscheint der Schwerpunkt des kontinentalen Hochs über Rußland weiter im Süden und verbleiben die Tiefdruckgebiete hauptsächlich über dem Ostatlantik und bei den Britischen Inseln, kommt es zu einer *Südlage.* Eine hochreichende Südströmung führt dann subtropische Warmluft nach Mitteleuropa, deren Temperatureinfluß im Alpenvorland durch Föhn noch verstärkt wird. Auch im übrigen Deutschland herrscht meist länger anhaltendes sonniges Wetter, das aber in der kalten Jahreszeit in den Niederungen oft durch Nebel getrübt wird. Auffallende Erscheinungen der Südlagen sind gelegentliche, mit rötlichem Wüstenstaub aus der Sahara gefärbte Niederschläge, die als *Blutregen* bereits in alten Chroniken verzeichnet sind.

Zu den meridionalen Formen der Großwetterlagen zählen auch die *Nordlagen.* Die typische Druckverteilung zeigt ein blockierendes Hoch über dem Ostatlantik oder England und ein Tiefdruckgebiet über der Ostsee und dem Baltikum. Dadurch wird arktische Polarluft auf kürzestem Weg nach Mitteleuropa geführt. Nordlagen verursachen daher in allen Jahreszeiten eine zu kalte Witterung (Abb. 2). Ihre größte Häufigkeit (mit etwa 25 % aller Tage) haben sie in den Monaten April bis Juni, in denen sie die allgemeine Frühjahrserwärmung durch heftiges Schauerwetter mehrmals unterbrechen. Volkstümliche Bezeichnungen für diese Kälterückfälle sind das typische *Aprilwetter,* die *Eisheiligen* (um den 12. Mai) und die *Schafkälte* (um den 10. Juni). Der Rückgang der Nordlagen auf 8 % im August ist ein Zeichen der jahreszeitlichen Abnahme des Kaltluftvorrats im Polargebiet.

Aus der Nordlage entwickelt sich manchmal die Großwetterlage *Tief Mitteleuropa,* die sich als hochreichendes kaltes Tief erweist und durch naßkaltes Wetter gekennzeichnet ist. Ihr Anteil beträgt im Jahresdurchschnitt nur 2 %.

Der Großwettertyp *Hoch Mitteleuropa* tritt dagegen mit 17 % wesentlich häufiger in Erscheinung. Er wird durch ein warmes Hoch repräsentiert (vgl. S. 172), das sich für einige Tage über Mitteleuropa festsetzt und Ursache einer längeren Schönwetterperiode ist. Diese Großwetterlage kann in allen Jahreszeiten vorkommen, besonders auffällig und ziemlich regelmäßig tritt sie aber als *Altweibersommer* im Herbst auf.

Mit fortschreitender Jahreszeit verliert das Hoch Mitteleuropa in den Niederungen seinen guten Ruf als Schönwetterlage. Zunehmend machen sich nämlich Nebel und Hochnebel bemerkbar, die im Extremfall bei hoher Schadstoffkonzentration Befürchtungen auf eine gesundheitsgefährdende Smoglage aufkommen lassen. Mildes und sonniges Wetter herrscht dann nur noch in den Hochlagen der Mittelgebirge.

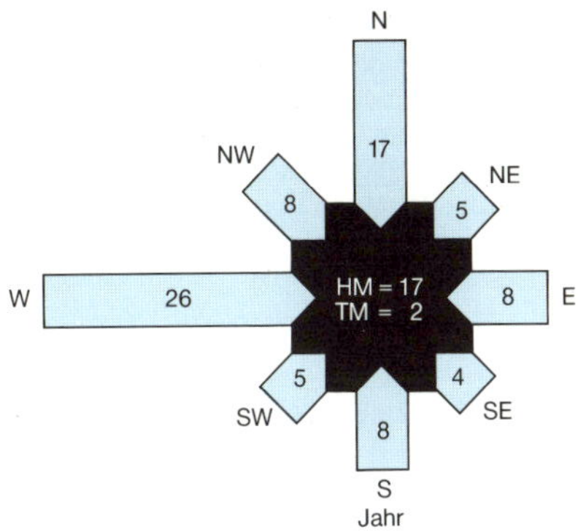

Abb. 3
Jahresmittel der relativen Häufigkeit der Großwettertypen (%), Zeitraum: 1931–60

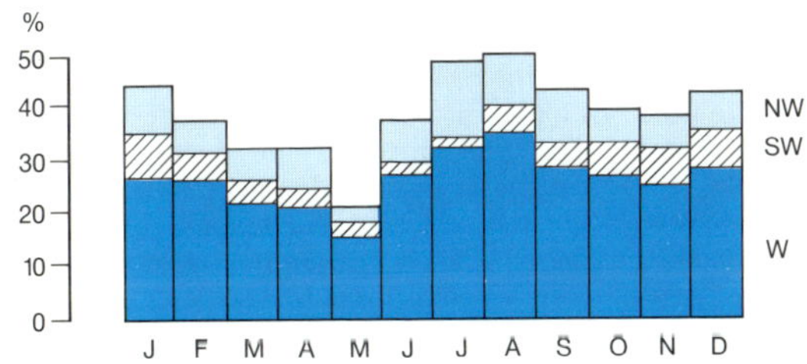

Abb. 4
Mittlere monatliche Häufigkeit (%) der West-, Südwest- und Nordwestlagen, Zeitraum: 1931–60

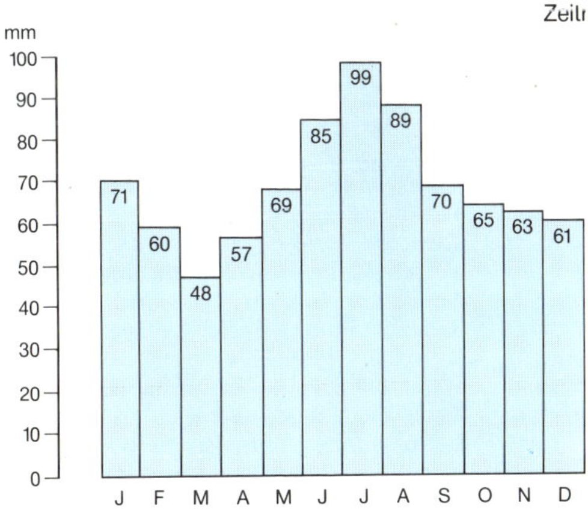

Abb. 5
Mittlere monatliche Niederschlagshöhen (mm) in der Bundesrepublik Deutschland, Zeitraum: 1931–60

Tropische Wirbelstürme

Die *tropischen Wirbelstürme* sind Tiefdruckgebiete der Tropen mit sehr niedrigem Kerndruck und einem Durchmesser von einigen hundert Kilometern. Sie erreichen dabei nicht die Ausdehnung der Tiefdruckgebiete der gemäßigten Breiten. Wegen des wesentlich stärkeren Druckgefälles zum Zentrum sind sie aber von größeren Windgeschwindigkeiten begleitet als diese. In tropischen *Orkanen* weht der Wind häufig mit 200 km/h und mehr, wobei das Orkanfeld das 10 bis 30 km breite Zentrum des Wirbels, in dem fast Windstille herrscht, ringförmig umschließt. Außerordentlich stark ist auch die *Böigkeit* des Windes.

Tropische Wirbelstürme entstehen nur über warmen Meeren mit einer Wassertemperatur von mindestens 27 °C, d. h. auf der Nordhalbkugel überwiegend im Sommer und frühen Herbst. Über dem Meer lagert dann eine feuchtwarme Luftmasse, in der sich hoch aufgetürmte Quellwolken bilden (Abb. 1). Bei der Kondensation werden erhebliche Wärmemengen frei, die der aufsteigenden Luft einen zusätzlichen Auftrieb verschaffen. Sie gelten als die Hauptenergiequelle der Wirbelbildung. Damit aber eine Zirkulation in Gang kommt, ist in den unteren Schichten eine konvergente Strömung erforderlich, die am Südrand des Subtropenhochgürtels in den wellenförmigen Deformationen der Isobaren, den *Easterly waves,* vorhanden ist.

Auslösende Ursache der Wirbelstürme sind manchmal auch Hebungsvorgänge am Südrand eines bis in die Tropenzone reichenden *Höhentrogs.* Mit der Ausbildung eines flachen Tiefs, das sich durch rapiden Luftdruckfall rasch intensiviert, weht die Luft der unteren Schichten spiralförmig zum Zentrum hin. In den Cumulonimbuswolken, die allmählich zu schweren, dunklen Wolkenmassen zusammenwachsen, steigt sie stürmisch in die Höhe und rotiert gleichzeitig kreisförmig um die Achse des Wirbels. In großen Höhen wird die Luft, mit Cirrus- und Cirrocumuluswolken durchsetzt, nach außen geworfen und sinkt, über ein großes Areal verteilt, wieder ab. Auch im Zentrum des Wirbels stellt sich eine absinkende Luftbewegung ein, wobei die Wolken hier von oben her abtrocknen und der blaue Himmel oder die Sterne sichtbar werden. Diese kreisförmige, wolkenarme und windschwache Zone nennt man das *Auge des Orkans.* In Satellitenaufnahmen läßt es das Entwicklungsstadium des Wirbelsturms erkennen. Das Auge wird von einer drohenden, tief herabhängenden Wolkenwand umschlossen, aus der sintflutartige Regenfälle niedergehen (Abb. 2). Sie bringen in wenigen Stunden mitunter Regenhöhen von 500 bis 1 000 mm.

Bei den *Zugbahnen* der tropischen Wirbelstürme fällt auf, daß es zu beiden Seiten des Äquators, etwa bis 6° Breite, ein orkanfreies Gebiet gibt (Abb. 3). Das ist darauf zurückzuführen, daß die Coriolis-Kraft in Äquatornähe zu gering ist, um Wirbelbewegungen auszulösen. Die meisten tropischen Wirbelstürme werden am Südrand des Subtropenhochs nach Westen gesteuert und schwenken später in eine polwärts gerichtete Bahn ein. Im Gebiet der westlichen Winde verwandeln sie sich oft in eine Zyklone der gemäßigten Breiten. Verläuft die Zugbahn über Inseln und Küstengebiete, bilden neben der zerstörenden Wirkung des Windes meterhohe Flutwellen der aufgepeitschten See eine zusätzliche Gefahr. Beim relativ seltenen Übertritt auf das Festland verlieren die tropischen Wirbelstürme rasch an Energie.

Entsprechend ihrer geographischen Herkunft führen die tropischen Orkane unterschiedliche Namen. Am bekanntesten sind die *Hurrikane* östlich der Westindischen Inseln und im Karibischen Meer. Seltener sind im Atlantik die *Kapverdischen Orkane.* Auf der pazifischen Seite, vor der Westküste Mexikos, entstehen die *Mexikanischen Orkane,* die *Cordonazos. Taifune* heißen sie in den Gewässern Chinas und Japans, *Baguios* bei den Philippinen. Ein *Zyklon* im Golf von Bengalen ist eine Begleiterscheinung des indischen Monsunwechsels. Auf der Südhalbkugel sind die *Südseeorkane* gefürchtet. In Nordaustralien nennt man den tropischen Wirbelsturm *Willy-Willy.* Im südlichen Indischen Ozean erreichen die *Mauritiusorkane* Madagaskar.

In den meisten Gegenden sind *Orkanwarndienste* eingerichtet. Sie überwachen mit Hilfe der Wettermeldungen von Schiffen, Flugzeugen und Satelliten sowie mittels Radarpeilung Zugbahn und Entwicklung der einzelnen Wirbelstürme.

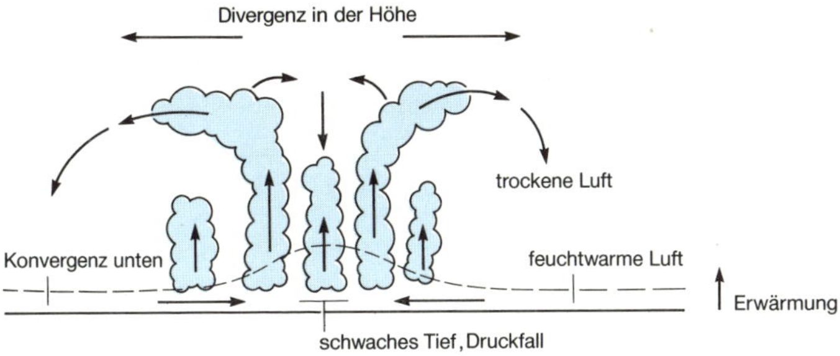

Abb. 1
Entwicklung eines tropischen Tiefs

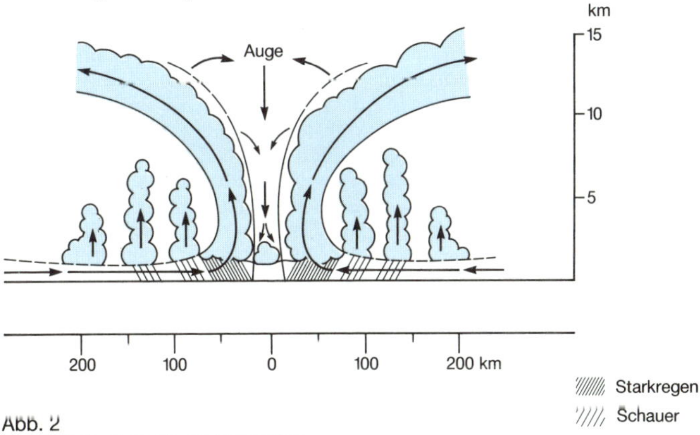

Abb. 2
Vertikalschnitt durch ein tropisches
Orkantief

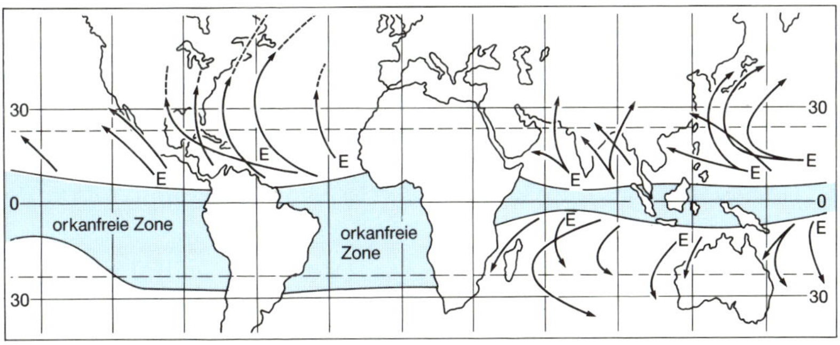

Abb. 3
Entstehungsgebiete (E) und Zugbahnen
tropischer Wirbelstürme

Tornados und Tromben

Tornados sind Luftwirbel mit vertikaler Achse. Sie kommen hauptsächlich in den Staaten des Mittleren Westens der USA vor. Im langjährigen Durchschnitt werden in den USA 750 Tornados pro Jahr gezählt, die meisten davon im Mai und Juni. Sie entstehen in Verbindung mit Gewitterwolken im Bereich feuchtwarmer Luft, die vom Golf von Mexiko mit einer südwestlichen Strömung nordostwärts geführt wird und auf hochreichende Kaltluft trifft, die über die Rocky Mountains ostwärts vorstößt. Die großen Temperatur- und Feuchteunterschiede verursachen dabei eine feuchtlabile Schichtung, die zu starken vertikalen Umlagerungen in engen Aufwindschloten führt. Die in Bodennähe radial konvergierende Luft erfährt durch turbulente Schwankungen einen Drehsinn. In mittleren Höhen versetzt die nach oben zunehmende Windgeschwindigkeit die gesamte Gewitterwolke in zyklonale Rotation, so daß durch die Fliehkräfte in der Wolke ein lokal begrenztes Luftdruckminimum erzeugt wird. Durch starken Druckfall kommt es auch unterhalb der Wolke zu Kondensationserscheinungen. Aus der dunklen Wolkendecke senkt sich innerhalb weniger Minuten ein *Wolkenschlauch* in Form eines Rüssels zur Erde (Abb. 1). Oben ist er mit Wassertropfen und im unteren Teil mit aufgewirbeltem Staub angefüllt. Der extreme Bodendruckgradient beschleunigt die Luft am inneren Rand des Wirbelschlauchs auf mehrere hundert km/h, wobei Coriolis-Kraft und Zentrifugalkraft einen raschen Druckausgleich verhindern.

Tornados wandern mit 50 bis 60 km/h in Richtung der vorherrschenden Höhenströmung über eine Distanz von 5 bis 10 km, in Extremfällen aber auch bis 300 km weit. Auf einer Breite von 300 bis mehr als 1 000 m lassen sie eine Schneise der Verwüstung zurück, da Bäume entwurzelt, Gegenstände durch die Luft gewirbelt werden und Häuser bersten.

Auch in Mitteleuropa werden jährlich etwa 10 derartige kleinräumige Wirbelstürme mit großer Schadenswirkung beobachtet. Sie werden als *Tromben* oder *Windhosen* bezeichnet und entstehen ähnlich wie Tornados.

Bei uns entstehen diese Wirbelstürme in feuchtwarmer Subtropikluft, die auf der Vorderseite eines atlantischen Tiefs mit einer südlichen bis südwestlichen Strömung vom Mittelmeer zu uns gelangt (Abb. 2). Einer der schwersten dieses Jahrhunderts, als *Tornado von Pforzheim* in die Literatur eingegangen, entwickelte sich am Abend des 10. Juli 1968, einem schwülheißen Tag, am Rand der Oberrheinebene bei Karlsruhe; er zog über die nördlichen Ausläufer des Schwarzwaldes hinweg Richtung Osten (Abb. 3). Maßgebend für die Auslösung des Wirbelsturms waren die schwache Bodenkonvergenz östlich des Rheins in extrem feuchtwarmer Luft und die äußerst labile Schichtung der gesamten Troposphäre. Zusätzlich war in diese in etwa 1 500 m Höhe eine relativ trockene Schicht eingelagert, in der sich durch Verdunstungsabkühlung ein Kaltluftkörper bilden konnte, der für weitere Labilisierung sorgte, ebenso wie die Annäherung einer Kaltfront (Abb. 2).

Die Zugbahn des Tornados, dessen dunkler Wirbeltrichter bei fahlem Mondschein beobachtet wurde, war über eine Strecke von 27 km zu verfolgen. Seitlich davon gab es schwere Gewitter, zum Teil mit Hagel. Der Wirbelsturm hinterließ über Täler und Höhenzüge hinweg auf einer Breite von 200 bis 600 m Zerstörungen schwerster Art. So wurden im Stadtkreis Pforzheim 1 750 Häuser beschädigt, Bäume und Hochspannungsmasten geknickt. Aus den Schäden wurden Windgeschwindigkeiten von mindestens 75 m/s (= 270 km/h) errechnet. Der Gesamtschaden betrug 130 Millionen DM.

Auch über See wachsen manchmal trichter- oder schlauchförmige Gebilde aus der Unterseite eines Cumulonimbus heraus und wirbeln bei Erreichen der Wasseroberfläche große Mengen Wasser hoch. Man spricht dann von *Wasserhosen.* Ihr Durchmesser liegt in der Größenordnung von 100 Metern.

Neben diesen *Großtromben* gehören zu den Luftwirbeln mit vertikaler Achse die *Kleintromben,* die als *Sand-* oder *Staubhosen,* auch als *Sand-* oder *Staubteufel* bekannt sind. Sie entstehen bei starker lokaler Überhitzung aus Konvektionsblasen, die sich unter starker Rotation vom Boden abheben und dabei Sand, Staub und leichtere Gegenstände mehrere Meter hoch aufwirbeln.

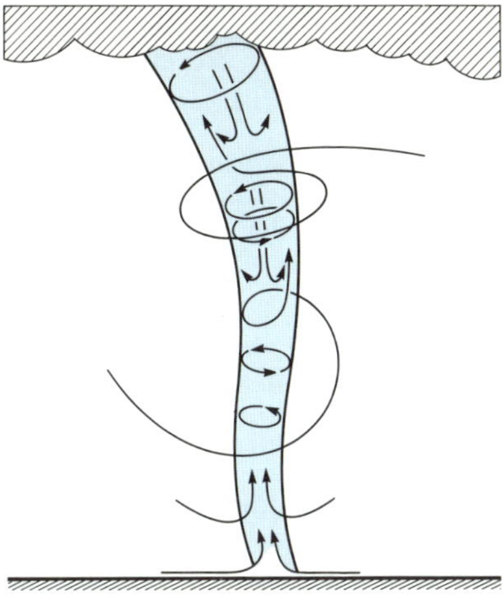

Abb. 1
Luftströmung in einem Tornado

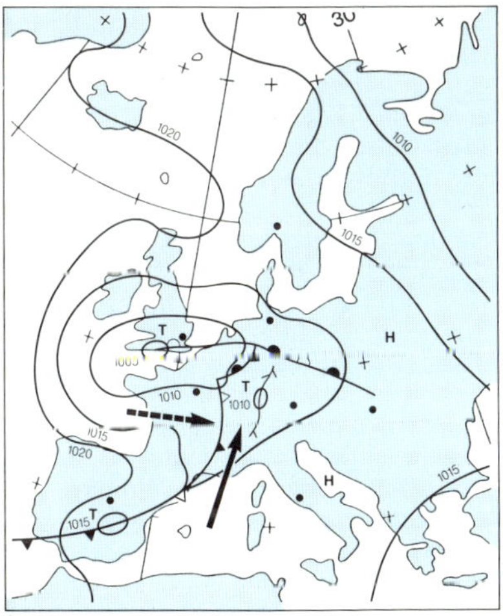

Abb. 2
Wetterkarte vom 10. Juli 1968, 21 Uhr

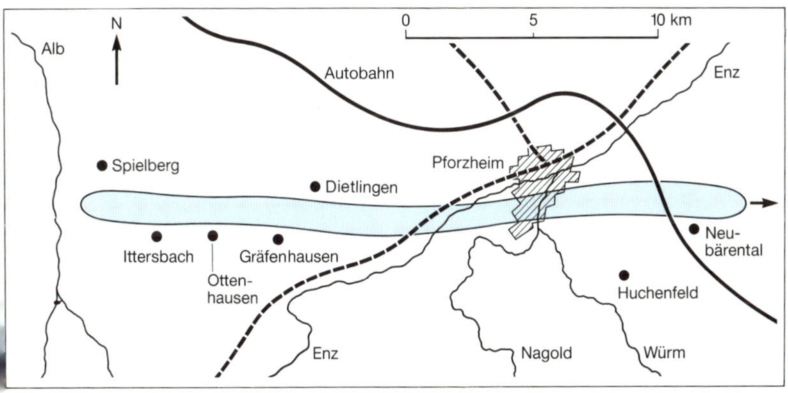

Abb. 3
Zugbahn des Tornados von Pforzheim

Die synoptische Methode der Wettervorhersage

Grundlage der Wettervorhersage ist im allgemeinen eine *Vorhersagekarte,* deren Interpretation zu Aussagen über das zu erwartende Wetter führt. Vorhersagekarten stehen heute fast überall als Ergebnis von numerischen Vorhersagerechnungen zur Verfügung. Aber auch ohne eine solche numerische Vorhersagekarte kann sich der Meteorologe eine Vorstellung über die Entwicklung der Wetterlage verschaffen, indem er die früher übliche *synoptische Methode* der Wettervorhersage (heute im Gegensatz zur numerischen oft als *manuelle Methode* bezeichnet) benutzt. Diese stellt eine Reihe von Verfahren und Erkenntnissen bereit, die auch heute noch, zumindest in Teilbereichen, benutzt werden können.

Die synoptische Methode beruht im Prinzip auf einer Art Extrapolation, die auf einer sorgfältigen Verfolgung der bisherigen Entwicklung aufbaut. Dabei zeigt sich, daß die Verlagerung von Luftdruckgebilden und Störungen meist nicht geradlinig und mit gleicher Geschwindigkeit vor sich geht, sondern daß die Bahnen gekrümmt sind und die Geschwindigkeiten (gegebenenfalls auch die Intensität) sich ändern. Es war deshalb lange Zeit ein wichtiges Forschungsziel der synoptischen Meteorologie, physikalisch begründete Regeln für das Verhalten von Druckgebilden und Störungen zu finden.

In der Praxis hat es sich als zweckmäßig erwiesen, die Extrapolation in zwei Arbeitsgänge aufzuspalten, in eine der Fronten und Luftdruckzentren und eine der Luftdruckverteilung.

Ein Beispiel des ersten Arbeitsganges ist in Abb. 1 dargestellt. Hier sind in einer *Verlagerungskarte* die Frontenlagen und Druckzentren vor 24 Stunden, vor 12 Stunden und zum aktuellen Termin eingezeichnet. Dieser Überblick über die Bewegung der Fronten und Druckzentren in den letzten 24 Stunden bildet die Grundlage einer Extrapolation für die nächsten 24 Stunden. Hierbei ist eine Anzahl von meist in Regeln gefaßten Erkenntnissen und Erfahrungen zu beachten, die ein Abweichen von der linearen Extrapolation bedingen. So muß z. B. berücksichtigt werden, daß die Verlagerungsgeschwindigkeit über dem Festland im Vergleich zu der über den Ozeanen geringer wird, daß der Okklusionsprozeß in Zyklonen fortschreitet oder daß an Kaltfronten, die die Alpen überschreiten, sich häufig Wellen und schließlich neue Tiefdruckgebiete über dem Mittelmeer bilden.

Dem zweiten Arbeitsgang, der Erfassung der zukünftigen Luftdruckverteilung, dient als Grundlage die sogenannte *Steuerung.* Darunter stellt man sich vor, daß die Bewegung der Luftdruckgebilde am Boden durch eine in der Höhe vorhandene Grund- oder Führungsströmung bestimmt, also „gesteuert" wird. Als Steuerungsfläche wird im allgemeinen die 500-hPa-Fläche genommen. Sie steuert, wie man bald festgestellt hatte, besser die Luftdruckänderungsgebiete am Boden als die Druckgebilde selbst. Als Arbeitsunterlage wird eine *Steuerungskarte* (Abb. 2) verwendet. In dieser sind die Isohypsen der 500-hPa-Fläche und die Linien der Luftdruckänderungen der letzten 24 Stunden übereinandergezeichnet. Die zusätzlich eingetragenen Pfeile geben die Bewegung der Zentren der Luftdruckänderungsgebiete in den vorangegangenen 24 Stunden an. Man erkennt deutlich, daß die Bewegungsrichtung trotz einzelner Abweichungen im großen ganzen so gut mit der Strömung in 500 hPa übereinstimmt, daß damit auf die weitere Verlagerung der Änderungsgebiete geschlossen werden kann. Auch hierzu wurde eine Reihe von Regeln aufgestellt, die Hinweise auf abweichende Verlagerungsrichtungen und auf Intensitätsänderungen der Änderungsgebiete geben. Hat man sich ein Bild von den Luftdruckveränderungen für die nächsten 24 Stunden gemacht, so kann man die Luftdruckverteilung für morgen gewinnen, indem man die heutige Luftdruckverteilung jeweils um die Beträge der voraussichtlichen Luftdruckänderungen verändert.

Die Ergebnisse beider Arbeitsgänge, voraussichtliche Frontenlage und Luftdruckverteilung, müssen schließlich zusammengefügt und einander angepaßt werden, so daß sich die Wetterlage für den nächsten Tag ergibt. Sie kann dann als Grundlage für die eigentliche Vorhersage des Wetters dienen.

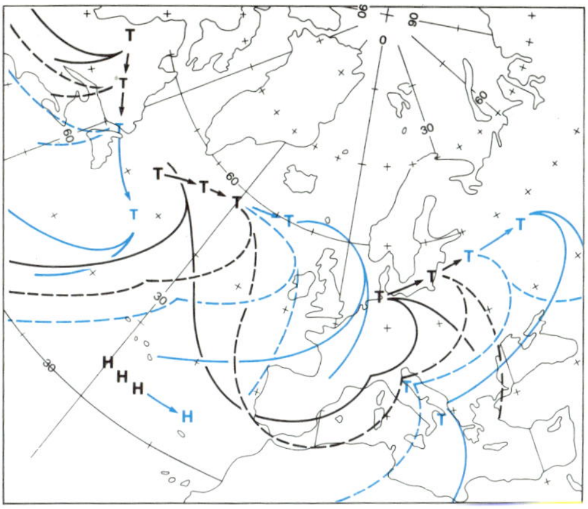

Abb. 1
Verlagerungskarte der Fronten und Luftdruckzentren vom 15.11.1987

Fronten vom 14.11. 00 Uhr UTC
Fronten vom 14.11. 12 Uhr UTC
Fronten vom 15.11. 00 Uhr UTC
Extrapolation der Frontenlage für den 16.11. 00 Uhr UTC

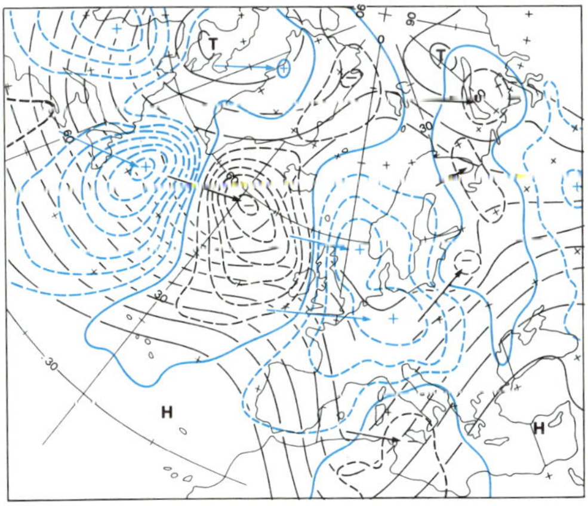

Abb. 2
Steuerungskarte vom 15.11.1987 00 Uhr UTC

Isophysen der Topographie der 500-hPa-Fläche
Linien gleicher 24stündiger Luftdruckänderungen im Abstand von 5 zu 5 hPa:
positiv
Null-Linie
negativ

Numerische Methoden der Wettervorhersage

Während die synoptische Methode (s. S. 188) auf die bisherige Entwicklung der Wetterlage aufbaut und diese zu extrapolieren sucht, geht die *mathematisch-physikalische Methode der Wettervorhersage* von der Grundidee aus, daß man die zukünftige Entwicklung der Wetterlage berechnen kann, wenn man einerseits den augenblicklichen Zustand der Atmosphäre, andererseits die physikalischen Gesetzmäßigkeiten und Gleichungen, die die atmosphärischen Bewegungen und Veränderungen bestimmen, genau kennt.

Der Anfangszustand der Atmosphäre wird von der *numerischen Analyse* (s. S. 144 ff.) geliefert. Um diesen Zustand physikalisch vollständig zu beschreiben, benötigt man die dreidimensionale Verteilung von insgesamt *sieben Variablen:* drei Windkomponenten, Luftdruck, Lufttemperatur, Luftdichte und Luftfeuchte. Zur Vorausberechnung der Verteilung dieser sieben Variablen ist aus mathematischen Gründen ein Gleichungssystem von ebenfalls sieben Gleichungen erforderlich.

Die ersten drei dieser Gleichungen sind die drei Komponenten der *hydrodynamischen Bewegungsgleichungen,* die, gemäß dem Axiom Kraft = Masse · Beschleunigung, aus der Summe der in der Atmosphäre wirkenden Kräfte die auf jedes Luftquantum ausgeübten Beschleunigungen in den drei Komponentenrichtungen liefern. Üblicherweise wird dabei die Beschleunigung in der Vertikalkomponente großräumig als so gering angesehen, daß sie vernachlässigt und die dritte Bewegungsgleichung durch die statische Grundgleichung (vgl. S. 44) ersetzt werden kann.

Hinzu kommen die *Kontinuitätsgleichung,* die bei den Berechnungen für die Einhaltung des Prinzips der Erhaltung der Masse sorgt, und der *erste Hauptsatz der Wärmelehre,* der die Erhaltung der Energie gewährleistet. Die sechste Gleichung ist die *Zustandsgleichung idealer Gase,* die einen Zusammenhang zwischen Druck, Temperatur und Dichte herstellt und damit erlaubt, die nur schwierig zu bestimmende Luftdichte durch den Luftdruck und die Temperatur zu ersetzen. Damit wird die Zahl der Variablen und Gleichungen um eins reduziert. Schließlich wird zur Vorhersage der Luftfeuchte noch eine *Wasserdampftransportgleichung* benötigt, die neben dem Transport auch Quellen und Senken des Wasserdampfs enthält.

Das Gleichungssystem ist (wegen seiner Nichtlinearität) insgesamt so kompliziert, daß es nicht direkt (analytisch) lösbar ist. Man ist deshalb zur Lösung auf ein iteratives numerisches Verfahren angewiesen, weshalb auch die gesamte Methode als *numerische Wettervorhersage* bezeichnet wird.

Voraussetzung für die Anwendung von numerischen Verfahren ist, daß die im Gleichungssystem enthaltenen (sich auf ein unendlich kleines Intervall beziehenden) Differentialquotienten durch endliche Differenzenquotienten ersetzt werden. Die Intervallgröße der räumlichen Differenzen wird dabei durch die Maschenweite des von der numerischen Analyse vorgegebenen Gitternetzes bestimmt. Offensichtlich entstehen bei dieser Umwandlung, die man sich als das Ersetzen einer gekrümmten Linie durch einen Polygonzug aus jeweils geradlinigen Stücken vorstellen kann, Ungenauigkeiten, die man als *Verstümmelungsfehler* bezeichnet.

Das Verfahren der numerischen Rechnung besteht nun darin, daß für jeden Gitterpunkt die zeitliche Änderung der Variablen für ein hinreichend kleines Zeitintervall aus den Gleichungen berechnet wird. Aus den Ergebnissen dieser Rechnungen ergibt sich für das Ende des ersten Zeitschrittes eine neue Feldverteilung der Variablen, die nun als Basis für einen weiteren Zeitschritt dient. Durch fortgesetzte Wiederholung dieses Vorgehens kann man schließlich jeden gewünschten Prognosenzeitraum erreichen.

Der dabei verwendete *Zeitschritt* darf aus mathematischen Gründen eine bestimmte Größe, die der *Maschenweite* des zugrundeliegenden Gitternetzes direkt proportional ist, nicht überschreiten, da die Rechnungen sonst instabil werden. Man erkennt daraus, daß mit einer Verringerung der Maschenweite der erforderliche Rechenaufwand außerordentlich anwächst. So würde eine Halbierung der Maschenweite in der Horizontalen die Zahl der Gitterpunkte schon vervierfachen; da gleichzeitig aber auch der Zeitschritt halbiert werden

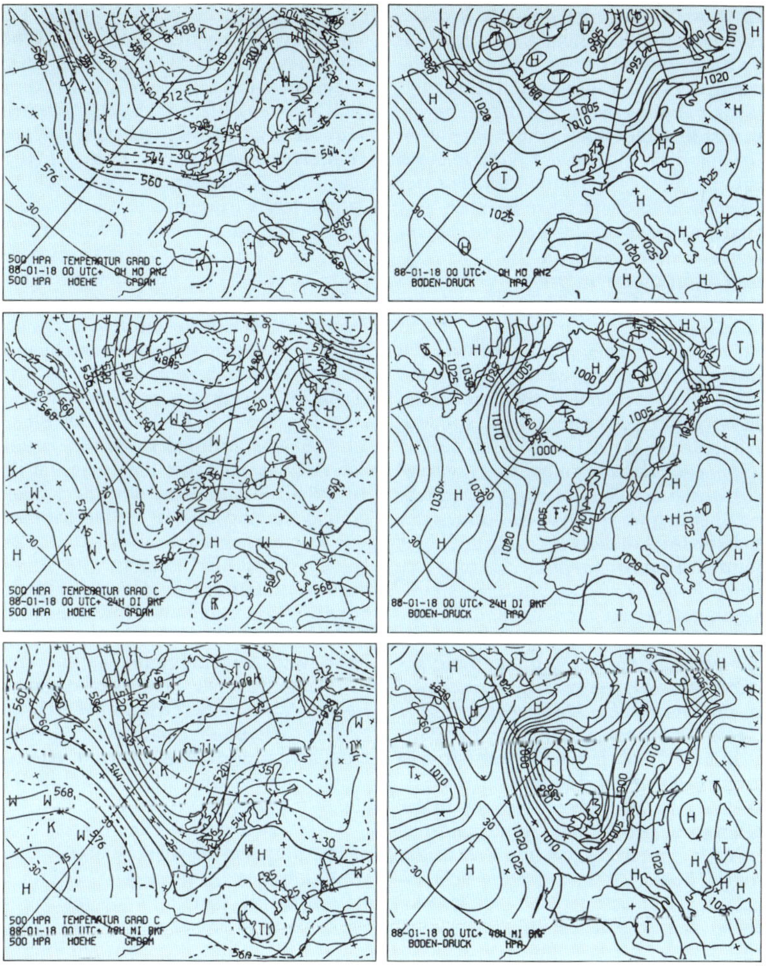

Abb. 1
Numerische Vorhersagekarten vom 18.1.1988
Linke Spalte: Isohypsen und Isothermen der 500-hPa-Fläche
Rechte Spalte: Bodenluftdruck
von oben nach unten: Ausgangslage, Vorhersagen für den 1. und 2. Folgetag

müßte, würde sich der gesamte Rechenaufwand auf das Achtfache erhöhen. Der Verringerung der Maschenweite, die natürlich eine Erhöhung der Genauigkeit der Vorhersagerechnungen bewirken würde und deshalb immer angestrebt wird, sind infolgedessen Grenzen gesetzt, die in der Leistungsfähigkeit der verfügbaren Rechenanlage liegen.

Jeder numerischen Vorhersagerechnung liegt deshalb eine mehr oder weniger vereinfachte Wiedergabe der wirklichen Atmosphäre zugrunde. Je nach Art und Grad der Vereinfachung spricht man von verschiedenen *numerischen Modellen.* Diese unterscheiden sich nicht nur in der Maschenweite des verwendeten horizontalen Gitternetzes, sondern auch in der Zahl der Flächen, mit der die dreidimensionale Atmosphäre dargestellt wird, vor allem aber in den Annahmen über den physikalischen Aufbau der Atmosphäre und der Erfassung der in ihr ablaufenden sehr komplizierten physikalischen Prozesse, die nicht ohne tiefgreifende Vereinfachungen behandelt werden können.

Im einfachsten Fall kann man die Atmosphäre durch nur eine Fläche darstellen. Ein solches *Einschichtenmodell* setzt theoretisch eine vertikal einheitliche Atmosphäre voraus, in der überall Barotropie (s. S. 60) herrscht. Man spricht deshalb von einem *barotropen Modell.* In der Praxis kann man damit weitgehend das vertikal gemittelte Verhalten der Atmosphäre erfassen, wie es sich im Schwerpunkt der Atmosphäre, also etwa im 500-hPa-Niveau, widerspiegelt.

Zur besseren Erfassung der realen Atmosphäre, die immer baroklin (s. S. 60) geschichtet ist, benötigt man *Mehrschichtenmodelle,* die dementsprechend *barokline Modelle* genannt werden. Moderne barokline Modelle verwenden etwa 10 bis 20 Schichten, die im allgemeinen in größeren Höhen einen größeren Abstand aufweisen als in den unteren Schichten, wo die hier vor sich gehenden physikalischen Prozesse besser erfaßt werden sollen.

Gemeinsames Kennzeichen der meisten, sehr verwickelten physikalischen Prozesse ist ihre Kleinräumigkeit. Mit einem Gitternetz, das bei den üblichen numerischen Modellen Maschenweiten zwischen 100 und 300 km aufweist, können solche Prozesse wie Turbulenz, Austausch, Wolken- und Niederschlagsbildung oder gar Strahlungsvorgänge im einzelnen auch nicht annähernd dargestellt werden. Man muß sich vielmehr mit einem Verfahren behelfen, das man *Parametrisierung* nennt. Hierbei versucht man, mit Hilfe der an den Gitterpunkten definierten Variablen Beziehungen aufzustellen, die die pauschale Wirkung solcher Prozesse erfassen, ohne daß der Prozeß im einzelnen behandelt wird. Beispielsweise kann für den turbulenten Austausch, der zwischen dem Erdboden und den unteren Atmosphärenschichten vor sich geht, angesetzt werden, daß der vertikale Transport von Impuls, Wärme oder Feuchte dem Gefälle dieser Eigenschaften proportional ist, wobei zusätzlich die Faktoren, die die Intensität der Turbulenz bestimmen, wie die Bodenrauhigkeit und die Windgeschwindigkeit, mit berücksichtigt werden müssen. Notwendig ist hierfür auch die Kenntnis der Temperatur und der Feuchte der obersten Bodenschicht, für die ebenfalls Ansätze gemacht werden müssen; in diese sind der gesamte Wärme- und Feuchteumsatz am Erdboden einzubeziehen. Weitere Bereiche, in denen mit Parametrisierung gearbeitet werden muß, sind z. B. die Wolken- und Niederschlagsbildung oder alle Strahlungsvorgänge.

Alle diese Prozesse üben einerseits einen Einfluß auf die großräumige Wetterentwicklung aus, andererseits bestimmen sie das lokale Wetter. Wenn man diese Prozesse befriedigend erfaßt hat, ist man in der Lage, neben den üblichen Vorhersagekarten, die meist für Vorhersageintervalle von 24 Stunden ausgegeben werden (Abb. 1), auch den Wetterablauf für einen bestimmten Ort in Form von Tabellen oder Diagrammen vorherzusagen (Abb. 2). Diese *Diagramme,* die man als Ergebnis moderner numerischer Vorhersagemodelle für jeden Gitterpunkt herstellen kann, enthalten nicht nur Angaben über den Wind, die Temperatur und den Luftdruck, sondern u. a. auch über die Bewölkungsverhältnisse sowie über Art und Menge der Niederschläge.

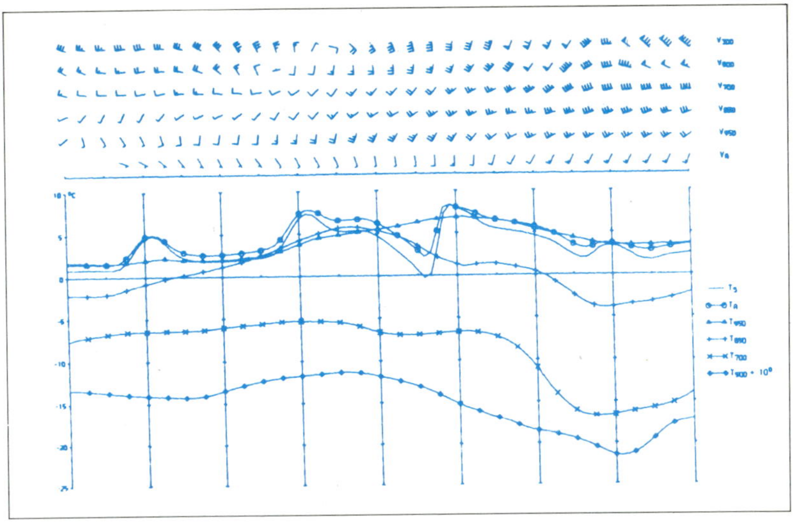

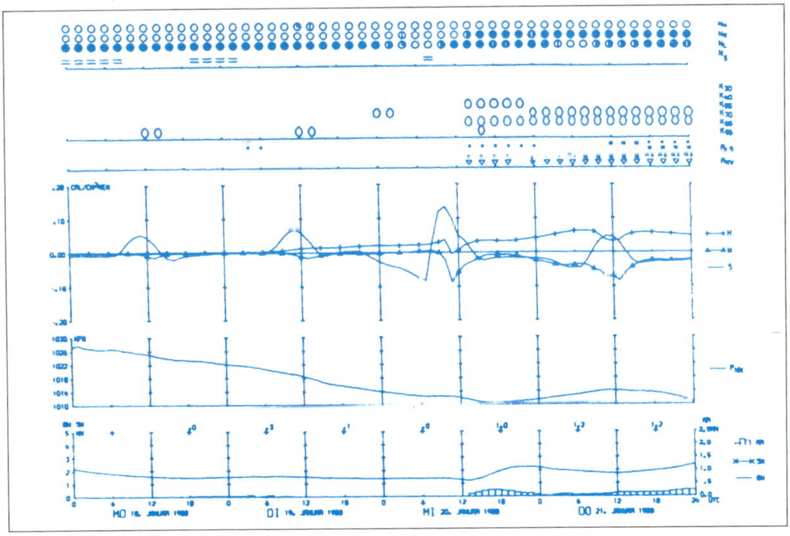

Wetterelemente von oben nach unten:
Winde für 6 Schichten vom Boden bis 300 hPa;
Temperaturen für Boden, 2 m über Boden, Höhen
von 950 bis 500 hPa (in 500 hPa um 10 K nach oben versetzt);
Bewölkungsmenge für hohe, mittelhohe und tiefe Wolken;
Dunst oder Nebel;
symbolische Markierung labiler Schichten;
Symbole für stabilen oder konvektiven Niederschlag;
Strahlungsbilanz am Boden (S) und Ströme
fühlbarer und latenter Wärme (W und H) in der Grenzschicht;
Luftdruck;
Bodenwassergehalt;
Niederschlagssumme

Abb. 2
Diagramme des vorhergesagten Wetterablaufs für den Gitterpunkt Karlsruhe für den 18.-21.1.88

Statistische Methoden der Wettervorhersage

Die Domäne der *statistischen Wettervorhersage* war in früheren Jahren nicht die Kurzfristvorhersage, in der sich im allgemeinen die synoptischen Methoden, in jüngerer Zeit noch mehr die numerischen Vorhersagen als überlegen erwiesen, sondern eher die Mittelfristvorhersage (bis zu 10 Tagen) und die Langfristvorhersage (für Monate und Jahreszeiten):

In der *Mittelfristvorhersage* hat sich seit einer Reihe von Jahren die Anwendung statistischer Methoden, deren Ergebnisse ohnehin nie voll befriedigend waren, erübrigt, da die Fortentwicklung der numerischen Vorhersageverfahren inzwischen so erfolgreich ist, daß man diese auf mittelfristige Vorhersagezeiträume ausdehnen kann.

Geblieben ist die *Langfristvorhersage,* für die es bisher kaum ein physikalisch fundiertes Konzept gibt und die deshalb auf statistische Methoden angewiesen ist. Über ein experimentelles Stadium ist sie aber damit bisher nicht hinausgekommen. Dabei wird versucht, aufgrund der Abweichungen in der Luftdruckverteilung und der mittleren Temperatur- und Niederschlagsverhältnisse während der vergangenen Monate ähnliche Fälle in früheren Jahren zu finden und aus deren Weiterentwicklung Schlüsse auf den Witterungscharakter des nächsten Monats bzw. Vierteljahres zu ziehen. Die Ergebnisse sind allerdings so unsicher, daß z. B. der Deutsche Wetterdienst auf die Veröffentlichung solcher Vorhersagen verzichtet.

Trotz dieser wenig erfolgreichen Versuche ist in den letzten Jahren – überraschenderweise in der *Kurzfristvorhersage,* in der die Einführung der numerischen Methoden ohnehin einen beachtlichen Fortschritt gebracht hat – die Entwicklung eines neuen statistischen Verfahrens gelungen, das in der Lage ist, zumindest in Teilbereichen die bisherigen Wettervorhersagen zu verbessern. Der Grundgedanke dieses Verfahrens ist, ein Bindeglied zwischen den Ergebnissen numerischer Modelle und dem wirklichen Wetter zu schaffen. Da das Verfahren auf den von numerischen Modellen berechneten Größen aufbaut und in den USA entwickelt wurde, hat sich die englische Bezeichnung *Model-output-statistics* (MOS) allgemein eingebürgert.

Voraussetzung für das Verfahren ist eine längere Reihe von Vorhersagen des gleichen numerischen Modells und der meteorologischen Beobachtungen eines bestimmten Ortes vom gleichen Zeitraum. Aus dieser längeren Reihe wird nun eine mathematisch-statistische Beziehung (in Form einer multiplen linearen Regressionsgleichung) aufgestellt, in der auf der einen Seite die vorherzusagenden Werte an dem Ort, auf der anderen Seite eine Reihe von bedingenden Veränderlichen *(Prediktoren)* stehen. Dazu gehören zahlreiche an den Gitterpunkten berechnete Größen oder Kombinationen von diesen sowie einige am Ort selbst zum (fiktiven) Starttermin der Prognose bereits beobachteten Größen. Diese Beziehungsgleichung kann dann täglich unter Verwendung aktueller Werte als Prognosegleichung verwendet werden.

Als Beispiel, das der Praxis im Deutschen Wetterdienst entstammt, sind in Tabelle 1 die *Prediktoren* zusammengestellt, von denen vermutet werden kann, daß sie für die Vorhersage der Extremtemperaturen für heute, die nächste Nacht und den morgigen Tag von Bedeutung sind. Ein Rechenprogramm prüft nun, welcher der Prediktoren den höchsten Einfluß, sodann, welcher Prediktor unter Verwendung des ersten den nächsthöheren Einfluß auf die Extremtemperatur hat. Dieses Verfahren wird fortgesetzt und dann – aus praktischen Gründen – nach dem sechsten Prediktor abgebrochen.

Für die praktische Anwendung benötigt man für jeden Ort, für jeden Vorhersagezeitraum und auch für jede Jahreszeit eine gesonderte Gleichung. In Tabelle 2 wird ein Überblick über die Güte der Prediktoren der Tabelle 1 gegeben. Sie zeigt, daß diese bereits für die verschiedenen Vorhersagezeiträume stark differieren kann.

Der besondere Vorteil dieser in der Praxis bewährten Methode ist, daß einerseits die lokalen Einflüsse an einem Ort, andererseits aber auch die systematischen Eigenschaften und Abweichungen der numerischen Vorhersagen mit erfaßt und berücksichtigt werden.

Prediktor	1: potentielle Temperatur in 950 hPa
	2: Cosinus des Jahrestages (als Maß der Nachtlänge)
	3: relative Feuchte in 950 hPa
	4: relative Feuchte in 700 hPa
	5: Wurzel aus der Windgeschwindigkeit in 850 hPa
	6: Differenz der potentiellen Temperaturen in 850 und 950 hPa
	7: potentielle Temperatur in 850 hPa
	8: ein Labilitätsindex (KO-Index)
	9: potentielle Temperatur in 700 hPa
	10: (1 – relative Feuchte in 950 hPa/100) x Bodenwassergehalt
	11: (Differenz der potentiellen Temperatur in 850 und 950 hPa) / Windgeschwindigkeit in 850 hPa
	12: relative Vorticity in 850 hPa
	13: mittlere spezifische Feuchte von 950 bis 550 hPa
	14: Windgeschwindigkeit in 950 hPa
	15: Bedeckungsgrad um 6 Uhr UTC am Vorhersagetag
	16: Windgeschwindigkeit um 6 Uhr UTC am Vorhersagetag
	17: Temperatur um 6 Uhr UTC am Vorhersagetag
	18: Taupunktdifferenz um 6 Uhr UTC am Vorhersagetag
	19: Schnee um 6 Uhr UTC am Vorhersagetag (ja/nein)
	20: Nebel um 6 Uhr UTC am Vorhersagetag (ja/nein)

Tab. 1
Liste der in den Gleichungen zur Vorhersage der Extremtemperaturen verwendeten Prediktoren

Beispiel:
In den für 46 Orte berechneten Gleichungen wurde Prediktor 1 46mal an erster Stelle ausgewählt (46 x 6 = 276)

Vorhersagezeitraum		6 – 18 Stunden	18 – 30 Stunden	30 – 42 Stunden
Prediktor	1:	276	276	276
	2:	62	50	125
	3:	16	84	25
	4:	6	28	8
	5:	7	69	62
	6:	51	11	36
	7:	22	7	18
	8:	26	27	20
	9:	11	19	30
	10:	37	7	20
	11:	11	14	22
	12:	104	62	140
	13:	2	141	0
	14:	26	20	87
	15:	127	7	16
	16:	23	3	4
	17:	115	125	20
	18:	28	6	28
	19:	3	6	11
	20:	13	4	18

Tab. 2
Gütemaßzahl der Prediktoren von Tab. 1.
Häufigkeit der Wahl x Positionswert (6 bis 1)

Wettervorhersagen für die Luftfahrt

Die Luftfahrt ist seit den ersten Anfängen vom Wetter abhängig. So ergeben sich meteorologische Gefahren bei geringen Sichtweiten, niedriger Wolkenuntergrenze, Vereisung, Gewitter und Turbulenz. Daneben beeinflußt der Wind die Flugzeit, und die Temperatur ist maßgebend für den Leistungsgrad der Triebwerke. Jeder Flugzeugführer ist daher verpflichtet, sich vor Antritt eines Fluges über die verfügbaren Flugwettermeldungen und -vorhersagen zu informieren.

Ein weltweiter Flugverkehr ist aber nur möglich, wenn alle wichtigen Arbeits- und Betriebsverfahren einheitlich geregelt sind. Die meisten Staaten der Erde gehören daher der *Internationalen Zivilluftfahrtorganisation ICAO* (*I*nternational *C*ivil *A*viation *O*rganization) an, deren Aufgabe die Schaffung einheitlicher verbindlicher Normen ist, durch die die Sicherheit, Pünktlichkeit und Wirtschaftlichkeit des Luftverkehrs gewährleistet werden. Dazu gehören auch Richtlinien für den Wetterbeobachtungsdienst und den Vorhersagedienst sowie Form und Inhalt der an die Fluggesellschaften bzw. Flugzeugbesatzungen zu gebenden Informationen.

Durch die weltweite Entwicklung des Linienverkehrs sind die Anforderungen an die meteorologische Versorgung enorm gestiegen. Um sie erfüllen zu können, mußte eine straffe Organisation, das weltweite Gebietsvorhersagesystem *WAFS* (Abk. für engl. *w*orld *a*rea *f*orecast *s*ystem), geschaffen werden, das mit der modernsten Computertechnik ausgestattet ist. Es besteht aus zwei Weltzentralen (*WAFC;* Abk. für engl. *w*orld *a*rea *f*orecast *c*entre) in Washington und London sowie aus 15 Regionalzentralen (*RAFC;* Abk. für engl. *r*egional *a*rea *f*orecast *c*entre). Die Weltzentralen haben im wesentlichen die Aufgabe, aus den aktuellen Wettermeldungen Gitterpunktdaten der Temperatur- und Windvorhersagen für die verschiedenen Reiseflughöhen zu berechnen. Die Ergebnisse stehen den Regionalzentralen zur Verfügung, die daraus für ihren zugewiesenen Bereich *Wind-* und *Temperaturvorhersagekarten* erstellen und diese über Faksimilesender verbreiten. Daneben geben die Regionalzentralen *Vorhersagekarten signifikanter Wettererscheinungen* heraus. Diese Vorhersagekarten (Abb. 1) enthalten für einen bestimmten Termin die vorhergesagte Lage der Hochs und Tiefs, Fronten, Bewölkungsfelder, Gewitter, Vereisungsgebiete, die Lage der Strahlstromachsen und Gebiete mit Turbulenz im wolkenfreien Raum (Clear-air-Turbulenz; Abk.: CAT).

In *Europa* werden diese und andere Flugberatungsunterlagen in den Regionalzentralen Frankfurt am Main, London, Moskau und Paris erstellt. Die Regionalzentrale Frankfurt am Main ist zuständig für die Bearbeitung und Verbreitung der Flugberatungsunterlagen für die Kurz- und Mittelstreckenflüge im Bereich Europa/Mittelmeer sowie für die Langstreckenflüge nach Südasien. Die *Flugwetterberatung* selbst, einschließlich der Übergabe der für den Flug relevanten meteorologischen Dokumentation, erfolgt an den *Flugwetterwarten,* die in der Bundesrepublik Deutschland an zwölf internationalen Flughäfen eingerichtet sind.

Flugzeuge der allgemeinen Luftfahrt (Sport- und privater Reiseverkehr) starten meist von Landeplätzen, an denen keine Flugwetterwarten bestehen. Die *individuelle Flugwetterberatung* erfolgt hier auf Anforderung des Piloten telefonisch oder über Fernschreiber. Wegen der starken Zunahme des allgemeinen Luftverkehrs und der ständig wachsenden Anforderungen an den Flugwetterdienst (Abb. 2) ist außerdem an den Flugwetterwarten eine abrufbare *automatische Flugwetteransage* (vgl. auch Tab. S. 203) eingerichtet, die dem nach Sichtflugregeln fliegenden Piloten, nach festgelegten Gebieten unterteilt, alle wichtigen Informationen über das Flugwetter und die in den nächsten sechs Stunden zu erwartende Entwicklung mitteilt.

Zum Flugwetterberatungsdienst gehört auch die Ausgabe von *Warnungen vor gefährlichen Wettererscheinungen* (z. B. Sturm, Gewitter, Hagel, Schneefall, Glatteis) für den eigenen Flugplatz und die im Warnplan aufgenommenen Landeplätze, ferner die Erstellung und Ausgabe von *Kurzzeitvorhersagen* über 2 bzw. 9 Stunden, die eine Entscheidung über die Benutzbarkeit eines Flugplatzes als Ziel- oder Ausweichhafen ermöglichen, sowie die Abfassung von *Flugwettervorhersagen für Segelflieger.*

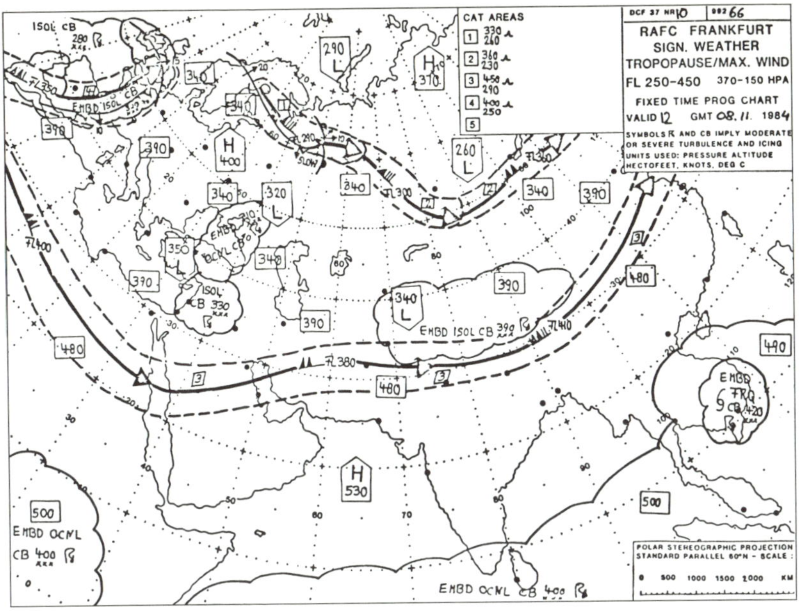

Abb. 1
Vorhersagekarte signifikanter Wettererscheinungen (Significant weather chart = SWC) für Langstreckenflüge

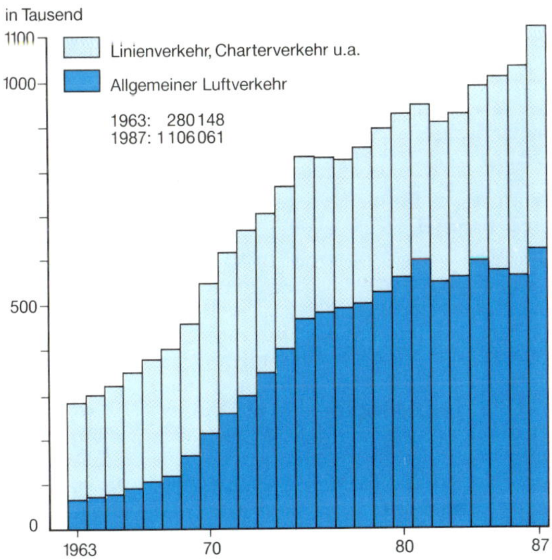

Abb. 2
Anzahl der Flugwetterberatungen (schriftlich und mündlich) durch den Deutschen Wetterdienst

Wettervorhersagen für die Seefahrt

Die Beratung der Schiffahrt durch einen speziellen *Seewetterdienst* gehört zu den traditionellen Aufgaben des Wetterdienstes. In der historischen Entwicklung ist dieser Dienstzweig in Deutschland eng mit der *Deutschen Seewarte* in Hamburg verknüpft, die 1875 als Reichsinstitut die Tradition der 1868 gegründeten Norddeutschen Seewarte fortsetzte. Dieses Institut organisierte meteorologische Beobachtungen auf Schiffen und an den deutschen Küsten. Es gab auch die ersten wissenschaftlichen Wettervorhersagen und Sturmwarnungen heraus.

Nach dem Zweiten Weltkrieg wurden die Aufgaben des Seewetterdienstes in der Bundesrepublik Deutschland vom *Seewetteramt Hamburg* und in der DDR von der *Seewetterdienststelle Warnemünde* übernommen. Die wettermäßige Sicherung des Seeverkehrs wurde auch durch internationale Verträge geregelt. So sind aufgrund des Schiffssicherheitsvertrages die nationalen Wetterdienste verpflichtet, für die Schiffahrt Wetterberichte, Vorhersagen und Warnungen (z. B. vor Nebel, Sturm, Vereisung) herauszugeben. Diese werden über Radio, Funktelegrafie, Sprech- und Bildfunk verbreitet. Hierfür ist eine ständige Wetterüberwachung des gesamten Nordatlantiks, Nordamerikas sowie des Mittelmeeres anhand großräumiger Arbeitswetterkarten, Satellitenbilder und der numerischen Vorhersagekarten notwendig.

Vorhersagen für die Hochseeschiffahrt und -fischerei.

Für eine optimale Betreuung der *Hochseefischerei* sind die Seegebiete der Nordsee, vor Westeuropa, Norwegen, Spitzbergen und um die Shetlandinseln, Färöer und Island sowie um die Südspitze Grönlands in 37 Felder unterteilt, für die zweimal täglich über die Küstenfunkstelle *Norddeich-Radio* Vorhersagen und Warnungen verbreitet werden. Daneben erhält die *Hochseeschiffahrt* zweimal täglich den Ozeanwetterbericht, der das Zeichnen einer Bordwetterkarte ermöglicht und außerdem Vorhersagen für 21 Seegebiete zwischen Westeuropa und Neufundland sowie zwischen 40° und 60° n. Br. enthält. Norddeich-Radio bzw. Kiel-Radio versorgen auch sechs Nordseegebiete, das Skagerrak, das Kattegat und die Ostsee bis 60° n. Br. mit Seewetterberichten.

Für die Transatlantikschiffahrt werden auch *Routenberatungen* erarbeitet. Sie enthalten die Vorhersage der Großwetterlage der nächsten 4 bis 6 Tage mit Hinweisen auf Wind, Seegang, Nebel, Eis, und empfehlen die wirtschaftlich günstigste und für Mannschaft und Material sicherste Schiffsroute.

Vorhersagen für die Klein- und Sportschiffahrt

Ein spezieller Seewetterbericht ist für die *Klein-* und *Sportschiffahrt* bestimmt. Er wird morgens, mittags und nachts über den Deutschlandfunk und Radio Bremen für einige Teilgebiete der Nord- und Ostsee gesendet. Windvorhersagen für die Deutsche Bucht und die westliche Ostsee werden außerdem im Anschluß an die Nachrichtensendungen des Norddeutschen Rundfunks zwischen 6 und 24 Uhr verlesen.

Für die Bedürfnisse der Sportschiffahrt gibt das Seewetteramt über die Küstenfunkstellen zusätzliche Berichte heraus. Seewetterberichte für das *Mittelmeer* und die *Biskaya* werden über die Deutsche Welle werktäglich im Anschluß an den Europa-Reisewetterbericht verbreitet.

Wind- und Sturmwarnungen

Neben den termingebundenen Wetterberichten helfen Warnungen vor gefahrbringenden Wetterereignissen, Schäden und mitunter Katastrophen größten Ausmaßes abzuwenden. So werden *Wind- und Sturmwarnungen* durch Küstenfunk und Rundfunksender schnellstens weitergegeben. Diese Warnungen werden auch an Sturmwarnstellen (Abb. 1) an der Küste durch optische Signale (Abb. 2) sowie durch die Radarzentralen Elbe und Weser für die betreffenden Flußgebiete bekannt gemacht. Auch für Wasserstandsvorhersagen und den Sturmflutwarndienst des Deutschen Hydrographischen Instituts haben die Windvorhersagen eine große Bedeutung. In ähnlicher Weise unterstützt das Seewetteramt den Eisdienst dieses Instituts, der im Winterhalbjahr die Schiffahrt regelmäßig über die Entwicklung des Eises in der Ostsee mit dem Finnischen und Bottnischen Meerbusen informiert.

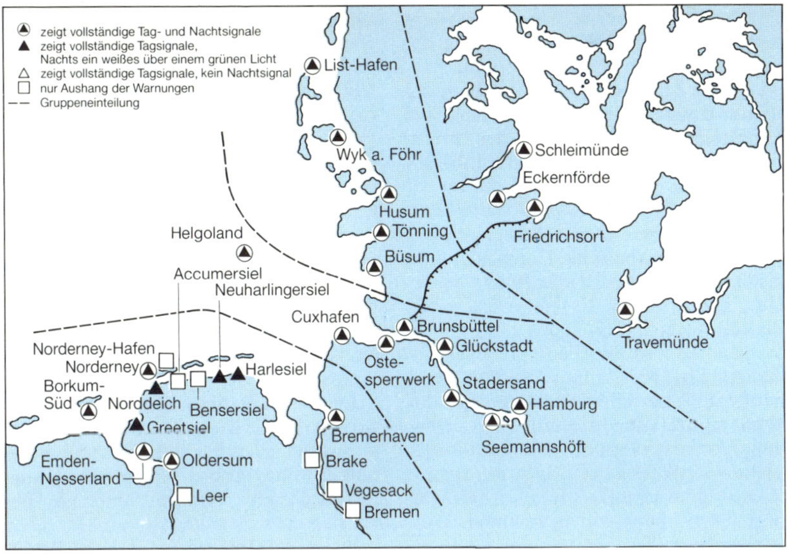

Abb. 1
Die westdeutschen Sturmwarnstellen

Sturmwarnsignale für Windstärke 8 und darüber

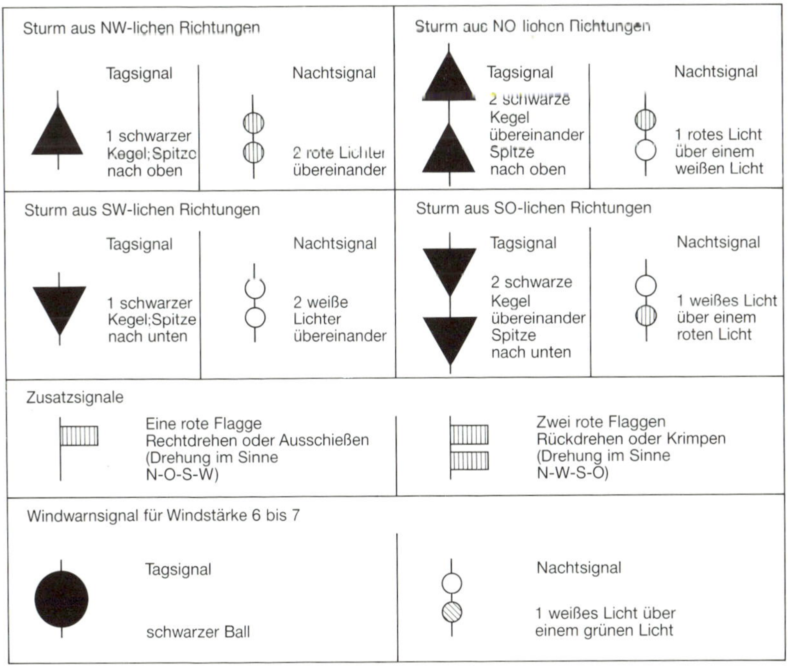

Abb. 2
Die Wind- und Sturmwarnsignale

Wettervorhersagen für die Wirtschaft und das Gesundheitswesen

Es gibt kaum einen Wirtschaftszweig, der nicht direkt oder indirekt vom Wetter abhängt. Zu den wichtigsten Aufgaben der Wetterdienste gehört daher die fachliche Unterrichtung und Beratung der Öffentlichkeit und aller vom Wetter abhängigen Zweige der Wirtschaft. Diese als *praktischer Wetterdienst* oder *Wirtschaftswetterdienst* bezeichnete Tätigkeit wird in der Bundesrepublik Deutschland in erster Linie von den *Wetterämtern* ausgeübt. Ihnen obliegt die Herausgabe von Wetterberichten und -vorhersagen über die Medien und den Fernsprechansagedienst. Darüber hinaus werden Auskünfte und spezielle Beratungen an zahlreiche Einzelkunden erteilt, deren Planungsvorhaben oder Produktionsbetriebe vom Wetter beeinflußt werden.

Der Schwerpunkt der Vorhersagen liegt dabei häufig auf bestimmten Wetterelementen. So erhalten *Energieversorgungsunternehmen* Vorhersagen der *Tagesmittel der Lufttemperatur* auf mehrere Tage im voraus, weil eine starke lineare Abhängigkeit zwischen dieser meteorologischen Größe und der Energieentnahme aus den Leitungsnetzen besteht. Bei einem bevorstehenden winterlichen Kälteeinbruch können somit rechtzeitig Maßnahmen zur Sicherung der Versorgung getroffen werden.

Auch *Transportunternehmen* sind neben dem Straßenzustand hauptsächlich an *Temperaturvorhersagen* interessiert, im Winter wegen des Transports von Kartoffeln, Blumenzwiebeln und anderen frostgefährdeten Gütern, im Sommer wegen schmelzanfälliger Güter, z.B. Margarine oder Schokolade. Temperaturvorhersagen sind auch ein wichtiger Faktor für die optimale Ausnutzung der Produktionskapazität der Pralinenfabrikation. Herstellung und Versand sind nämlich im Sommer eng verbunden mit Beginn und Ende bestimmter Schwellenwerte der Lufttemperatur. Für *Getränkefirmen* sind im Winter Temperaturen unter −8 °C von Belang, weil es bei diesen kritischen Werten zum Gefrieren der Limonade in den auf Versorgungsautos geladenen Flaschen kommen kann.

Von großem Nutzen sind Wetterberatungen auch für die *Bauindustrie*. Für Betonierungsarbeiten auf Großbaustellen ist die Vorhersage frostfreier Perioden wichtig. Treten in dieser Zeit überraschend strenge Fröste auf, ist mit großem Schaden zu rechnen, ebenso bei plötzlichem Sturm.

Damit Wetterschäden begrenzt oder gar verhütet werden, haben die Wetterämter einen *Wetterwarndienst* eingerichtet. Er informiert die Öffentlichkeit, Wirtschaftsunternehmen, private Warnkunden und Behörden, wenn bestimmte meteorologische Ereignisse erwartet werden, z.B. bei Sturm, Gewitter, Frost, Glatteis, Schneefall, Starkregen, Tauwetter, Nebel, austauscharmer Wetterlage (Smogwarnung).

Im *Gesundheitswesen* wächst bei einem großen Teil der Bevölkerung das Interesse an Wetterauskünften und Beratungen. Obwohl das Wetter kein krankheitsauslösender Umweltfaktor ist, fühlen sich etwa 50 % der älteren Menschen in ihrem Wohlbefinden durch das Wetter beeinflußt. Diese Einflüsse von Wetter und Klima auf den Menschen werden von der *Medizinmeteorologie* untersucht. Die Ergebnisse zeigen eine Abhängigkeit des menschlichen Organismus und des Wohlbefindens von bestimmten atmosphärischen Zustandsänderungen. Aufgrund dieser Erkenntnisse wurde ein *Informations- und Vorhersagedienst für Ärzte* eingerichtet. Über den Fernsprechansagedienst wird auch die Öffentlichkeit durch *medizinmeteorologische Hinweise* über die aus der Wetterentwicklung zu erwartenden Befindensstörungen informiert. Wetterfühlige und wetterempfindliche Menschen können so nach Rücksprache mit ihrem Hausarzt vorbeugende Maßnahmen ergreifen.

Im Rahmen des *Polleninformationsdienstes* werden Vorhersagen des Pollenflugs relevanter Pflanzenarten über Rundfunk, Presse und Ansagedienste verbreitet. Grundlage dieser Vorhersagen sind aktuelle phänologische Beobachtungen des Blühbeginns und der Vollblüte, Messungen der Zahl der Pollen verschiedener Pflanzen pro Kubikmeter Luft und Tag in Pollenfallen sowie die vorhergesagte Wetterlage, die die Pollenfreisetzung und den Pollenflug beeinflußt. Ärzte und pollenallergische Menschen erhalten so Hinweise für eine prophylaktische Anwendung von Medikamenten gegen Blütenstauballergie.

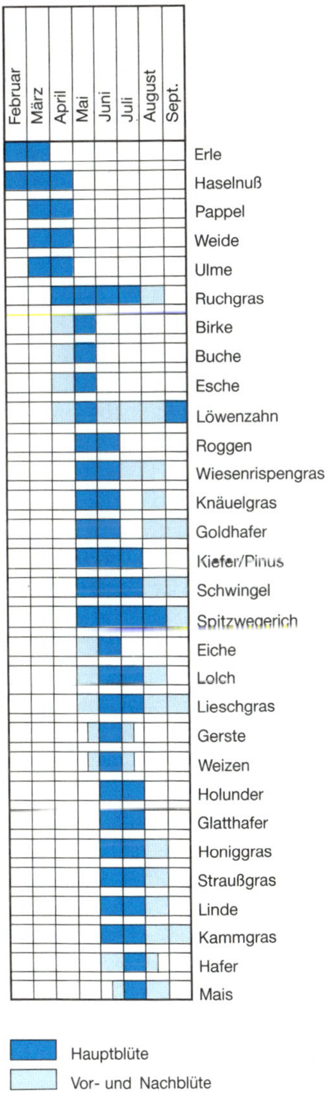

Der Pollenkalender gibt einen allgemeinen Überblick über die Hauptflugzeiten der Pollen bestimmter Pflanzen. Grundlagen hierfür sind mehrjährige Messungen an verschiedenen Orten, die zu Durchschnittswerten zusammengefaßt wurden. Im Einzeljahr können die Eintrittszeiten des Pollenflugs aufgrund der unterschiedlichen Wetterentwicklung um 2 bis 4 Wochen schwanken. Regionale Unterschiede bestehen auch wegen der Höhenlage und der geographischen Breite. Die regionale Pollenflugvorhersage berücksichtigt daher die aktuellen Messungen des Pollenflugs.

Abb.
Pollenkalender (Quelle: Stiftung Deutscher Polleninformationsdienst)

Die Verbreitung von Wettervorhersagen

Die Unterrichtung der Allgemeinheit über das aktuelle Wetter und seine voraussichtliche Weiterentwicklung erfolgt auf verschiedenen Wegen. Der größte Teil der Bevölkerung wird in den von allen Rundfunkanstalten täglich mehrmals verbreiteten *Wetterberichten* angesprochen. Wichtigster Inhalt ist eine kurzfristige Wettervorhersage für das Sendegebiet. In den überregionalen Rundfunkprogrammen werden Wettervorhersagen für das gesamte Bundesgebiet verlesen. Über Rundfunk werden zu bestimmten Zeiten auch Reisewettervorhersagen, Wintersportwetterberichte, Berichte des Straßenwetter- und Warndienstes, Pollenflugvorhersagen, Seewetterberichte, Segelflugwettervorhersagen, Berichte für die Landwirtschaft und Wochenvorhersagen verbreitet.

Eine hohe Sehbeteiligung haben auch die über Fernsehen verbreiteten *Wettervorhersagen*. Die Form der Darbietung ist zwar bei den einzelnen Medienanstalten unterschiedlich, das Grundlagenmaterial wird aber stets von meteorologischen Diensten erarbeitet; z. B. liefert das Wetteramt Frankfurt am Main den Text des *Fernsehwetterberichtes*, Wetterkarten, Satellitenbilder und Regieanweisungen an den Hessischen Rundfunk. Aus den übermittelten Unterlagen wird dort der Wettertrickfilm hergestellt, der abends in der Tagesschau der ARD vorgeführt wird. Über die 3. Fernsehprogramme und als *Videotext* können *regionale Wettervorhersagen* empfangen werden. Das Zweite Deutsche Fernsehen (ZDF) hat sich dagegen für den persönlichen Vortrag des Fernsehmeteorologen entschieden. Dieser arbeitet sich anhand der beim ZDF vorliegenden Wetterkarten und Vorhersagen in die Wetterlage ein. Dazu gehört die Herstellung eines *Satellitenfilms* aus den vom ZDF empfangenen und gespeicherten METEOSAT-Bildern, der Entwurf der für die HEUTE-Sendung bestimmten Vorhersagekarten mit Symbolen für Wolken, Niederschlag, Wind und Temperatur und die Formulierung des darauf abzustimmenden Wettervortrags. Der Zuschauer erhält so in anschaulicher Weise die aktuellsten Informationen über die großräumige Wetterentwicklung.

Eine weitere Möglichkeit der Verbreitung von Wettervorhersagen bietet der *Zeitungswetterbericht*. Die Wetterämter sind dabei zuständig für die Versorgung der lokalen Presse, während die beim Deutschen Wetterdienst in Offenbach am Main aufbereiteten Satellitenaufnahmen und Vorhersagen über die Agenturen dpa und AP täglich vermittelt werden. Der Wetterdienst beliefert außerdem mehr als 2 700 Abonnenten mit der *Wetterkarte des Deutschen Wetterdienstes*, die neben aktuellen Meßwerten regionale Wettervorhersagen enthält.

Vielfältig ist das Angebot an Wetterinformationen über den *Fernsprechansagedienst* der Deutschen Bundespost (s. Tab.). Für eine einfache Ortsgebühr kann man beispielsweise die Wetteraussichten telefonisch abfragen. Sehr hilfreich sind auch die *Witterungshinweise für die Landwirtschaft* mit der Wochenvorhersage. In Absprache mit den landwirtschaftlichen Dienststellen werden je nach der regionalen Entwicklung der Kulturen agrarmeteorologische Beratungen erteilt, durch die Feld- und Gartenarbeiten entsprechend geplant werden können. Große Abrufzahlen werden auch bei der *Reisewettervorhersage*, dem *Wintersportwetterbericht* und den *medizinmeteorologischen Hinweisen* erzielt. Aber auch die lokalen Bäderwetterberichte an Nord- und Ostsee sowie die unter der Nummer des „Seewetterberichts“ abrufbaren Informationen für Wassersportler auf den deutschen Binnenseen erfreuen sich großer Beliebtheit. Insgesamt rund 50 Millionen Abrufe jährlich bestätigen die Wichtigkeit dieses Fernsprechansagedienstes.

Seit der Einführung des *Bildschirmtextes* (Btx) steht ein weiteres zukunftsträchtiges Medium zu Verfügung, über das sowohl für die Öffentlichkeit als auch für spezielle Anwender ein informatives meteorologisches Programm angeboten wird (s. Tab.).

Wettervorhersagen erreichen die Allgemeinheit auch über Aushänge an Autobahnraststätten, in Kurorten, Seebädern und bei Hafenämtern. Schließlich zeigt die große Zahl der speziellen Beratungen (z. B. der Luftfahrt, Schiffahrt, allgemeinen Wirtschaft und Technik), wie sehr der Faktor „Wetter“ in alle Bereiche des menschlichen Lebens eingreift und beachtet wird.

1. Das Wetter in den Telefonansagen

	Bezeichnung der Ansage	Kurzruf-nummer*	Verbreitung
	Wettervorhersage	1164	bundesweit
	Reisewettervorhersage/ Wintersportwetterbericht	11600	bundesweit
	Straßenzustandsbericht	1169	bundesweit
	Witterungshinweise für die Landwirtschaft mit Wochenvorhersage	1154	regional
	Seewetterbericht	11509	regional
	Segelflugwettervorhersage	11506	regional
	medizinmeteorologische Hinweise	11601	regional
	Pollenflugvorhersage (in Aktuelles aus dem Gesundheitswesen)	11502	regional
	Pollenflugvorhersage für Bundesgebiet	(02161) 4646 4647 4648	überregional
	Wetterbericht von der Zugspitze mit Wetter am Alpenhauptkamm	(08821) 2909	

*in einigen Ortsnetzen ist der Kurzrufnummer eine 0 vorangestellt. Alle Wettervorhersagen können auch als Ferngespräche abgerufen werden, z. B. Wettervorhersage für Berlin, Tel. (030) 1164

2. Bildschirmtext (Btx)-Angebot des Deutschen Wetterdienstes

DWD
Deutscher Wetterdienst
Zentralamt Offenbach

Bildschirmtext

*44440#

Deutscher Wetterdienst	44440
allgemeine Wettervorhersagen	44440.0
Flugwettervorhersagen	44440.1
Wetter für die Landwirtschaft	44440.2
monatliche Klimawerte	44440.3
Informationen über den DWD	44440.4
aktuelle Beobachtungen	44440.5
Berichte für Wassersportler	44440.6
Medizinmeteorologie	44440.7

3. Wetterberatung der Allgemeinen Luftfahrt (GAFOR) über automatische Anrufbeantworter

a) Vorhersage für den Bereich Nord

Bremen	Tel. (0421)	19704
Düsseldorf	(0211)	19721
Hamburg	(040)	19713
Hannover	(0511)	19710
Köln/Bonn (Porz)	(02203)	54156

b) Vorhersage für den Bereich Süd

Frankfurt/Main	(069)	692077
München	(089)	19706
Nürnberg	(0911)	19708
Stuttgart	(0711)	227964

Abb.
Verbreitung von Wettervorhersagen

Genauigkeit und Grenzen von Wettervorhersagen

Wären die täglich ausgegebenen Wettervorhersagen reine Ja-Nein-Aussagen, so wäre es einfach, etwa durch Angabe der Prozentzahl der richtigen Vorhersagen, eine Aussage über die *Genauigkeit von Vorhersagen* zu erhalten. In Wirklichkeit ist die Prüfung der Genauigkeit einer Wettervorhersage ein sehr komplexes Problem. Am ehesten können noch diejenigen Angaben, die konkrete Zahlen enthalten, wie etwa Temperaturvorhersagen, objektiv geprüft werden. Aber schon hier wäre es unbefriedigend, würde man jede Abweichung von der genauen Gradzahl als „nicht eingetroffen" einstufen; denn eine Abweichung von 1 oder 2 K ist sicher anders zu bewerten als ein Fehler von 5 oder mehr K. Erheblich schwieriger wird es noch, wenn die Vorhersagen allgemeine Ausdrücke, die man nicht ohne weiteres in Zahlenwerte umsetzen kann, enthalten. In solchen Fällen, wie „wechselnd bewölkt" oder „gelegentlich etwas Niederschlag", muß man sich mit einer Klasseneinteilung behelfen, die im Falle der Bewölkung in mehreren Stufen von „wolkenlos" bis „bedeckt" reichen müßte.

Hat man für jedes in der Vorhersage enthaltene Wetterelement eine solche Klasseneinteilung aufgestellt, muß für jedes Element ein dafür geeignetes *Bewertungsschema* entworfen werden, das festlegt, mit welcher Prozentzahl eine Abweichung der Vorhersage vom eingetretenen Wetter um eine oder mehrere Klassen noch bewertet werden soll. Es ist offensichtlich, daß hierbei eine gewisse Subjektivität in der Einschätzung einer mehr oder weniger abweichenden Vorhersage nicht zu vermeiden ist. Daraus ergibt sich, daß für die Genauigkeit einer Wettervorhersage ein allgemeingültiger Maßstab nicht existiert und daß jede Angabe über eine Trefferzahl (z. B. „85% Treffer") nur in Verbindung mit dem verwendeten Prüfungsschema aussagekräftig ist.

In einer wesentlich besseren Lage ist man bei der Beurteilung von Vorhersagekarten, insbesondere von numerischen Vorhersagekarten, da diese grundsätzlich in Zahlenform verfügbar sind. Damit kann man eine Reihe von wohldefinierten statistischen Maßzahlen verwenden, die den Vorteil völliger Objektivität und Vergleichbarkeit haben.

Von den zahlreichen Maßzahlen, die für diesen Zweck benutzt werden können, sei hier nur der *Korrelationskoeffizient* genannt. Er gibt an, wie eng der Zusammenhang zwischen zwei Zahlenreihen ist. Sind beide Reihen gleich oder streng proportional (gegebenenfalls auch um eine Konstante gegeneinander versetzt), so ist er gleich +1; besteht zwischen ihnen keinerlei Zusammenhang, ist er gleich null. Zur Beurteilung der Genauigkeit von Vorhersagekarten wendet man ihn meist auf die an den Gitterpunkten vorhergesagten und eingetretenen Änderungen des Luftdrucks oder der Höhe einer Luftdruckfläche oder auch auf die entsprechenden Werte des Elements selbst an.

Mit Hilfe des regelmäßig berechneten Korrelationskoeffizienten ist z. B. die Frage zu klären, wieweit die Genauigkeit der numerischen Vorhersagekarten des Deutschen Wetterdienstes seit ihrer Einführung vor etwa 20 Jahren verbessert worden ist. Abb. 1 beantwortet diese Frage. Sie zeigt den Verlauf der Jahresmittelwerte für 24stündige Vorhersagekarten für den Boden und für die 500-hPa-Fläche. Man erkennt einen deutlichen Qualitätsanstieg, der insgesamt ein beachtliches Ausmaß erreicht hat. Eine Unstetigkeit ergab sich im Jahre 1979, als nach der Installation einer leistungsfähigeren Rechenanlage ein neues Vorhersagemodell mit geringerer Maschenweite (gleichzeitig allerdings auch ein anderer Kartenausschnitt für die Prüfung) eingeführt wurde. Hier erweist sich, daß Vorhersagerechnungen mit feinerem Gitternetz auch genauere Vorhersagen liefern. Andererseits zeigt aber der fast stetige Aufwärtstrend der Kurven, daß auch bei gleichem Gitternetz noch Qualitätsverbesserungen erzielt werden können, wenn verbesserte Verfahren in der Modellierung und Parametrisierung (vgl. S. 190 ff.) der zahlreichen beteiligten physikalischen Prozesse eingeführt werden.

Auf eine andere Frage, nämlich bis zu welchen Zeitspannen man numerische Vorhersagerechnungen ausdehnen kann, gibt Abb. 2 Antwort. In dieser Darstellung ist der mittlere Verlauf des Korrelationskoeffizienten für die Ergebnisse von Rechnungen, die bis zu 10 Tagen fortgeführt wurden, wiedergegeben. Zunächst

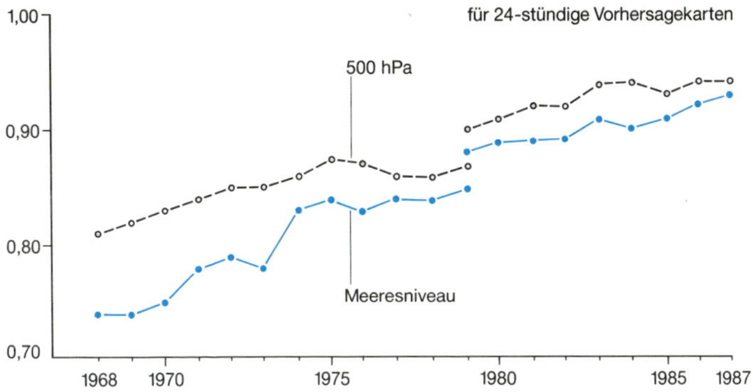

Abb. 1
Jahresmittelwerte des Korrelationskoeffizienten zwischen den vorhergesagten und eingetretenen Änderungen des Luftdrucks

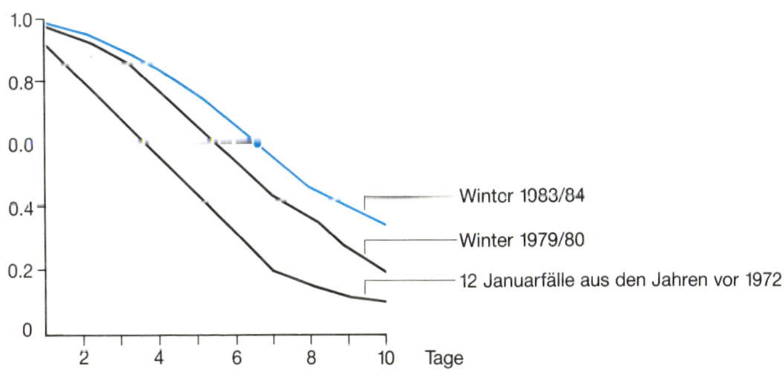

Abb. 2
Mittelwerte des Korrelationskoeffizienten zwischen den vorhergesagten und eingetretenen Höhen der 500-hPa-Fläche für ein- bis zehntägige Vorhersagekarten

ist aus der Verschiebung der für verschiedene Jahre eingezeichneten Kurven der in den letzten Jahren erzielte Qualitätsanstieg der numerischen Vorhersagekarten ersichtlich. Abgesehen davon, zeigen die Kurven, wie die Vorhersagequalität mit zunehmender Vorhersagezeit immer mehr abnimmt. Die *Grenze der Brauchbarkeit einer Vorhersagekarte* wird im allgemeinen dann angenommen, wenn der Korrelationskoeffizient den Wert von 0,60 unterschreitet. In der dargestellten Kurve für den Winter 1983/84 wird diese Grenze nach etwa 6,5 Tagen erreicht. Diese Zeitspanne gilt heute allgemein als äußerste Grenze, bis zu der nach dem jetzigen Stand der wissenschaftlichen Entwicklung Wettervorhersagen möglich sind.

Versucht man zu klären, warum die Vorhersagequalität mit zunehmender Vorhersagezeit so stark abnimmt, lassen sich verschiedene *Ursachen* finden:

Als erster Punkt ist die Genauigkeit der den Vorhersagerechnungen zugrundeliegenden Ausgangslage zu nennen. *Fehler in den Anfangsbedingungen* einer langwierigen Berechnung müssen sich nach mathematischen Gesetzmäßigkeiten notwendigerweise mit dem weiteren Fortschreiten der Rechnungen immer mehr vergrößern. Solche Fehler sind aber in der Ausgangsanalyse unvermeidlich. Sie können schon in der Ungenauigkeit von Beobachtungen und Messungen liegen, werden aber noch bedeutsamer in Gebieten, aus denen sehr wenige oder gar keine Beobachtungen vorliegen; denn das Beobachtungsnetz, auf das die Ausgangsanalysen aufbauen müssen, ist tatsächlich in vielen Teilen der Welt sehr lückenhaft und unvollkommen.

Hinzu kommt als ein weiterer Punkt, daß die *meteorologischen Felder,* selbst wenn sie durch vollständige und fehlerfreie Meldungen gut belegt sind, durch die Gitterpunktdarstellung nur in mehr oder weniger vereinfachter und geglätteter Form den Vorhersagerechnungen zur Verfügung stehen.

Welchen Einfluß die *Maschenweite eines Gitternetzes* auf die Ergebnisse numerischer Vorhersagerechnungen haben kann, zeigt Abb. 3. In dieser sind die 24stündigen Niederschlagshöhen dargestellt, die mit drei verschiedenen numerischen Modellen berechnet wurden, deren Maschenweiten im Verhältnis 1:0,5:0,25 zueinander standen. Man erkennt deutlich durch Vergleich mit den wirklich beobachteten Niederschlägen, daß sich im groben Gitternetz nur ein sehr verwaschenes Bild ergibt, während die ausgeprägte Feinstruktur der Niederschlagsverteilung durch das Modell mit engmaschigem Gitternetz sehr viel besser erfaßt wird.

Ein entscheidender Grund dafür, daß eine Grenze für die zeitliche Ausdehnung von Wettervorhersagen besteht, ergibt sich schließlich aus theoretischen Überlegungen. Diese gehen davon aus, daß die insgesamt in der Atmosphäre vor sich gehenden physikalischen Prozesse und Bewegungsabläufe sich in ganz verschiedenen Größenordnungen abspielen, die von den großen planetarischen Wellen bis zu den kleinsten Wirbeln der atmosphärischen Turbulenz (s. S. 106) und Energiedissipation (s. S. 72) reichen. Alle diese Vorgänge laufen nun nicht unabhängig voneinander ab, vielmehr beeinflussen sie sich gegenseitig, insbesondere treten Energieübergänge zwischen ihnen auf.

Von besonderer Bedeutung sind hierbei die *kleinräumigen Prozesse,* die – so engmaschig das Gitternetz auch sein mag – immer durch dessen Maschen hindurchfallen, zumal sie schon meßtechnisch gar nicht erfaßt werden können. Diese Prozesse beeinflussen nun fortwährend die *großräumigen Vorgänge* in nicht kontrollierbarer und daher auch nicht vorhersagbarer Weise. Diese Beeinflussung schreitet systematisch von den kleineren zu den größeren Bewegungsvorgängen fort und führt schließlich zur völligen Unbrauchbarkeit der Rechenergebnisse.

Aufgrund verschiedener Modellrechnungen wird diese theoretisch *äußerste Grenze der Vorhersagbarkeit* mit 2 bis 3 Wochen angenommen. Gegenüber den oben erwähnten 6,5 Tagen, die bereits erreicht wurden, bleibt also noch ein weiter Bereich für weitere wissenschaftliche Fortschritte auf dem Gebiet der numerischen Wettervorhersage.

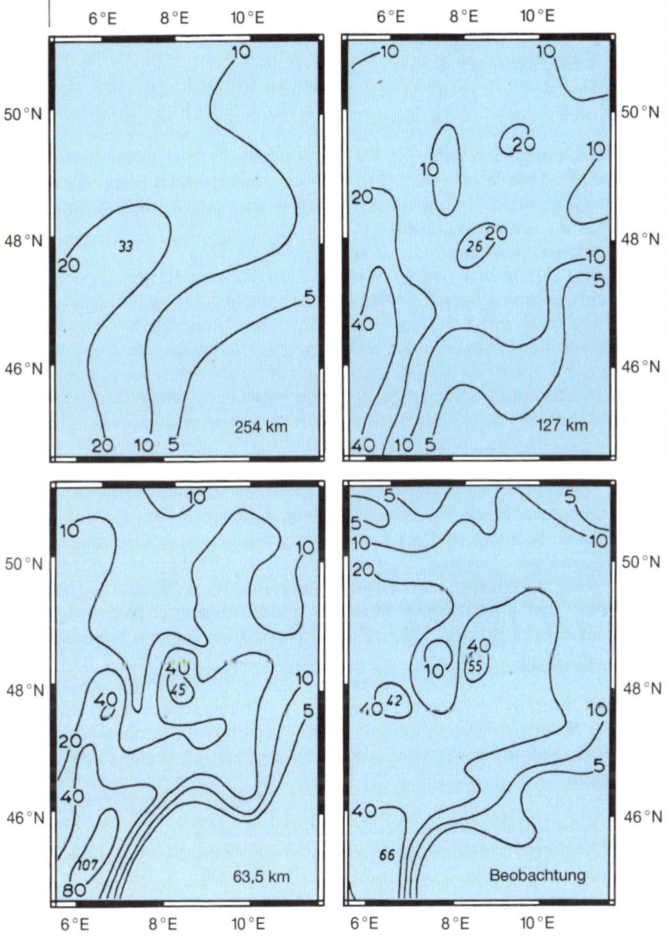

Abb. 3
24stündige Niederschlagssummen über Süddeutschland, vorhergesagt mit numerischen Vorhersagemodellen mit Gitternetz-Maschenweiten von 254, 127 und 63,5 km, sowie beobachteter Niederschlag
(Wetterlage vom 23.1.1986, 00 Uhr UTC)

Die meteorologischen Dienste auf der ganzen Erde produzieren, erfassen, prüfen, verarbeiten, speichern und archivieren täglich eine immense Datenflut. Die „Geburtsstätten" der Klimadaten sind die Beobachtungsnetze (s. S. 132).

Grundbegriffe

Unter einem einheitlichen Gesichtspunkt *(Merkmal)* zusammengestellte Daten bilden ein *Datenkollektiv*. Ein Teilkollektiv aus der (selten bekannten) maximal möglichen Gesamtdatenmenge, der sogenannten *Grundgesamtheit,* heißt *Stichprobe*. Mit *Datenbasis* bezeichnet man alle für eine klimatologisch-statistische Bearbeitung (z. B. ein Klimagutachten) verfügbaren Datenkollektive. Die Datenbasis besteht im Normalfall aus *Zeitreihen,* d. h. aus äquidistanten (konstanten Zeitabschnitten oder -intervallen zugeordneten) Folgen von beobachteten, gemessenen oder berechneten Werten (z. B. Termin-, Extrem- oder Mittelwerte) mit übergeordnetem Merkmal (Lufttemperatur, Luftdruck, Sichtweite u. a.). Beispiel für eine Zeitreihe: stündlich gemessene Werte der Lufttemperatur am Flughafen Frankfurt am Main, Zeitraum 1951–1980; Kollektivumfang: 262992 Einzelwerte (Termine).

Zur statistischen Beschreibung eines Datenkollektivs dienen in erster Linie Mittelwerte, Häufigkeitsverteilungen, Extremwerte und Abweichungsmaße (z. B. durchschnittliche Abweichung, Streuung).

Damit Daten auf einem hohen Qualitätsniveau und international vergleichbar sind, werden sie einer Reihe von *Härtetests* unterzogen. So verlangt man von Zeitreihen u. a., daß sie lückenlos, fehlerfrei, möglichst lang, repräsentativ und homogen sind. Wo ihnen diese Eigenschaften nicht „angeboren" sind, müssen sie durch Anwendung physikalisch-statistischer Behandlungsmethoden erworben werden: Durch Instrumentenversagen ausgefallene Messungen müssen ergänzt werden; fehlerhafte Meßwerte werden als Ergebnis einer (maschinellen) Qualitätskontrolle geortet und (falls möglich) korrigiert. Von einer *repräsentativen* Stationslage wird gefordert, daß die dort gewonnenen Daten die charakteristischen Klimamerkmale nicht nur für eine unmittelbare Stationsumgebung widerspiegeln, sondern auch auf einen größeren Landschaftsraum übertragbar sind. Eine *Meßreihe* wird als *homogen* bezeichnet, wenn sie frei von witterungsfremden Einflüssen ist; letztere bewirken, daß die Reihe *inhomogen* wird. Störfaktoren sind Veränderungen in der Umgebung durch Besiedlung, Bewuchs, Stationsverlegungen, Beobachterwechsel, Instrumentenaustausch sowie Änderungen der Beobachtungs-, Meß- und Auswertemethodik.

Lange Reihen

Lange Reihen eignen sich am besten für statistische Untersuchungen. Zu den längsten Meßreihen (Beginn in Klammern), die auch heute noch fortgeführt werden, gehören die Temperaturreihen des ältesten Bergobservatoriums der Erde, Hohenpeißenberg (1781), ferner diejenigen von Prag (1775), von Wien (1775), von Berlin (1719) und von Basel (1754). Die älteste lückenlose und homogene Klimareihe der Erde ist die 1659 beginnende Temperaturreihe von „Mittelengland", die überwiegend auf den Messungen am Radcliffe-Observatorium (Oxford) basiert. Die längste Niederschlagsreihe stammt ebenfalls aus England: Kew (London; 1697).

Um unterschiedlich lange Meßreihen (z. B. der Lufttemperatur) klimatologisch miteinander vergleichen zu können, werden kurzzeitige Datensätze mit Hilfe eines Reduktionsverfahrens an die langen Datenreihen des Beobachtungsnetzes angeschlossen.

Datenprüfung

Die maschinelle *Qualitätskontrolle* (Abk.: *QC;* von engl. *q*uality *c*ontrol) hat die Aufgabe, Datenkollektive von Fehlern zu befreien, die bei der Beobachtung, Messung, Erfassung, Aufbereitung, Auswertung und Übertragung entstanden sind. Hierfür wurde ein System von Abfragen (sogenannte Prüfkriterien) entwickelt, das sich u. a. die physikalisch-statistische Verknüpfung zwischen Einzelwerten, ihre gegenseitige Verträglichkeit (Plausibilität) und Widerspruchsfreiheit zunutze macht. Der „harte Kern" der QC ist die Prüfung auf innere, zeitliche und räumliche Übereinstimmung *(Konsistenz);* ihr Ablauf ist auf der nächsten Seite schematisch dargestellt.

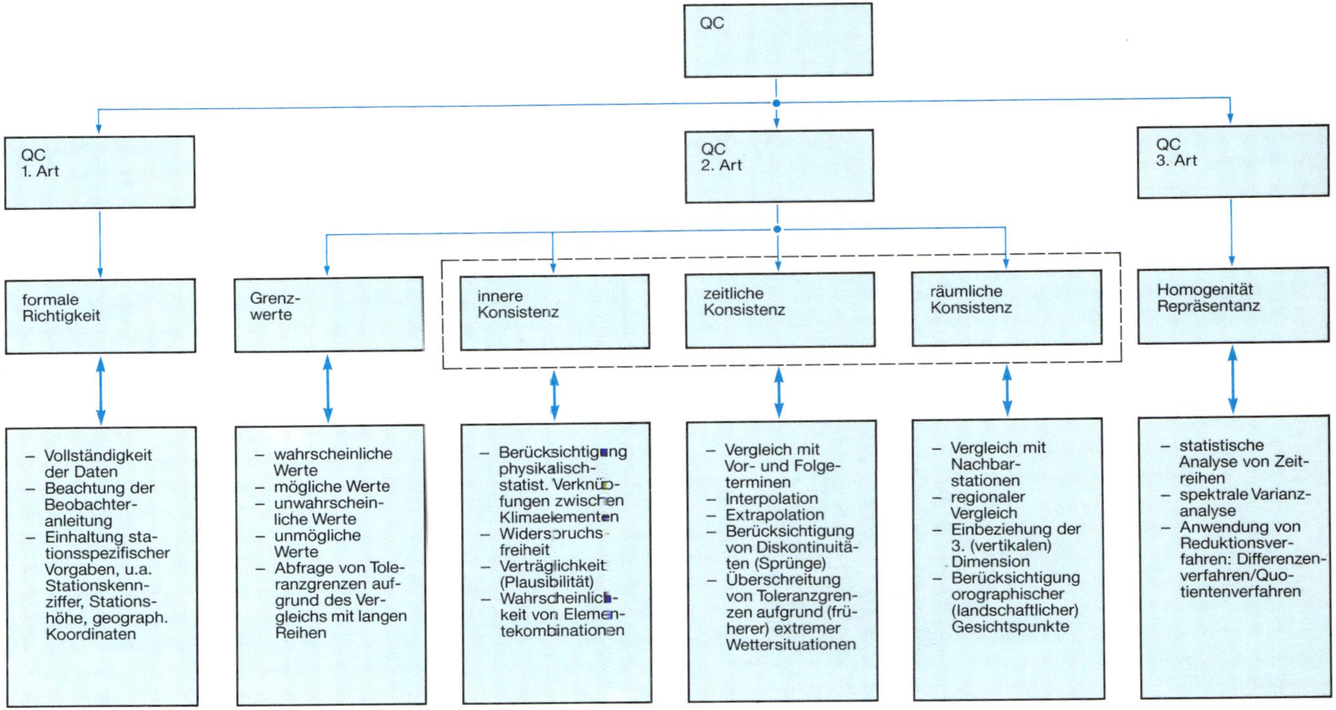

Abb.
Schematische Darstellung des Ablaufs der Qualitätskontrolle (QC) von Klimadaten und der Zuordnung (↕) von Prüfkriterien (nach DWD)

Darstellungsformen des Klimas

Zur besseren Veranschaulichung einer textlichen und tabellarischen Klimabeschreibung werden graphische Darstellungen verwendet, und zwar in Form von Klimadiagrammen und Klimakarten:

Ein *Klimadiagramm* bezieht sich in der einfachsten Form auf ein Klimaelement (z. B. Lufttemperatur) und stellt hierfür vorwiegend den zeitlichen Ablauf (z. B. die Monats- und Jahresmittel von 1891 bis 1988) dar, um einen Überblick über die Schwankungsbreite der Daten und eventuelle Trends oder Änderungen zu vermitteln. Der zeitliche Ablauf kann sich aber auch auf einen einzelnen Tag von 0 bis 24 Uhr, z. B. bei einer Strahlungswetterlage (s. Abb. 1, S. 245), beziehen, um den Tagesgang des Elements aufzuzeigen. Anhand der monatlichen Werte von Januar bis Dezember werden sowohl der Jahresgang mit den Maxima und Minima als auch die Jahresschwankung wiedergegeben. Diese Diagramme können sich auf einzelne Tage, die eine markante Wettererscheinung repräsentieren, oder auf die vieljährigen Mittelwerte beziehen.

Klimadiagramme bieten ferner die Möglichkeit, die Daten von zwei Klimaelementen zu kombinieren, z. B. von Lufttemperatur und Niederschlag.

Bevorzugt werden für derartige Darstellungen im allgemeinen Kurvenformen, z. B. beim Tages- und Jahresgang der Lufttemperatur. Für manche Elemente bevorzugt man Säulendarstellungen, wenn das betreffende Element keine kontinuierlichen Einzelwerte hat (z. B. Niederschlagshöhe). Um die Variationsbreite eines Elements um einen Mittelwert optisch wiederzugeben, verwendet man *Streuungsdiagramme* (Abb. 1).

In den *Isoplethendarstellungen* besteht die Möglichkeit, eine Größe in Abhängigkeit von zwei anderen Variablen zu erfassen; für ein Klimaelement beispielsweise die Darstellung von Tages- und Jahresgang (Abb. 2).

In *Klimawindrosen* werden bestimmte Wetterbeobachtungen den jeweils auftretenden Windrichtungen am Boden zugeordnet. Sie lassen erkennen, mit welchen Himmelsrichtungen die betreffenden Erscheinungen am Beobachtungsort verbunden sind (Abb. 3).

Die räumliche Verteilung von Klimaelementen geben die analytischen und synthetischen Klimakarten wieder. Die *analytischen Klimakarten* enthalten einzelne Klimaelemente auf der Grundlage statistischer Kenngrößen. Hierzu gehören z. B. die Karten der mittleren Monats- und Jahreswerte der Lufttemperatur und des Niederschlags. Zu einer Synthese der klimatischen Verhältnisse sollen die Klimakarten führen, in denen synthetische Größen oder klimatologische Begriffe (z. B. gewonnen durch Superposition von einzelnen Klimakarten, Komposition durch Rasterverfahren, Verwendung von Regressionsmethoden oder Modellen) benutzt werden. Eine solche *synthetische Klimakarte* stellt z. B. die aus Wärmebelastung und Kältestreß mit Hilfe eines Modells abgeleitete Bioklimakarte (s. Abb. 1, S. 261) dar.

Eine besondere Form sind die *Klimafunktionskarten,* in denen für einen bestimmten Anwendungszweck (z. B. Regionalplanung) ein Gebiet nach den statischen und dynamischen Klimaverhältnissen gegliedert wird, und zwar nach den *Klimatopen* (Klimate von bebauten Flächen, Wäldern, Tälern usw.) sowie mit Darstellung der *lokalklimatisch bedeutsamen Phänomene* (vgl. S. 218).

Für bestimmte Anwendungsbereiche werden *Klimaeignungskarten* erstellt, aus denen man z. B. im Hinblick auf bestimmte Kulturpflanzen erkennen kann, ob und wie sich die einzelnen Areale für den Anbau eignen. Negative klimatische Bewertungen sind ebenfalls möglich durch *Klimagefahrenkarten* oder *Klimavorbehaltskarten* für bestimmte Anwendungsbereiche und für vorgegebene Kriterien.

Die Abhängigkeit der Klimaelemente von Höhe, Bodenbedeckung und topographischen Formen wird mit Hilfe statistischer Methoden und *digitaler Geländemodelle* bestimmt. Durch die Verwendung topographischer Daten (Höhe, Boden- und Bewuchswerte) können daraus flächendeckende Verteilungen einzelner Klimaelemente sowie Klimaeignungskarten gezeichnet werden. Die Kartenmaßstäbe betrugen früher, entsprechend dem damals verfügbaren Datenmaterial (Netzdichte), meist 1:500 000 bis 1:2 Millionen. Mit Hilfe der Modellrechnungen ist es heute möglich, auch großmaßstäbliche Karten zu entwerfen (z. B. 1:10 000).

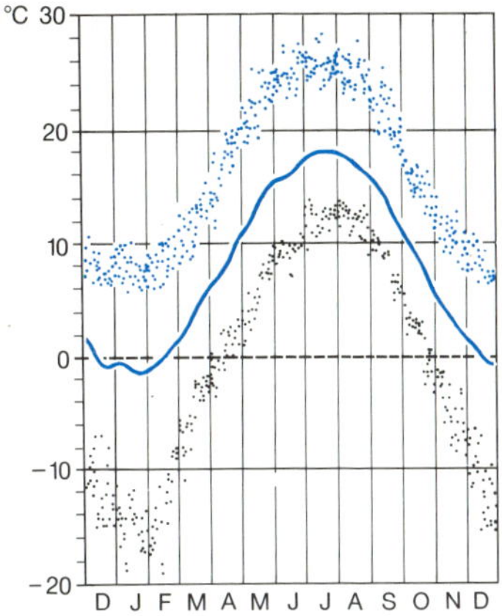

Abb. 1
Klimadiagramm.
Jahresgang der Lufttemperatur

höchste Tagesmittel der einzelnen Kalendertage
langjährige Tagesmittel
tiefste Tagesmittel der einzelnen Kalendertage

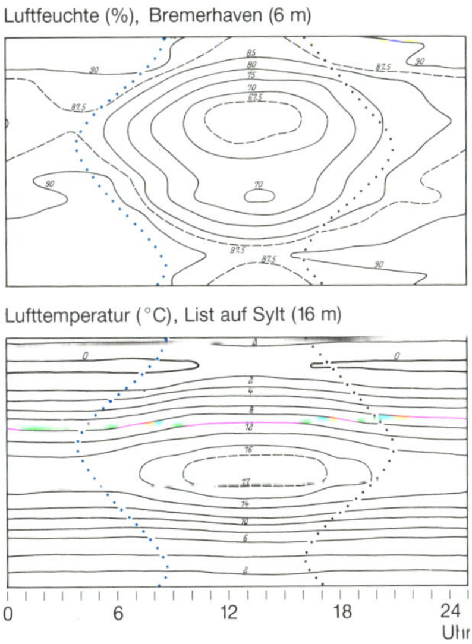

Sonnenuntergang

Sonnenaufgang

Abb. 2
Isoplethendarstellung.
Luftfeuchte und Lufttemperatur

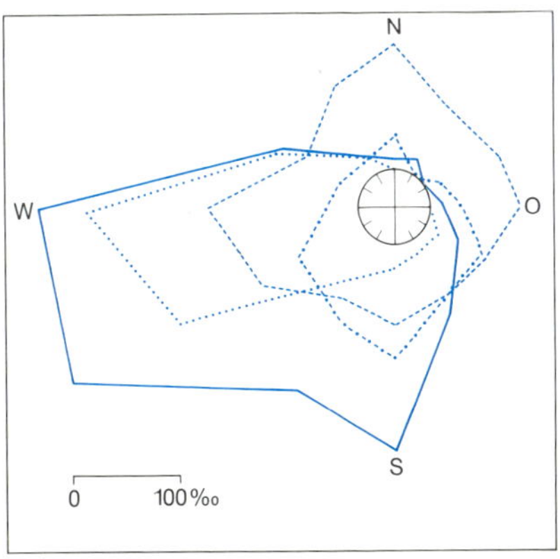

Regen
Schauer
Schnee
Nebel

Abb. 3
Klimawindrose.
Ausgewählte Wettererscheinungen (Winter)

Die klimatologischen Wirkungsfaktoren

Das Klima wird durch die natürlichen und anthropogenen Wirkungsfaktoren (auch Klimafaktoren genannt) geprägt. Zu den weitaus vorherrschenden *natürlichen Wirkungsfaktoren* gehören die geographische Breite und davon abhängig Sonnenhöhe und Strahlungsintensität.

Der Wärmeumsatz der einfallenden Sonnenstrahlung wird durch die *Art des Untergrundes,* insbesondere durch die physikalische Beschaffenheit (flüssig: Meere; fest: Kontinente), maßgeblich gestaltet. Das Meeresklima (s. S. 232) zeigt thermisch ausgeglichene Verhältnisse und wirkt in Verbindung mit der atmosphärischen Zirkulation auch auf die Kontinente ein. Der maritime Einfluß nimmt dabei landeinwärts ab, im Bundesgebiet z. B. von Norden nach Süden bzw. von Westen nach Osten.

Im Bereich des Kontinentalklimas (s. S. 232) wirken sich *Bodenart und Bodenbedeckung* durch unterschiedliche Absorption und Reflexion der Sonnenstrahlung sowie durch Unterschiede in der spezifischen Wärme und Wärmeleitfähigkeit aus. Bei der *Oberflächenbeschaffenheit* macht sich die unterschiedliche Rauhigkeit bemerkbar; sie beeinflußt die bodennahe Luftschicht.

Im Mittelgebirgsland bedingen vor allem die *Oberflächenformen* (konkav, konvex, eben) die Ausbildung von Lokalklimaten, insbesondere bei windschwachen Strahlungswetterlagen (s. S. 218). Aufgrund der nächtlichen Ausstrahlung des Erdbodens bildet sich lokale Kaltluft, die von den konvexen Formen (Kuppen, Hänge) in Gefällsrichtung abfließt und sich in den konkaven Geländeteilen (Täler, Becken, Mulden) sammelt; in den Tälern ist der Abfluß talabwärts gerichtet (Talabwind). Wird bei der Abkühlung der Sättigungspunkt der Luft erreicht, bildet sich Talnebel, der die lokale Kaltluft sichtbar werden läßt. Die durchschnittliche Lage der Obergrenze lokaler Kaltluft und der Talnebel ist identisch und zugleich die Obergrenze der Bodeninversion.

Der Abfluß der lokalen Kaltluft kann durch Hindernisse unterbunden werden; dann bildet sich ein Kaltluftsee. Im Staubereich wird die Frostgefährdung nicht nur hinsichtlich der Häufigkeit erhöht, sie erfaßt auch höhere Hanglagen. Bei diesen Vorgängen beeinflußt die *Hangneigung* maßgeblich den Abfluß der lokalen Kaltluft, wobei in den höheren Hanglagen die schubweise abfließende Kaltluft durch wärmere Luft aus höheren Schichten ersetzt wird.

Neben der Neigung der Hänge spielt die *Exposition* bei der Ausbildung bestimmter Lokalklimate eine Rolle. Aufgrund der unterschiedlich einfallenden Sonnenstrahlung ergeben sich thermische Gegensätze zwischen kalten Nordhängen und warmen Südhängen.

Im Mittelgebirgsbereich bestehen außerdem Unterschiede zwischen den niederschlagsreicheren Westseiten und den trockeneren Ostabdachungen. Die meist aus westlichen Richtungen einströmenden regenbringenden Luftmassen stauen sich auf der Luvseite (Westseite) der Höhenzüge und verursachen Niederschläge. Auf den Ostseiten der Höhenzüge (Leeseite) liegen, da hier die Luftmassen absinken (verbunden mit Erwärmung und Wolkenauflösung), die zugehörigen „Trockengebiete“.

Da die Klimaelemente eine Abhängigkeit von der Seehöhe aufweisen, ist die *Höhenlage* ein weiterer Faktor für die Ausbildung klimatischer Unterschiede (s. S. 234).

Die *anthropogenen Wirkungsfaktoren* machen sich vor allem aufgrund von Veränderung der *Flächennutzung* bemerkbar, und zwar durch Dichte und Ausdehnung der Bebauung (Extremfall: Stadtklima, s. S. 240), Rodungen und Aufforstungen, Bewässerungen, Entwässerungen und Kultivierungen, schließlich durch Schaffung neuer Wasserflächen (s. auch S. 278 und S. 280).

Zu den anthropogenen Wirkungsfaktoren, jedoch ohne einen konkreten Raumbezug, gehören u. a. Luftbeimengungen und andere Spurengase, deren beachtliche Zunahme den Treibhauseffekt der Atmosphäre wesentlich verstärkt und zu einer globalen Klimabeeinflussung Anlaß gibt (s. S. 280 und S. 284).

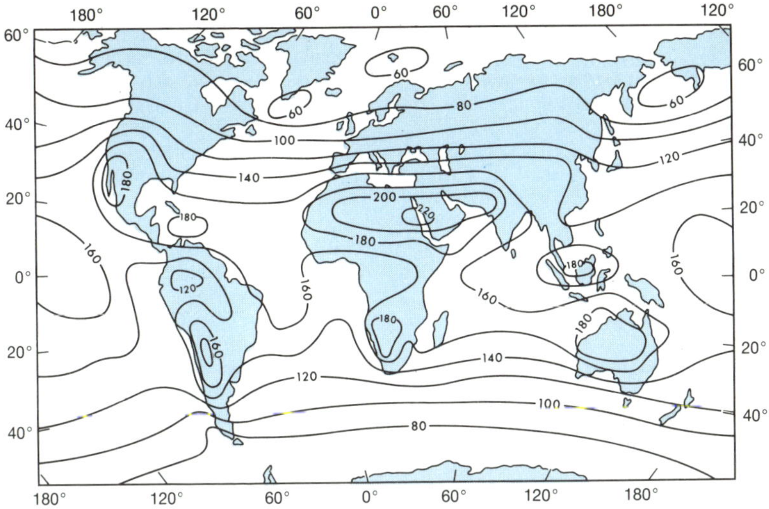

Abb. 1
Mittlere Jahressumme der Globalstrahlung (kcal/cm²)

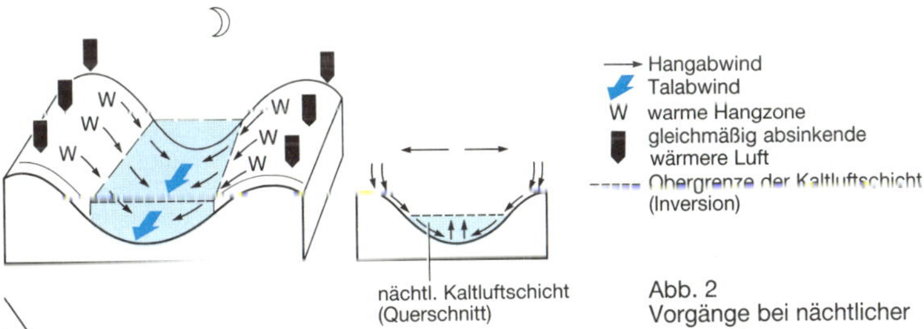

Abb. 2
Vorgänge bei nächtlicher Ausstrahlung

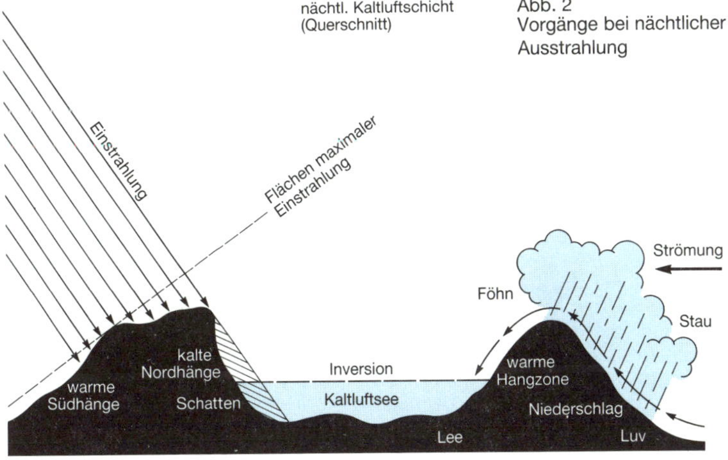

Abb. 3
Verschiedene, nicht gleichzeitig auftretende Wirkungen

Typisierung des Klimas

Klimatypen sollen verallgemeinert regional geprägte Klimate umschreiben. Es handelt sich dabei um Kategorien von Klimaten, die aus dem Zusammenwirken mehrerer Klimaelemente in Abhängigkeit von der Lage, der Oberflächengestalt und -beschaffenheit sowie von der Land-Meer-Verteilung gebildet werden.

Bei der Abgrenzung spielt die *Land-Meer-Verteilung* eine entscheidende Rolle, und zwar aufgrund der unterschiedlichen Strahlungseigenschaften von Wasser- bzw. Landoberflächen und der damit gekoppelten thermischen Verhältnisse.

Auf dieser Grundlage kann das Klima nach Maritimität und Kontinentalität typisiert werden (Abb. 3):

Die *Maritimität* kennzeichnet den Grad des Meereseinflusses auf das Klima, wie es im Meeresklima am stärksten ausgeprägt ist (s. S. 232). Die Maritimität wird vielfach durch Indexzahlen ausgedrückt, die bei der *thermischen Maritimität* die Lufttemperatur mit ihrem ausgeglichenen Tages- und Jahresgang sowie ihren verzögerten Extremwerten berücksichtigt. Die *hygrische Maritimität* verwendet den mittleren Jahresgang des Niederschlags.

Den Grad des Einflusses großer Landmassen auf das Klima bzw. die Einengung maritimer Einflüsse bezeichnet man als *Kontinentalität*. Es gibt verschiedene Formeln, mit denen der Grad der Kontinentalität berechnet werden kann. Am häufigsten werden thermische Größen herangezogen, z. B. die mittlere Jahresschwankung der Lufttemperatur (unter Eliminierung der geographischen Breite und der Höhenlage). Neben der *thermischen Kontinentalität* gibt es, bezieht man den mittleren Jahresgang des Niederschlags oder das Verhältnis des Auftretens von kontinentalen zu maritimen Luftmassen ein, die *hygrische Kontinentalität*. Die typischen Merkmale der Kontinentalität finden sich im Kontinentalklima (s. S. 232).

Zur Typisierung des Klimas dienen ferner die Begriffe *Aridität* und *Humidität*, bei denen die Feuchtigkeit (als Wasserdampf, Bewölkung oder Niederschlag) die wichtigste Größe darstellt; sie kann durch die Lufttemperatur ergänzt werden. Durch z. T. sehr unterschiedliche Verfahren werden Klimaindexzahlen, wie Regenfaktor, Ariditäts- und Humiditätsindex, abgeleitet, die bei Gliederungen der Erde in Klimagebiete in vielfacher Weise berücksichtigt werden.

Das Klima von Gebieten, in denen die mögliche jährliche Verdunstungshöhe größer ist als die des Niederschlags, wird als *arid* bezeichnet. Zu den *vollariden* Gebieten rechnen die Kernwüsten (in denen die mittlere Jahreshöhe des Niederschlags meist weniger als 100 mm beträgt), zu den *semiariden* die Steppen und Wüstensteppen der Tropen und Subtropen, in denen im Jahresdurchschnitt zwar die Höhe der Verdunstung diejenige des Niederschlags übertrifft, in einem Zeitraum bis zu 5 Monaten jedoch die Niederschlagshöhe größer als die Verdunstung ist. In *ariden Klimagebieten* herrscht aufgrund der Zirkulationsverhältnisse (z. B. in subtropischen Hochdruckgebieten) eine *absteigende Luftbewegung* vor, die mit Wolkenauflösung, heiterem Himmel, großer Sonneneinstrahlung und großer Verdunstungshöhe verbunden ist. Diese Erscheinungen stellen sich auch über *kaltem Auftriebswasser* entlang der Küsten, in Leegebieten großer Gebirge und in Bereichen divergierender Luftströmungen ein.

Übersteigt die jährliche Niederschlagshöhe die mögliche jährliche Verdunstungshöhe, ist das Klima *humid*, wobei nach *vollhumid* (ausreichende Niederschlagshöhen in allen Monaten) und *semihumid* (bis zu 6 Monate im Jahr größere Höhe der Verdunstung als des Niederschlags) unterschieden wird.

Im *nivalen* Klima fällt der Niederschlag vorwiegend in Form von Schnee, so daß weite Gebiete mit Schnee bedeckt oder vergletschert sind. Ein *vollnivales* Klima haben Polargebiete und einige vergletscherte Hochgebirge. Im *seminivalen* Klima fällt auch gelegentlich Regen.

Zur Typisierung des Klimas werden außerdem verschiedene Kombinationen von Werten der Lufttemperatur und des Niederschlags verwendet, um damit *pluviothermische Regime* abzugrenzen.

Die Dominanz bestimmter Einzelfaktoren wie Relief, Höhenlage oder Vegetation bzw. spezifischer Komplexe von Elementen führt zu Klimatypen wie Gebirgs-, Wald-, Stadt- oder Heilklima (s. S. 232 ff.).

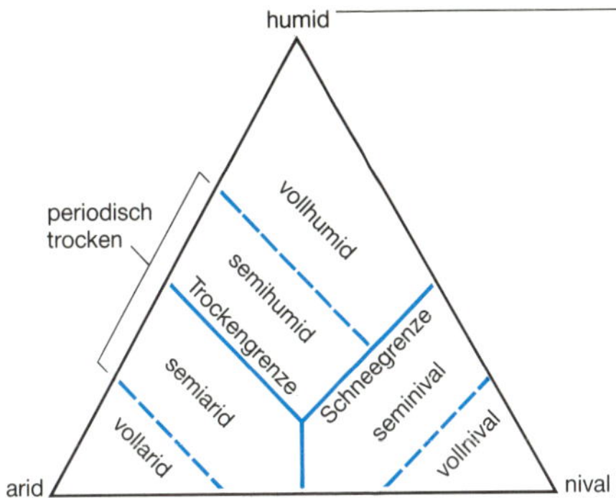

Abb. 1
Die klimatischen Bereiche der Erde (vereinfacht nach Troll)

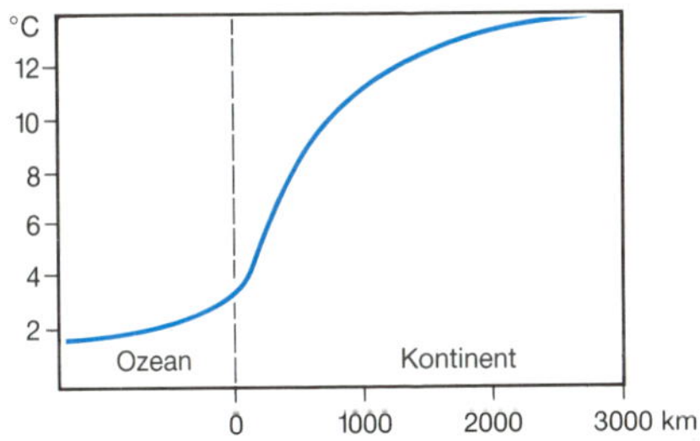

Abb. 2
Zunahme der Tagesschwankung der Lufttemperatur (°C) landeinwärts (40° Br.; Höhenlagen < 500 m NN)

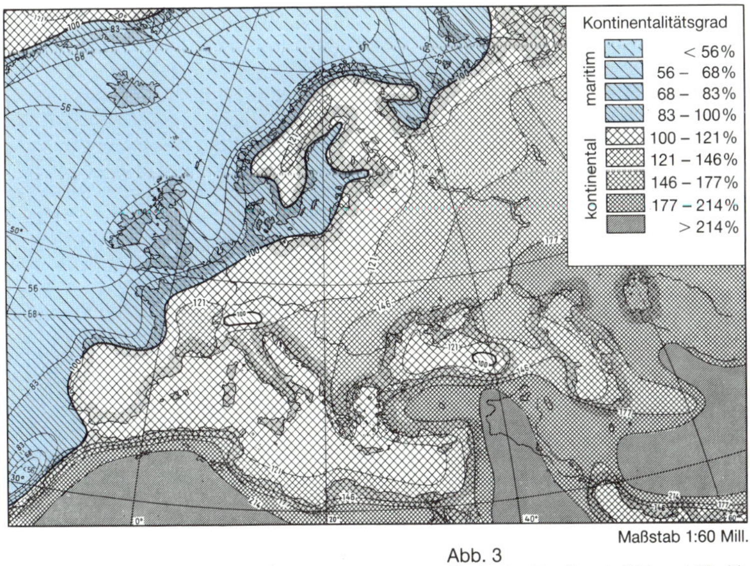

Abb. 3
Karte der Kontinentalität und Maritimität in Europa (nach Iwanow, 1959)

Makro-, Meso- und Mikroklima

Zur Erfassung und Beschreibung des Klimas geographischer Räume dienen Klimabegriffe, mit denen eine Zuordnung der räumlichen und zeitlichen Größenordnung *(Scale)* verbunden ist. Diese Begriffe sind jedoch weltweit und national nicht einheitlich. Die häufigste Unterteilung erfolgt nach Makro-, Meso- und Mikroklima, in der BR Deutschland nach DIN-Norm, die als Ausgangspunkt der folgenden Betrachtungen verwendet wird:

Das *Makroklima (Großklima)* beschreibt das Klima größerer Räume (Länder, Erde). Es wird in erster Linie von der allgemeinen Zirkulation der Atmosphäre (s. S. 116 ff.), von der geographischen Breite, der Lage zum Meer bzw. zum Festland sowie von der Seehöhe bestimmt. Die räumliche Unterteilung erfolgt anhand von Klimaklassifikationen bzw. nach Klimazonen (s. S. 226 ff.). Die horizontale Erstreckung beginnt etwa bei 100 km, die vertikale reicht bis etwa 2 km Höhe über der Erdoberfläche. Die klimatischen Erscheinungen des Makroklimas haben in der zeitlichen Auflösung eine Mindestgrößenordnung von etwa einem Tag. Die Daten werden gewonnen durch Messungen in der Thermometerhütte (in 2 m über dem Erdboden) in den nationalen Beobachtungsnetzen.

Klimatische Zusammenhänge, die vom Makroklima weder zeitlich noch räumlich hinreichend aufgelöst werden, erfaßt das *Mesoklima*. Für seine Ausprägung sind vor allem Geländeform, Hangneigung, Exposition und Beschaffenheit der Erdoberfläche ausschlaggebend. Die räumliche Größenordnung reicht etwa von 100 m bis zu 100 km, in der Vertikalen ist sie mit der des Makroklimas identisch. Die erfaßten Phänomene beginnen zeitlich etwa bei 1 bis 60 Minuten und enden etwa bei einem Tag. Als Grundlage dienen die Daten der Stationsnetze, die bei kleinräumigen Untersuchungen durch temporäre Meßnetze, Meßfahrten, geländeklimatische Kartierungen, Feldexperimente (z. B. Projekt zur Untersuchung des Küstenklimas, Abk.: PUKK; Abb. 1) usw. wesentlich ergänzt werden müssen, um Darstellungen in großmaßstäblichen Karten zu ermöglichen. Hierbei werden teilweise auch mikroklimatische Meßmethoden und Instrumente verwendet. Zum Mesoklima gehören z. B. Geländeklima (s. S. 238), Stadtklima (s. S. 240) und Lokalklima. Typische mesoskalige Phänomene sind Berg- und Talwind (s. S. 110) oder Land- und Seewind (s. S. 108). Zur Erfassung des Mesoklimas werden zunehmend numerische und physikalische Modelle verwendet.

Zum Anwendungsbereich der Mesoklimatologie gehört die gesamte Planung von der Standort- über die Stadt- und Regional- bis hin zur Landesplanung.

Das *Mikroklima (Kleinklima, Grenzflächenklima)* erfaßt die physikalischen Prozesse in der bodennahen Luftschicht bis in etwa 2 m Höhe. Maßgebend für seine Gestaltung sind der Strahlungsumsatz und die daraus abgeleitete Temperaturverteilung an der Erdoberfläche, die spezifischen Feuchteverhältnisse und der in der bodennahen Reibungszone stark herabgesetzte Austausch der Luftteilchen (im Gegensatz zu der darüberliegenden, turbulent durchmischten Schicht). Diese Faktoren sind jeweils abhängig von den Formen der Erdoberfläche sowie von den physikalischen Eigenschaften des Erdbodens und seiner Bedeckung. Das Mikroklima, das eine kleinräumige Vielfalt aufweist, hat eine horizontale Erstreckung von etwa 1 cm bis 100 m. Es ist z. T. mit dem Mesoklima verzahnt und wird z. B. durch Maßnahmen des Wind- und Frostschutzes (s. S. 258) wesentlich beeinflußt. Die Zeitskala umfaßt Phänomene von etwa einer Sekunde bis zu einer Minute. Dies erklärt, warum besondere Instrumente, Meßverfahren und Auswertungen zum Einsatz kommen müssen. Seine stärkste Ausprägung erfährt das Mikroklima beim Auftreten windschwacher Strahlungswetterlagen; durch Berg- und Talwinde wird es allerdings gestört.

Eine Variante des Mikroklimas ist u. a. das *Bestandsklima*, das die Verhältnisse innerhalb und unmittelbar über einem Pflanzenbestand (z. B. Getreidefeld, Wald) erfaßt.

Bei den jeweils angegebenen Werten für die räumlichen und zeitlichen Abgrenzungen handelt es sich nicht um exakte Angaben; sie stellen vielmehr die ungefähre Mitte einer Bandbreite dar. Auch Überlappungen in den Grenzbereichen sind möglich.

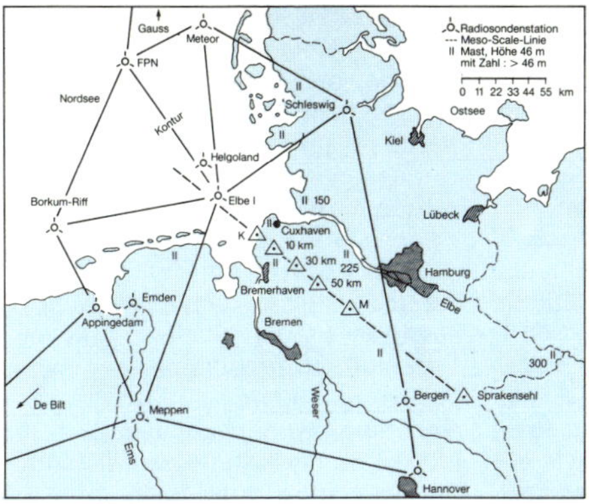

Abb. 1
Stationen des mesoskaligen Feld-
experimentes PUKK

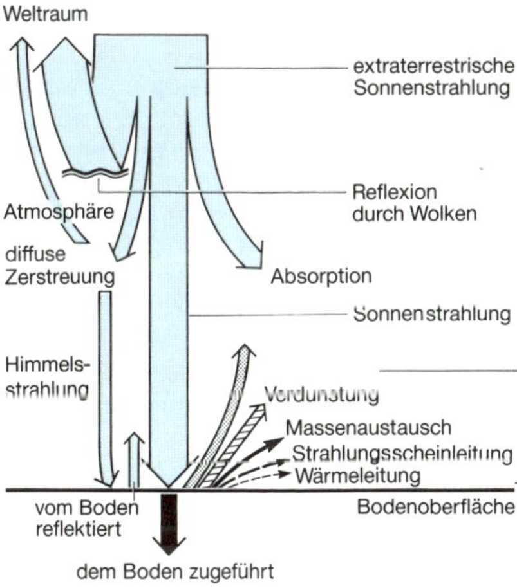

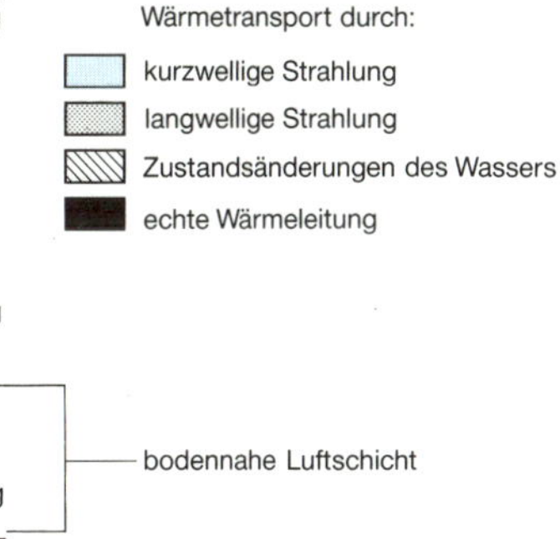

Abb. 2
Der Wärmeumsatz am Boden an einem
Sommermittag (nach R. Geiger, 1950)

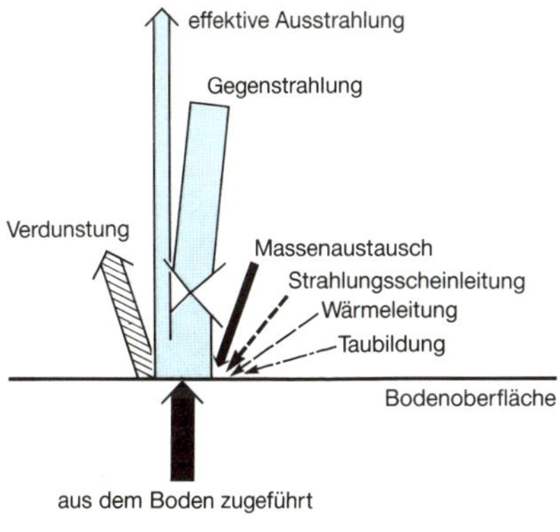

Abb. 3
Der Wärmeumsatz am Erdboden bei
Nacht (nach R.Geiger, 1950).
Maßstab und Signaturen wie in Abb.2

Lokalklimatisch bedeutsame Phänomene

Das *Lokalklima* prägt sich allgemein am stärksten bei Strahlungswetterlagen aus. Im Mittelgebirgsbereich wird es entscheidend durch Bildung, Ansammlung und Abfluß *lokal entstandener Kaltluft* sowie durch die damit zeitweise verbundene Bildung von *Talnebel* gestaltet.

Bei wolkenarmen und windschwachen Wetterlagen führt die nächtliche Ausstrahlung des Erdbodens zur Abkühlung der obersten Bodenschicht und der darüberliegenden *bodennahen Luftschicht*. Der Abkühlungseffekt hängt von den physikalischen Eigenschaften des Erdbodens sowie vom Bewuchs ab, wie einige Werte der Kaltluftproduktion (in m^3 pro $[m^2 \cdot h]$) veranschaulichen: Großstadt, Süßwasser 0,0; Kleinstadt, Wald 0,6; Heide, Busch 8,4; Acker, Wiese 12,0.

In geneigtem Gelände fließt die so gebildete flache Kaltluftschicht schubweise dem Gefälle nach ab; sie wird in den oberen Hanglagen der Täler durch wärmere Luft aus der darüberliegenden Luftschicht ersetzt. Hierdurch entsteht in diesen Lagen die *warme* und *nebelarme Hangzone*.

In den nordsüdlich verlaufenden Tälern stellen sich morgens und abends aufgrund der unterschiedlichen Besonnung bzw. Beschattung auf den West- und Osthängen unterschiedliche Erwärmungen bzw. Abkühlungen ein, die zu einer zeitweiligen Asymmetrie der Temperaturverteilung im Talquerschnitt führen.

Der Abfluß der lokal gebildeten Kaltluft erfordert eine Hangneigung von mehr als einem Grad. Die Intensität des Abflusses hängt dabei von der Hangneigung und der Rauhigkeit des Untergrundes ab. Der *Kaltluftabfluß* macht sich als *Hangabwind* mit einer vertikalen Mächtigkeit von einigen Metern bis Dekametern bemerkbar.

In den Tälern, die ebenfalls entsprechend ihrem Bewuchs Kaltluft produzieren, sammelt sich die Kaltluft von den Hochflächen bzw. Hängen und fließt entlang der Talsohle talabwärts (*Talabwind;* Fachbezeichnung: Bergwind, s. S. 110). Sie ist im Quellgebiet zunächst recht flach, erreicht im mittleren Talabschnitt aber vielfach eine vertikale Mächtigkeit von 60–80 m, in den Unterläufen von mehr als 100 m. Die Ausprägung wird bestimmt von der Größe und Produktionsintensität des betreffenden *Kaltlufteinzugsgebietes,* zu dessen Abgrenzung Kammlinien von Höhenrücken (wie bei der Abgrenzung von Flußeinzugsgebieten) verwendet werden. Damit werden Räume bzw. Flächen festgelegt, von denen bestimmte Auswirkungen auf andere Areale oder auf Siedlungen zu erwarten sind (Abb. 1).

In den *Tälern* hat der *Kaltluftabfluß* unterschiedliche Auswirkungen: Für Siedlungen und Städte wirkt er als Frischluftzufuhr, die sich vor allem nach heißen Sommertagen durch nächtliche Abkühlung wohltuend bemerkbar macht und zu einem erholsamen Schlaf führt. Für Intensivkulturen kann die Kaltluft bei Lufttemperaturen unter dem Gefrierpunkt, der in Tälern häufiger als in den höheren Hanglagen unterschritten wird, zu Frostschäden führen.

Stehen der abfließenden Kaltluft Hindernisse, die weder durch- noch umnoch überströmt werden können, im Wege, kann es davor zu einem *Kaltluftstau* kommen. Dies kann z. B. im Bereich der Hangabwinde durch stärkere Bebauung, Waldstreifen, dichte Hecken und Wälle (z. B. Lärmschutzwälle) in hangparalleler Anordnung verursacht werden, im Bereich der Talsohle durch Abriegelungen aufgrund dichter Bebauung, durch Waldstreifen (Abb. 2), starke und hohe Verbuschung, hohe Dämme (Bahn, Straße) oder durch Talengstellen mit Talumbiegungen. Im Tal staut sich die Kaltluft oberhalb der Hindernisse auf; die Frostgefahr ist dort erhöht. Unterhalb des Hindernisses fehlt die Kaltluft für die Frischluftversorgung von Siedlungen und Städten.

Mit diesem Phänomen ist das Auftreten von Bodeninversionen, die Indikatoren für schlechte Austauschverhältnisse darstellen, verbunden. Emissionen können dann im Talbereich zu hoher Luftbelastung führen.

Wird bei der nächtlichen Abkühlung der Luft der Sättigungspunkt erreicht, bildet sich *Talnebel,* der die lokale Kaltluft sichtbar macht. Dies ist jedoch nur in etwa 20 % der Tage mit Bildung lokaler Kaltluft der Fall. Die Lage der Obergrenze der Kaltluft ist identisch mit der Obergrenze des Talnebels und der Bodeninversion.

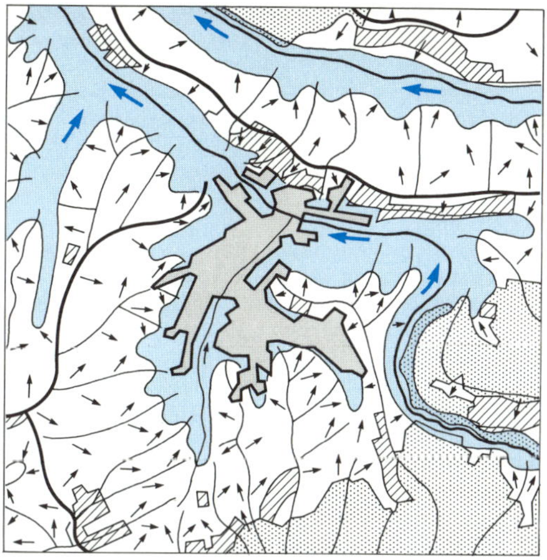

Abb. 1
Lokalklimatisch bedeutsame Flächen

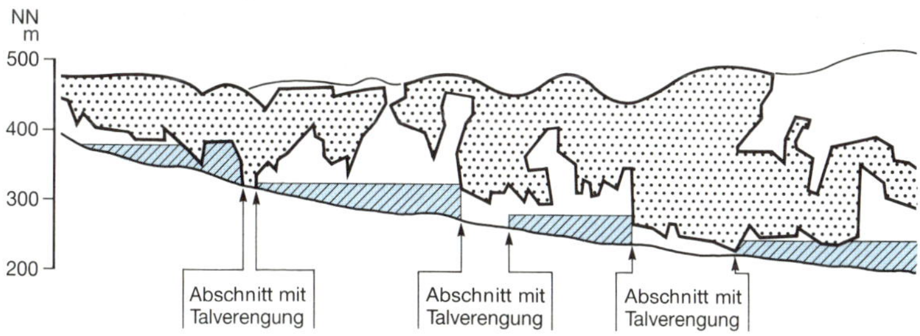

Abb. 2
Stau der talabwärts fließenden Kaltluft

Die Ausbreitung von Luftbeimengungen

Der Begriff *Ausbreitung (Transmission)* wird allgemein zur Beschreibung des Transports von Luftbeimengungen in der Atmosphäre verwendet. Die Ausbreitung stellt das Bindeglied zwischen *Emission* und *Immission* dar und umfaßt alle Vorgänge, in deren Verlauf sich die räumliche Lage, Verteilung und Konzentration von festen, flüssigen und gasförmigen Luftbeimengungen unter dem Einfluß meteorologischer oder anderer physikalischer bzw. chemischer Vorgänge verändern (Abb. 1).

Für die Ausbreitungsvorgänge sind zunächst die Charakteristika der Emissionsquellen wichtig. Es werden hierbei *Punktquellen* (z. B. Schornsteine), *Linienquellen* (Verkehrsstraßen) und *Flächenquellen* (Industriebereiche, Hausbrand) unterschieden. Dabei müssen die unterschiedlichen Tages- und Jahresgänge der Emission sowie *Quellhöhen* (Verkehr: Boden; Hausbrand: Dachhöhe; Industrie: Kaminhöhe, z. T. mehr als 100 m) berücksichtigt werden.

Die Luftbeimengungen breiten sich in der atmosphärischen Grenzschicht aus, in der die Bodenreibung noch deutlich Windrichtung und -geschwindigkeit beeinflußt. Die Ausbreitung wird bestimmt durch Windgeschwindigkeit (horizontale Verfrachtung und Verdünnung), Windrichtung (Richtung der Verfrachtung), Turbulenz und Höhe der Mischungsschicht (horizontale und vertikale Verteilung und Verdünnung).

Eine relativ einfache Einteilung der möglichen Turbulenzzustände der bodennahen Luftschicht in wenige Klassen, die aus leicht zu ermittelnden meteorologischen Daten (Windgeschwindigkeit, Bedeckungsgrad) und astronomischen Angaben (Tages- und Jahreszeit) bestimmt werden können, stellen die *Ausbreitungsklassen* dar.

Die *Art der vertikalen Temperaturschichtung* der jeweils für die Ausbreitung relevanten Luftschicht wird von *Ausbreitungstypen* repräsentiert, die eine Zuordnung der Form einer Schornsteinabluftfahne zur Temperaturschichtung darstellen. Es werden dabei die drei Grundtypen *Fanning* (stabile Schichtung), *Coning* (neutrale Schichtung) und *Looping* (labile Schichtung) sowie die beiden Sondertypen *Fumigation* und *Lofting* unterschieden (Abb. 2).

Die Berechnung des Transport- und Verweilvorgangs von Luftbeimengungen in der Atmosphäre zur quantitativen Ermittlung von Immissionen in Abhängigkeit von meteorologischen Parametern sowie von physikalischen, chemischen und photochemischen Prozessen ist mit Hilfe von *Ausbreitungsmodellen* möglich. Hierbei sind zu berücksichtigen: 1. räumliche Lage der Emissionsquellen und zeitliche Änderung der Emissionsraten; 2. räumliche und zeitliche Verteilung der Luftbeimengungen in Abhängigkeit von den meteorologischen Ausbreitungsbedingungen; 3. physikalische Prozesse und chemische Reaktionen in der Atmosphäre; 4. trockene und nasse Deposition.

Zu den gebräuchlichsten Modellen gehören das Gauß-Modell (eindimensional), das Trajektorienmodell (zweidimensional) und das Gittermodell (dreidimensional). Die verwendeten *Scales* der Modelle sind sehr unterschiedlich. Der *räumliche Scale* reicht von 10 m bis 2 000 km, der *zeitliche Scale* von einigen Minuten bis zu einer Woche. Hierbei kommen die geringsten Werte jeweils in den Modellen für Straßenschluchten und für den Kfz-Verkehr zur Anwendung, während die höchsten Werte für die Berechnung von regionalen und überregionalen Auswirkungen von Flächenquellen (Industriegebiete, Verdichtungsräume) von Bedeutung sind *(Ferntransport)*.

Mit Modellen lassen sich auch die Ausbreitung von Kühlturmfahnen und -schwaden (Aufstiegshöhe, Schwadenhöhe und -länge) sowie ihre meteorologischen Auswirkungen an der Erdoberfläche berechnen.

Anhaltende ungünstige meteorologische Austauschbedingungen bei gleichzeitig stark erhöhten Schadstoffkonzentrationen führen zu *Smog* (Kurzwort aus engl. *sm*oke = Rauch und engl. f*og* = Nebel), bei dem zwei Arten unterschieden werden: *London-Smog* (primär mit Schwefeldioxid und Ruß beladener Nebel) und *Los-Angeles-Smog* (*photochemischer Smog;* Bildung vor allem von Ozon und PAN [*P*eroxy*a*cetyl*n*itrat] durch photochemische Reaktionen unter dem Einfluß der Sonneneinstrahlung).

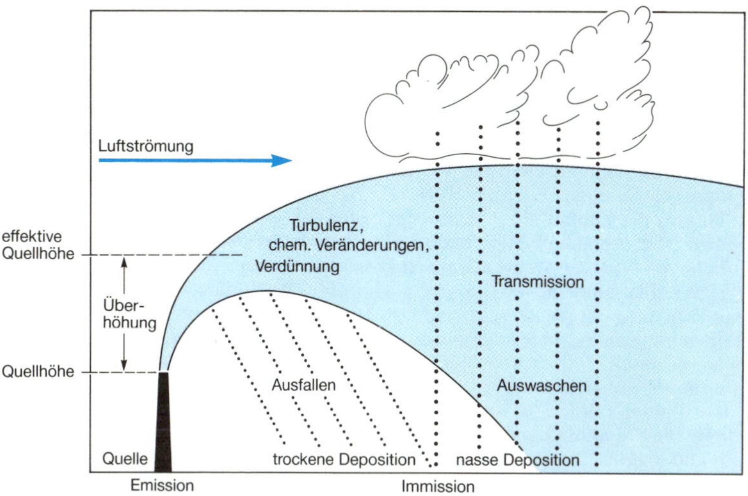

Abb. 1
Emission – Transmission – Immission

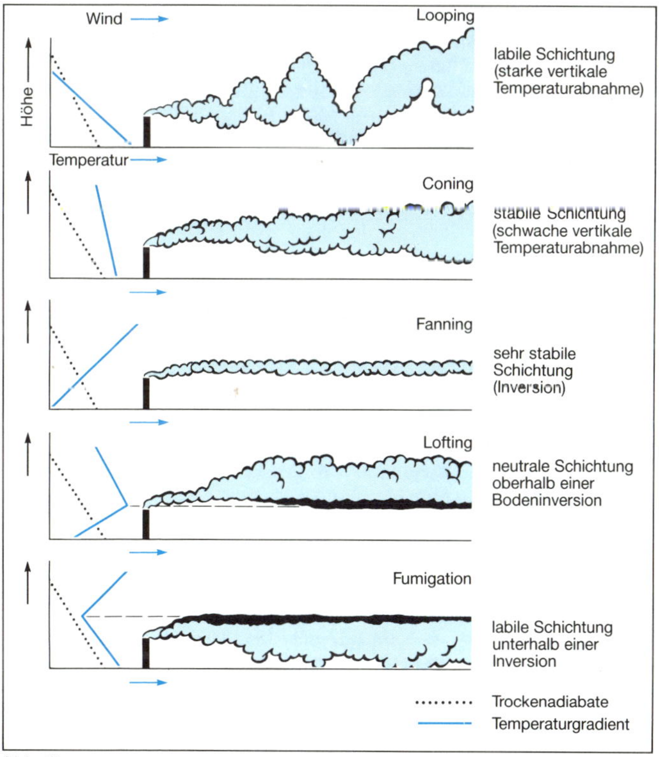

Abb. 2
Ausbreitungstypen. Temperaturschichtung und Form der Schornsteinabluftfahnen (nach H. Wexler)

Die Auswertung phänologischer Daten

Die Gesamtwirkung der Klimaelemente spiegelt sich in den Wachstumserscheinungen oder -phasen der Pflanzen wider. Aus diesem Grunde bieten sich *phänologische Beobachtungen* von gut definierten Wachstumsphasen wildwachsender Pflanzen, von landwirtschaftlichen Kulturpflanzen, Obstbäumen und Weinreben an, um die klimatische Gunst oder Ungunst von Anbaugebieten und den Einfluß von Witterung und Klima auf die Pflanzen zu untersuchen.

Zur Erfassung der *phänologischen Phasen* dienen spezielle Netze (z. B. im Bundesgebiet rund 2500 Beobachter). Zu den erfaßten Entwicklungsphasen gehören u. a. Blattentfaltung, Blüte, Laubverfärbung und Laubfall bzw. Aussaat, Ernte und Schnitt.

Mit Hilfe bestimmter Phasen läßt sich das Jahr in folgende *phänologische Jahreszeiten* einteilen: Vor-, Erst- und Vollfrühling, Früh-, Hoch- und Spätsommer, Früh-, Voll- und Spätherbst. Einzelne phänologische Jahreszeiten werden z. B. durch folgende Phasen der jeweiligen Blüte gekennzeichnet: Vorfrühling: Schneeglöckchen; Frühsommer: Winterroggen; Frühherbst: Herbstzeitlose.

Die gesammelten Beobachtungen stehen in Datenbanken für die weitere Auswertung zur Verfügung. Insbesondere für Trenduntersuchungen wurde eine spezielle *historische phänologische Datenbank* in Offenbach am Main (Zeitraum: 1881–1941) mit rund 355000 Einzeldaten von 42 phänologischen Phasen an mehr als 1500 Beobachtungsorten aufgebaut. Sie kann ferner für Korrelationen mit Witterungsereignissen und Klimadaten herangezogen werden.

Um internationale Vergleiche von phänologischen Beobachtungen abzusichern, wurden *internationale phänologische Gärten* eingerichtet, in denen erbgleiche Bäume und Sträucher (geklontes Pflanzengut, das ungeschlechtlich von jeweils nur einer Pflanze abstammt) an Standorten gepflanzt werden, deren Umwelt unverändert bleibt, so daß das Wachstum nur von Witterungs- und Klimaeinflüssen geprägt wird.

Zur Erfassung räumlicher Unterschiede im Eintreten bestimmter Wachstumsphasen werden die Beobachtungen in Form von *phänologischen Karten* ausgewertet. Diese gestatten das Erkennen von Gebieten mit frühen oder späten Eintrittszeiten und die zeitliche Verschiebung der Phasen. So zieht z. B. der Frühling, gekennzeichnet durch den Beginn der Apfelblüte, im Bundesgebiet von SSW nach NNO im Laufe von 4 Wochen ein, und zwar bei einer gleichzeitigen Verspätung des Termins mit zunehmender Seehöhe, während sich der zeitliche Beginn der Aussaat des Winterroggens von OSO nach WNW verschiebt.

Für bestimmte Anwendungsbereiche sind Karten interessant, in denen die Andauerzeiten zwischen zwei Phasen dargestellt werden (Abb. 1). So erstreckt sich z. B. zwischen dem Beginn der Apfelblüte und der Winterroggenernte die Hauptvegetationszeit. Die *Dauer des produktiven Pflanzenwachstums* ist definiert als die Zeit zwischen dem Beginn der Haferaussaat und dem Ende eines Tagesmittels der Lufttemperatur von mindestens 5 °C. Im Bundesgebiet reichen die Zahlen im Mittel von weniger als 180 Tagen bis zu mehr als 240 Tagen im Jahr. Die für den Zwischenfruchtbau in diesem Zeitraum nutzbare Zeit beginnt bei der Winterroggenernte und endet bei der Aussaat des Winterroggens.

Für *synthetische phänologische Karten* wird vor allem eine topographische Datenbank benötigt. Ferner ist für die Festlegung der *Isophanen* (Linien gleicher phänologischer Phasen) die Bestimmung der Höhenabhängigkeit und der Kontinentalität erforderlich. Für einen Teilbereich von Baden-Württemberg ergibt sich z. B. für den mittleren Beginn der Fliederblüte eine zeitliche Verzögerung mit zunehmender Höhe von 3,9 Tagen/100 m. Beim kontinentalen Einfluß verspäten sich die Eintrittszeiten je 100 km von Süden nach Norden um 0,97 Tage sowie von Westen nach Osten um 1,88 Tage (Abb. 2).

Die in Karten oder Tabellen aufbereiteten phänologischen Daten bilden eine wichtige Grundlage zur Beurteilung der *Anbaumöglichkeiten landwirtschaftlicher Kulturpflanzen* und der zu wählenden Betriebsform, ferner zur Bewertung der Möglichkeit des Anbaus mehrerer Kulturpflanzen im Laufe des Jahres (Zwischenfruchtbau) sowie in Fragen des Pflanzenschutzes. Letztlich erleichtern die Karten bei landeskundlichen Betrachtungen die Landschaftsgliederung.

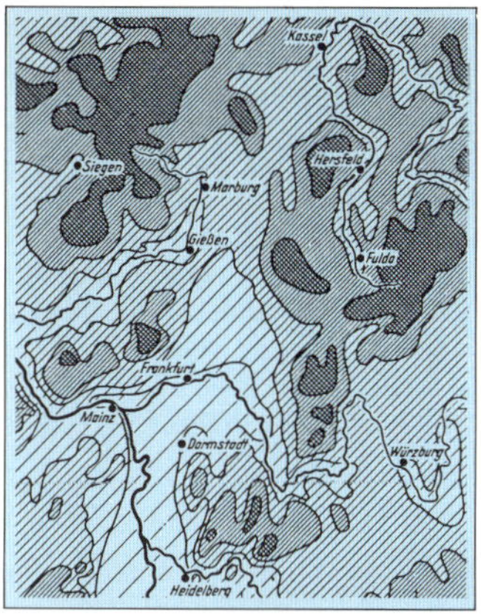

von Winterroggenernte bis Wachstumsende

90 80 70 60

Zahl der Tage

85 75 65 55

von Zwischenfruchtaussaat bis Wachstumsende

Abb. 1
Karte der Andauerzeit zwischen zwei phänologischen Phasen

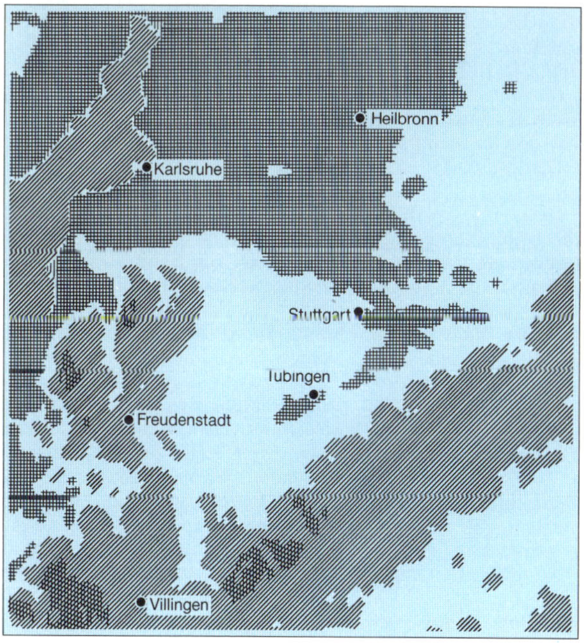

110
20.4.

120
30.4.

130
10.5.

140
20.5.

150
30.5.

Abb. 2
Synthetische phänologische Karte. Mittlerer Beginn der Fliederblüte (1951-1980)

Bioklimatische Wirkungsfaktoren

Die meteorologischen Elemente wirken kombiniert auf den Menschen ein; es wird daher von einer *Akkordwirkung* gesprochen. Man unterscheidet dabei den thermischen, aktinischen und lufthygienischen Wirkungskomplex.

Der *thermische Wirkungskomplex* umfaßt die Wärmezufuhr und Wärmeabgabe des menschlichen Körpers, dessen *Wärmeregulation* zur Aufrechterhaltung der Körpertemperatur von 37 °C dadurch wesentlich beeinflußt werden kann. Wird die Wärmezufuhr von außen zu groß (z. B. bei Lufttemperaturen von mindestens 30 °C mit Sonnenstrahlung und langwelliger Umweltstrahlung), führt dies zur *Wärmebelastung.* Ist gleichzeitig die Luftfeuchte so groß, daß über die Transpiration keine Wärmeabgabe möglich ist, kommt es im Körper zu einem *Wärmestau,* der z. B. zu Herz- und Kreislaufstörungen sowie zum Hitzekollaps führen kann. Hierbei ist die *Abkühlungsgröße* (Funktion von Lufttemperatur und Windgeschwindigkeit) sehr klein.

Eine thermische Belastung des Körpers tritt ferner durch Unterkühlung ein, z. B. bei Kälte in Verbindung mit größerer Windstärke und den dadurch ausgelösten intensiven *Kältereizen.*

Das thermische Milieu kann durch Modelle, z. B. hinsichtlich Wärmebelastung und Kältereiz, erfaßt werden (Abb. 1 und 2).

Der *aktinische Wirkungskomplex* bezieht sich auf den Einfluß der Strahlung auf den Menschen. Zu den verschiedenen Spektralbereichen gehören Ultraviolettstrahlung, sichtbares Licht, Infrarotstrahlung sowie Wärmestrahlung der Atmosphäre (Abb. 1: A) und von Umgebungsflächen des Menschen (Abb. 1: E).

Der *Ultraviolettstrahlung* kommt neben unspezifischen Wirkungen wie Erhöhung der Widerstandskraft, allgemeine Steigerung der Leistungsfähigkeit u. a. auch eine große Bedeutung in bezug auf spezifische physiologische Vorgänge zu: Beeinflussung des Energiestoffwechsels und der inneren Sekretion, Verbesserung der Atmung und der Hämoglobintransportleistung für molekularen Sauerstoff. Die Ultraviolettstrahlung kann als Schonfaktor (bei verminderter Intensität) oder als Reizfaktor (bei erhöhter Intensität) wirken. Beim Auftreten von Nebel, Dunst oder starker Luftverunreinigung macht sich der verminderte Strahlungsgenuß belastend bemerkbar.

Das *sichtbare Licht* hat eine physiologische Auswirkung auf den Menschen, aber auch Hormonhaushalt und Psyche werden beeinflußt.

Die *Infrarotstrahlung* der Sonne dringt in die Haut ein und erzeugt eine reine Wärmewirkung.

Die Intensität der *Wärmestrahlung* hängt von der jeweiligen Temperatur der Atmosphäre (atmosphärische Gegenstrahlung) bzw. der Oberflächen ab. Sie wirkt direkt auf den menschlichen Wärmehaushalt ein (z. B. Erzeugung von Wärmebelastung).

Zum *lufthygienischen Wirkungskomplex* gehört die *Abnahme des Sauerstoffpartialdrucks* (wie des Luftdrucks) mit zunehmender Höhe oberhalb von 1 000 m NN, mit deutlichen Auswirkungen ab etwa 3 000 m NN. Ferner zählen die natürlichen und künstlichen Beimengungen der Luft (Aerosole) hierzu. Das *natürliche Aerosol* umfaßt Salzpartikel und Jod der Brandungszone, Radiumemanationen, den bodennahen Ozon sowie Partikel von Sandstürmen und Vulkanausbrüchen. Als *künstliches Aerosol* werden die Schadstoffe, die von Hausbrand, Industrie und Verkehr emittiert werden, bezeichnet.

Die Auswirkungen der drei Komplexe auf den Menschen unterteilt man nach Belastungs-, Schon- und Reizstufen:

An erster Stelle der *Belastungsstufen* steht die Wärmebelastung (Schwüle, Hitze), häufig verstärkt durch hohe Werte des Dampfdrucks, intensive Gegenstrahlung und Luftstagnation. Belastend wirken ferner Bodennebel, Naßkälte und hohe Konzentration der Luftverunreinigung.

Schonstufen sind charakterisiert durch ausgeglichene Temperaturverhältnisse, geringe Werte der Abkühlungsgröße, mäßige Windgeschwindigkeiten, vermehrte, aber nicht zu intensive Sonnenstrahlung und ausreichende Luftreinheit.

Bioklimatische Reize werden verursacht durch tiefe Werte der Lufttemperatur mit großer Tagesschwankung, böige Winde, stärkere Strahlung, hohe Werte der Abkühlungsgröße sowie verminderten Sauerstoffpartialdruck.

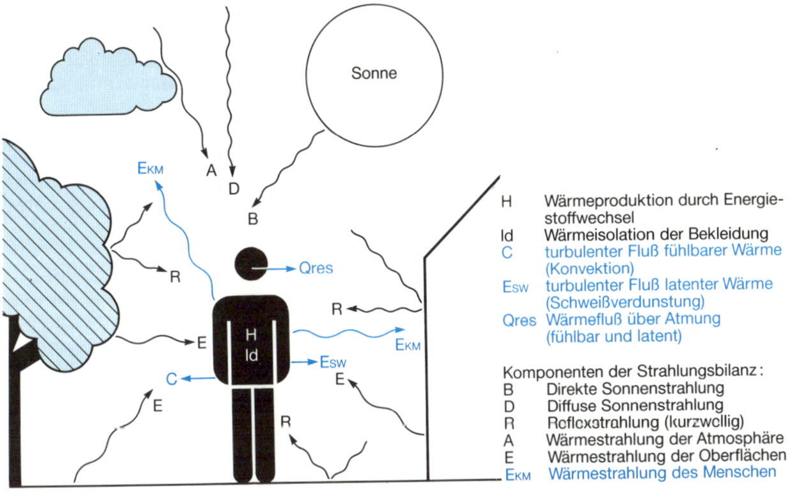

Abb. 1
Der thermische Wirkungskomplex
(nach Jendritzky)

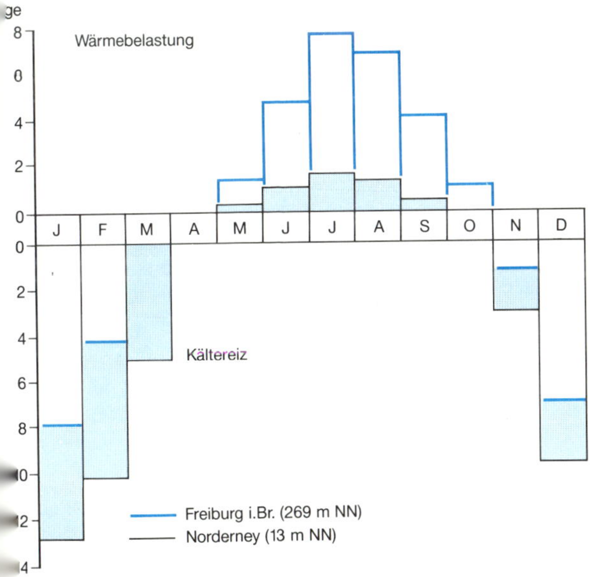

Abb. 2
Bedingungen der Wärmeabgabe

Klimaklassifikationen

Die *Klimaklassifikationen* nehmen eine Einteilung des Klimas nach bestimmten Gesichtspunkten vor, wobei das Klima als Ganzheit betrachtet wird. Es gibt weltweit zahlreiche Gliederungsarten, die man nach folgenden *Einteilungskriterien* zusammenfassen kann: 1. Ursachen des Klimas (genetische Klimaklassifikation); 2. Wirkungserscheinungen des Klimas (effektive Klimaklassifikation); 3. Anwendungsmöglichkeiten für bestimmte Planungszwecke (spezielle Klimaklassifikation). Bei den Klassifikationen, die nicht allen Anforderungen dienen können, ist zu beachten, ob die Ansätze der Bewertung global oder nur auf bestimmte geographische Räume ausgerichtet sind bzw. ob ihre Anwendung regional oder lokal begrenzt sein soll.

Basis der *genetischen Klimaklassifikationen* sind die fundamentalen physikalischen Ursachen des Klimas, deren Messung gewisse Schwierigkeiten bereitet. Die Unterteilung erfolgt nach den dynamischen Vorgängen in der Atmosphäre. Die allgemeine Zirkulation der Atmosphäre (s. S. 116 ff.) wird dabei einer komplexen Betrachtung unterzogen, unter besonderer Berücksichtigung von Luftströmungen, Luftmassen und Fronten. Der Vorteil der genetischen Klassifikationen besteht darin, daß beliebig viele klimatische Gliederungen je nach Datenbasis entworfen werden können. Sie sind jedoch im allgemeinen quantitativ schwer faßbar, da sie nicht durch Grenz-, Schwellen- oder Mittelwerte bestimmt werden können, sondern vielfach mittels Modellvorstellungen unterteilt werden. Genetische Klimaklassifikationen können auch für nationale Bereiche entwikkelt werden.

Eine schematische Gliederung des Klimas auf einem Idealkontinent und den Weltmeeren hat *H. Flohn* (Abb. 2) entworfen. Je Halbkugel gibt es danach *vier Zirkulationen:* 1. äquatoriale Westwindzone mit innertropischen Konvergenzen; 2. subtropische Trockenzone oder Passatzone; 3. außertropische Westwindzone; 4. hochpolare Ostwindzone.

Aufbauend auf diesem Schema, wurde von E. Kupfer eine *genetische Weltklimakarte* (Abb. 1) entworfen, die auf folgender Einteilung beruht: 1. innertropische Klimate; 2. Passatklimate; 3. subtropische Klimate; 4. Klimate der planetarischen Frontalzone; 5. subpolares Klima; 6. polares Klima. Diese Beispiele lassen u. a. die Vielfalt der Bezeichnungen erkennen, die bei anderen Autoren noch mit abweichenden Abgrenzungen verbunden sind.

Die *effektiven Klimaklassifikationen* bauen auf den vom Klima ausgelösten Wirkungen auf und beziehen sich vor allem auf Boden, Pflanzenwelt, Abfluß, Anbau und menschliches Befinden. Im Gegensatz zur genetischen Klassifikation wird das Klima nach charakteristischen Werten meßbarer Klimaelemente, namentlich Lufttemperatur und Niederschlag, unterteilt. Grundlage der Unterteilung sind Mittel-, Andauer-, Grenz- und Schwellenwerte der Klimaelemente, die für den betreffenden Wirkungsbereich eine relevante Bedeutung haben.

Von allen Klassifikationen ist weltweit die *Klimaklassifikation von W. Köppen* (Abb. 3) am bekanntesten. Sie geht von der Wirkung des Klimas auf die Vegetation (Wachstum), z. T. auch auf die Tierwelt aus, und zwar auf der Grundlage von Mittel-, Andauer- und Schwellenwerten sowie der jahreszeitlichen Verteilung von Lufttemperatur und Niederschlag. Ein besonderes Merkmal ist die verwendete *Klimaformel,* eine Aneinanderreihung von Buchstaben, die zur Kennzeichnung der Klimagebiete verwendet werden:

1. *Klimazone;* z. B. C = warmgemäßigtes Klima;
2. *Klimatyp;* z. B. Cf = feuchtgemäßigtes Klima;
3. *Klimauntertyp;* z. B. Cfb = mit warmen Sommern: Mitteltemperatur des wärmsten Monats weniger als 22 °C und mindestens 4 Monate mit Mitteltemperaturen von mindestens 10 °C (Bezeichnung: *Buchenklima*);
4. *Weitere Zusätze, Unterteilungen oder Erläuterungen;* z. B. s = sommertrocken, d = strenge Winter.

Mit Hilfe der Klimaformel unterteilte Köppen *5 Klimazonen* (A bis E) und *11 Klimatypen* wie folgt:

A: tropisches Regenklima ohne Winter;
  Af = tropisches Regenwaldklima;
  Aw = Savannenklima;
B: Trockenklima;
  BS = Steppenklima;
  BW = Wüstenklima;

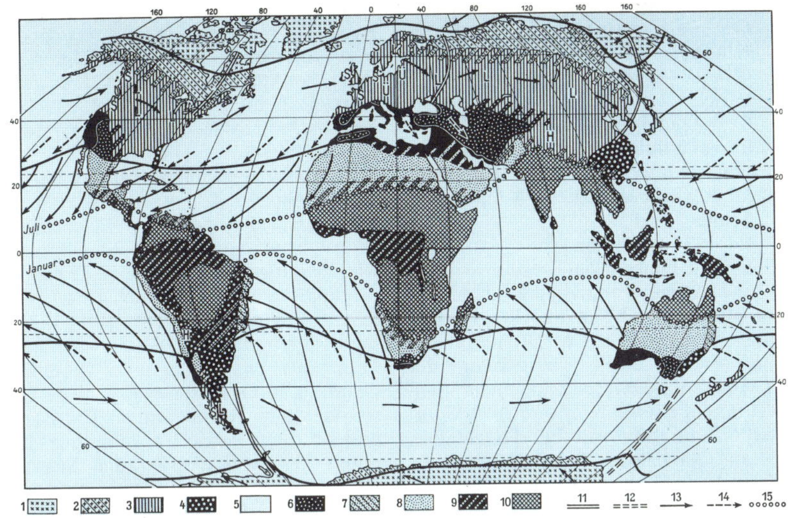

1. polares Klima (EE)
2. subpolares Klima (WE) oder (EW)

Klimate der planetarischen Frontalzonen (WW)

3. S = Seeklima
   L = Landklima
   Ü = Übergangsklima zwischen Land- und Seeklima
4. Sommerfeuchte E = Küsten

Subtropische Klimate (PW)

5. mäßiger Winterregen
6. geringer Frühlingsregen (Binnenlandtyp)

Passatklimate (FF)

7. feuchte E-Küsten
8. trockene W-Küsten und Binnenländer

Innertropische Klimate (TT), (TP)

9. dauernd feucht, immergrüne Urwälder
10. periodisch feucht (Zenitalregen)
11. bevorzugte Lagen kalter Höhentröge
12. dasselbe, vermutet
13. ganzjährig wehende Winde (Passate sehr beständig, übrige unbeständig)
14. sommerlich verlängerter Passat
15. Lage der innertropischen Konvergenz im Januar und Juli

H = besonderes Höhenklima; T = Zone der innertropischen Westwinde; P = Passatzone; W = planetarische Frontalzone mit Westwinden; E = Zone der polaren E-(Ost)Winde; 1. Buchstabe = Sommer; 2. Buchstabe = Winter der betreffenden Halbkugel

Abb. 1
Klimagebiete der Erde auf genetischer Grundlage (nach E. Kupfer)

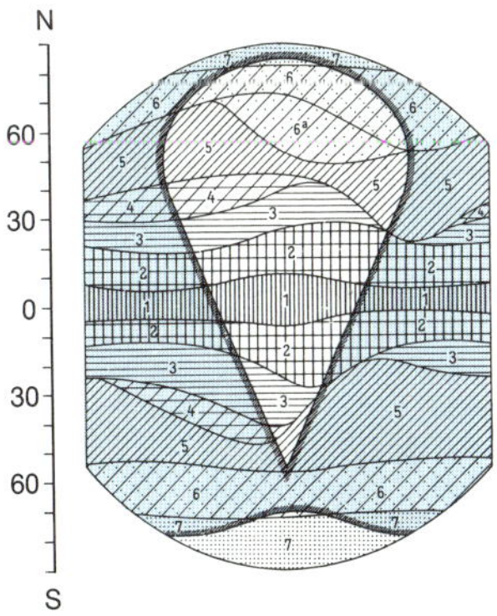

1 äquatoriale Westwindzone mit der bzw. den innertropischen Konvergenzen
2 Randtropen mit sommerlichen Zenitalregen und winterlichem Passat
3 subtropische Trocken- und Passatzone
4 subtropische Winterregenzone (Mittelmeerklima)
5 außertropische Westwindzone
6 Subpolarzone mit sommerlichen polaren Ostwinden
6a kontinentaler Untertyp: boreale Zone (nur auf der Nordhalbkugel)
7 hochpolare Ostwindzone

homogene Klimate
heterogene oder alternierende Klimate

Abb. 2
Die schematische Klimagliederung auf dem Idealkontinent und den Weltmeeren (nach H. Flohn, 1950)

C: warmgemäßigtes Klima;
Cw = warmes wintertrockenes Klima;
Cs = warmes sommertrockenes Klima;
Cf = feuchtgemäßigtes Klima;
D: boreales oder Schnee-Wald-Klima;
Dw = wintertrockenkaltes Klima;
Df = winterfeuchtkaltes Klima;
E: Schneeklima;
ET = Tundrenklima;
EF = Klima ewigen Frostes.

Eine Abwandlung dieser Klassifikation mit Anpassung an die Klimaverhältnisse in Nordamerika erstellte *C. W. Thornthwaite* unter Verwendung der *Buchstabenkennung* und folgender *Indizes:* potentielle Evaporation (PE), Sommerkonzentration von PE, Feuchtefaktor aus Nässeindex (Wasserüberschuß/Wasserbedarf) und Trockenheitsindex (Wassermangel/Wasserbedarf), Jahresgang des Feuchtefaktors. Die schwer zu gewinnenden Daten dienen zur Abgrenzung von 5 Hauptklimazonen, die nach den 4 Indizes weiter unterteilt werden. Basis seiner Klassifikation ist die Abhängigkeit des Pflanzenwachstums von den Verhältnissen der Umgebung (Wasserverfügbarkeit). Er verwendet komplexe Funktionen von Lufttemperatur und Niederschlag in Verbindung mit der Verdunstung.

Weltweit gibt es zahlreiche effektive Klimaklassifikationen, die z.T. nur regional angewendet werden. Bei *Gliederungen auf der Basis der Niederschlagsverhältnisse* werden z.B. Begriffe wie arid, humid und nival (s. S. 214) verwendet. Bei *Gliederungen nach dem Typ des Jahresgangs der Lufttemperatur* erfolgt z.B. eine Einteilung in äquatorial-tropischer Typ, indischer Typ, Sudan-Typ, Typ der gemäßigten Breiten, polarer Typ.

Verstärkt werden in den letzten Jahren klimatologische Erkenntnisse zu Planungszwecken im weitesten Sinne herangezogen. Dies hat zur Entwicklung von *speziellen Klimaklassifikationen* für bestimmte Anwendungsbereiche, vor allem aber auch für kleinere Gebiete, geführt. Vielfach handelt es sich um Eignungsbewertungen eines Gebietes für einen konkreten Zweck in Abhängigkeit von bestimmten Klimaelementen. Unterschiedliche Abhängigkeiten oder Beziehungen haben aber kein allgemeingültiges Klassifikationsschema zugelassen. Beispielsweise sind die Ansprüche der verschiedenen Kulturpflanzen an das Klima sowohl von unterschiedlichen Klimaelementen als auch von unterschiedlichen Zeitabschnitten im Jahresverlauf abhängig.

Zu den Anwendungsbereichen der jeweils besonders zu entwerfenden *Klimaeignungskarten* gehören Flächennutzungs-, Stadt- und Regionalplanung sowie Planungen für Bauwerke, Energieproduktion und -verbrauch (u.a. Sonnen- und Windenergie), Industrie, Land- und Forstwirtschaft, Wasserwirtschaft, Transport, Verpackung und Lagerung, Handel und Gewerbe, menschliche Gesundheit und Wohlbefinden, Tourismus und Erholung sowie Umweltschutz. Benötigt werden Daten für den Entwurf von großmaßstäblichen Karten mit abgeleiteten Beziehungen zu Topographie, Bodenart und Bodenbedeckung (Abb. 4).

Für derartige Klimakarten werden folgende *Klimaelemente* verwendet: direkte und indirekte Sonnenstrahlung, Sonnenscheindauer, Luft- und Bodentemperatur, relative Feuchte, Dampfdruck, Niederschlagshöhe und -intensität, Trocken- und Naßperioden, Schnee, Wasseräquivalent der Schneedecke, Windrichtung und -geschwindigkeit, Böen, Nebel, Gewitter, Hagel. Ferner kommen *abgeleitete Größen* in Betracht, wie Heiztag (Tag mit Tagesmittel der Lufttemperatur unter 15 °C), Heizgradtag (heiztechnische Kenngröße), Eislast (Eisansatz an Bauwerken), Schneelast, Windlast, Windkraftpotential, Wärme- und Kältebelastung. In zunehmendem Maße werden Klimaeignungskarten mit Hilfe entsprechender Modelle entwickelt (u.a. Bioklimakarten; s. S. 260).

Bei klimaorientierten Planungen im Stadtbereich kommen sogenannte *Klimafunktionskarten* zur Anwendung (vgl. auch S. 210). Sie enthalten flächenmäßige Ausprägungen der klimarelevanten Parameter nebst deren Ursachen (z.B. Klimate der bebauten/unbebauten Flächen), einzelne klimatische Effekte (z.B. Kaltluftproduktion, -abfluß) und spezielle Klimafunktionen (z.B. Windfeldveränderungen, Auswirkungen von Grün- und Wasserflächen).

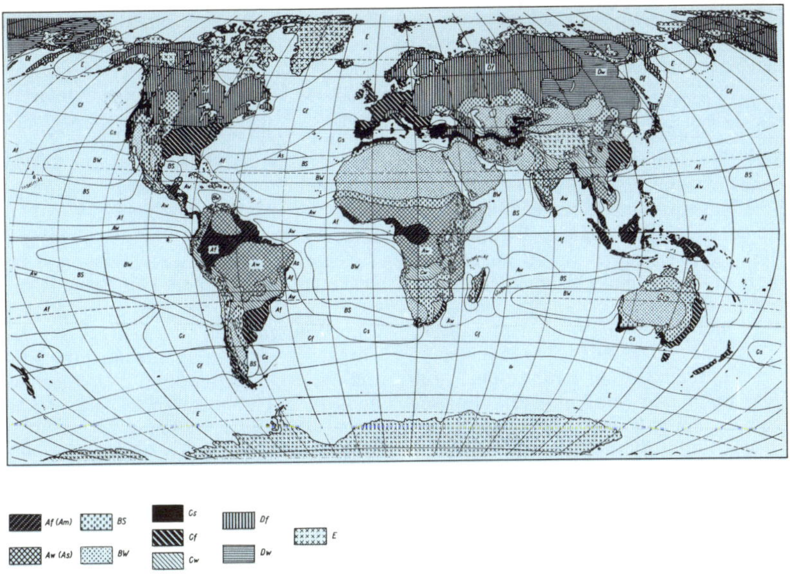

Abb. 3
Klimaklassifikation nach W. Köppen

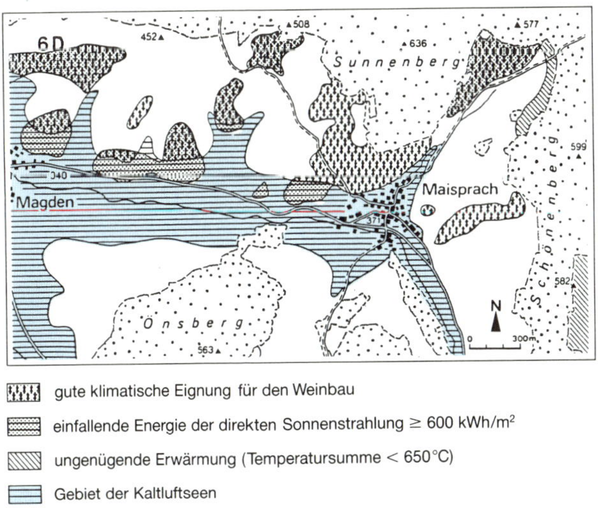

Abb. 4
Klimaeignungskarte für den Weinbau (Schweiz)

Klimazonen

Die *Klimazonen,* auch *Klimagürtel* genannt, kennzeichnen größere Gebiete der Erdoberfläche, in denen das Klima gleichartig oder relativ einheitlich ist. Das schließt nicht aus, daß es innerhalb dieser Gebiete Variationen gibt, die durch bestimmte klimatologische Wirkungsfaktoren (s. S. 212) bedingt sind. Im allgemeinen werden die Klimazonen, die vorwiegend in zonaler Richtung parallel zu den Breitenkreisen angeordnet sind, nicht eindeutig gegeneinander abgegrenzt. Die Übergänge sind meist fließend und allmählich (Abb. 1 und 2).

Es gibt verschiedene Möglichkeiten zur Festlegung von Klimazonen, und zwar nach den Strahlungsverhältnissen (solares Klima), nach thermischen, hygrischen oder dynamischen Merkmalen, schließlich nach den Auswirkungen des Klimas, z. B. auf die Vegetation. Mit Ausnahme der Strahlungsverhältnisse werden die genannten Einteilungskriterien bei den Klimaklassifikationen (s. S. 226 ff.) verwendet.

Das sogenannte *solare Klima* ist aufgrund der Abnahme der von der Sonne zugeführten Strahlungsenergie vom Äquator zu den Polen mathematisch errechenbar und für Orte mit gleicher geographischer Breite (unter Vernachlässigung der atmosphärischen Einflüsse) gleich. Die Abnahme zwischen den einzelnen Breitengraden ist jedoch nicht einheitlich. Die breitenmäßige Differenzierung der Energiezufuhr ergibt *solare Klimazonen.*

Die einfachste Unterteilung der solaren Klimazonen geht von den beiden Wendekreisen (23° 27′ nördliche bzw. südliche Breite), zwischen denen sich die Tropen befinden, und von den Polarkreisen (66° 30′ nördliche bzw. südliche Breite) aus. Für die Zwischenzone gibt es eine weitere Unterteilung in Subtropenzone und Mittelbreitenzone (Zone der gemäßigten Breiten).

Die so gebildeten Klimazonen lassen sich wie folgt charakterisieren:

1. *Tropen:* Die Tageslänge schwankt im gesamten Bereich nur wenig (11–13 Stunden). Die tageszeitlichen Schwankungen der Lufttemperatur dominieren gegenüber den weitgehend gleichbleibenden Temperaturverhältnissen im Jahresverlauf; man spricht daher von *Tageszeitenklima.* Trotz der einheitlichen Einstrahlung stellen sich innerhalb der Tropen klimatische Unterschiede ein, die maßgeblich durch die Niederschlagsverhältnisse bedingt sind und zur Unterteilung in die *immerfeuchten inneren Tropen* (vollhumides Klima; *Äquatorialzone*) und die *sommerfeuchten äußeren Tropen* (semihumides Klima; Abnahme der Niederschlagsaktivität im Bereich der Passate) führen.

2. *Subtropen:* In dieser Klimazone (Tageslänge 9–15 Stunden) findet man sowohl den Bereich der *subtropischen Hochdruckgürtel* mit der Wurzelzone der Passate (arides Klima) als auch die Einflußgebiete zyklonalen Wettergeschehens in der *subtropischen Winterregenzone* (semihumides Klima).

3. *Hohe Mittelbreiten (gemäßigte Breiten):* Im Gegensatz zu den Tropen gibt es bei Tageslängen von 15 bis 24 Stunden (Extremfall im Bereich der Polarkreise) große jahreszeitliche Unterschiede der Lufttemperatur mit teilweise sehr tiefen Extremwerten; man spricht deshalb von *Jahreszeitenklima.* Das humide Klima wird bestimmt durch die Austauschvorgänge an der planetarischen Frontalzone sowie regional durch das Vorherrschen maritimer bzw. kontinentaler Einflüsse (s. S. 214 und S. 232).

4. *Polargebiete:* Diese extreme Klimazone mit Polarnacht und Polartag sowie mit tiefen Werten der Lufttemperatur und geringen, meist als Schnee fallenden Niederschlägen wird vielfach noch unterteilt in *subpolare, subarktische* oder *boreale Zone* (subnivales polares Klima) und in *hochpolare* oder *polare Zone* (nivales Klima).

Der Begriff „Klimazonen" findet ferner Verwendung bei der Charakterisierung der klimatischen Verhältnisse in *erdgeschichtlichen Zeitabschnitten* (z. B. Kreidezeit, Eiszeit), in denen die einzelnen Zonen eine unterschiedliche Lage und Ausdehnung zwischen Äquator und Polen aufwiesen.

Im Bereich der *angewandten Klimatologie* wird die Erdoberfläche ebenfalls in Klimazonen gegliedert, um eine Vereinheitlichung und Standardisierung der Begriffe für bestimmte Anwendungsbereiche festzulegen, z. B. für klimagerechtes Bauen (vgl. auch S. 242).

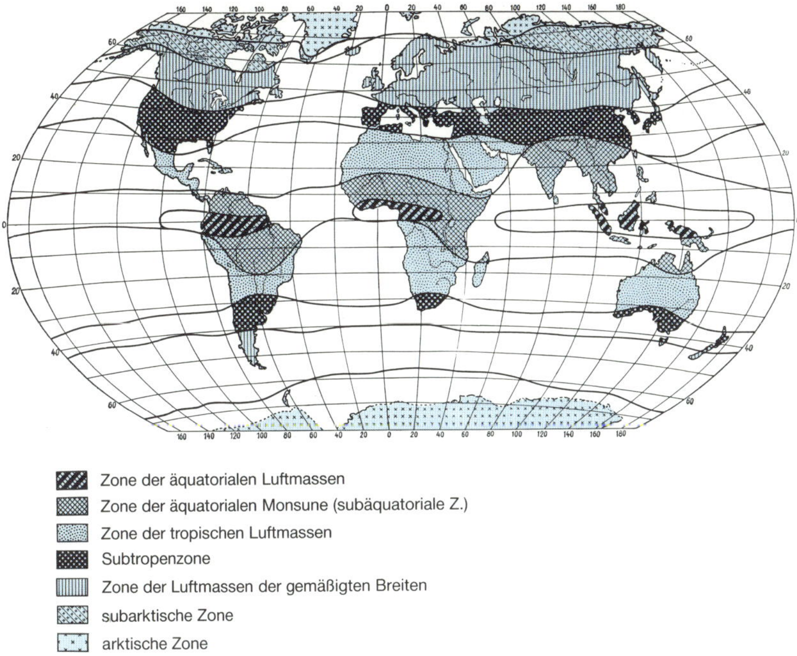

Abb. 1
Klimagürtel (nach B.P. Alissow)

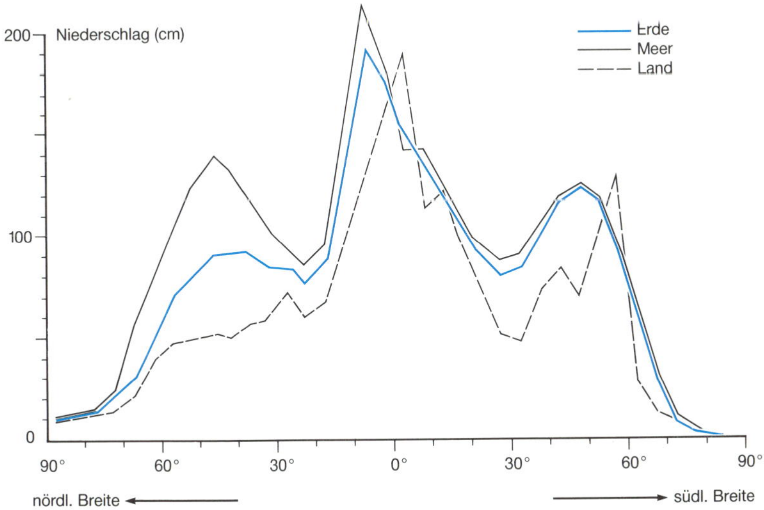

Abb. 2
Die zonale Niederschlagsverteilung in cm/Jahr
(nach W. Meinardus)

Meeresklima und Kontinentalklima

Da der Wärmeumsatz der von der Sonne einfallenden Strahlung an der Erdoberfläche stattfindet, ist deren physikalische Beschaffenheit (fest, flüssig), abgesehen von der geographischen Breite, von entscheidender Bedeutung für die Ausprägung von Klimaten (vgl. auch S. 214).

Meeresklima

Wasser besitzt eine fast fünfmal so hohe spezifische Wärmekapazität wie der Erdboden. Die Wärmemenge wird im Wasser durch Konvektionsströmungen über eine größere Masse verteilt, so daß die Meere durch die Sonneneinstrahlung langsamer erwärmt werden, sich aber auch langsamer abkühlen. Als Folge dieser trägen thermischen Reaktion sind *tägliche und jahreszeitliche Schwankungen der Lufttemperatur* geringer als über dem Festland (mäßig warme Sommer, milde Winter). Die Extreme sind zeitlich verschoben (Abb. 3).

Das Meeresklima ist ferner gekennzeichnet durch Bewölkungs- und Niederschlagsreichtum sowie durch ein *herbstliches/winterliches Niederschlagsmaximum* in den Mittelbreiten. Die räumliche Niederschlagsverteilung über den Weltmeeren ist generell ausgeglichener als über den Festländern.

Mannigfaltig ausgeprägte Klimate, wie sie auf den Kontinenten anzutreffen sind, entstehen über den Meeresgebieten nicht. Dafür sind sie großräumiger. Ihre Ausbildung hängt in erster Linie von der geographischen Breite, von der Lage zu den Aktionszentren der Atmosphäre und von den Meeresströmungen ab. Insbesondere gestalten kalte oder warme *Meeresströmungen* die Temperaturverhältnisse der Ozeane und der darüberliegenden Luftschicht. Die Meeresströmungen geben entweder große Wärmemengen an die Atmosphäre ab (z. B. Golfstrom) oder entziehen ihr durch hohe Verdunstung große Energiemengen (z. B. tropische/subtropische Meeresgebiete; Abb. 1).

Kontinentalklima

Die geringere spezifische Wärmekapazität des Erdbodens bewirkt eine rasche Erwärmung bzw. Abkühlung (nächtliche Wärmeabstrahlung) der obersten dünnen Bodenschicht. Die Kontinente weisen daher vor allem große Temperaturschwankungen im Tagesgang auf (Abb. 2). Im Innern der Kontinente treten *Tagesschwankungen der Lufttemperatur* von mehr als 20 K auf, in den Wüstengebieten der Subtropen sogar von mehr als 30 K. Die mittleren Jahresschwankungen der Lufttemperatur weisen dagegen sehr unterschiedliche Beträge auf: in Nordostsibirien beispielsweise rund 65 K (Januarmittel: −50 °C; Julimittel: 15 °C), in den äquatorialen Gebieten aufgrund der weitgehend gleichmäßigen Sonneneinstrahlung nur etwa 2–3 K. Die *Extremwerte der Lufttemperatur* erreichen im Innern der Kontinente Höchstbeträge von mehr als 50 °C, während die Tiefstwerte in der küstenfernen östlichen Antarktis unter −80 °C sinken, in Sibirien unter −70 °C.

Über den Kontinenten herrscht geringere Bewölkung als über den Ozeanen, und die Jahresniederschlagshöhen sind im allgemeinen niedriger. Den Hauptanteil bilden konvektive Niederschläge, weshalb das *Maximum der mittleren Niederschlagshöhen* im Sommer liegt. Die *räumliche Verteilung der Niederschläge* ist sehr viel differenzierter als über den Meeren, vor allem aufgrund der Stauwirkung von Gebirgen. Die größten mittleren Niederschlagshöhen kommen mit mehr als 10 000 mm jährlich im Luv tropischer Gebirge vor (allerdings sind hier auch noch konvektive Vorgänge beteiligt). Im allgemeinen werden die größten Niederschlagshöhen in der Äquatorialzone registriert. Eine zweite Maximumzone findet sich in den ektropischen Regionen im Bereich der zyklonalen Westwinddrift mittlerer Breiten. Dazwischen sind ausgeprägte Trockengebiete eingebettet.

Auf den Kontinenten kann gefallener Schnee in *Schneedecken* gespeichert werden und durch deren Strahlungseigenschaften und isolierende Wirkung das winterliche Klima und den Abfluß wesentlich beeinflussen.

Den Grad des Einflusses großer Landmassen (Kontinentalität) bzw. des Meeres (Maritimität) auf das Klima drückt man durch Indexzahlen aus. Je nachdem, ob sich diese auf den Tages- bzw. Jahresgang der Lufttemperatur oder auf den Jahresgang des Niederschlags beziehen, spricht man von *thermischer* bzw. *hygrischer Kontinentalität/Maritimität* (s. S. 214).

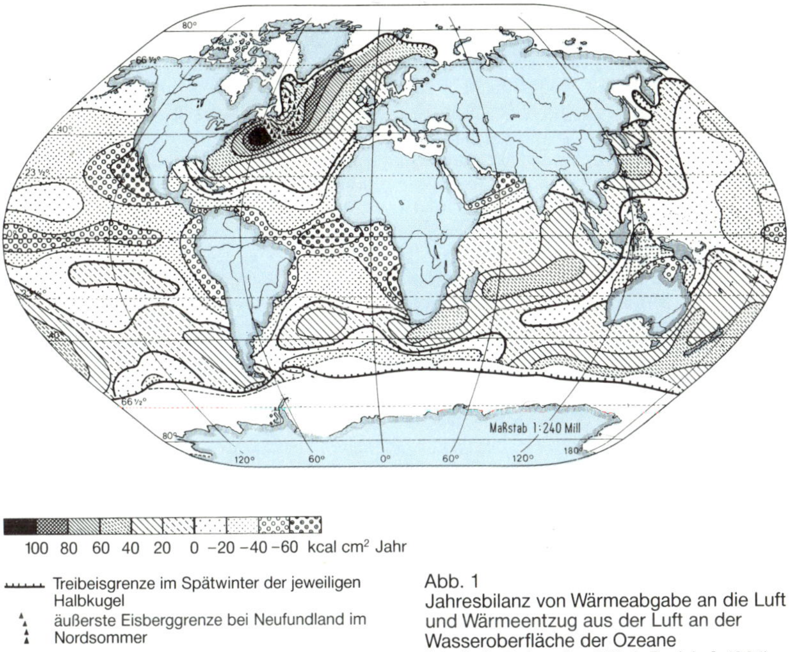

Abb. 1
Jahresbilanz von Wärmeabgabe an die Luft und Wärmeentzug aus der Luft an der Wasseroberfläche der Ozeane
(Nach R. Geiger [und M. I. Budyko], 1964)

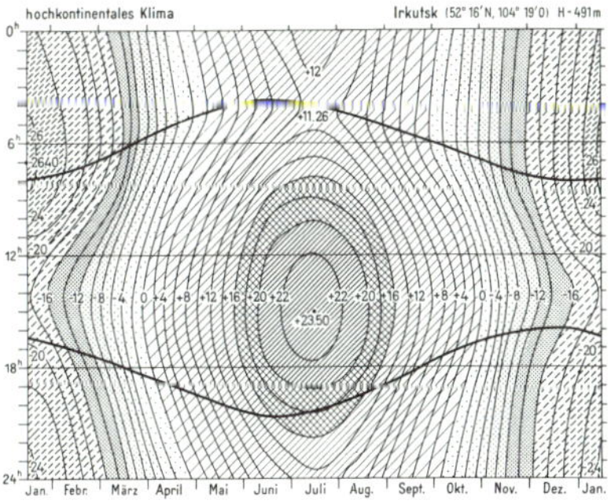

Abb. 2
Irkutsk. Hochkontinentales Klima mit starken Tages- und Jahresschwankungen der Lufttemperatur (°C)

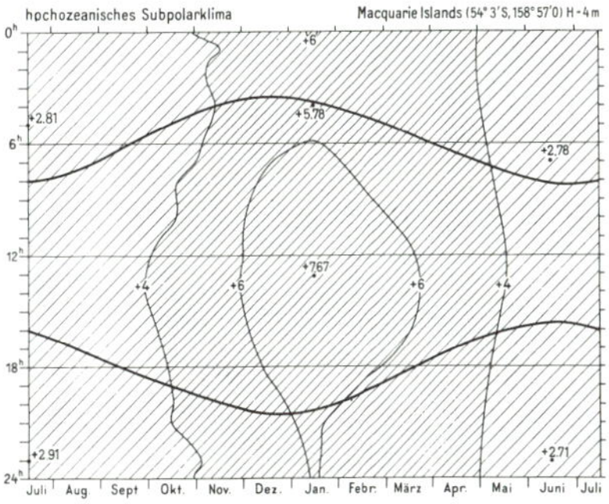

Abb. 3
Macquarie Islands. Hochozeanisches Subpolarklima mit fast fehlenden Tages- und Jahresschwankungen der Lufttemperatur (°C)

Gebirgsklima

Das Klima der Gebirge unterscheidet sich deutlich von dem des umgebenden Flachlandes, und zwar vor allem durch die unterschiedliche Änderung der Klimaelemente mit zunehmender Seehöhe sowie durch die Einflüsse des Gebirges auf die Luftströmungen. Ferner gestalten die natürlichen klimatologischen Wirkungsfaktoren (vgl. S. 212) und die lokalklimatisch bedeutsamen Phänomene (vgl. S. 218) die klimatischen Verhältnisse, so daß sich beträchtliche Unterschiede in den einzelnen Gebirgsklimaten einstellen.

Der *Sauerstoffpartialdruck* nimmt ebenso wie der Luftdruck mit der Höhe ab. Dies macht sich beim Menschen deutlich ab etwa 3 000 m NN im Auftreten der Höhenkrankheit bemerkbar. Die Grenze des menschlichen Lebensraums liegt deshalb im Gebirge in 4 000–5 000 m NN.

Eine Zunahme mit der Höhe weist im allgemeinen die *Sonneneinstrahlung* auf. Der Grund liegt in dem immer geringer werdenden Gehalt an Wasserdampf und Staubteilchen. Die *Strahlungsintensität* (vor allem der Ultraviolettanteil) hängt dabei von der Neigung und Exposition der Hänge ab (Abb. 1). So empfängt z. B. ein Nordhang mit einer Neigung von etwa 30° im Winter fast keine Sonnenstrahlung. Andererseits liegen die höheren Gebirgslagen im Herbst und Winter vielfach oberhalb der Wolken und haben bei sehr guter Fernsicht eine intensive Sonneneinstrahlung.

Abgesehen von Tagen mit Inversionen nimmt die *Lufttemperatur* mit steigender Seehöhe am Gebirge im Mittel um 0,4 (im Winter) bis 0,7 K/100 m (im Sommer) ab. Die *Tages-* und *Jahresschwankungen der Lufttemperatur* sind gedämpfter als in den niederen Lagen.

Die *Niederschlagshöhe* verzeichnet eine Zunahme mit steigender Seehöhe, da der Fallweg der Tropfen und damit die Verdunstung auf dem Weg von der Wolkenbasis bis zur Erdoberfläche geringer werden. Ausschlaggebend ist aber vor allem die Stauwirkung des Gebirges auf die Luftströmung. Der *Staueffekt* (Luft wird im Luv des Gebirges zum Aufsteigen gezwungen, wobei es zu verstärkter Bewölkung und intensivem Niederschlag kommt) hängt von der Größe und Form des Gebirges (Umströmen, Überströmen) und vom Feuchtegehalt der heranströmenden Luftmassen ab. Die Luftmassen sinken nach Überschreiten des Gebirgskamms ab, erwärmen sich und trocknen aus (vgl. S. 48 ff.). Bei diesen Vorgängen können je nach Topographie und Beschaffenheit der Luftmasse warme oder kalte *Fallwinde* (s. S. 112) auftreten. Die Wolkenauflösung auf der Leeseite führt allgemein zu geringen mittleren Niederschlagshöhen (Trockenseiten der Gebirge).

Mit zunehmender Seehöhe steigen Anteil und Höhe des Schnees mit deutlichen Differenzierungen nach Hangneigung und Exposition an (Abb. 2). Die jahreszeitlich veränderte Lage der *Schneegrenze*, d. h. die Höhengrenze zwischen ganzjährig bedecktem und im Sommer schneefreiem Gebiet, ist ein wichtiges Merkmal der einzelnen Gebirge.

Die allgemeine Zunahme des Niederschlags mit der Seehöhe ist jedoch nicht weltweit einheitlich. Je nach der vertikalen Schichtung der Atmosphäre kann es eine Maximalzone geben, oberhalb derer die *Niederschlagshöhen* abnehmen (z. B. im Passatbereich).

Die Zunahme der *Windgeschwindigkeit* mit der Seehöhe ist verbunden mit größerer Turbulenz und Sturmhäufigkeit. Durch die Topographie können sich auch Düsenwirkungen einstellen.

Im Gebirge gibt es *Höhengrenzen* für Vegetationsformationen bzw. einzelne Pflanzen, bedingt vor allem durch Kälte und Wind. Diese Grenzen variieren weltweit je nach Breitenlage, Jahreszeitenklima und Exposition. Es folgen daher in manchen Hochgebirgen mehrere Klimagürtel übereinander, die in den Tropen sogar in den Gipfellagen bis zur Region des ewigen Eises reichen.

Das *Bioklima* des Gebirges weist aufgrund der niedrigen Lufttemperaturen und der höheren Windgeschwindigkeiten zunehmende thermische Reize auf. Der *aktinische Wirkungskomplex* (s. S. 224) macht sich, vor allem im Ultraviolettbereich (Reizfaktor), ebenfalls ausgeprägter bemerkbar. Diese Reize lassen sich jedoch dosieren und können daher für Kurzwecke genutzt werden. Als *lufthygienischer Wirkungsfaktor* (s. S. 224) ist die Abnahme des Sauerstoffpartialdrucks zu nennen.

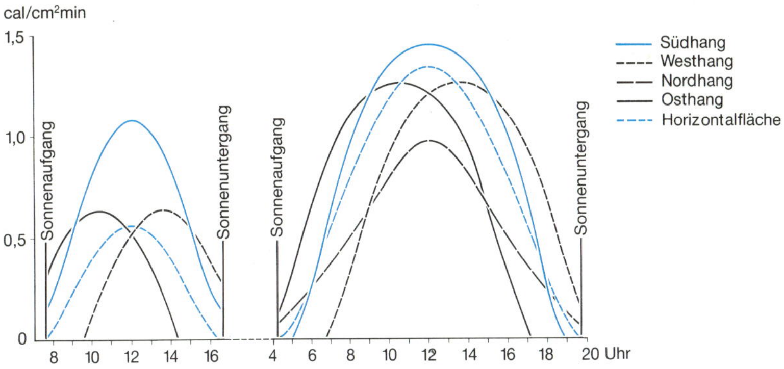

Abb. 1
Sonnenstrahlung auf Horizontalflächen sowie auf Hänge mit 25° Neigung (46° 30′ n.Br. und 1600 mNN)

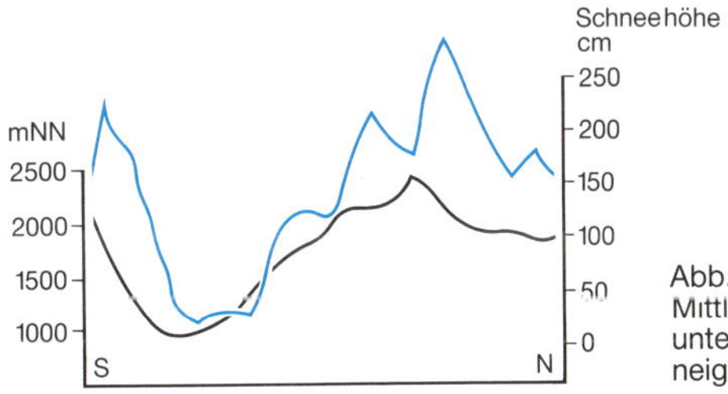

Abb. 2
Mittlere Schneehöhen im Raum Grindelwald unter Einbezug des Einflusses von Hangneigung und Exposition

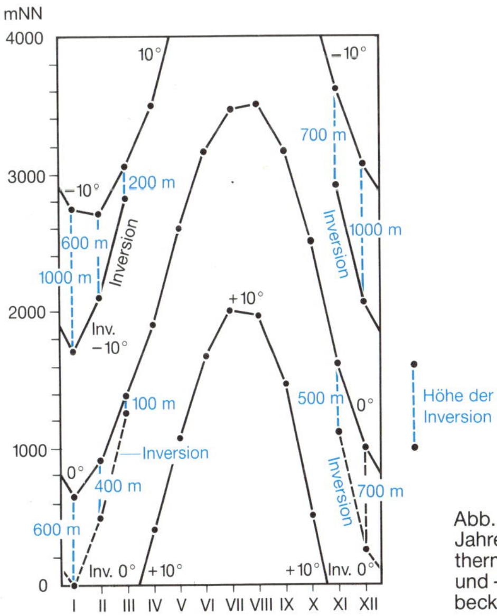

Abb. 3
Jahresgang der Höhenlage (mNN) der Isothermen der Lufttemperatur von +10 °C, 0 °C und -10 °C mit Unterteilung nach Inversionsbecken (Teilbereich der Schweiz)

Waldklima

Die klimatischen Verhältnisse in den Wäldern sind sehr mannigfaltig, da sie sich aus den Mikroklimaten der Waldoberfläche, des Kronen- und Stammraums sowie des Waldbodens zusammensetzen und ferner von Baumart, Belaubung, Bewirtschaftungsform und Alter der Bäume abhängen. Die *Oberfläche der Baumkronen* ist die für Ein- und Ausstrahlung wirksame Umsatzfläche. Den *Waldboden* erreichen z. T. nur etwa 5 % der einfallenden Strahlung. Im *Kronenraum* wird die Strahlung reflektiert, absorbiert und emittiert, so daß im *Stammraum* am Tage nur wenig Sonnenstrahlung einfällt (Abb. 1) und nachts die Ausstrahlung durch das Blätterdach weitgehend verhindert wird. Der Schatten des Waldes auf die umgebende Freifläche vermindert dort die Einstrahlung in einer Reichweite vom 1- bis 5fachen der Bestandshöhe.

Die *Lufttemperatur* im Kronenraum weist aufgrund der Strahlungsverhältnisse wesentlich höhere Werte am Tage bzw. tiefere in der Nacht als im Stammraum auf. Die ausgeglicheneren Temperaturverhältnisse im Stammraum führen dazu, daß es dort im Vergleich zum umgebenden Freiland am Tage sowie im Sommer kühler und nachts sowie im Winter wärmer ist. Waldflächen können daher nicht zur Quelle für die nächtliche Frischluftversorgung (vgl. S. 218) werden, andererseits jedoch den Abfluß nächtlicher lokaler Kaltluft abschwächen oder verhindern. Man kann deshalb durch Aufforstung von unerwünschten Kaltluftentstehungsgebieten das lokale Klima z. B. für den Anbau von Intensivkulturen verbessern (s. S. 278).

Der *Niederschlag* wird in Waldgebieten weitgehend im Kronenraum aufgefangen und z. T. wieder verdunstet. Durch Benetzung und Verdunstung (Interzeption) können bis zu 50 % des Niederschlags für die Wasserversorgung der Waldpflanzen verlorengehen. Bei schwachem *Regen* werden z. B. von den Kronen eines Fichtenwaldes 60 % bis 80 % zurückgehalten, bei einem Buchenwald etwa 40 %. Dieser Prozentsatz geht mit zunehmender Niederschlagsintensität zurück. Der durch den Kronenraum tropfende und der an den Stämmen abfließende Niederschlag führen zu einer stark verminderten und ungleichen Niederschlagsverteilung am Waldboden. An den Bestandsrändern macht sich zusätzlich der Nebelniederschlag (aus Nebel abgelagerte Tröpfchen) bemerkbar.

Auch *Schnee* wird oft von den Kronen zurückgehalten. Bilden sich jedoch am Waldboden oder an den Nordrändern der Wälder Schneedecken, schmelzen sie im Frühjahr aufgrund der dort verminderten Sonneneinstrahlung später als auf Freiflächen ab (Abb. 2).

Die *Gesamtverdunstung des Waldes* setzt sich aus der Verdunstung der Blätter (Transpiration), des Waldbodens (Evaporation) und des Kronenraums (Interzeption) zusammen. Sie hängt vor allem von Baumart, Belaubung, Alter und Jahreszeit ab, ist räumlich und zeitlich sehr unterschiedlich und übertrifft die des umgebenden Freilandes.

Der *Wind* wird an den Bestandsrändern und an der Waldoberfläche stark abgebremst, so daß die Eindringtiefe des Windes in das Waldesinnere gering ist (Abb. 3). Die Wirkung des Waldes als Hindernis vermindert auch die Windgeschwindigkeit des Freilandes im Luv und Lee des Waldes um das 5- bis 10fache bzw. 20- bis 50fache der Bestandshöhe. Diese Windschutzwirkung wird für den Anbau landwirtschaftlicher Kulturen auf den angrenzenden Freiflächen sowie für Erholungseinrichtungen genutzt.

Neben der vertikalen Unterteilung des Waldklimas nach Kronenraum und Stammraum ergibt sich noch eine *horizontale Gliederung* nach Bestandsrand und Waldesinnerem, ergänzt durch die eingebetteten Mikroklimate von Waldlichtungen und -schneisen bzw. Kahlschlägen, die sich durch extremere Temperaturverhältnisse und z. T. höhere Windgeschwindigkeiten gegenüber dem Waldesinneren auszeichnen.

Das Waldklima gehört zu den günstigen *Bioklimaten* (vgl. S. 224), die sich in Verbindung mit den allgemein gemäßigten Temperaturen, der Milderung rascher Temperaturänderungen, der Reduzierung hoher Windgeschwindigkeiten sowie den im Wald vorhandenen ätherischen Ölen, Harzen und Aromastoffen für Kur und Erholung sehr gut eignen. Die Bäume wirken ferner als Filter für Aerosole und feste Luftbeimengungen und sorgen so im Waldesinneren für eine große *Reinheit der Luft.*

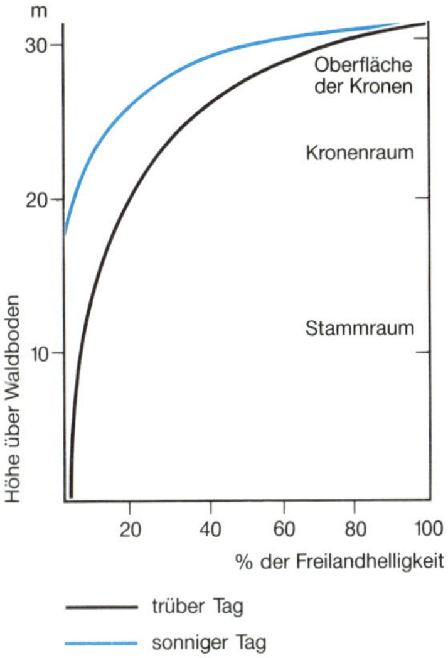

Abb. 1
Lichtabnahme in einem dichtbelaubten Buchenbestand (mehr als 100 Jahre)

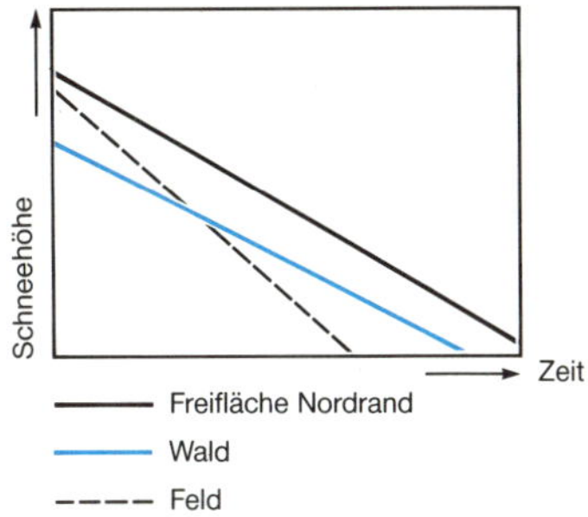

Abb. 2
Abnahme der Schneeschmelze im Verlauf der Schmelzperiode (schematisch)

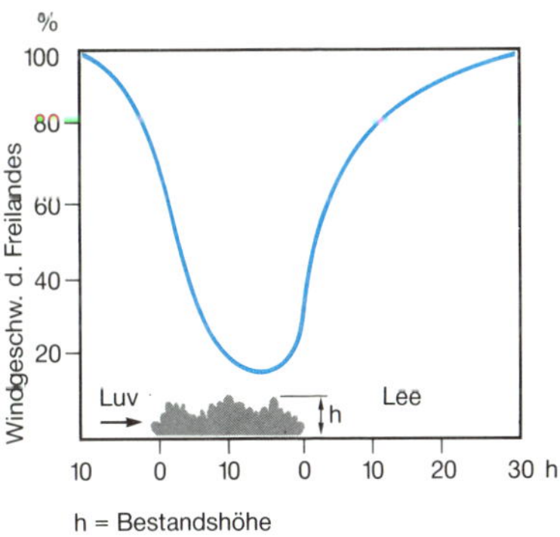

Abb. 3
Windgeschwindigkeit im Bereich von Waldrändern in Abhängigkeit von der Bestandshöhe

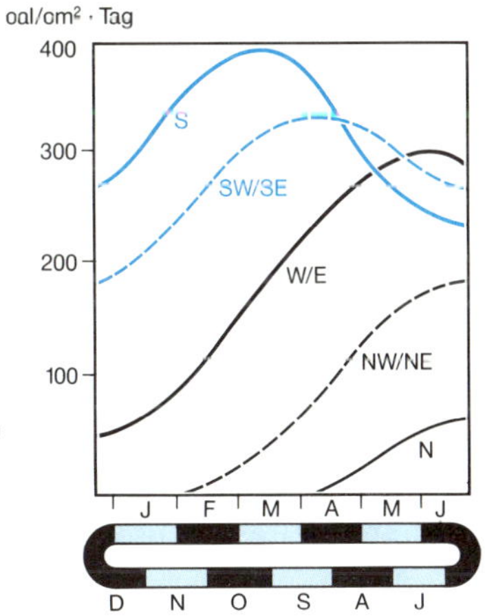

Abb. 4
Tagessummen der direkten Sonnenstrahlung auf verschiedene Bestandsränder an einem sonnigen Tag (im Jahresverlauf)

Geländeklima

Unter *Geländeklima (Topoklima)* versteht man eine räumlich begrenzte Klimabesonderheit, die sich auf den Einfluß der Topographie sowie auf die Eigenschaften der Bodenoberfläche (z. B. Rauhigkeit, Albedo) und des oberflächennahen Untergrundes (z. B. Wärmeleitfähigkeit) zurückführen läßt (vg. auch S. 212). Es erfährt seine stärkste Ausprägung bei Wetterlagen mit weitgehend ungehinderter Ein- und Ausstrahlung (vgl. S. 218).

Das Geländeklima bezieht sich auf Flächen der Größenordnung von 1 km^2 bis zu 100 km^2, d. h., es hat eine horizontale Erstreckung bis etwa 10 km. Damit gehört es zum Bereich des Mesoklimas (s. S. 216). Bei seiner Ausprägung machen sich jedoch auch makro- und mikroklimatische Einflüsse bemerkbar. Da sich die Einzelformen des Geländes (z. B. Täler, Hänge, Kuppen) auswirken, können sich – je nach der räumlichen Struktur – große klimatische Unterschiede auf kleinem Raum ergeben.

So unterliegen Hanglagen aufgrund unterschiedlicher Neigungswinkel und Himmelsrichtungen (Expositionen) verschieden starker Besonnung in Abhängigkeit von Tages- und Jahreszeit. Dadurch ergeben sich unterschiedliche Temperaturverhältnisse, zu denen noch die Auswirkungen lokal gebildeter Kaltluft bzw. die mit deren Abfließen verbundene Entstehung warmer, nebelarmer Hangzonen hinzukommen (Abb. 1 und 2). Ferner machen sich an Hängen in den Niederschlags- und Bewölkungsverhältnissen erkennbare Luv- und Lee-Erscheinungen bemerkbar.

Bei den *kleinräumigen Geländeformen* weisen besonders die konkaven Formen (Täler, Mulden usw.) eine erhöhte Frostgefährdung auf, wobei die Einflüsse des Bodens (Albedo, Wärmeleitfähigkeit) und der Pflanzendecke eine wesentliche Rolle spielen. Ein besonderes *Kälteloch* ist z. B. die Doline Gstettneralm in Österreich (bisheriges Minimum: – 52,6 °C).

Zu den wichtigsten *Erscheinungsformen des Geländeklimas* gehören die Hangauf- und -abwinde sowie die Talauf- und -abwinde (s. S. 110 und S. 218). An strahlungsreichen Sommertagen können sich in den Alpen durch die Hang- und Talaufwinde Reihen von Cumuluswolken im Bereich der jeweiligen Kammlagen bilden und damit diese lokale Zirkulation sichtbar machen. Die Oberflächenformen können sich auch auf das Windfeld durch Düseneffekte oder durch die Leitwirkung von Randhöhen auswirken.

Derartige kleinräumige Klimate sind natürlich nicht mit den normalen Beobachtungsnetzen (s. S. 132 und S. 208) zu erfassen. Es wurde deshalb eine besondere Methodik *(Geländeklimakartierung)* hierfür entwickelt. Zum Instrumentarium gehören vor allem Meßfahrten durch das Gelände bei Strahlungswetterlagen. Ferner werden dichte temporäre Netze zur Messung von Lufttemperatur, Luftfeuchte und Wind eingerichtet. In Betracht kommen ferner temporäre Sonderbeobachtungen von Erscheinungen wie Frost, Wind und Nebel durch freiwillige Beobachter. In manchen Fällen liefert die Befragung naturverbundener Personen Angaben über solche relevanten Phänomene. Zu den ergänzenden Maßnahmen zählen auch die Erfassung phänologischer Phasen (s. S. 222), die Beobachtung bestimmter, durch Wind, Frost oder Schnee verursachter Vegetationserscheinungen, die Berechnung lokaler Besonnungsverhältnisse sowie Fernerkundungsverfahren (s. S. 42).

Besonders in den letzten Jahren konnten durch Modellberechnungen der lokalklimatisch bedeutsamen Flächen (s. Abb. 1, S. 219) bzw. der klimatischen Auswirkungen von geplanten Nutzungsänderungen, durch numerische Modelle für die atmosphärische Grenzschicht bzw. durch physikalische Labormodelle (Wasser-, Windkanal) wesentliche Verfeinerungen der Aussagen erreicht werden.

Die Ergebnisse werden in großmaßstäblichen Karten (z. B. 1:10 000) dargestellt, um die lokalklimatische Struktur des Raums, vor allem das Wirkungsgefüge, aufzuzeigen.

Die *Anwendungsbereiche der Geländeklimatologie* erstrecken sich auf Land- und Forstwirtschaft, insbesondere Obst- und Weinbau, Siedlungswesen, Ökologie sowie Regional-, Landschafts- und Umweltplanung.

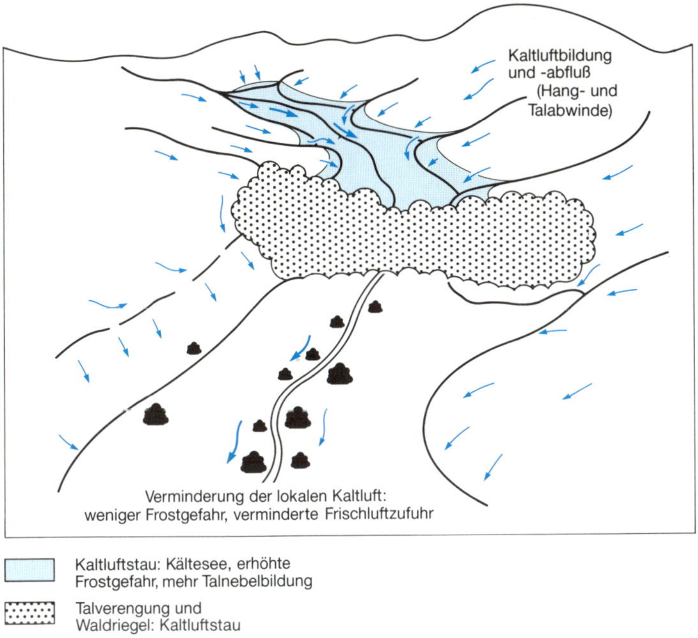

Abb. 1
Lokale Kaltluft

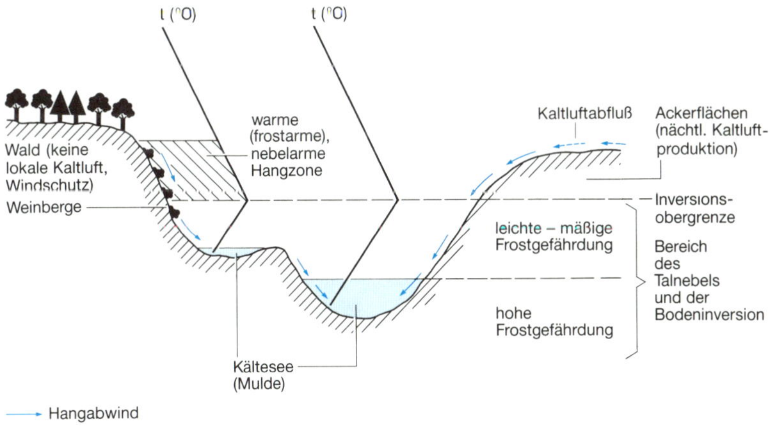

Abb. 2
Ausbildung des Geländeklimas bei Strahlungswetterlagen (nachts) durch unterschiedliche Wärmeausstrahlung des Erdbodens (Bildung und Abfluß lokaler Kaltluft)

Stadtklima

Unter *Stadtklima* versteht man das durch Wechselwirkungen mit der Bebauung und deren Auswirkungen (einschließlich Emissionen) modifizierte Klima. Dieses Mesoklima zählt zu den ausgeprägtesten Erscheinungen *anthropogener Klimabeeinflussung* (s. S. 278). Ursächlich sind eine Reihe von *Faktoren* beteiligt, die aber nicht in jeder Stadt in gleicher Weise wirksam sind: 1. Art und Dichte der Bebauung; 2. vermehrte Emission von Abgasen, Aerosolen und Abwärme; 3. Versiegelung des natürlichen Erdbodens; 4. weitgehendes Fehlen von Vegetation. Das Stadtklima zeigt dabei regional- und klimazonenspezifische Regelhaftigkeiten und hängt außerdem von den orographischen Verhältnissen der Umgebung ab.

Im Stadtbereich und in der darüberliegenden Luftschicht wird der Energiehaushalt (vor allem der Strahlungshaushalt) durch die emissionsbedingte Lufttrübung (5- bis 25mal mehr gasförmige Verunreinigungen, 10- bis 50mal mehr Staub als in unbebauten Gebieten), die Beschattung und den geänderten Absorptions-, Reflexions- und Transmissionsgrad der Stadtflächen beeinflußt. Es bilden sich dadurch verschiedene *Grenzschichten* (Abb. 1) über der Stadtfläche aus: die *Stadthindernisschicht* (UCL; von engl. *u*rban *c*anopy *l*ayer) vom Boden bis zum mittleren Dachniveau; die *städtische interne Grenzschicht* (UBL; von engl. *u*rban *b*oundary *l*ayer) vom Dachniveau bis zur Grenze mit der ungestörten atmosphärischen Grenzschicht. In der Stadthindernisschicht stellen sich unterschiedliche Mikroklimate ein, bedingt durch Gebäude, Straßen, Parks, Wasserflächen usw. Dagegen ist die städtische interne Grenzschicht ein lokales bis regionales und durch die Eigenschaften der Stadtoberfläche bestimmtes Phänomen.

Die in beiden Grenzschichten enthaltenen Aerosole beeinflussen die kurz- und langwelligen Strahlungsströme. Sie schwächen die direkte Einstrahlung (vor allem im Ultraviolettbereich; im Winter 30%, im Sommer 5% weniger als in nicht bebauten Gebieten) und führen zu einer Zunahme der diffusen Strahlung. Die städtische Atmosphäre erzeugt (aufgrund langwelliger Gegenstrahlung) einen *Glashauseffekt,* der im Verein mit den höheren Oberflächentemperaturen von Gebäuden und Straßen, der stärkeren vertikalen Durchmischung sowie der verminderten Verdunstung zur Stadterwärmung beiträgt. In diesem Zusammenhang ist ferner die in der Stadt produzierte Abwärme durch Haushalte, Kleinverbraucher, städtische Elektrizitätswerke, Industrie und Verkehr anzuführen. Durch alle diese Effekte bilden sich in der Stadt *Wärmeinseln,* die in der Nacht deutlicher als am Tage ausgeprägt und meist eng an die jeweilige Baukörperstruktur gebunden sind. Im Jahresmittel liegen die Temperaturen um 0,5 bis 1,5 K höher als in unbebauten Gebieten, die Winterminima um 1 bis 2 K höher. Die Anzahl der frostfreien Tage steigt um 10%. Der maximale Temperaturunterschied zum Umland kann bis zu 15 K betragen.

Die Baumassen der Stadt bilden ein Hindernis für Luftströmungen und verringern so die Windgeschwindigkeit, allerdings auch die Durchlüftung. Im Jahresmittel reduziert sich die Windgeschwindigkeit gegenüber dem Umland um 20 bis 30%; Spitzenböen treten um 10–20% weniger auf. Andererseits stellen sich im Stadtgebiet Düseneffekte und Turbulenzen mechanischer und thermischer Art ein. Die vertikalen Windprofile von Stadt und Umland sind daher sehr unterschiedlich (Abb. 2)..

Die über der Stadt als Folge der Erwärmung erzeugten *thermischen Aufwinde* führen zur Bildung bzw. Verstärkung von Wolken (Bedeckungsgrad 5–10% höher als in unbebauten Gebieten; Nebel im Winter 100%, im Sommer 20–30% häufiger) und im leeseitigen Stadtbereich zu vermehrten (um 5–10% gegenüber dem Umland) und stärkeren Niederschlägen (10% mehr Tage mit 5 mm und mehr Niederschlagshöhe). Die Schneefallhäufigkeit vermindert sich dagegen um 5–10%.

Insgesamt erzeugt die Stadt ein den Menschen *belastendes Bioklima,* das sich, neben Belastungen durch die Luftverschmutzung, vor allem nach heißen Sommertagen durch die fehlende nächtliche Abkühlung (Wärmeinseleffekt) unangenehm bemerkbar macht. Für Städte sind daher die Planung und Erhaltung von Frischluftschneisen und Ventilationsbahnen sehr wichtig.

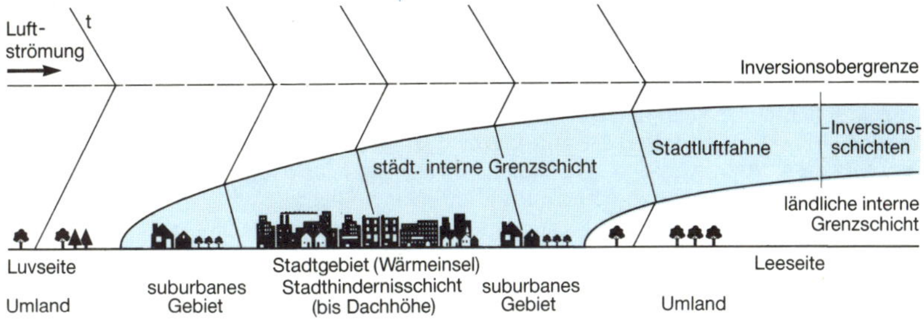

Abb. 1
Grenzschichten und vertikale Temperaturverteilung (Strahlungswetterlage, nachts)

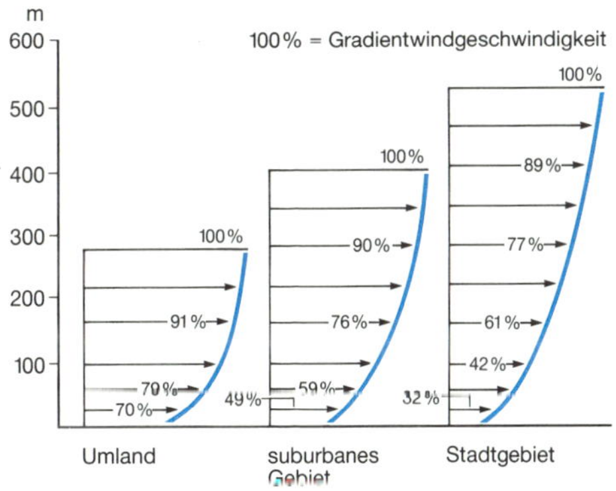

Abb. 2
Profile der Windgeschwindigkeit (in % des Gradientwindes)

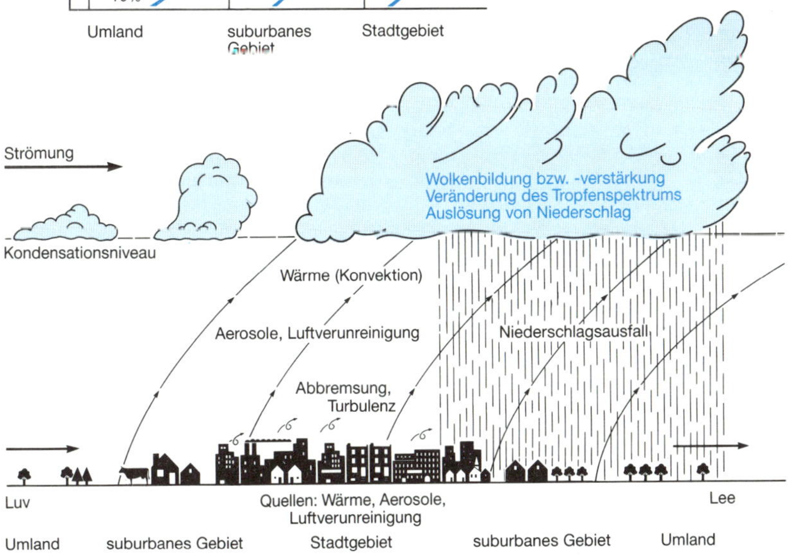

Abb. 3
Wolkenbildung und Auslösung von Niederschlag im Stadtbereich

Gebäude sollen dem Menschen Schutz gegen die negativen Auswirkungen von Wetter und Klima bieten. Zur Erzielung eines gesunden Wohnens sind weltweit natürliche, klimaorientierte Bauformen entwickelt worden, von den Iglus der Eskimos bis zu den gut durchlüfteten Pfahlbauten in den warmfeuchten Monsungebieten Südostasiens.

Die klimatischen Verhältnisse innerhalb von Gebäuden hängen einerseits vom Klima der Umgebung (meist vom Stadtklima; s. S. 240) ab, sie stehen andererseits aber auch in einer Wechselwirkung mit diesem.

Von außen wird das *Gebäudeklima* durch die *klimatologischen Wirkungsfaktoren* (s. S. 212) und die *lokalklimatisch bedeutsamen Phänomene* (s. S. 218) geprägt. Die Auswirkungen der dabei wichtigsten Klimaelemente wie Sonnenstrahlung, Wind, Lufttemperatur, Luftfeuchte und Niederschlag können jedoch durch bauphysikalische Maßnahmen so beeinflußt werden, daß ein gutes Wohnklima erreicht wird.

Die einfallende Sonnenstrahlung erwärmt die Außenwände in Abhängigkeit vom Reflexions- bzw. Absorptionsvermögen sowie von der Rauhigkeit der Oberfläche, von Wärmekapazität und -leitfähigkeit. Wichtig sind daher die Orientierung der Räume in bezug auf die Sonne (Azimut, Höhe) sowie Anordnung und Größe der Fenster, wobei die unterschiedliche Intensität der *Sonnenstrahlung* im Verlauf des Jahres zu berücksichtigen ist. Die Sonnenstrahlung kann einerseits zur Heizung von Räumen im Winter beitragen, muß aber andererseits bei einer Raumüberhitzung im Sommer durch Anbringen eines entsprechenden Sonnenschutzes (je nach Fensterorientierung) gedämpft werden. In diesem Zusammenhang muß auf die problematische Verwendung von zuviel Glas in den Außenwänden hingewiesen werden, und zwar wegen des negativen Glashauseffektes in Wohn- und Arbeitsräumen.

Eine ungleiche klimatische Belastung der Gebäudeseiten (Abb. 1) erfolgt auch durch den *Wind*. Vor allem die nach Westen exponierten Wände müssen aufgrund der dort auftretenden Windlast entsprechend gestaltet werden *(Wärmedämmung)*. Die gleichen Wetterseiten werden außerdem durch *Schlagregen* (bei Windstärken von mindestens 5 Beaufort fallender Regen) beeinträchtigt (Abb. 3). Die dadurch bedingte Verwitterung der Wände ist bei der Konstruktion des Hauses zu berücksichtigen (ausreichende *Feuchtedämmung*). Zur mechanischen Beanspruchung von Bauteilen durch Klimaelemente gehört noch die *Schneelast*, die bei Flachdächern eine große Rolle spielt, vor allem in schneereichen Gebieten und bei größeren Dächern (z. B. von Hallen).

Innerhalb der Gebäude findet zwischen den Innen- und Außenseiten ein Energieaustausch statt, dessen Auswirkung durch eine entsprechende Konstruktion klein gehalten und gesteuert werden kann. Ein unbehagliches Raumklima entsteht z. B. im Winter beim Auftreten von Luftzug und bei kalten Raumoberflächen, im Sommer bei zu hoher (mehr als 60%) und zu geringer (weniger als 30%) *relativer Luftfeuchte* sowie bei warmen Wand- und Fensterflächen. Im Winter führt ein guter Wärmeschutz zu gutem Raumklima und wirtschaftlichem Heizen (geringerer Energieverbrauch und damit geringere Umweltbelastung); geheizte luvseitige und windexponierte Räume sind z. B. kälter als gleich stark geheizte leeseitige Räume (vor allem in den Obergeschossen von Hochhäusern). Aus diesem Grunde ist die hinsichtlich ihrer Funktionen (Schlafzimmer, Loggia usw.) richtige *Orientierung der Räume* bei der Bauplanung ebenfalls zu berücksichtigen. Hierzu gehören auch Sonnenschutzvorrichtungen oder die Vermeidung großer Fensterflächen an den Südost- bis Südwestseiten der Gebäude sowie die Verwendung von Baustoffen mit geringer Albedo (Abb. 4).

Die einzelnen Gebäude beeinflussen auch das Klima ihrer unmittelbaren Umgebung, andererseits werden sie von diesen Auswirkungen wiederum betroffen. Dies kann sich z. B. in der Besonnung/Beschattung, Wärmestrahlung, Windführung und in Düseneffekten bemerkbar machen (Abb. 2). Da im städtischen Bereich die bodennahen Luftströmungen meistens Luftbeimengungen aufweisen, können hierdurch lufthygienische Belastungen (s. S. 224) eintreten.

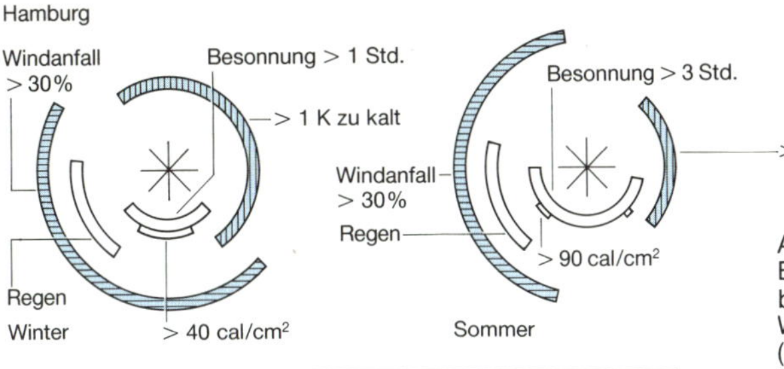

Abb. 1
Belastung der Gebäudeseiten durch Wettereinwirkungen (Vergleich zum Mittelwert)

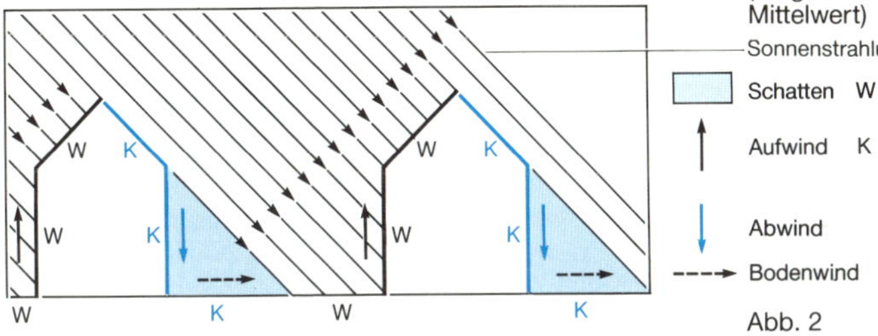

Abb. 2
Thermische Zirkulation in Innenhöfen

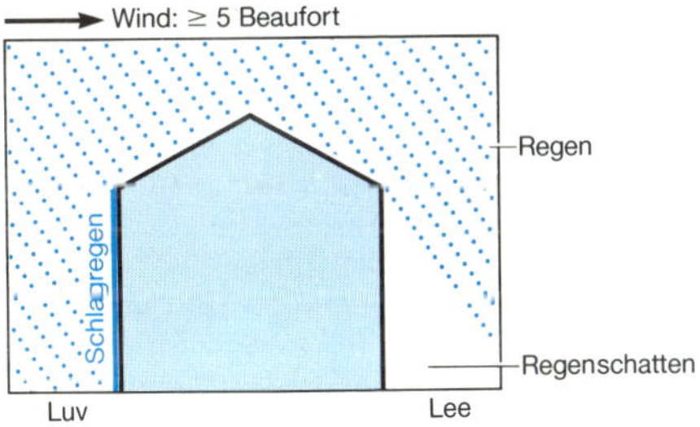

Abb. 3
Schlagregen

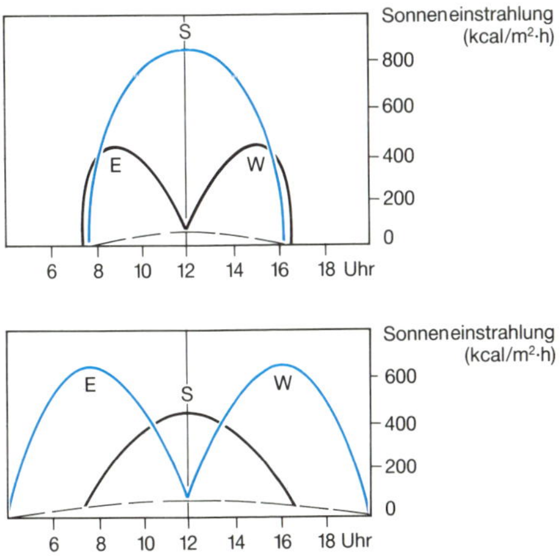

Winter
Stärkste Einstrahlung:
Südfenster
(= Heizersparnis)

Sommer
Stärkste Einstrahlung:
Ost- und Westfenster
(Westfenster:
nachmittags hohe
Außenlufttemperatur;
Sonnenschutz erforderlich)

Abb. 4
Fensterorientierung und Sonneneinstrahlung

Ein therapeutisch wirksames und anwendbares Klima wird als *Heilklima* bezeichnet. Seine Eigenschaften müssen innerhalb festgelegter Grenzwerte liegen. Es soll wesentlich weniger schädlich wirkende Faktoren als das „Heimatklima" des Kurgastes (z. B. in Verdichtungsräumen) haben und anregende Einflüsse auf den Organismus ausüben. Durch das Heilklima sollen die Reaktionen des gesamten Organismus stimuliert, Abwehrkräfte des Körpers mobilisiert und disregulierte Körperfunktionen normalisiert werden.

Zu den *typischen Heilklimaten unseres Lebensraums* gehören Hochgebirgs-, Mittelgebirgs- und Seeklima, die bioklimatisch wie folgt gekennzeichnet sind:

Hochgebirgsklima: geringer Sauerstoffpartialdruck, tiefe Werte der Lufttemperatur, intensive Sonnenstrahlung mit hohem Ultraviolettanteil (Abb. 3), lange Andauer von Schneedecken mit extremer Strahlungsreflexion, geringe Werte der Luftfeuchte, große Windgeschwindigkeit, Reinheit der Luft; Lage oberhalb der Zone des Talnebels und der Bodeninversion. Heilanzeigen: vor allem Erkältungskrankheiten, Asthma bronchiale, Bronchitis, Herz- und Kreislauferkrankungen, Bluthochdruck, Rheuma, Arthritis, Tbc, Hautkrankheiten, Allergien.

Mittelgebirgsklima: höhere Lagen zeitweise in Wolken, aber sonst oberhalb der Zone des Talnebels und der Bodeninversionen (besonders geeignet für Sanatorien, heilklimatische Kurorte und Luftkurorte; Abb. 1); Zunahme der Niederschlags- und Schneehöhe sowie der Windgeschwindigkeit mit der Höhe, gemäßigte Temperatur- und Feuchteverhältnisse; Lagen an Südhängen, im Lee und im Windschutz besonders günstig (vgl. auch S. 236). Heilanzeigen: ähnlich wie Hochgebirgsklima, jedoch wesentlich geringere bioklimatische Reize.

Seeklima: größere Windgeschwindigkeit und Luftunruhe, höhere Strahlungsintensität, ausgeglichener Temperaturgang (kühle Sommer, milde Winter), Allergenarmut, Reinheit der Luft, maritimes Aerosol in der Brandungszone, Land-Seewind-Zirkulation; Dosierung der Reize durch Dünen, Wald oder Anlagen möglich. Heilanzeigen: vor allem chronische Krankheiten der Atemwege und des Bewegungsapparates, Herz- und Gefäßkrankheiten, Hautkrankheiten, Frauenleiden, Krankheiten im Kindesalter, allgemeine Schwächezustände.

Für Kurorte und Erholungsorte wurden *Begriffsbestimmungen* mit den folgenden Charakteristika der natürlichen Heilmittel des Klimas festgelegt:

1. Ein *heilklimatischer Kurort* ist ein Ort mit wissenschaftlich anerkannten und durch Erfahrung kurmäßig bewährten klimatischen, gesundheitsfördernden Eigenschaften, die therapeutisch anwendbar sind. Es gibt Grenzwerte für die Luftqualität in Kur- und Wohngebieten der Gäste, für die Sonnenscheindauer (mindestens 1 500 Stunden im Jahresmittel), die Wärmebelastung (höchstens 20 Tage im Jahresmittel) und die Nebelhäufigkeit (höchstens 50 Tage im Durchschnitt von Oktober bis März). Die therapeutische Nutzung erfolgt entsprechend den verschiedenen Typen von Heilklimaten. In Seeheilbädern wird das Klima in Verbindung mit dem Meerwasser therapeutisch genutzt.

2. Ein *Luftkurort* ist ein Ort mit wissenschaftlich anerkannten und durch Erfahrung bewährten klimatischen, erholungsfördernden Eigenschaften, die therapeutisch anwendbar sind und zur Regeneration erholungsbedürftiger Menschen genutzt werden können.

3. Ein *Erholungsort* ist ein Ort mit einem im Vergleich zum Heimatort besseren Klima, das zur Entspannung und Mobilisierung der körperlichen und seelischen Reserven geeignet ist.

Unter *Klimatherapie (Klimakur)* versteht man die Ausnutzung der Reiz- bzw. Schonfaktoren bioklimatischer Wirkungskomplexe (s. S. 224) zur Verhütung oder Vorbeugung (Prävention) von Krankheiten, zu deren Besserung und Nachsorge (Rehabilitation) sowie zur Behandlung von chronischen Krankheiten durch Funktions- und Regulationstraining des menschlichen Organismus in Klimaten mit verschiedenen Reizstufen. Hierzu gehören z. B. Freiluftliegekuren, Terrainkuren und Sonnenbehandlungen (Dauer in Abhängigkeit von der Sonnenhöhe; Abb. 2).

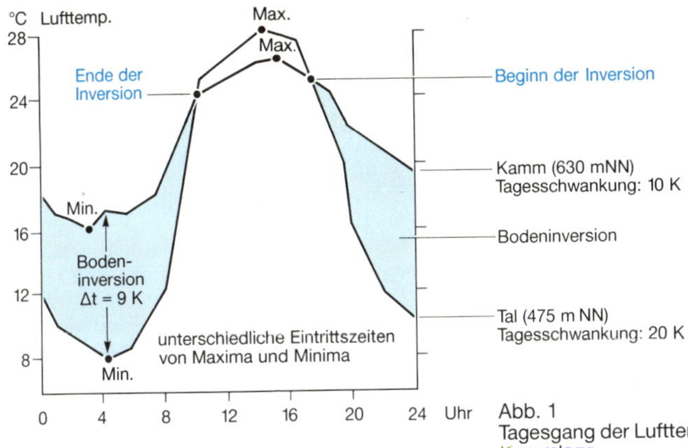

Abb. 1
Tagesgang der Lufttemperatur: Tal- und Kammlage
(Strahlungswetterlage)

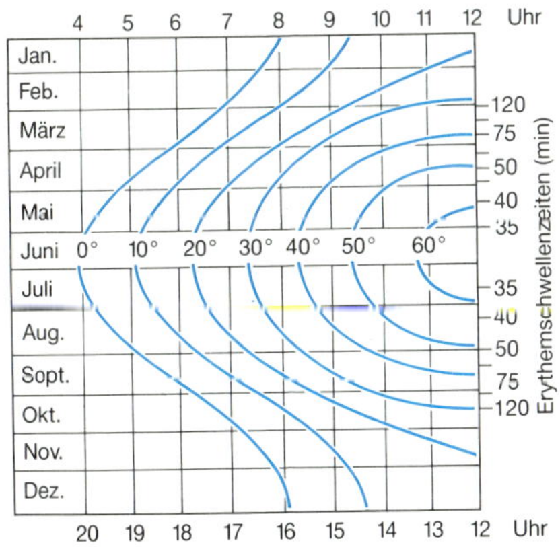

Abb. 2
Höhenwinkel der Sonne als Funktion von Datum und Uhrzeit (50° n. Br.) mit Erythemschwellenzeiten (nach Jendritzky)

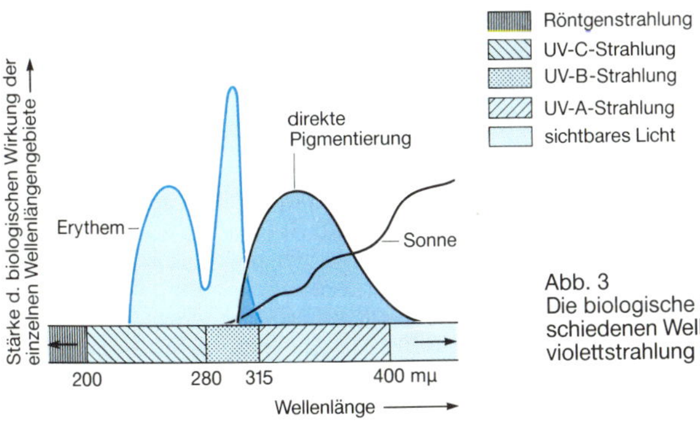

Abb. 3
Die biologische Wirkung der verschiedenen Wellenbereiche der Ultraviolettstrahlung (nach Leistner)

Klimatologie und Technik

Der Bereich der Technik muß bei Planungen die klimatischen Gegebenheiten berücksichtigen und deren Veränderungen oder schädliche Auswirkungen durch bestimmte industrielle und technologische Maßnahmen zu kompensieren bzw. zu vermeiden suchen.

In den Bereichen Metall-, Holz-, Papier-, Textil- und chemische Industrie wirkt die Außenluft stark auf die Produktion ein, so daß vielfach eine Klimatisierung der Gebäude erforderlich ist. Fast alle Klimaelemente sind hierbei zu berücksichtigen, wenn auch die Klimaabhängigkeit bei den einzelnen Industriezweigen verschieden groß ist.

Bei der *Standortwahl* ist vor allem darauf zu achten, daß optimale klimatische Verhältnisse für die Bereiche der Fertigung und Lagerung gegeben sind. Niedrige Werte der Lufttemperatur sind z. B. günstig für die Produktion von Schokolade, Bier oder Pharmazeutika. Das gleiche gilt für Lagerräume (Nahrungsmittel, Bier, Wein). Hohe Werte der Luftfeuchte begünstigen das Weben von Wolle und Baumwolle, das Spinnen oder z. B. die Käsereifung, niedrige Werte sind für die Bereiche Maschinenbau, Schokolade-, Süßwaren- und Pelzwarenherstellung von Vorteil. Geringe Nebelhäufigkeit wirkt sich günstig für Filmfabriken und chemische Betriebe aus. Standorte mit allgemein stärkerer Luftbewegung eignen sich besonders für chemische Anlagen.

Da bestimmte Stoffe und Betriebsvorgänge klimaabhängig sind, muß dies beispielsweise bei der *Materialprüfung* von Metallen, Steinen, Holz, Anstrichen und Kunststoffen bzw. bei der Prüfung von Geräten berücksichtigt werden. Vor allem die möglichen Auswirkungen von Lufttemperatur, Luftfeuchte, Luftbeimengungen, Niederschlag, Tau und Wind, nämlich Korrosion, Verwitterung, Schäden an Imprägnierungen u. a., sind zu beachten.

Im Bereich der *Elektrotechnik* spielt die Klimaabhängigkeit von Stoffen oder Betriebsvorgängen sowohl bei den Übertragungssystemen (Freileitungen, Masten, Kabel) als auch bei elektrischen Maschinen und Geräten sowie bei der Fernmeldetechnik eine große Rolle. Die hohe Empfindlichkeit dieses Bereichs drückt sich in einer großen Anzahl wirksamer Klimaelemente bzw. -erscheinungen aus. Unmittelbare Auswirkungen ergeben sich z. B. durch Wind-, Schnee- und Eislast (bezüglich der Standfestigkeit), durch Koronaentladungen und Isolatorüberschläge (Energieverluste), durch Schwitzwasserbildung und durch Störungen bei der Ausbreitung elektromagnetischer Wellen.

Auch das *Bauwesen* (Hoch- und Tiefbau, Brückenbau, Bauen im Winter) bedarf der klimatologischen Beratung. Zu berücksichtigen sind hier im wesentlichen Bodentemperatur und -feuchte, Wind (vor allem Windböen), Lufttemperatur, Niederschlag (u. a. Schlagregen), Eis- und Frosttage, Niederschlagstage und Schneedecken (Abb. 1), und zwar im Hinblick auf das Erreichen einer frostsicheren Gründungstiefe, auf Isolierungsarbeiten, Wärmedämmung und die Eigenschwingung von Bauwerken.

Die *Heizungs-* und *Klimatisierungstechnik* muß sich in besonderem Maße auf klimatische Gegebenheiten einstellen, da sie ein bestimmtes Raumklima zu schaffen sucht. Veränderungen der Außenluft wirken sich auf die Verhältnisse im Raum aus und haben einen von der Größe des Unterschieds zwischen Raumklima und Außenluft abhängigen Energieaufwand zur Folge. Von den Einflußgrößen Lufttemperatur, Luftfeuchte, Wärmeinhalt der Luft (Enthalpie), Sonnenscheindauer, Strahlungsintensität und Wind hängen der Wärmehaushalt von Räumen und Gebäuden sowie die Gestaltung eines behaglichen Raumklimas ab. Sie beeinflussen die Dimensionierung von Heiz- und Klimaanlagen, und ermöglichen bei entsprechender Berücksichtigung einen kontrollierten Heizstoffverbrauch.

Aufgrund der Abhängigkeit technischer Prozesse und Erzeugnisse vom Klima hat man vor allem im Hinblick auf ihren Export in andere Länder *Freiluftklimate für einzelne Klimagebiete* definiert (z. B. in DIN-Norm), bei denen besonders die Klimaelemente Lufttemperatur (t), relative Feuchte (U), Dampfdruck (e), Niederschlagshöhe und Strahlung verwendet werden. Als Beispiel für die Zusammenfassung von drei Elementen sei das e-t-U-Klimatogramm genannt (Abb. 2).

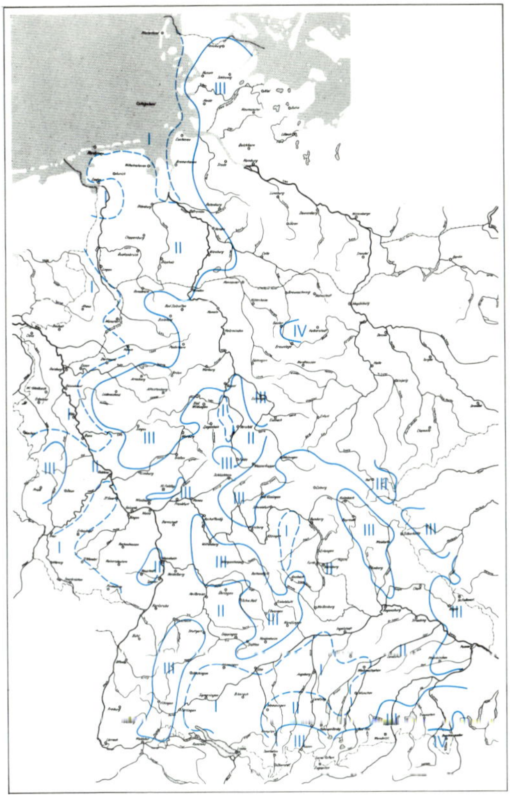

Abb 1
Zonenkarte der maximalen Schneelast

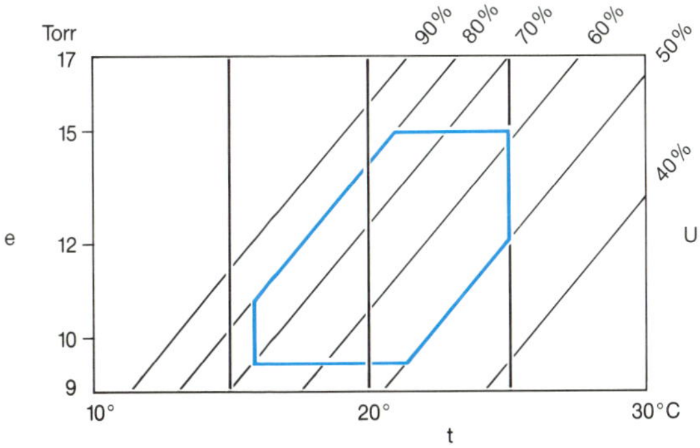

Randwerte:
e: 9,5 Torr/15 Torr
t: 16°C/25°C
U: 50%/80%
1 Torr ≙ 1,3332 hPa

Abb. 2
e-t-U-Klimatogramm für Freiluftklimate.
Warmgemäßigtes Klima (wärmster Monat)

Klimatologie und Straßenverkehr

Die Abhängigkeit des *Straßenverkehrs* von bestimmten *Wetterereignissen* ist allgemein bekannt. Sofern sich diese Ereignisse in den Klimaverhältnissen eines Gebietes widerspiegeln, erlangen sie auch für die Planung von Verkehrswegen eine große Bedeutung. Das Ziel klimatologischer Untersuchungen ist in diesem Fall die Abgrenzung von Räumen, in denen mit größerer Häufigkeit *verkehrsbeeinflussende meteorologische Phänomene* auftreten, die bei der Planung von Straßentrassen gemieden oder deren Auswirkungen durch besondere Schutzeinrichtungen gemindert werden sollten:

Nebel gehört zu denjenigen Phänomenen, die das Unfallrisiko beträchtlich erhöhen und nicht selten zu Massenkarambolagen führen. Gefährdet sind vor allem die Talbereiche, in denen sich bei Strahlungswetterlagen Nebel bildet (s. S. 212, 218 und 238). Die vertikale Höhe des *Talnebels* ist recht unterschiedlich; häufig erreicht sie 60–100 m über Grund. Die oberen Hangbereiche, Kuppen und Plateaulagen befinden sich dann oberhalb des Talnebels, d. h. sie sind nebelfrei. Da sich bei Nebel und Temperaturen unter dem Gefrierpunkt (sowohl in der Luft als auch am Erdboden) Glätte auf den Straßen bilden kann, sind diese Gebiete bei der Straßenplanung zu meiden. Bei vorhandenen Trassen mit Abschnitten besonders häufiger Unfälle bei Nebel ist die Möglichkeit einer Verlegung oder Aufständerung der Trasse zu prüfen, und zwar mit dem Ziel, den Bereich des Talnebels zu umgehen oder zu überbrücken. Läßt sich eine örtliche Lösung wegen der klimatischen Verhältnisse nicht realisieren (z. B. in der Ostheimer Senke im Bereich der Bundesautobahn Kassel–Hattenbach), können beim Auftreten von Nebel Warneinrichtungen, die von aufgestellten Sichtweitenmeßgeräten (s. S. 40) automatisch gesteuert werden, auf die mögliche Unfallgefahr hinweisen.

Insbesondere auf Schnellstraßen kann plötzlicher *Seitenwind* den Fahrer eines Kraftfahrzeugs zu Fehlreaktionen verleiten. Dies kann der Fall sein, wenn die Fahrbahn aus einem sehr geschützten Bereich (z. B. beidseitige Wälder oder Dämme) auf eine windexponierte Kuppe oder ein freies Plateau führt. Zu erwarten sind starke Seitenwinde ferner beim Überqueren von tief eingeschnittenen Tälern auf hohen Brücken (z. T. mehr als 100 m über Grund), auf denen als Folge der Kanalisierung der Luftströmung entlang der Talrichtung der Winddruck auf der Brücke (Abb. 1) sehr stark auf das Fahrzeug einwirkt (vor allem luvseitig). Eine mechanische Windschutzvorrichtung am Brückengeländer vermindert den Winddruck wesentlich (Abb. 2). Ferner bietet sich ein natürlicher Windschutz (Bepflanzungen) im Bereich der Brückenauffahrt an; die Anbringung von *Windsäcken* an exponierten Stellen vermag ergänzend dem Fahrer Hinweise auf Richtung und Stärke des Windes zu geben.

Auch *Niederschläge* können den Straßenverkehr wesentlich beeinflussen, vor allem *Schnee*, der Straßenglätte verursachen kann. Hiervon werden im Mittelgebirgsland die höheren Lagen wesentlich häufiger als die Tallagen betroffen. Dieser Umstand ist bei der Berechnung der erforderlichen Kapazitäten des Straßendienstes für Räumung und Streudienst zu berücksichtigen. Auch liegen diese Trassen vielfach bereits im Bereich des Hochnebels, so daß ein weiteres Gefahrenmoment hinzukommt.

Bei der Lufttemperatur wirkt sich vor allem der *Frost* aus, sowohl bei der Fahrbahnkonstruktion (Frostaufbrüche) als auch in Verbindung mit Nebel oder Regen (Glätte, Glatteis). Andererseits sind hohe Werte der Lufttemperatur an heißen Sommertagen Ursache dafür, daß Straßendecken aufweichen und daß sich Verwerfungen in ihr bilden.

Die angeführten Phänomene wirken sich direkt auf Fahrer bzw. Fahrzeug aus. Anzuführen sind aber noch die Erscheinungen, durch die der Straßenverkehr die Umwelt beeinträchtigt. Das betrifft in erster Linie die *Ausbreitung von Abgasen und von Abwärme* sowie die Verdünnung der Konzentration. Da die Ausbreitungsverhältnisse (s. S. 220) in den Tälern beim Auftreten von Bodeninversionen und Nebel am schlechtesten sind, sollten diese Bereiche auch aus der Sicht der Umweltbeeinflussung bei der Planung von Straßentrassen gemieden werden.

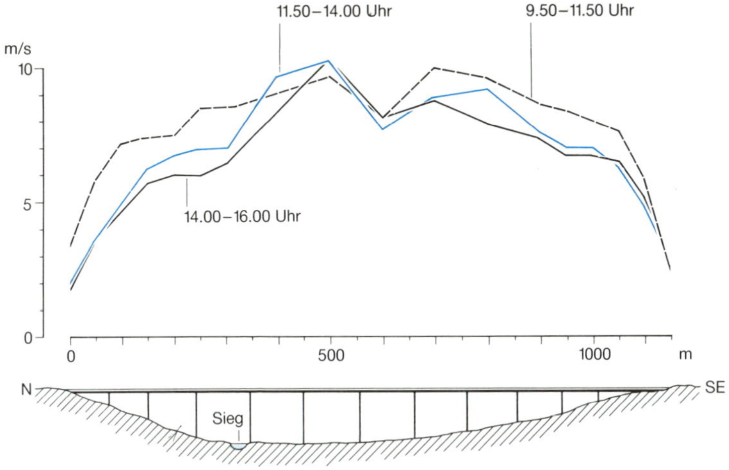

Abb. 1
Windgeschwindigkeit längs der Siegtalbrücke (9.10.1968)
Windrichtung etwa senkrecht zur Brücke

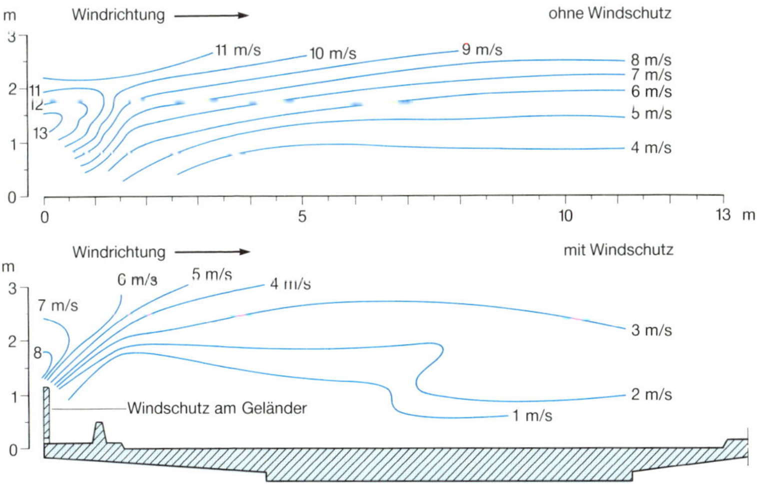

Abb. 2
Windgeschwindigkeit quer zur Siegtalbrücke (10.10.1968)
Auswirkung eines Windschutzes
(Windrichtung etwa senkrecht zur Brücke)

Klimatologie und Luftverkehr

Von allen Zweigen des Verkehrswesens zeigt die *Luftfahrt* in bezug auf *Wetter-* und *Klimaabhängigkeit* die größte Sensibilität. Diese Abhängigkeit wird durch technische Weiterentwicklung der Flugnavigationsverfahren und Landehilfen reduziert.

Für die Anwendung klimatologischer Erkenntnisse auf den Luftverkehr ist die *Flugklimatologie* zuständig, eine Teildisziplin der *Aeroklimatologie* (Klimatologie der freien Atmosphäre). Während die Flugwetterberatung ein Kurzfristvorgang bleibt, hat die Flugklimatologie Langzeitcharakter. Ihre Hauptaufgabe läßt sich kurz mit Bereitstellung von Entscheidungshilfen für die Flugbetriebsplanung (überwiegend Flugplatz- und Flugstreckenplanung) beschreiben.

Flugklimatologische Fragestellungen orientieren sich u. a. an der flugbetrieblichen effizienten Ausnutzung des Flughafengeländes und der hinsichtlich Flugsicherheit und Rentabilität optimalen Abwicklung des Luftverkehrs. Für die *Ausrichtung und Gestaltung der Start- und Landebahnen* werden Statistiken über Häufigkeit und Andauer von Windrichtung und -geschwindigkeit benötigt, um diese so anzulegen, daß Windrichtung und Pistenorientierung möglichst häufig zusammenfallen; denn nur so ist gewährleistet, daß die start- und landegefährdenden Querwinde (cross-winds) ein Minimum aufweisen. Für die Entscheidung über die vom Startgewicht abhängige *Startbahnlänge* muß neben dem Wind (Aufwind!) auch die Temperatur (Auftrieb!) ausgewertet werden. Die hierfür am besten geeignete Temperatur ist die *Flughafenbezugstemperatur,* definiert als das mittlere tägliche Temperaturmaximum des wärmsten Monats (d. h. des Monats mit der höchsten Mitteltemperatur).

Für die meteorologische und flugnavigatorische Sicherung des *Anflugvorgangs* sind *Sichtweite* und *Wolkenhöhe* gleichermaßen ausschlaggebend. Die Internationale Zivilluftfahrtorganisation ICAO (s. S. 196) hat daher aus Wertepaaren von Sichtweite und Wolkenuntergrenze bestehende *Schwellenwerte für Schlechtwetterbedingungen* festgelegt und den Betriebsstufen I bis III zugeordnet: Für einen mit hoher Wahrscheinlichkeit erfolgreichen Landeanflug gemäß *Betriebsstufe I* werden eine Landebahnsichtweite (RVR) von wenigstens 800 m und eine „Entscheidungshöhe" (annähernd durch die Hauptwolkenuntergrenze ersetzbar), die 200 Fuß (ft) nicht unterschreiten darf, gefordert.

Flugklimatologisch relevante Entscheidungshilfen für die *Flugstreckenplanung* sind in erster Linie Statistiken der *Lufttemperatur* und des *Äquivalentwindes* (windbedingte Verminderung oder Erhöhung der Fluggeschwindigkeit über Grund); letzterer ist von der Flugzeugeigengeschwindigkeit abhängig. Die Kenntnis des Äquivalentwindes gestattet eine verhältnismäßig genaue Festlegung des *Optimalkurses* (Minimum time track), also desjenigen Flugkurses, für den die Flugzeit ein Minimum ist.

Fluggefährdende Wettererscheinungen sind primär Vereisung und Turbulenz, insbesondere die Turbulenz im wolkenfreien Raum *(Clear-air-Turbulenz,* Abk.: *CAT).* Durch Bereitstellung spezieller flugklimatologischer Statistiken über vertikale Temperaturgradienten, mittlere Höhen von Nullgradgrenzen sowie über die Häufigkeit und Intensität vertikaler Windscherungen lassen sich Gefährdungszonen durch Änderungen des Flugkurses meiden.

Von großem Interesse für die Luftverkehrsplanung ist die Frage nach einem *Ausweichflughafen,* der bei unzureichenden Wetterverhältnissen am Zielflughafen noch anfliegbar ist. Dieses Problem löst man klimatologisch-statistisch durch Vergleich der Schlechtwetterhäufigkeit zwischen Zielflughafen und potentiellem Ausweichflughafen; als Ergebnis erhält man ein Maß für die Ausweichflughafengüte (vgl. nebenstehende Abb.).

„Verbraucher" flugklimatologischer Dienstleistungen, deren Spektrum sich von einfachen Datenauswertungen bis hin zur Bearbeitung von flugklimatologischen Gutachten für Großflughäfen erstreckt, sind Luftverkehrs- und Flughafengesellschaften, Flugtouristikunternehmen, die Luftfahrtindustrie, der gewerbliche Luftverkehr (z. B. Luftbildaufnahme, Reklameflüge), das Luftfahrtbundesamt in Braunschweig und die Bundesanstalt für Flugsicherung in Frankfurt am Main.

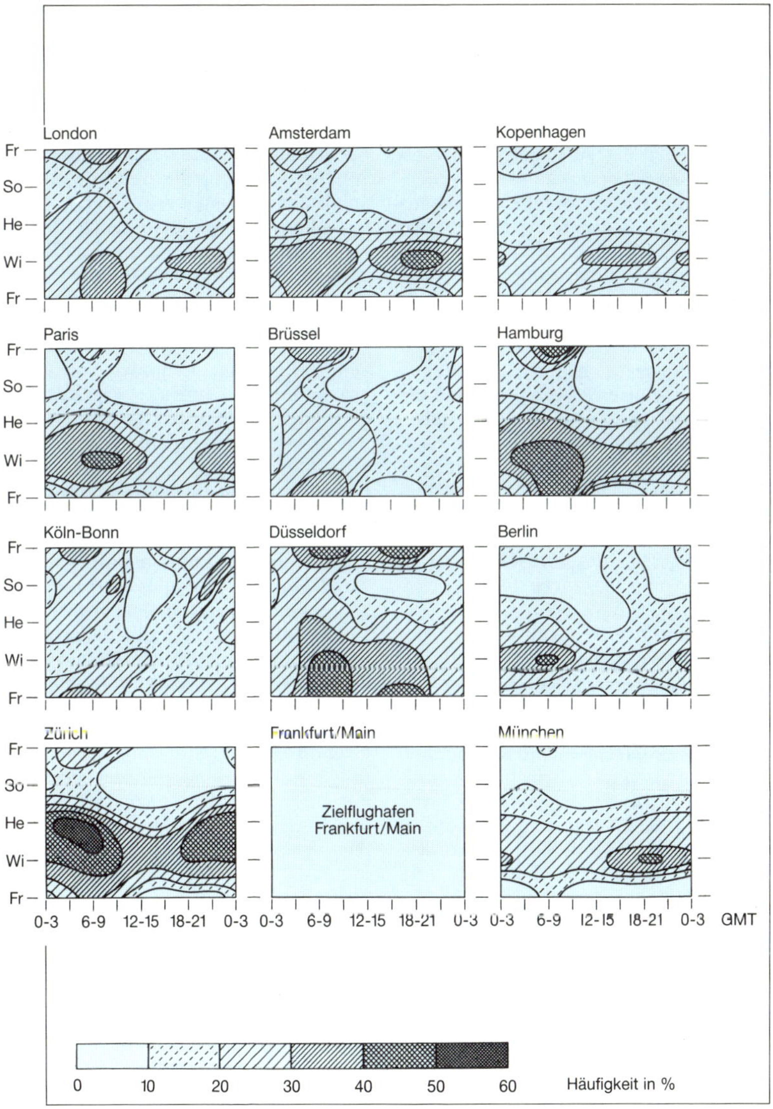

Abb.
Isoplethendarstellung der Ausweichflughafengüte europäischer Flughäfen, bezogen auf den Zielflughafen Frankfurt/Main (nach DWD): täglicher und jährlicher Gang der Häufigkeit (%) von Schlechtwetterbedingungen aufgrund 3 stündlicher Beobachtungen

Klimatologie und Seeschiffahrt

Die Anwendung klimatologischer Erkenntnisse auf den Bereich der *Seeschiffahrt* bezieht sich nicht nur auf die meteorologischen Auswirkungen auf das fahrende und transportierende Schiff, sondern auch auf die Verhältnisse im Küstenbereich des Ausgangs- und Zielhafens (meist Übersee).

Anwendungsbasis sind die *maritimmeteorologischen Beobachtungen* von fahrenden Beobachtungsstationen (Schiffe), ergänzt durch Beobachtungen von Feuerschiffen, Leuchttürmen, Bojen, Plattformen, Inseln und Küstenstationen. Die wissenschaftliche Auswertung ist wegen der Inhomogenitäten und der geringen Netzdichte schwierig (Abb. 1), so daß die Daten für ozeanische Felder unterschiedlicher räumlicher Größe (je nach geographischen Koordinaten) und unterschiedlicher Datendichte geordnet werden. Zusammenfassend werden sie vor allem in Form von *maritimen Klimaatlanten, Klimabeschreibungen großer Seegebiete* oder *Beiträgen in den „Seehandbüchern"* dargestellt (Abb. 2).

Die größte Abhängigkeit von den meteorologischen Verhältnissen besteht im allgemeinen beim *Transport von Gütern mit Schiffen.* Die Schäden und Verluste von Ladungsgütern werden beim Transport durch unterschiedliche Klimazonen sowie durch starke Belastungen aufgrund besonderer Temperatur- und Feuchteeinflüsse verursacht. Sie können erheblich sein und von Selbsterhitzungsprozessen bis hin zu Ladungs- und Schiffsbränden reichen. Durch eine Beratung der Reedereien und Schiffsleitungen über die klimatischen Bedingungen, denen das Ladegut während der Lagerung und des Transports ausgesetzt ist, sowie über die entsprechenden Gefahrenzonen ist Schadensverhütung möglich (Abb. 3). Dies gilt besonders für den Einsatz neuer Umschlagtechniken und Transportverfahren (z. B. Container statt Schiffsladeraum).

Eine der wichtigsten Ursachen der witterungs- und klimabedingten Gefährdung bzw. Schädigung von Ladegut ist die *Kondenswasserbildung* (Schweiß). Sie tritt bei der Abkühlung der Luft unter den Taupunkt ein. Beim Transport aus feuchtwarmen Gebieten in höhere Breiten werden als Folge der starken Abnahme von Luft- und Wassertemperatur letztlich auch die Innenwände und Decken der Laderäume abgekühlt, so daß im Innern leicht *Schiffsschweiß* (Containerschweiß) entsteht. Die Auswirkungen sind z. B. Verschimmelung, Verrottung der Verpackung, Selbsterhitzung, muffig riechender Rohkaffee. Es gibt eine Reihe von Maßnahmen, die der Bildung von Schiffsschweiß entgegenwirken.

Ladungsschweiß kann sich bilden, wenn ein Schiff aus einem kalten Klimabereich in eine feuchtwarme Region fährt und dort die Außenluft an das noch kalte Ladungsgut gelangt. Die Folge sind z. B. Korrosion von Metallen, Verblokken von Zucker, Abbinden von feucht gewordenem Zement, verschimmelte oder abgefallene Etiketten auf verrosteten Konservendosen. Durch eine klimatologische Beratung kann die Gefahr von Ladungsschweiß herabgesetzt werden.

Ein Großteil der Ladungsschäden ist auf ungünstige Werte der relativen Luftfeuchte und der Lufttemperatur zurückzuführen, die mannigfache Auswirkungen auf das Ladegut haben, aber bei entsprechender Beratung ebenfalls weitgehend vermieden werden können. Dies trifft auch für die Auswirkung von Seesalzaerosol in Schiffsladeräumen zu.

Es ist verständlich, daß eine klimatologische Beratung von Unternehmen, die in Übersee tätig sind, erforderlich ist, damit diese eine Anpassung der Export- und Investitionsgüter an die anders gearteten Klimaverhältnisse in den Zielhäfen (einschließlich ihrer Umgebung) vornehmen können.

Auch der *Schiffbau* ist auf maritimmeteorologisches Datenmaterial angewiesen, insbesondere bei der Konstruktion von Spezialschiffen, bei denen bestimmte klimatische Verhältnisse im Operationsgebiet zu berücksichtigen sind.

Zu den Anwendungsbereichen zählt schließlich die Planung von *Küsten-* und *Off-shore-Bauten,* deren Belastung durch Wind und Wellen bei der Konstruktion berücksichtigt werden muß. Besonders wichtig für die Abschätzung der maximalen Belastung von Standrohren, Molen, Uferbefestigungen und Bohrinseln sind Angaben über die Häufigkeit des Auftretens von Windrichtung und -geschwindigkeit, Böenspitzen und Wellenhöhen.

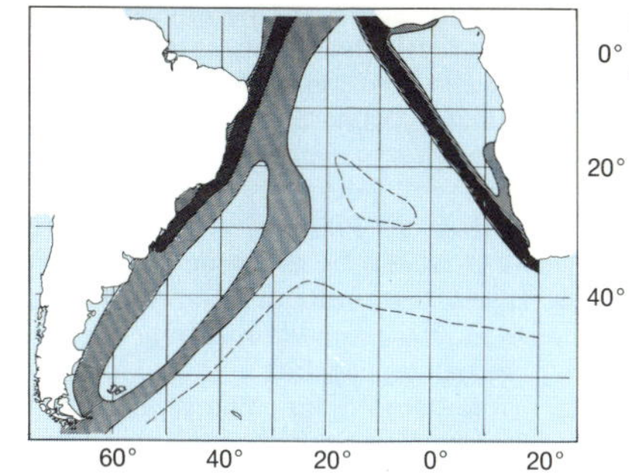

mehr als 1000 deutsche Beobachtungen pro 1°-Feld, seit 1868.
mehr als 100 internationale Beobachtungen pro 1°-Feld, 1961 – 1977.
weniger als 100 Beobachtungen (insgesamt) pro 1°-Feld

Abb. 1
Anzahlen der Schiffsbeobachtungen
(nach O. Höflich in van Loon, 1984)

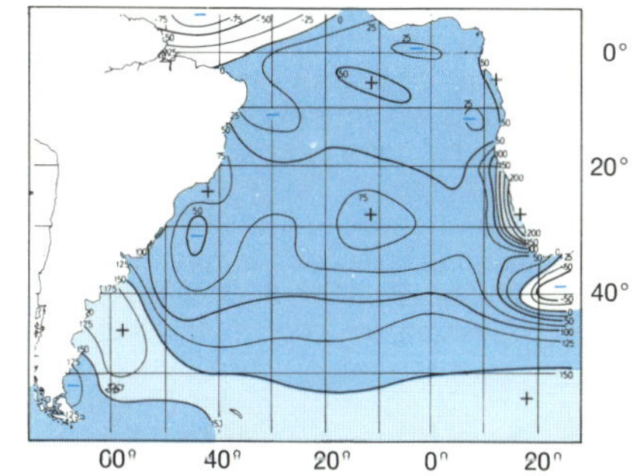

+ relative Maxima
– relative Minima

Abb. 2
Wärmebilanz an der Meeresoberfläche in W/m², Januar.
(nach O. Höflich in van Loon, 1984)

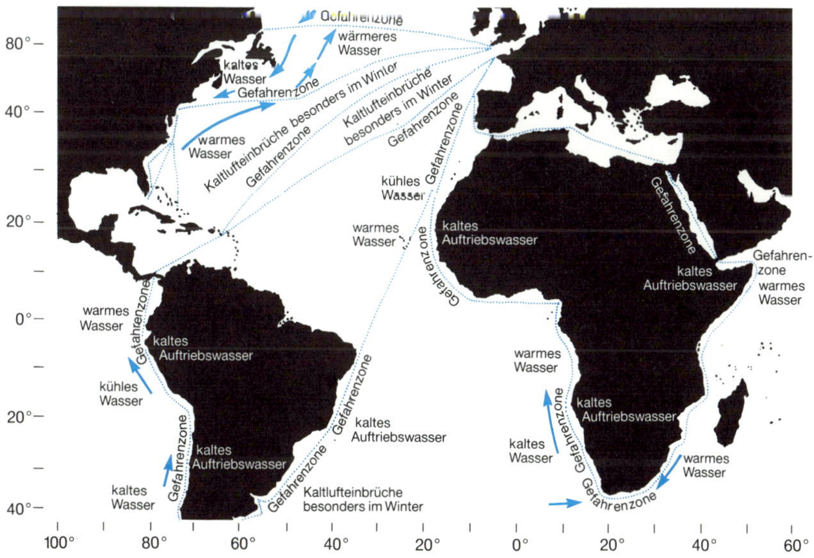

Abb. 3
Laderaummeteorologische Gefahrenzonen
(nach Grünewald, 1977)

Klimatologische Beratungen der Energiewirtschaft werden in Anspruch genommen von Betreibern von Kraftwerken auf fossiler Basis (Kohle, Erdöl, Erdgas), Kern- und Wasserkraftwerken sowie von Anlagen, die regenerative Energiequellen (z. B. Windkraft, Sonnenenergie) nutzen.

Bei Kraftwerken auf fossiler Basis ist vor allem die Schadstoffemission ein vorrangiges Problem. Aus klimatologischer Sicht gibt insbesondere die Emission von Kohlendioxid (CO_2) wegen des Glashauseffektes und der dadurch bedingten weltweiten Erwärmung (s. S. 280) Anlaß zur Besorgnis. Die Ausbreitung der Schadstoffe und die damit verbundenen Auswirkungen werden anhand von *Ausbreitungsmodellen* (s. S. 220) berechnet. Hierbei spielt die Lage des Wärmekraftwerkes eine große Rolle, da vor allem in Tal- und Muldenlagen die Austauschverhältnisse sehr schlecht sind.

Bei Wärmekraftwerken wie bei Kernkraftwerken werden *Kühltürme* zur Abgabe der anfallenden Abwärme an die Atmosphäre eingesetzt, sofern eine Frischwasserkühlung nicht oder nur teilweise möglich ist. Bevorzugt wird die *nasse Rückkühlung* mit der Abgabe eines Großteils der Abwärme in Form *latenter Wärme* an die Atmosphäre. Die *Auswirkungen* der dabei entstehenden *Kühlturmfahnen* sind: 1. bei den *Strahlungsverhältnissen:* geringere Werte der Einstrahlung im Umkreis bis zu 500 m um etwa 5–25 %, im Umkreis von 500 bis 1 000 m um etwa 1–5 %; die Erhöhung der Beschattungszeit beträgt maximal 4–24 Minuten pro Tag (je nach Jahreszeit); 2. beim *Niederschlag:* Vermehrung in der unmittelbaren Umgebung um maximal 30–80 mm pro Jahr bei Ventilatorkühltürmen, um 1–15 mm pro Jahr bei Naturzugkühltürmen; im Winter ist dort Glatteisbildung möglich; 3. *Schwadenberührung:* Im Falle einer Berührung des Schwadens mit dem Erdboden kurzzeitiger Anstieg der relativen Feuchte; 4. *Nebel:* u. U. früheres Einsetzen und längere Andauer; 5. *Lufttemperatur* und *Luftfeuchte:* Die Auswirkungen sind vernachlässigbar gering (abgesehen von den unter 3. und 4. genannten Effekten).

Bei Abführung der Abwärme in Fließgewässer kann sich unter bestimmten meteorologischen Bedingungen über der Wasserfläche Dampfnebel bilden.

Zu den *umweltfreundlichen Energiequellen* zählen die Wasserkraftwerke und die mit regenerativen Energien arbeitenden Anlagen:

Bei der Planung von *Wasserkraftwerken* ist die Feststellung der jahreszeitlichen Verteilung und Schwankungsbreite des Niederschlagsangebots im zugehörigen Einzugsgebiet von Bedeutung.

Bei der Planung von *Windkraftanlagen* sind die klimatischen Verhältnisse des Standortes entscheidend für die Nutzungsmöglichkeiten (Abb. 1 und 2); so beginnt eine sinnvolle Windenergienutzung erst ab einer mittleren jährlichen Windgeschwindigkeit von 5 m/s. Die Anlaufgeschwindigkeit liegt bei 5–8 m/s, die Nennleistung wird bei mindestens 12 m/s erreicht. Die gewonnene Windenergie ist etwa der dritten Potenz der Windgeschwindigkeit proportional. Derartige Anlagen müssen auch Stürme (Windlast) überstehen und auf das Auftreten von Eisansatz ausgerichtet sein.

Die Ausnutzung der *Sonnenenergie* ist zeitlich noch begrenzter, denn die Sonnenstrahlung weist eine große Variationsbreite im Jahresverlauf auf. Außerdem hängt die Sonneneinstrahlung vor allem von der geographischen Breite, der Bewölkung, der atmosphärischen Trübung und anderen Faktoren ab. In unseren Breiten ist nur eine begrenzte Nutzung möglich, und zwar für Raumheizung und/oder Brauchwasseraufbereitung (für Wohnhäuser, Schwimmbäder, Treibhäuser). Eine Nutzung der Solarenergie in Sonnenkraftwerken ist auf dem Gebiet der Bundesrepublik Deutschland unrentabel, da die mittlere jährliche Sonnenscheindauer nur 1 300–1 900 Stunden beträgt.

Wegen der von großen Teilen der Energieerzeugung noch ausgehenden Umweltbelastung ist eine *klimatologische Beratung* über technische Möglichkeiten einer besseren Ausnutzung der vorhandenen Energien oder zur Energieeinsparung sehr nützlich. Hierzu gehören z. B. die Verwendung von Wärmepumpen, die Dimensionierung von klimatechnischen Anlagen, die Berechnung des Energieverbrauchs in Gebäuden nach Klimadatensätzen sowie generell das klimaorientierte Bauen (s. S. 242).

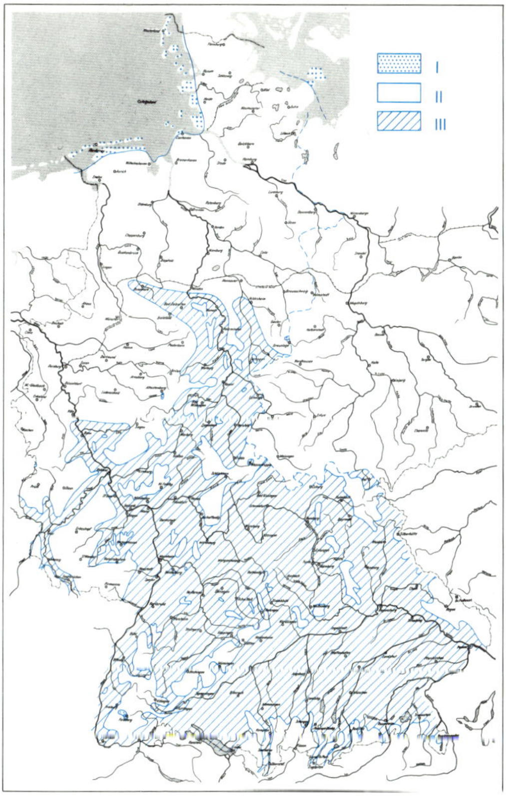

Abb. 1
Räumliche Abgrenzung der für die Windkraftnutzung unterschiedlich geeigneten Zonen

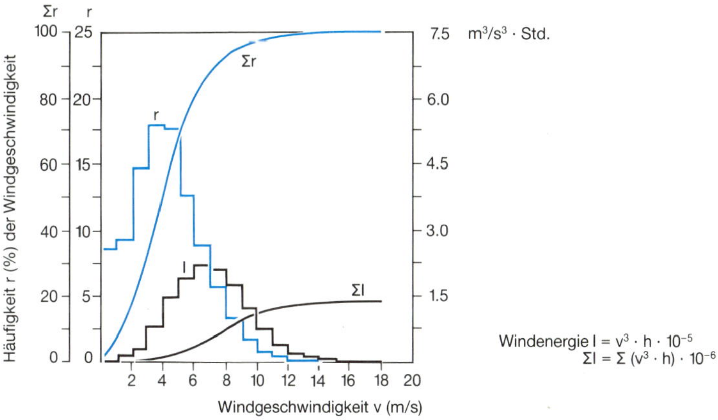

Abb. 2
Windgeschwindigkeit und Windenergie (Jahresmittel)

Klimatologie und Wasserwirtschaft

Die atmosphärischen Vorgänge im Wasserkreislauf (s. S. 92) bilden die Grundlage bei der Anwendung meteorologischer Erkenntnisse für Zwecke der Hydrologie und Wasserwirtschaft. Im natürlichen Regime der ober- und unterirdischen Gewässer ist der Niederschlag das einzige Einnahmeglied; die Verdunstung ist dagegen als wesentliche Verlustgröße im Wasserkreislauf zu berücksichtigen. Im Mittelpunkt stehen deshalb bei Betrachtungen von Wasserbedarf und Wasserangebot die Klimaelemente Niederschlag und Verdunstung (Abb. 1).

Für *wasserwirtschaftliche Rahmenpläne* werden detaillierte Angaben der täglichen, monatlichen, halbjährlichen und jährlichen Werte des Niederschlags, jeweils in Form von Tabellen und/oder Karten der räumlichen Verteilung, benötigt, und zwar: Mittelwerte für bestimmte Bezugszeiträume (z. B. 1951–1980), für die Abflußmessungen vorliegen; Daten für besondere Zeitabschnitte (z. B. nasse und trockene Perioden); Häufigkeitsverteilungen von täglichen, monatlichen und jährlichen Niederschlagshöhen.

Für *Untersuchungen des Wasserhaushaltes* sind Angaben über die *Gebietsniederschläge* der zugehörigen Einzugsgebiete erforderlich, um aus der Gegenüberstellung von Niederschlag und Abfluß die aktuelle Verdunstung zu ermitteln, ferner um Zeiten und Größenordnungen von Rücklage und Aufbrauch im Grundwasserspeicher zu bestimmen (Abb. 3). Zur Berechnung des Gebietsniederschlags gibt es verschiedene Verfahren, die der Dichte des Meßnetzes, der Meßgenauigkeit, den gestellten Anforderungen sowie dem Arbeitsaufwand angepaßt sein müssen, um Daten für längere Bezugszeiträume und kürzere Zeitabschnitte für kleinere und größere Flußeinzugsgebiete bereitzustellen. Derartige Datensätze (z. T. seit 1891 vorliegend) ermöglichen Aussagen über die *Wasserbilanz* im Hinblick auf natürliche und anthropogen bedingte Schwankungen und Veränderungen.

Die *Wasserbilanzen* werden als Planungsunterlage für folgende Bereiche verwendet: Wasserversorgung; Wasserkraftnutzung; Schiffbarkeit von Flüssen; Auslastung der Beladung von Schiffen im Verlauf des Jahres; Abwasserbelastung und Abwasserklärung.

Von den räumlichen und zeitlichen Schwankungen des Wasserangebotes hängen viele Anlagen der Wasserversorgung ab. Dies gilt besonders für die Planung von Speicherbecken, deren Bemessung den klimatologischen Gegebenheiten angepaßt sein muß. Auch der *Hochwasserschutz* (z. B. nach starken Niederschlägen) muß die Niederschlagsverhältnisse bei der Planung von Rückhaltebekken zur Erzielung einer optimalen Wirtschaftlichkeit berücksichtigen. Hierbei werden u. a. Angaben über die Niederschlagshöhen bestimmter Dauer und bestimmter Überschreitungshäufigkeit zur Berechnung der Abflußgrößen benötigt.

Die *Siedlungswasserwirtschaft* braucht für die wirtschaftliche Dimensionierung von Abflußkanälen, Kläranlagen und Pumpwerken besondere Niederschlagsangaben, da der schnelle Abfluß des gefallenen Niederschlagswassers aufgrund der weitgehenden Versiegelung der Erdoberfläche in den Städten ein Problem der Entsorgung darstellt. Dazu sind Angaben über Höhe, Andauer und Intensität des Regens in kürzeren Zeiteinheiten erforderlich. Man erhält sie durch die Auswertung von Niederschlagsregistrierungen in Form von Tabellen der Niederschlagshöhen und -spenden in Abhängigkeit von Niederschlagsdauer und Überschreitungshäufigkeit. Damit können u. a. *Bemessungsregen* festgelegt werden, deren Intensität z. B. einmal jährlich erreicht oder überschritten wird. Derartige Datensätze dienen außerhalb der Siedlungswasserwirtschaft zur Abschätzung erosionsgefährdeter Gebiete. Zur Simulation der Abflüsse in Entwässerungsnetzen werden sogenannte *Modellregen* entwickelt, deren zeitlich-räumlicher Ablauf möglichst große Ähnlichkeit mit wirklichen Niederschlagsereignissen hat.

Die Wasserwirtschaft benötigt ferner Angaben über den zu erwartenden maximalen Niederschlag mit einer bestimmten Andauer. Dieser kann aus vorhandenen weltweiten Messungen extremer Niederschlagshöhen (z. B.: Füssen 126,0 mm in 8 Minuten; Cilaos/Réunion 1 869,9 mm in 24 Stunden) abgeschätzt oder durch Entwicklung von entsprechenden theoretischen Modellen gewonnen werden.

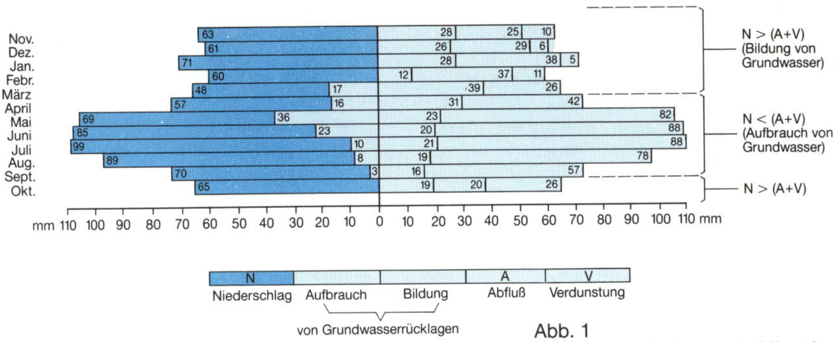

Abb. 1
Mittlere monatliche Wasserbilanz in der Bundesrepublik Deutschland. Bezugszeitraum: 1931–1960

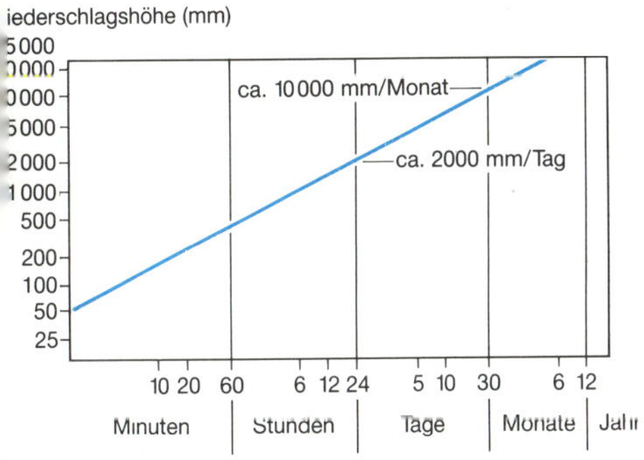

Abb. 2
Maximale Niederschlagshöhen (mm) der Erde

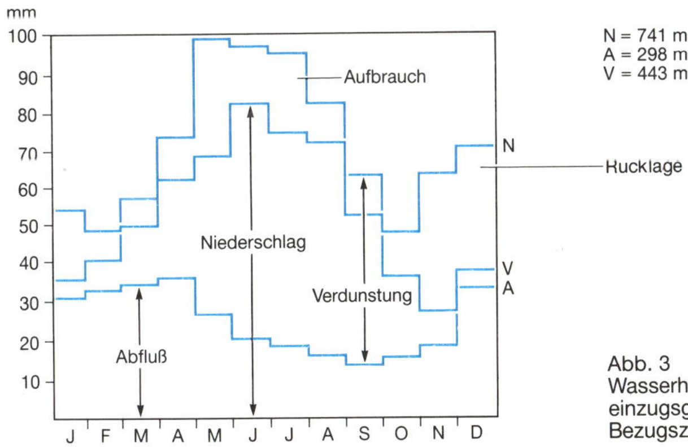

N = 741 mm/Jahr
A = 298 mm/Jahr
V = 443 mm/Jahr

Abb. 3
Wasserhaushalt eines Pegeleinzugsgebietes. Bezugszeitraum: 1961–1980

Die *Agrarklimatologie* befaßt sich mit den Auswirkungen des Klimas auf die Landwirtschaft, strebt eine optimale Nutzung des Klimas im Rahmen der Nahrungsmittelproduktion an und liefert Grundlagenmaterial für agrarpolitische Entscheidungen. Aus der Vielzahl der Anwendungsmöglichkeiten seien einige wichtige herausgegriffen.

Die *Frostschutzberatung* erstreckt sich auf die landwirtschaftliche Planung in Gebieten, die aufgrund häufiger lokaler Kaltluftbildung frostgefährdet sind. Es werden vor allem Hinweise gegeben, die sich auf die Beseitigung eines Kaltlufteinzugsgebietes durch Aufforstung oder auf die Veränderung des Kaltluftabflusses (vgl. auch S. 218 und S. 238) beziehen bzw. ob das Gebiet für den Anbau frostempfindlicher Pflanzen überhaupt gemieden werden soll.

In windexponierten Gegenden erlangt der *Windschutz* wegen der drohenden Verwehung der Bodenkrume und wegen der Erhöhung der Verdunstung vom Erdboden eine große Bedeutung. Im Lee von Windschutzanlagen werden diese Effekte wesentlich verringert, so daß im zugehörigen Schutzbereich Tau, Niederschlag, Schneeablagerungen und Bodenfeuchte höhere Werte erreichen und die landwirtschaftlichen Erträge ansteigen (Abb. 1).

Zu den Anwendungsbereichen der Agrarmeteorologie gehört auch die *Beratung bei der Neuanlage von Rebkulturen*, um Mindestqualitäten des Weins zu erreichen. In diesem Zusammenhang sind Höhenlage, Hangneigung, Hangrichtung sowie Bodenbeschaffenheit mit ausschlaggebend. In die *klimatische Bewertung* gehen vor allem ein: 1. das Energieangebot aus der direkten Sonnenstrahlung unter Berücksichtigung der Horizonteinengung; 2. der Einfluß der lokalen Kaltluft; 3. die Windgefährdung; 4. die optimale Zeilenrichtung einschließlich Abstand und Höhe der Rebstöcke hinsichtlich der Intensität der direkten Sonnenstrahlung.

Wenn als Folge der klimatischen Bedingungen in Verbindung mit den Bodeneigenschaften die Kulturpflanzen während ihrer Vegetationszeit nicht ausreichend mit Wasser (zur Gewährleistung eines gesicherten Wachstums ohne Ertrags- und Qualitätsminderung) versorgt werden, ist künstliche *Beregnung* erforderlich. Durch Beregnung können Wachstumsschäden, die durch Unterschreiten eines Mindestwassergehaltes in der Bodenschicht von 40 % des pflanzennutzbaren Bodenwassers eintreten, vermieden werden (Abb. 2). Mit entsprechenden Modellen lassen sich der Beregnungsbedarf bestimmter Gebiete und die Bemessung von Beregnungsanlagen berechnen.

Mit Hilfe von Modellen können ferner Angaben für die *Arbeitsplanung in der Frühjahrsbestellung* gemacht werden. Sie gestatten, den Ablauf und die Reihenfolge in der Zeit von Anfang März bis Ende Mai abzuschätzen. Das Modell benutzt Daten der Niederschlagshöhe, der Tagesmitteltemperatur, des Erdbodenzustandes und der potentiellen Verdunstung.

Der *Einsatz von Mähdreschern* ist besonders witterungsabhängig. Mit Hilfe eines Modells lassen sich Gebiete abgrenzen, die für den Einsatz von Mähdreschern bevorzugt oder benachteiligt sind. Dabei werden vor allem die Wasserabgabe und -aufnahme des Korns in Abhängigkeit von den meteorologischen Verhältnissen und vom biologischen Verhalten berücksichtigt (Abb. 3). Die Einsatzmöglichkeiten verringern sich schnell mit zunehmender Meereshöhe. Für die Kalkulation der erforderlichen Mähdrescherkapazitäten werden die Mähdruschstunden – in Abhängigkeit von der Kornfeuchte (16 %, 18 %, 20 %, 24 %) – sowie die mittleren Daten des Beginns und Endes der Ernte für die einzelnen Getreidearten berechnet.

Zur termingerechten *Bekämpfung der Kraut- und Knollenfäule der Kartoffel* wurde ein Modell entwickelt, das angibt, bis zu welchem Zeitpunkt aus meteorologischen Gründen ein Befall durch den erregenden Schadpilz (Phytophthora) nicht möglich ist (sogenannte *Negativprognose*). Gefährdet sind vor allem Gebiete, in denen häufig Werte der relativen Feuchte von mehr als 90 % bei gleichzeitigen Werten der Lufttemperatur von 18–21 °C während mindestens 4 Stunden pro Tag erreicht werden.

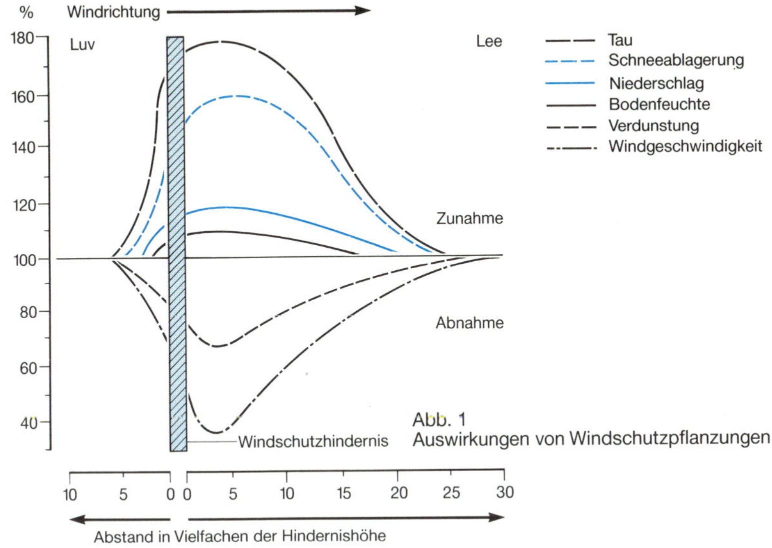

Abb. 1
Auswirkungen von Windschutzpflanzungen

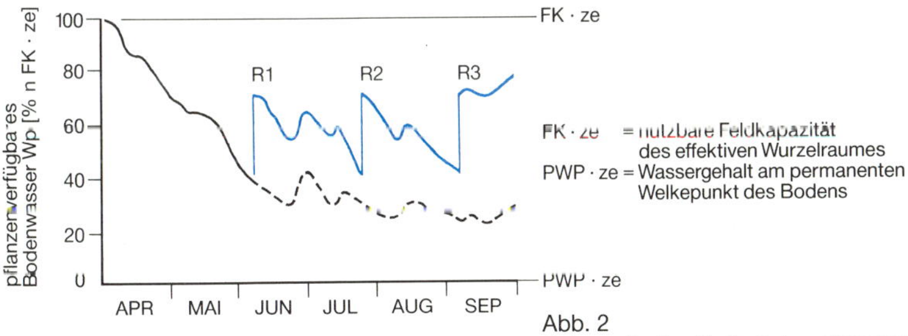

Abb. 2
Schematischer Verlauf des pflanzenverfügbaren Wassers mit/ohne Beregnung

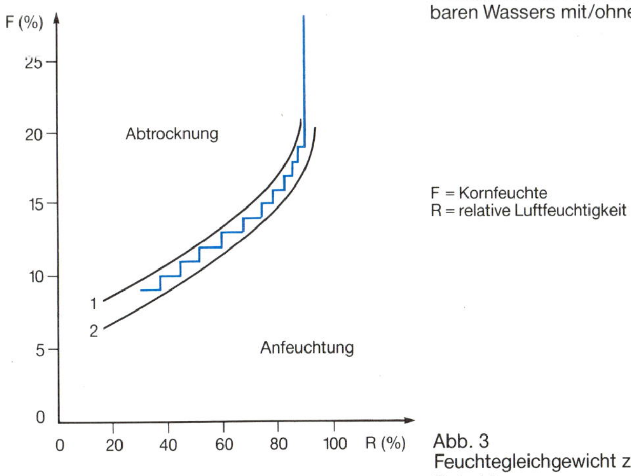

Abb. 3
Feuchtegleichgewicht zwischen Luft und Getreide

Klimatologie und Gesundheitswesen

Klimatologische Erkenntnisse dienen auf dem Gebiet des Gesundheitswesens u. a. zur Festlegung von Heilklimaten; ihre Anwendungsmöglichkeiten gehen aber weit darüber hinaus.

Der klimatologische Teil der *Begriffsbestimmungen für Kurorte, Erholungsorte und Heilbrunnen* wird in Zusammenarbeit mit dem *Deutschen Bäderverband* und dem *Fremdenverkehrsverband* erstellt und jeweils den neuesten Erkenntnissen angepaßt (s. S. 244). Die Vergabe der Prädikate *heilklimatischer Kurort* und *Luftkurort* erfordert Klimaanalysen über das therapeutisch anwendbare Klima nach den bestehenden Richtlinien; aus ihnen leiten Ärzte die jeweiligen Hauptheilanzeigen und die Klimatherapie ab.

Fachlich eng damit verbunden ist die Bewertung von Landschaften, insbesondere von Erholungsgebieten, nach den Verhältnissen der *bioklimatischen Wirkungskomplexe* (s. S. 224). Damit können bioklimatische Gunst oder Ungunst von Planungsräumen hinsichtlich ihrer zukünftigen Funktion, z. B. als Urlaubs- oder Erholungsgebiet, aufgezeigt werden. Lagen mit hoher Abkühlungsgröße, großer Wärmebelastung (insbesondere nachts), häufigem Talnebel oder großer Staubbelastung werden als bioklimatisch ungünstig eingestuft. Kritisch sind daher im allgemeinen die Täler und Mulden des Mittelgebirgsraums sowie exponierte Paßlagen, während z. B. Hangbereiche, Terrassen und Wälder (vor allem die Waldränder) günstige bioklimatische Voraussetzungen bieten. In der Praxis bildet z. B. eine Karte der bioklimatischen Bewertung nach Kältereizen und Wärmebelastung eine gute Grundlage zur Eingrenzung von Eignungsgebieten. Die mit Hilfe eines Bioklimamodells über den thermischen Wirkungskomplex (s. S. 224) gewonnenen Grunddaten und ihre kartenmäßige Darstellung werden außerdem zur *Klimaanalyse für Heilklimate* herangezogen; dabei spielen u. a. die *lokalklimatisch bedeutsamen Phänomene* (s. S. 218) eine wichtige Rolle, vor allem wegen der Frischluftversorgung von Orten im Talbereich.

Für die *Planung von Sanatorien, Erholungsheimen und Kureinrichtungen* werden unter spezieller Berücksichtigung lokalklimatischer Verhältnisse *bioklimatische Gutachten* angefertigt, um für die jeweiligen Einrichtungen optimale bioklimatische Standorte zu finden. Ausgangspunkt der Untersuchung ist die Lage des Standortes in der *bioklimatischen Klasse* der Umgebung (mit Hilfe der Bioklimakarte; Abb. 1). So wäre es z. B. verfehlt, ein Rehabilitationszentrum für Herz- und Kreislaufkranke in ein Gebiet mit hoher Wärmebelastung zu legen.

Mit einem *erweiterten Bioklimamodell* kann man im Rahmen der *Stadtplanung* die bioklimatische Auswirkung von Nutzungsänderungen, insbesondere bei Bebauungsmaßnahmen in Abhängigkeit von der Bebauungshöhe und -struktur, der Breite und Orientierung der Straßen, simulieren und konkrete Hinweise für die Stadt- und Bauleitplanung zur Vermeidung weiterer Verschlechterungen des Stadtklimas (s. S. 240) geben (Abb. 2).

Ein weiteres wichtiges Feld ist die *Beratung von Personen,* die auf ärztliches Anraten wegen bestimmter bestehender Erkrankungen ihren Wohnort wechseln wollen. Nach den medizinmeteorologischen Forschungen leiden z. B. Asthmatiker, an chronischer Bronchitis Erkrankte und Herz-Kreislauf-Kranke besonders in Gegenden mit feuchtem Untergrund (Flußtäler, Beckenlandschaften, Moorgebiete); über diesen Gegenden bildet sich bei Hochdruckwetterlagen abends und nachts häufig lokale Kaltluft, deren Abfluß behindert wird (s. S. 218), wodurch es zu Nebelbildung kommen kann. Bei diesen Wettererscheinungen erfährt der Organismus in seiner nächtlichen Ruhe- und Regenerationsphase, wenn die Leistungskurve ihr Minimum erreicht, eine zusätzliche Belastung; ein akuter Anfall ist oft die Folge. Für die betreffenden Krankheiten spielt vor allem der *thermische Wirkungskomplex* im belastenden Klima eine Rolle, und zwar sowohl durch Unterkühlung aufgrund länger einwirkender Naßkälte (auch höherer Windstärke) als auch durch Überhitzung des Körpers bei Wetterlagen mit Wärmebelastung. Durch einen Wohnortwechsel in ein Gebiet mit geringerer bioklimatischer Belastung wird eine wesentliche Minderung solcher lokalklimatischer Auswirkungen, die Anfälle auslösen, erreicht.

Wärmebelastung	Kältereiz 2 selten	3 gelegentlich	4 vermehrt	5 häufig	6 sehr häufig	7 überwiegend
5 häufig	W 5 K 2	W 5 K 3	W 5 K 4			
4 vermehrt	W 4 K 2	W 4 K 3	W 4 K 4			
3 gelegentlich	W 3 K 2	W 3 K 3	W 3 K 4	W 3 K 5		
2 selten		W 2 K 3	W 2 K 4	W 2 K 5	W 2 K 6	
1 sehr selten			W 1 K 4	W 1 K 5	W 1 K 6	W 1 K 7

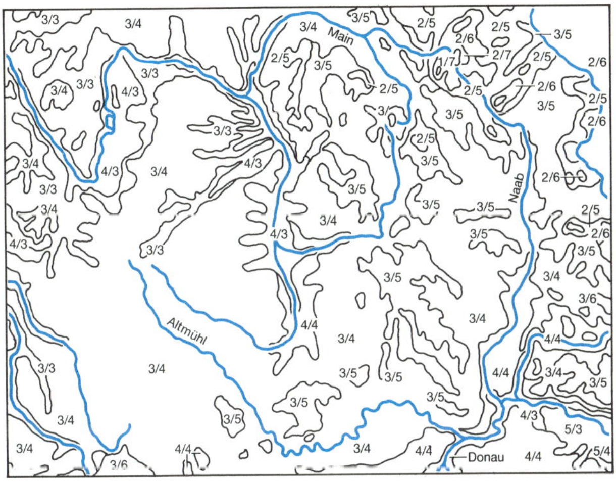

Beispiel: W 5 K 2 = 5/2

W 5 = häufig Wärmebelastung
K 2 = selten Kältereize

Abb. 1
Bioklimatologische Bewertung (nach G. Jendritzky)

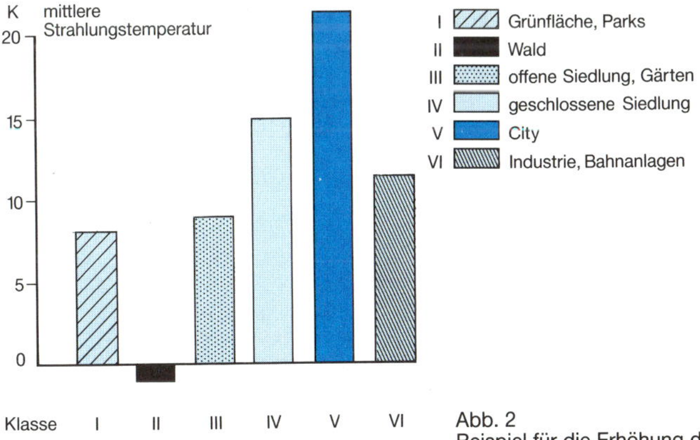

Abb. 2
Beispiel für die Erhöhung der mittleren Strahlungstemperatur über die Lufttemperatur in verschiedenen Bebauungsstrukturen einer Großstadt

Um einigermaßen zuverlässig beurteilen zu können, was – langfristig gesehen – mit unserem Klima geschieht, benötigen wir Kenntnisse über die Struktur des Klimasystems und die in ihm wirksamen physikalischen Prozesse. Die Lufthülle der Erde ist kein isolierter abgeschlossener Komplex, sondern mit anderen Teilsystemen (Komponenten, Subsystemen) durch Wechselwirkungen verknüpft. Diese Erkenntnis führt zu einer einfachen Begriffsbestimmung: Das *Klimasystem* ist die Gesamtheit der Komponenten Atmosphäre, Hydrosphäre, Kryosphäre, Lithosphäre und Biosphäre sowie der zwischen ihnen herrschenden Wechselbeziehungen. Die einzelnen *Komponenten (Subsysteme)* sind:

1. *Atmosphäre:* Die Lufthülle der Erde ist die bei weitem reaktionsschnellste Komponente des Klimasystems (vgl. S. 14ff.); in ihr finden die eigentlichen Wettervorgänge statt.

2. *Hydrosphäre:* Die Wasserhülle der Erde umfaßt die Meere (einschließlich Meeresströmungen und -wellen), alle Binnengewässer, das Grundwasser und das in der Atmosphäre gebundene Wasser. Die Hydrosphäre hat im Klimasystem schon deshalb eine regulierende Funktion, weil 71% der Erdoberfläche von Meeren bedeckt sind. Verglichen mit der Atmosphäre, ist die Hydrosphäre eine ziemlich reaktionsträge Komponente im Klimasystem. Ursache ist das Wärmespeicherungsvermögen (Wärmekapazität) des Wassers: Bei gleicher Energiezufuhr erwärmt sich Wasser wesentlich geringer als das Festland. Die einzelnen Bestandteile der Hydrosphäre werden durch den globalen Wasserkreislauf (s. S. 92) „geregelt".

3. *Kryosphäre:* Die Eissphäre besteht aus den Gletscher- und Eisgebieten der Erde. Den größten Anteil hat die Eisbedeckung des antarktischen Kontinents. Die Änderung der Meereisbedeckung hat große Auswirkung auf die Strahlungsverhältnisse, insbesondere auf das Verhältnis von reflektierter zu einfallender Sonnenstrahlung (Albedo). Ein Abschmelzen der Polkappen würde zu einem Anstieg des Meeresspiegels und in vielen Teilen der Erde zu Dauerüberflutungen führen. Die schlechte Wärmeleitfähigkeit des Eises steuert dieser Entwicklung jedoch entgegen. Die dadurch begünstigte Reaktionsträgheit wirkt stabilisierend auf das Klimasystem.

4. *Lithosphäre:* Die Gesteinshülle wird vom Erdboden, den Gesteinen, der Erdkruste und dem Erdmantel gebildet. Die Lithosphäre reagiert stark auf Temperaturänderungen. Letztere beeinflussen den hydrologischen Kreislauf, insbesondere den Niederschlag und damit auch die Wolkenbildung und den troposphärischen Temperaturgradienten. Dies hat wiederum Rückwirkungen auf den Energiehaushalt der Atmosphäre.

5. *Biosphäre:* Der Lebensraum für Mensch, Tier und Pflanze ist nicht nur passiv (etwa durch Veränderung in den atmosphärischen Spurenstoffkreisläufen), sondern auch aktiv am Gleichgewicht des Klimasystems beteiligt. So spielt die Biomasse z. B. im Kohlendioxidkreislauf eine wichtige Rolle. Die Verringerung der Biomasse, etwa durch das Abholzen von Wäldern, führt zur Erhöhung der atmosphärischen Kohlendioxidkonzentration und damit zu einer Verstärkung der Glashauswirkung der Atmosphäre. Der Pflanzenbewuchs beeinflußt außerdem Oberflächenalbedo und Bodenrauhigkeit.

Die Wechselwirkungen zwischen den einzelnen Komponenten des Klimasystems heißen *interne Vorgänge.* Im Gegensatz dazu werden z. B. Sonnenstrahlung, Sonnenflecken und Vulkanausbrüche, die von außen das Klimasystem beeinflussen, als *externe Vorgänge* bezeichnet. Einen entscheidenden Anteil an den externen Vorgängen haben auch die anthropogenen Eingriffe, in erster Linie die durch die Nutzung fossiler Brennstoffe verursachte Kohlendioxidproduktion. Die nebenstehende Abbildung ist der generalisierte Versuch, die „interaktive" Vielfalt der Verzahnungen und Wechselwirkungen zwischen den Komponenten des Klimasystems darzustellen.

Realistische quantitative Abschätzungen der physikalischen Abläufe erwarten die Klimaforscher von den Klimamodellen (s. S. 270).

Trotz erheblicher Eingriffe hat sich das Klimasystem bis jetzt als erstaunlich robust erwiesen. Es besteht jedoch die Gefahr, daß beim Überschreiten kritischer Schwellenwerte der atmosphärischen Belastung ein nicht mehr umkehrbares „Umkippen" eintritt.

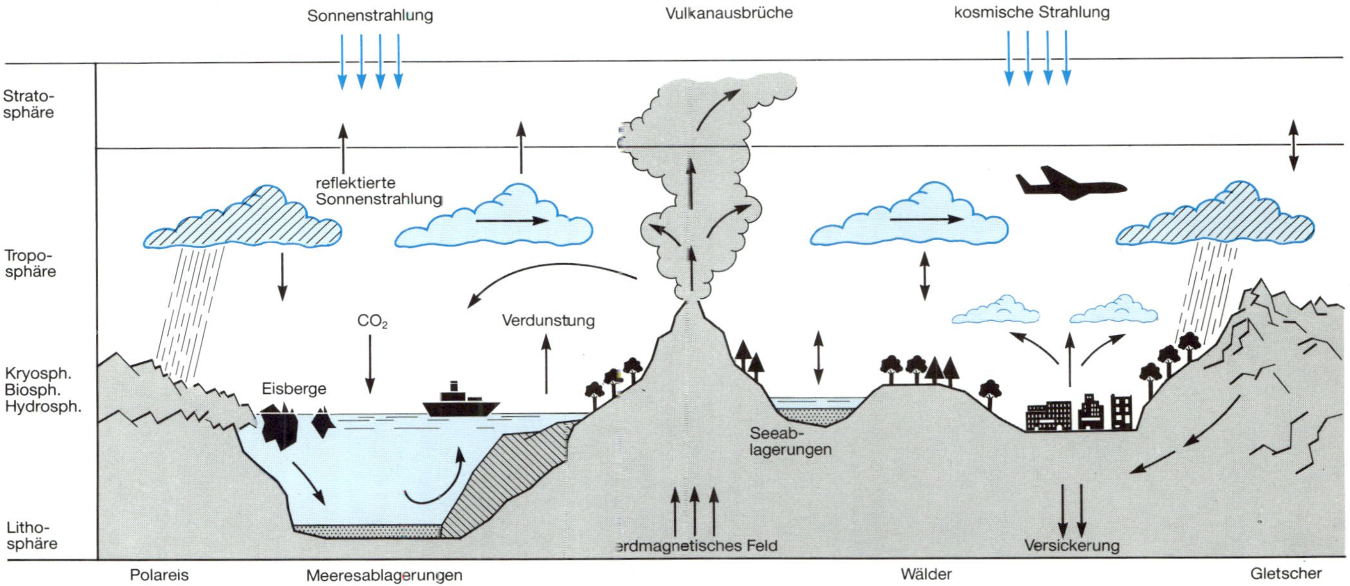

Abb.
Das Klimasystem: Komponenten – Wechsel-
wirkungen – interne und externe Einflußgrößen
(nach WMO)

Wer die Gegenwart begreifen will, kommt nicht ohne Geschichtskenntnisse aus. Dies trifft auch auf die Klimageschichte zu.

Mit *Paläoklima* (aus griech. palaiós = alt) bezeichnet man die gesamte Klimaepoche vor unserer Zeit, d. h. der geologischen Vergangenheit. Ein Charakteristikum des Paläoklimas sind die Klimaveränderungen (s. S. 268). Während sie jedoch in vergangenen Erdzeitaltern natürlichen Ursprungs waren, überwiegt bei den Klimaveränderungen der Gegenwart – und vermutlich erst recht bei den noch in Zukunft zu erwartenden – die, wie die Klimaforscher sagen, „anthropogene Komponente", d. h. der Einfluß des Menschen.

Das Paläoklima kann in aller Kürze als wechselhaft apostrophiert werden: Warme bis sehr warme Klimate *(Warmzeiten, Klimaoptima)* wurden von kühlen bis sehr kalten Klimaten *(Eiszeiten, Kaltzeiten, Klimapessima)* abgelöst.

Die meisten Großformen der Erdoberfläche entstanden im Tertiär (etwa 65 bis 2,5 Millionen Jahre vor unserer Zeit) und erhielten nach heutigen Erkenntnissen ihre Ausprägung unter den Bedingungen des *tertiären Klimas*. Deshalb sind für paläoklimatische Forschungen vor allem die Klimaverhältnisse seit dem mittleren Tertiär bedeutsam. Einige wirtschaftlich wertvolle Ablagerungen, wie z. B. Kohle, Kaolin und Bauxit, sind nur als Ergebnis tertiärer Klimazustände zu erklären.

Die Entwicklung ausgeklügelter, zum Teil der Atomphysik entlehnter Untersuchungsmethoden hat den Paläoklimatologen in die Rolle eines Detektivs schlüpfen lassen, der mit kriminalistischer Akribie bislang stumme Klimazeugen zur Preisgabe vorzeitlicher (z. B. eiszeitlicher) Klimageheimnisse bringt. Das Paläoklima ist eine Angelegenheit der „vorinstrumentellen" Zeit, was soviel bedeutet, daß man bei seiner Erforschung ohne gemessene Daten auskommen und sich nach anderen *Klimazeugen* umsehen muß. Hier bieten sich die sogenannten *Proxydaten* an, ein von der Weltorganisation für Meteorologie geprägter Begriff für indirekte Klimainformationen. Hierzu gehören historische Aufzeichnungen (z. B. aus alten Kirchenchroniken) von Prozessionen über zugefrorene Seen („Seegefrörnisse" z. B. des Bodensees), Hochwasser, Mißernten und Weinqualität ebenso wie die wissenschaftliche Auswertung von Gletscherbewegungen, Meeresspiegelschwankungen, Eis- und Tiefseebohrkernen, Binnenseesedimenten, Pflanzenpollen und Baumringen. Wie die *wichtigsten Methoden zur Entschlüsselung vorzeitlicher Klimabotschaften* funktionieren, wird nachfolgend kurz beschrieben:

Die *Dendroklimatologie* ist die Wissenschaft von der Datierung des wahrscheinlichen Klimaverlaufs anhand der Struktur, der Breite und des Abstandes von Jahresringen in Bäumen und alten Hölzern. Baumringe sind insbesondere ein Indiz für zurückliegende Niederschlagsverhältnisse (nasse bzw. trockene Jahre lassen sich aus dem unterschiedlichen Holzwachstum schließen).

Ein ziemlich zuverlässiges Verfahren zur Rekonstruktion früherer Temperaturverhältnisse verdanken wir dem Erfindungsreichtum der Natur und dem Einfall eines Chemikers: Der Amerikaner H. C. Urey (Nobelpreis 1934) fand heraus, daß das Verhältnis der Sauerstoffisotope mit den Massenzahlen 18 und 16 ($^{18}O/^{16}O$) temperaturabhängig ist. Urey verglich seine Entdeckung sehr anschaulich mit einem „geologischen Thermometer". Sein als *Sauerstoffisotopenmethode* bezeichnetes Verfahren gestattet Rückschlüsse auf Klimaverhältnisse bis zum Beginn des Tertiärs (vor 65 Millionen Jahren).

Das bekannteste Verfahren zur Erschließung und Nutzung paläoklimatologischer Informationsquellen (allerdings nur für einen Zeitraum von maximal 70 000 Jahren vor unserer Zeit) ist die *C-14-Methode (Radiocarbonmethode)*. Sie wurde von W. F. Libby entwickelt und beruht auf der Nutzbarmachung der zeitlichen Abhängigkeit des radioaktiven Zerfalls des Kohlenstoffisotops C 14 zur Altersbestimmung organischer Substanzen. Libby erhielt dafür 1960 den Nobelpreis für Chemie.

Je weiter man ins Dunkel klimatologischer Vorzeit vorzudringen sucht, desto unsicherer wird die Datierung des Klimageschehens.

Die nebenstehende Abbildung zeigt das Paläoklima in Mitteleuropa anhand des Temperaturverlaufs vom Höhepunkt der letzten Eiszeit bis heute.

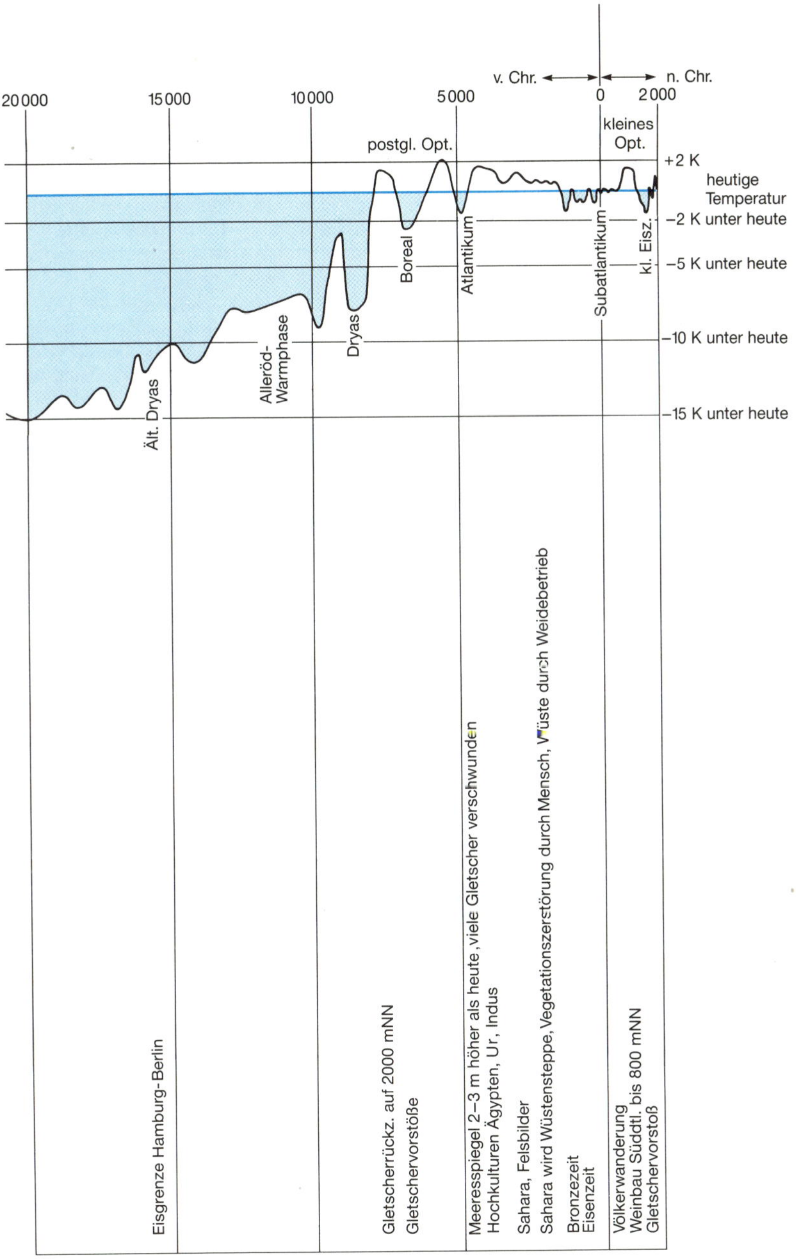

Abb.
Verlauf der Mitteltemperatur in Zentraleuropa von der letzten Eiszeit (etwa 22000–20000 v. Chr.) bis heute (nach v. Rudloff)

Eiszeiten und Warmzeiten

Die Entwicklung der Erdoberfläche bis zu ihrer heutigen Gestalt ist im Laufe von Jahrmillionen erfolgt; die Bewegungen des Eises haben daran einen großen Anteil.

Eiszeiten, auch *Glazialzeiten* oder kurz *Glaziale* genannt, finden sich bereits in den älteren Epochen der Erdgeschichte, z. B. im Algonkium (vor 2000–950 Millionen Jahren), zu Beginn des Kambriums (vor 570–500 Millionen Jahren) und vor allem im Perm (vor 285–225 Millionen Jahren). Die Oberflächengestalt der Erde erfuhr jedoch ihre markantesten Ausformungen im Quartär (vor rund 3–2 Millionen Jahren).

Gletscher und ihre Wanderungen sind die auffälligsten Merkmale des *quartären Eiszeitklimas* (Abb.), das in *Europa* durch drei große *Vereisungszentren* markiert wurde, und zwar in Skandinavien (durch das „nordische Inlandeis"), auf den Britischen Inseln und in den Alpen. Hier lag die Schneegrenze 1200 m tiefer als heute. Das skandinavische Eis war über das Ostseebecken hinweg mehr als 2000 km weit nach Mittel- und Osteuropa vorgedrungen. Insbesondere während der *pleistozänen Vereisung* (vor 1,6 Millionen Jahren bis vor etwa 10000 Jahren) waren in Nordeuropa, Nord- und Zentralasien, Kanada, Grönland, im südlichen Südamerika und (in einem weit größeren Ausmaß als heute) auch in der Antarktis über 55 Millionen km^2 der Erdoberfläche von Eismassen bedeckt, mehr als das 3fache der heutigen Eisbedeckung von rund 15 Millionen km^2. Die Inlandeismassen erreichten zeitweise den Fuß der deutschen Mittelgebirge und die Karpaten, in Osteuropa die Dnjepr- und Donniederung. Die Alpen waren weitaus stärker vergletschert als heute, ebenso die asiatischen Hochgebirge, die südlichen Anden und die neuseeländischen Gebirgsregionen.

Der Höhepunkt der letzten großen Eiszeit *(Hochglazial)* vor rund 18000 Jahren war in Nord- und Mitteleuropa durch drei große, nach Flüssen benannte Inlandeisvorstöße gekennzeichnet: *Elster-*, *Saale-* und *Weichseleiszeit.* Ihnen entsprachen im Alpengebiet (nach Nebenflüssen der oberen Donau bezeichnet) *Günz-*, *Mindel-*, *Riß-* und *Würmeiszeit.* Die Gliederung des Eiszeitalters in diese vier Eiszeiten hat weltweit Verbreitung gefunden. In der Rißeiszeit erreichte die Vereisung ihre größte Ausdehnung. Die eiszeitlichen Temperaturrückgänge bewirkten eine äquatorwärtige Verlagerung der Luftdruck- und Windgürtel und damit eine globale Verschiebung der Klimagürtel.

Der etappenartig verlaufene *Rückzug des Eises am Ende des Quartärs* ist in den heutigen Oberflächenformen plastisch dokumentiert: Endmoränenwälle und Urstromtäler sind beredte Zeugen eiszeitlicher Aktivitäten.

Eine Kaltzeit relativ jungen Datums soll ebenfalls erwähnt werden: Um 1540 setzten in den Alpen, in Skandinavien und auf Island markante Gletschervorstöße ein, die erst etwa in der Mitte des 19. Jahrhunderts zum Stillstand kamen. Diese drei Jahrhunderte währende Ära ist als *kleine Eiszeit* in die Klimageschichte eingegangen.

Bildlich gesprochen, kann man sich die Klimageschichte der Erde als eine die Erdzeitalter unregelmäßig und z. T. mit schroffen Übergängen durchziehende wellenartige Bewegung vorstellen: Wellentäler (Eiszeiten) und Wellenberge (Warmzeiten, Interglaziale bzw. Klimaoptima genannt) lösten einander in meist unregelmäßiger Folge ab. Markante *Warmzeiten* sind das *postglaziale* (etwa 5000–2000 v. Chr.), das *mittelalterliche* (900–1200 n. Chr.) und das *rezente* (etwa 1920–1960) *Klimaoptimum.*

Die Mitteltemperatur betrug in den Eiszeiten angenähert 10–12 °C und in den Warmzeiten 23–25 °C (gegenwärtige Mitteltemperatur auf der Erde rund 15 °C); das ergibt eine Schwankungsbreite von etwa 13 K.

Für die *Ursachen* der Entstehung und des zeitlichen Wechsels von Kalt- und Warmzeiten haben die Klimaforscher plausible Erklärungen parat, wenngleich sie sich über den Anteil (die „Wichtung") der Einzelfaktoren noch nicht verständigen konnten. In Betracht kommen säkulare Änderungen der Erdbahnelemente (Milanković-Theorie; nach M. Milanković), Schwankungen der Solarkonstanten (z. B. durch chemische Reaktionen im Sonneninnern), Schwächung der Einstrahlung (z. B. durch Vulkanausbrüche), Veränderungen der allgemeinen Zirkulation der Atmosphäre, ferner Rückkopplungsmechanismen (sogenannte Feedbackprozesse).

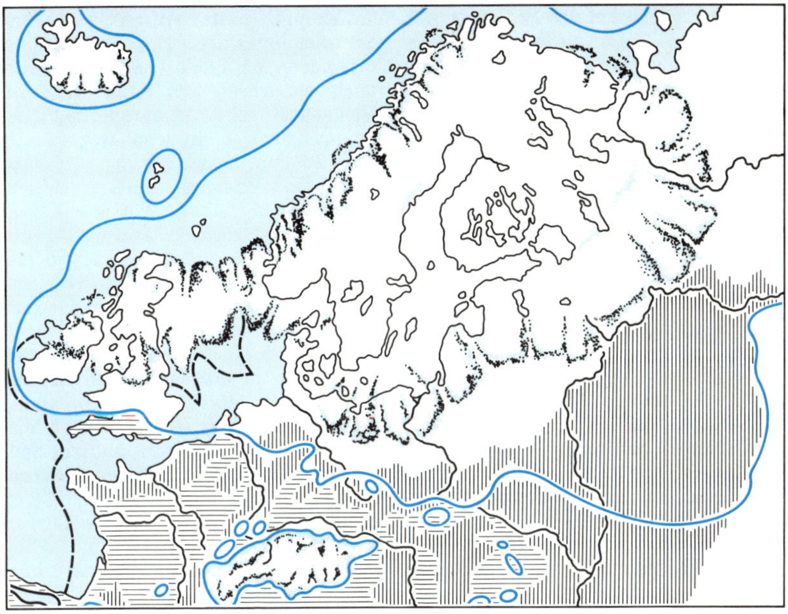

Ausdehnung der letzten Vereisung in der Würm-/Weichseleiszeit
Grenze der maximalen Eisausdehnung in der Riß-/Saaleeiszeit
vermuteter Küstenverlauf
gletscherfreie Regionen (vorwiegend Tundrengebiete)
Lößanwehungen

Abb.
Das Eiszeitalter des Quartärs
(nach Woldstedt)

Klimaveränderungen

Die *Klimageschichte* der Erde läßt sich insgesamt als *Geschichte der Klimaveränderungen* interpretieren (vgl. auch S. 264 und S. 266). Von einer Klimaveränderung spricht man ganz allgemein, wenn die Differenz aus den Mittelwerten eines Klimaelements (als „Indikator" dient meist die Lufttemperatur) zweier aufeinanderfolgender (mehrere Jahrzehnte umfassender) Zeitspannen einen bestimmten Schwellenwert (dessen Größe sich nach den Abweichungen der Einzelwerte vom Mittelwert richtet) überschreitet. Der Begriff *Klimaveränderung (Klimaänderung)* hat eine große Bandbreite, die von Klimatrend über Klimafluktuation, Klimaoszillation, Klimaschwankung, Klimarhythmus, Klimazyklus bis zur Klimaperiodizität reicht. Die charakteristischen Merkmale der Einzelbegriffe sind in der Abbildung schematisch dargestellt.

Die Klimaelemente (Lufttemperatur, Luftfeuchte, Niederschlag, Wind, Strahlung) schwanken Jahr für Jahr, und erst die statistische Analyse langer, wenigstens 30 Jahre umfassender Meßreihen läßt unter Umständen signifikante (d.h. außerhalb des Zufallsspielraums liegende) klimatologische Gesetzmäßigkeiten erkennen.

Das Klima auf der Nordhalbkugel war zwischen 1885 und 1940 durch einen mittleren Temperaturanstieg von insgesamt 0,7 K gekennzeichnet, gefolgt von einem Rückgang um etwa 0,3 K zwischen 1940 und 1970; seitdem befinden wir uns wieder in einer Phase der Erwärmung.

Für die Beantwortung der Frage nach den Ursachen von Klimaveränderungen unterscheidet man zwei Merkmalgruppen: natürliche und anthropogene (d.h. durch den Menschen bewirkte) Klimaveränderungen:

1. *Natürliche Klimaveränderungen* können aus Wechselwirkungen (Feedbackprozessen) der Faktoren des Klimasystems (s. S. 262) resultieren; ihre Ursachen können jedoch auch außerhalb liegen. Beispiele für den letzteren („externen") Fall sind: Änderungen der Erdbahnparameter (nach der Milanković-Theorie), d.h. der Erdumlaufbahn oder ihres sonnennächsten bzw. sonnenfernsten Punktes; die Änderung des Neigungswinkels zwischen Erdachse und Erdumlaufbahn; die Kontinentalverschiebung (nach Alfred Wegener); Schwankungen der Sonnenaktivität (insbesondere der Solarkonstanten, aber auch der Anzahl der Sonnenflecken); Vulkanausbrüche (Vergrößerung des Staubgehaltes der Atmosphäre).

2. Zu den *Klimaeingriffen des Menschen* sind Industrialisierung, Besiedlung, Land-, Forst- und Wasserwirtschaft zu rechnen. Neben der Freisetzung großer Energiemengen (Abwärme) in den Städten (städtische Wärmeinseln; vgl. S. 240) wirken auch Kühlturmfahnen auf das Lokalklima ein (vgl. S. 254). Deutliche Klimasignale setzt der Mensch mit vermehrter Kohlendioxidproduktion, insbesondere durch die Verbrennung fossiler Brennstoffe (Kohle, Erdöl), aber auch mit dem Einbringen anderer Spurenstoffe (z.B. Methan, Fluorchlorkohlenwasserstoffe) in die Atmosphäre (vgl. dazu S. 280 und S. 284). Beides führt zu einer Verstärkung der Glashauswirkung (Treibhauseffekt) der Atmosphäre und, bei höherer Konzentration, zur Zerstörung der Ozonschicht, die als überdimensionale „Sonnenbrille" für alles Leben auf unserem Planeten fungiert.

Über zurückliegende Klimaschwankungen wissen wir einigermaßen Bescheid. Aber wie geht es mit unserem Klima weiter? Die Spekulationen bewegen sich hier zwischen „Hitzewelle" und „Die nächste Eiszeit kommt bestimmt". Die teils natürlich und teils anthropogen bedingten Klimaeinflüsse wirken hinsichtlich Erwärmung bzw. Abkühlung z.T. in unterschiedlichen Richtungen, wodurch eindeutige Trendaussagen erschwert sind. Fast alle Klimaforscher sind jedoch der Auffassung, daß die Auswirkungen von Kohlendioxid und von anderen Spurengasen auf den kombinierten Strahlungshaushalt von Erde und Atmosphäre langfristig zu einer *stetigen,* mit einer Niederschlagszunahme einhergehenden *Erwärmung* führen werden, deren Ausmaß jedoch unterschiedlich eingeschätzt wird. Als Folge der Belastung des Naturhaushaltes durch die Aktivitäten des Menschen ist im Verlauf der nächsten 20 bis 100 Jahre eine *globale Erwärmung* um etwa 2 bis 7 K denkbar, ein Temperaturbereich, der in der gleichen Größenordnung wie der Unterschied zwischen dem heutigen Klima und dem der letzten Eiszeit liegt (s. S. 280).

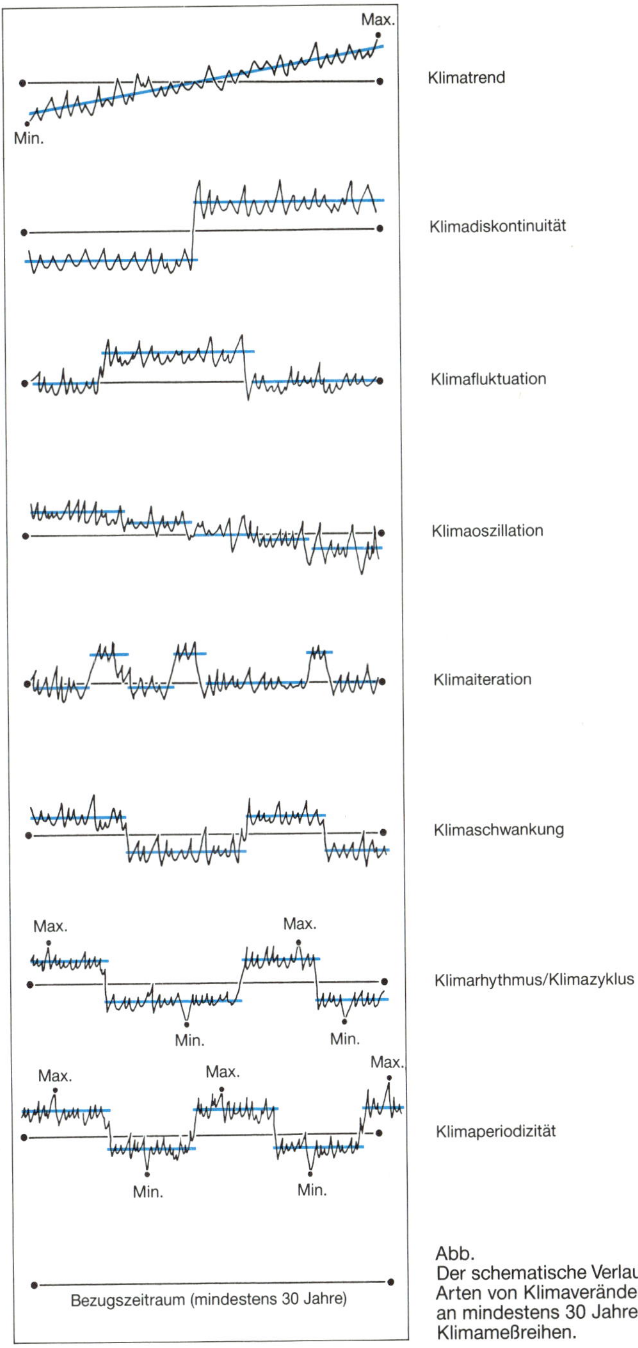

Abb.
Der schematische Verlauf unterschiedlicher Arten von Klimaveränderungen, dargestellt an mindestens 30 Jahre umfassenden Klimameßreihen.

Klimamodelle

Ein *Klimamodell* ist ein auf mathematisch-physikalischen Zusammenhängen basierendes Gleichungssystem zur quantitativen Beschreibung des Verhaltens der Klimaelemente. Es soll die wesentlichen Eigenschaften des Klimasystems durch Vereinfachungen und Vernachlässigung nebensächlicher Vorgänge im Verlauf eines vorgegebenen Zeitintervalls zahlenmäßig erfassen (quantifizieren).

Werden die Zusammenhänge durch ein Gleichungssystem repräsentiert, das die physikalischen Prozesse in der Atmosphäre hinreichend genau beschreibt (simuliert), so liegt ein *numerisches Vorhersagemodell* (s. S. 190 ff.) vor. Werden außer der Atmosphäre weitere Komponenten (z. B. Meere, Gletscher, Eisgebiete, Landmassen, Biosphäre) des Klimasystems (s. S. 262) einbezogen, so führt dies zu den Klimamodellen, die ein möglichst naturgetreues Abbild aller klimatologisch relevanten physikalischen Vorgänge produzieren sollen.

Wichtigstes Ziel einer Modellsimulation ist die zeitliche Extrapolation eines *Anfangszustandes (Anfangsfeldes)* in die Zukunft. Hierfür sind eine *Vielzahl qualitätsgeprüfter Daten* (s. S. 208) und ein hinreichend dichtes *Netz von Meß- und Beobachtungsstationen* (s. S. 132) erforderlich. Die Lücken in den Netzen sind allein schon aufgrund der Unzugänglichkeit vieler Gebiete (Ozeane, Wüsten, Polarregionen) mit konventionellen Stationen nicht zu schließen. Für die Klimamodellrechnungen werden neben den konventionellen Klimadaten (z. B. lange Reihen) und Fernerkundungsdaten (z. B. Satellitendaten) vor allem sogenannte Proxydaten (s. S. 264) verwendet. Qualitätskontrolle und Netzverdichtung tragen wesentlich zur Verbesserung der Modellergebnisse bei, denn fehlerhafte und nicht ausreichend belegte Anfangsfelder (d. h. Verteilungen der einzelnen Einflußgrößen) können durch kein noch so klug erdachtes Gleichungssystem kompensiert werden.

Da in einem Klimamodell sehr viele Naturvorgänge berücksichtigt werden müssen, sind die sie beschreibenden Formeln äußerst kompliziert. Die *Modellrechnungen* können daher nur mit den leistungsfähigsten *Großrechenanlagen* bewältigt werden. Je größer die regionale Ausdehnung eines Klimamodells, desto schwieriger ist seine mathematische Behandlung. Hieraus folgt: Globale Klimamodelle, also solche, die das gesamte Klimasystem simulieren, entziehen sich noch weitgehend zuverlässigen Modellrechnungen, weil der Zwang zur Begrenzung des mathematischen Aufwandes mit Vereinfachungen der physikalischen Zusammenhänge zu teuer erkauft ist.

Der *Wirkungsgrad* (besser: die Leistungsfähigkeit) *von Klimamodellen* kann mit paläoklimatologischen Daten (s. S. 264) getestet werden. Dies geschieht, indem man in den Modellrechnungen Klimate der Vergangenheit als Anfangszustände benutzt und daraus abgeleitete Gegenwartsverhältnisse mit dem tatsächlich eingetretenen Klima vergleicht. Mit sogenannten *Sensitivitätsstudien* versuchen die Klimaforscher den Modellen beizukommen; sie wollen herausfinden, wie das Modell auf „Eingriffe“ in Form veränderter Anfangsbedingungen reagiert.

Im Gegensatz zu den globalen Klimamodellen, deren „Widerspenstigkeit“ gegen realistische Simulationen schon angedeutet wurde, sind *regionale Klimamodelle* numerischen Experimenten eher zugänglich.

Die Klimamodelle werden zweckmäßigerweise nach ihren dominierenden Einflußgrößen bezeichnet. So kennt man u. a. ein Energiebilanz-, ein Strahlungs-, ein Ozean- und ein *Strömungsmodell.* Da das Strömungsmodell mit seinen wichtigsten Klimavariablen Windrichtung und Windgeschwindigkeit den Prototyp eines regionalen Klimamodells darstellt, wurde es zur Präsentation in nebenstehender Abbildung ausgewählt.

Ein Langfristziel der Klimaforschung ist die Entwicklung von *Klimamodellen für die Klimavorhersage;* mit ihnen wollen die Klimaforscher einen Blick ins nächste Jahrhundert wagen.

Die Entwicklung von Klimamodellen war ein Teilbereich des Schwerpunktprogramms „Physikalische Grundlagen des Klimas und Klimamodelle“, das von der Deutschen Forschungsgemeinschaft im Rahmen des nationalen Klimaforschungsprogramms (s. S. 274) für einen Zeitraum von 8 Jahren (1978–1985) gefördert wurde.

(0-360 GRAD , 01-24 MEZ)

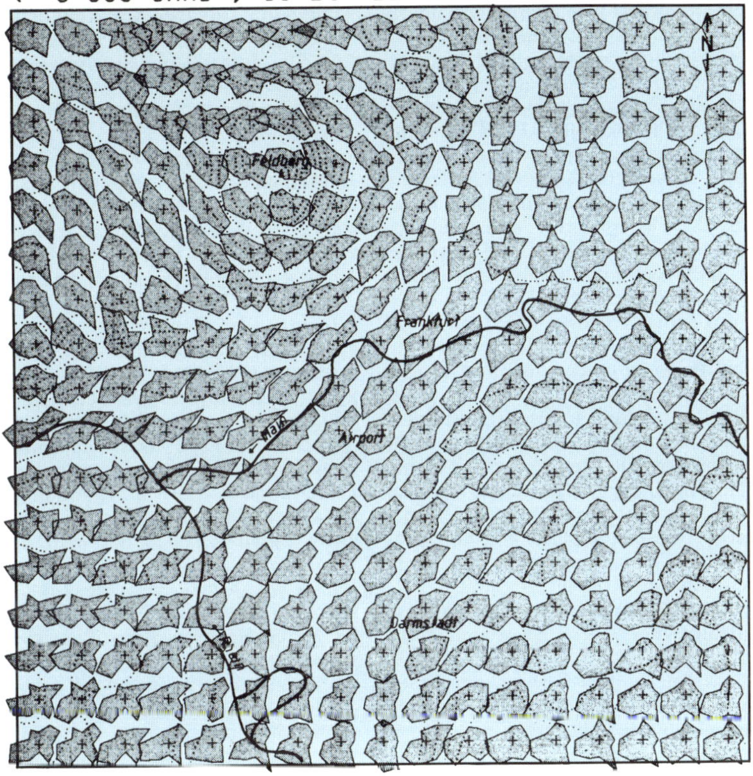

Abb.
Mittels numerischer Modellsimulationen konstruierte Bodenwindrosen (einer 8-teiligen Windrichtungsskala) für 289 Gitterpunkte im Rhein-Main-Gebiet (nach Heimann). Die Eckpunkte der Achtecke repräsentieren die jeweilige Windgeschwindigkeit in den 8 Hauptwindrichtungen N, NE, E, SE, S, SW, W und NW. Die Orographie ist durch Höhenlinien (······) im Bereich zwischen 100 und 880 m (Feldberg) angegeben.
Die eigentliche Leistung der Modellsimulation besteht hier darin, daß aus den Meßdaten von nur 5 Windmeßstationen Bodenwindrosen für 289 (fiktive) „Orte" (Gitterpunkte) abgeleitet werden konnten. Dies gestattet die Analyse und Interpretation regionalklimatischer Phänomene, die ohne Modellsimulation aufgrund der geringen Netzdichte nicht möglich gewesen wären

Das Weltklimaprogramm

Auf der *Weltklimakonferenz*, die 1979 in Genf stattfand, artikulierten Klimawissenschaftler aus aller Welt in Fachvorträgen ihre Überzeugung, daß die *Klimaveränderungen* (s. S. 268) der jüngsten Vergangenheit zu gefährlichen Umweltbelastungen führen könnten. Die Teilnehmer einigten sich auf eine weltweit koordinierte wissenschaftliche Großoffensive mit dem Ziel, die Klimamechanismen zu entschlüsseln, um damit den Regierungsverantwortlichen Entscheidungshilfen für entsprechende Maßnahmen gegen unkontrollierte Eingriffe des Menschen in das Klimasystem an die Hand zu geben. Dies war die Geburtsstunde des *Weltklimaprogramms*. Es wurde aufgrund einer Entschließung des Wirtschafts- und Sozialrates der Vereinten Nationen vom 8. Weltkongreß der Weltorganisation für Meteorologie 1979 beschlossen und gliedert sich in die vier *Teilprogramme (Komponenten)* Klimadatenprogramm, Klimaforschungsprogramm, Klimaanwendungsprogramm und Klimaauswirkungsprogramm.

Klimadatenprogramm: Eine seriöse Klimaforschung benötigt wissenschaftlich zuverlässige, d. h. qualitätsgeprüfte Basisdaten. Zu ihrer Gewinnung müssen Meß- und Beobachtungsnetze von ausreichender Netzdichte errichtet und operationell betrieben werden (s. S. 132). Einheitliche Datenformate und Datenbanken sollen einen schnellen Zugriff zu den Daten und ihre optimale Eingabe in Großrechenanlagen gewährleisten.

Klimaforschungsprogramm: Die Klimaforschung simuliert im Rahmen des Weltklimaprogramms die Wechselbeziehungen im Klimasystem (s. S. 262) anhand von Modellen (s. S. 270) unter Zugrundelegung verschiedener Klimaelemente (z. B. Lufttemperatur, Luftfeuchte, Strahlung). Dabei soll u. a. abgeschätzt werden, ob eine Klimavorhersage möglich ist. Dafür müssen Methoden entwikkelt und Feldexperimente durchgeführt werden, die ein besseres Verständnis des Klimas ermöglichen. Insbesondere soll die Sensibilität des Klimas gegenüber der vom Menschen verursachten Kohlendioxidzunahme in der Atmosphäre erforscht werden (s. S. 280). Die möglichen Folgen zu hoher Kohlendioxidproduktion veranschaulicht die nebenstehende Abbildung.

In der Bundesrepublik Deutschland werden die Aufgaben des Weltklimaforschungsprogramms der Weltorganisation für Meteorologie durch das *nationale Klimaforschungsprogramm* (siehe S. 274) der Bundesregierung wahrgenommen.

Klimaanwendungsprogramm: Bei der Entwicklung dieser Komponente hat die Weltorganisation für Meteorologie in erster Linie daran gedacht, durch Austausch gesicherter Erkenntnisse über das Klima die Mitgliedsländer in die Lage zu versetzen, ihr klimatologisches Potential, z. B. auf den Gebieten der landwirtschaftlichen Produktion, der Energieerzeugung (Windkraft- und Sonnenenergienutzung) und der Bewirtschaftung der Wasservorräte, stärker als bisher zielgerichtet einzusetzen. Das Klimaanwendungsprogramm hilft darüber hinaus Planern und Politikern, die Anfälligkeit der Gesellschaft gegenüber Klimaextremen abzuschwächen (s. S. 246 ff.).

Klimaauswirkungsprogramm: An dieser Komponente des Weltklimaprogramms ist neben der Weltorganisation für Meteorologie auch das Umweltprogramm der Vereinten Nationen (UNEP) beteiligt. Einzelnen Staaten soll geholfen werden, die Abhängigkeit ihrer wirtschaftlichen und sozialen Strukturen von Klimaänderungen und Klimaschwankungen abzuschätzen, damit sie ungünstigen Klimaeinflüssen besser gerüstet und mit gezielten Maßnahmen wirkungsvoller entgegentreten können. Ferner soll bei den Menschen das Bewußtsein geweckt werden, mit dem „Rohstoff" Klima sorgsam umzugehen. Es kommt darauf an, unter Ausnutzung der natürlichen Klimagunst bzw. -ungunst *mit dem Klima* zu planen und zu bauen und nicht dagegen. – Ein Schwerpunkt des Klimaauswirkungsprogramms ist die Untersuchung von Spurenstoffen und ihre mögliche Beteiligung an Klimaveränderungen (s. S. 280 und S. 284).

Das Weltklimaprogramm ist ein Langfristprojekt. Auf der Basis von aktualisierten Langzeitplänen wird es weit über das Jahr 2 000 hinaus fortgesetzt werden. Der gegenwärtig gültige Zehnjahresplan umfaßt den Zeitraum 1988–1997.

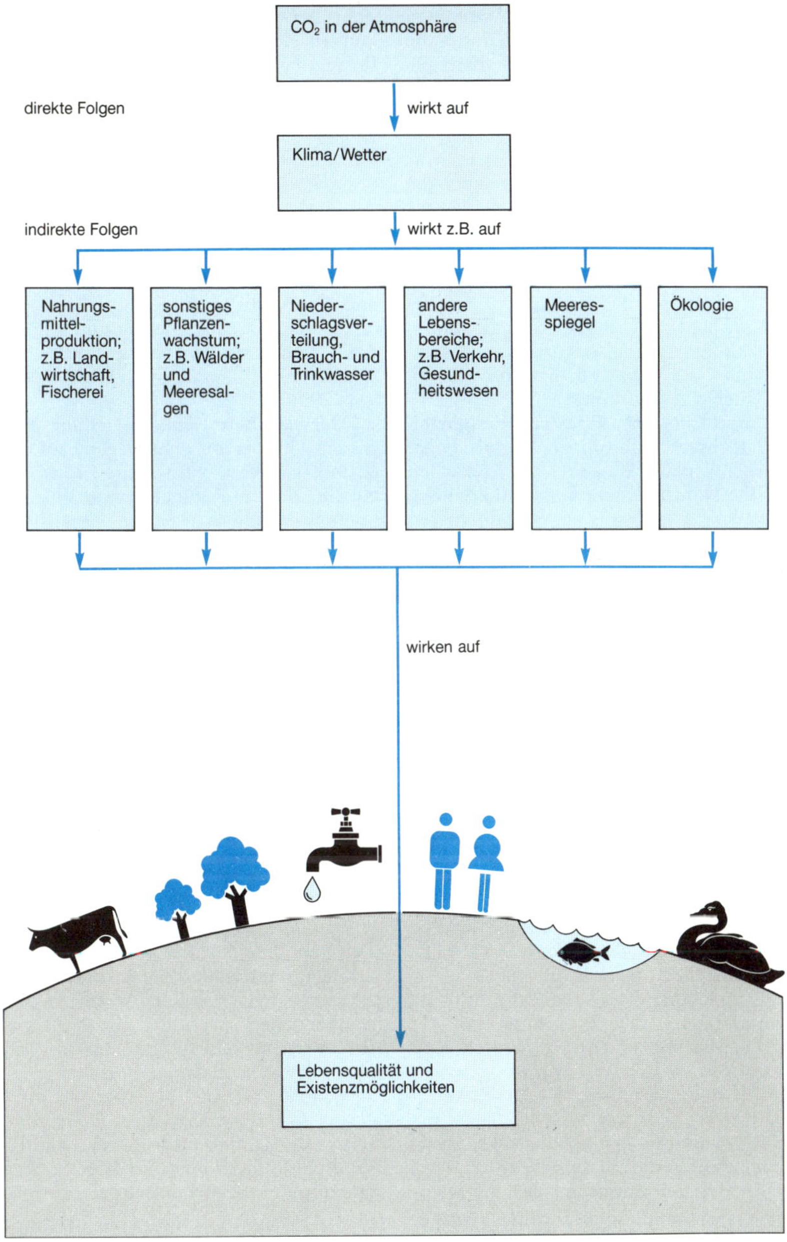

Abb.
Das Weltklimaprogramm der WMO:
Mögliche Folgen der Kohlendioxidzunahme in der Atmosphäre (nach BMFT)

Das nationale Klimaforschungsprogramm

Ausgangspunkt für nationale Aktivitäten in der Klimaforschung ist das durch die Weltklimakonferenz 1979 vorbereitete und noch im selben Jahr vom 8. Kongreß der Weltorganisation für Meteorologie (WMO) angenommene Weltklimaprogramm (s. S. 272). Wie die meisten Mitgliedstaaten der WMO reagierte auch die Bundesrepublik Deutschland auf das Weltklimaprogramm mit einem umfangreichen, interdisziplinär angelegten *nationalen Klimaforschungsprogramm.*

Die Hauptaufgaben der *Klimaforschung* sind die Untersuchung der klimarelevanten Wechselwirkungen im Klimasystem (s. S. 262) und die Abschätzung möglicher Auswirkungen.

Angesichts der jüngsten Warnungen vor Klimaveränderungen, die als Folge unsachgemäßer Eingriffe des Menschen in den Naturhaushalt eintreten könnten, wird Klimaforschung zur unabdingbaren Notwendigkeit. Die Klimaforschungsprogramme einzelner Länder können als nationale Varianten des Weltklimaprogramms, in Europa auch des EG-Forschungsprogramms, aufgefaßt werden. Im Klimaforschungsprogramm der Bundesrepublik Deutschland geht es um die Erforschung der zukünftigen Entwicklung des globalen Klimas und des regionalen Klimas der deutschen Landschaften. Das Programm konzentriert sich schwerpunktmäßig auf die folgenden Bereiche:

- Erforschung des Klimasystems;
- Sammlung, Bearbeitung und Bereitstellung von Klimadaten;
- Erforschung der Quellen und Senken der möglicherweise wirksamen Luftverunreinigungen;
- Erforschung der Auswirkung von Veränderungen der Biosphäre und der Auswirkungen von Luftverunreinigungen auf die Tier- und Pflanzenwelt sowie auf das regionale Kleinklima;
- Untersuchung der Auswirkungen von Klimaänderungen auf die sozioökonomischen Verhältnisse.

An der Durchführung des Klimaforschungsprogramms sind Forschergruppen unterschiedlicher Fachrichtungen und Institutionen beteiligt: neben Meteorologie und Ozeanographie auch Atmosphärenphysik, Atmosphärenchemie, Paläontologie und Glaziologie. Die mitarbeitenden *Wissenschaftler* rekrutieren sich überwiegend aus Max-Planck- und Universitätsinstituten, hochschulfreien Forschungsinstituten, einigen Großforschungseinrichtungen (z. B. Alfred-Wegener-Institut für Polarforschung, Deutsche Forschungs- und Versuchsanstalt für Luft- und Raumfahrt) und Bundesbehörden, z. B. dem Deutschen Wetterdienst.

Die hauptsächlichen *Arbeiten* konzentrieren sich auf die Bereiche Modellentwicklung (s. S. 270), Kohlenstoffkreislauf und Spurenstoffe (s. S. 280), Beobachtungen der Ozeane, Fernerkundung (s. S. 42), Klimate der Erdgeschichte (s. S. 266) und Datenarchive/Datenbanken (s. S. 208).

Das nationale Klimaforschungsprogramm wird bei uns überwiegend auf der Grundlage von Forschungsprojekten, die die DFG im Rahmen von Sonderforschungsbereichen vergibt, realisiert. Mehrere Ministerien tragen das Programm und seine Finanzierung unter der Federführung des Bundesministers für Forschung und Technologie (BMFT). Zentraler Baustein des Klimaforschungsprogramms ist das *Deutsche Klimarechenzentrum* in Hamburg. Der Deutsche Wetterdienst hat durch den Aufbau eines Informationssystems für Klimaforschung (INFOKLIF) grundlegend zur Schaffung eines zentralen Klimadatennachweises, der Aufschluß über Art, Verfügbarkeit und Zugriff klimarelevanter Daten in der Bundesrepublik Deutschland gibt, beigetragen.

Die Entwicklung von regionalen Modellen und Klimavorhersagen bildet den zentralen Bereich aller Forschungsaktivitäten im nationalen Klimaforschungsprogramm. Als Beispiel für eine regionale Modellentwicklung soll das auf der Abb. wiedergegebene Ergebnis aus einem von der Deutschen Forschungsgemeinschaft (DFG) geförderten Forschungsschwerpunkt dienen. Es demonstriert die starke Kanalisierung des Windfeldes, die durch die Geländeform (Orographie) des Oberrheintals hervorgerufen wird.

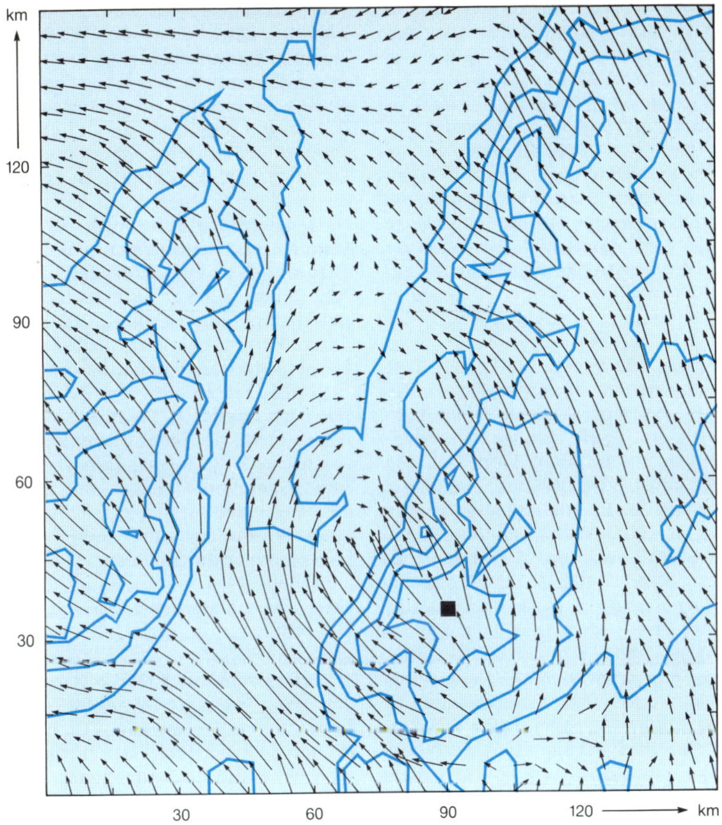

Höhenlinien im Abstand von 200 m

Freiburg i. Br.

Die Länge der Pfeile ist ein Maß für die Windgeschwindigkeit

Abb.
Windfeld in 40 m Höhe über Grund im Bereich des südlichen Oberrheintales (nach Adrian)

Unter *Wetterbeeinflussung* versteht man jeden gewollten Eingriff des Menschen in den natürlichen Wetterablauf an einem bestimmten Ort.

Die gezielte Wetterbeeinflussung ist gerade 40 Jahre alt. Ein spezielles Problem der Wetterbeeinflussung ist der „Regen auf Bestellung" durch Wolkenimpfung. In der allerersten Ausgabe von TELLUS (1949), einer der renommiertesten meteorologischen Zeitschriften der Welt, formulierte der bekannte norwegische Meteorologe T. Bergeron, worauf es dabei ankommt: Danach ist *Wolkenimpfung,* d.h. das Einbringen einer chemischen Substanz in eine Wolke, nur in einem begrenzten atmosphärischen Bereich erfolgversprechend, nämlich dann, wenn einerseits ein genügender Nachschub von unterkühlten Tröpfchen vorhanden ist, auf der anderen Seite jedoch die Menge der Eiskristalle, die zur Auslösung der Niederschlagsbildung benötigt werden, noch nicht ausreicht. Zu kalte Wolken produzieren meist ohnehin eine ausreichende Anzahl von Eiskristallen, und in zu warmen Wolken können sich unterkühlte Tröpfchen schwerlich halten. Wie recht Bergeron mit seiner These hatte, bestätigen zahlreiche in den letzten Jahren durchgeführte Wetterexperimente. Die bekanntesten Verfahren der Wetterbeeinflussung konzentrieren sich auf die folgenden Zielsetzungen:

1. *Niederschlagsverstärkung.* Werden unterkühlte Wolken – meist vom Flugzeug aus (Abb. 1) – mit Trockeneis (gefrorenes Kohlendioxid), Silberjodid oder anderen kernbildenden Substanzen angereichert („geimpft"), so können sich Eiskristalle entwickeln, deren bloßes Vorhandensein auf den mikrophysikalischen Prozeß der Niederschlagsbildung stimulierend wirkt. Bei der sogenannten *dynamischen Silberjodidimpfung* ist der Erfolg am größten. Hier soll ein gezieltes „Overseeding" (Zufuhr einer übermäßig großen Menge von Kondensationskernen) dafür sorgen, daß die bei der Eisbildung freiwerdenden latenten Wärmemengen die inneren Aufwinde – und somit den Kondensationsprozeß – in der Wolke verstärken. Den größten Niederschlagszuwachs verspricht die Vereinigung zweier Cumuluswolken mittels Silberjodidimpfung zu einem Cumulonimbus (Abb. 1).

2. *Nebelauflösung.* Die größten Impulse für diese Form der Wetterbeeinflussung verdanken wir der Luftfahrt. In den USA und in der UdSSR wird die Auflösung von Boden- oder Hochnebeldecken an Flugplätzen durch Impfen mit Trockeneis seit vielen Jahren routinemäßig praktiziert. Das Impfen ist aber nicht das einzige Verfahren der Nebelauflösung geblieben; denn auch den Nebel kann man mit seinen eigenen Waffen bezwingen: Da seine Entstehung an die Abkühlung feuchter Luft unter die Taupunkttemperatur geknüpft ist, kann er durch Erwärmung über den Taupunkt beseitigt werden. Hierauf basierte das in England 1936 entwickelte *FIDO-Verfahren* (von engl. *f*og, *i*ntensive *d*ispersal *o*f = intensive Nebelzerstreuung). Das technische Konzept war äußerst einfach: Versprühen von Treibstoff mit anschließender Entzündung. Ein sensibilisiertes Umweltbewußtsein hat diese Methode nahezu verschwinden lassen. Heute neigt man mehr dazu, wärmere Luft, die über einer flachen Nebeldecke liegt, durch Hubschrauber in den Nebel hineinzumischen (Abb. 2).

3. *Hagelverhütung.* Durch Hagelschlag hervorgerufene Ernteschäden in der Landwirtschaft sind Motivation genug für eine wirksame Hagelbekämpfung bzw. -verhütung. Bekannt geworden sind in Deutschland die in den 1950er Jahren im Landkreis Rosenheim (Bayern) begonnenen Hagelabwehrversuche *(Hagelschießen).* Erfolge könnten in Zukunft Impfmethoden bringen, die, mit den Ergebnissen einer Modellsimulation kombiniert, eine bessere Anpassung an die Physik der hagelbildenden Prozesse gestatten.

4. *Wirbelsturmbekämpfung.* In der Wirbelsturmbekämpfung verfolgt die Impfaktion den Zweck, die maximalen Windgeschwindigkeiten zu reduzieren und eventuell die Zugbahn des Wirbelsturms zu ändern; beides trüge sicherlich zur Schadensbegrenzung bei.

Andere Methoden der Wettermodifikation zielen auf Blitzverminderung und Herabsetzung der Strahlungsnebelbildung (Wolkenerzeugung durch Impfung kalter, eisübersättigter Luftschichten). Die in der Landwirtschaft zur Frostverhütung angewandte Frostschutzberegnung gehört ebenfalls in diese Kategorie.

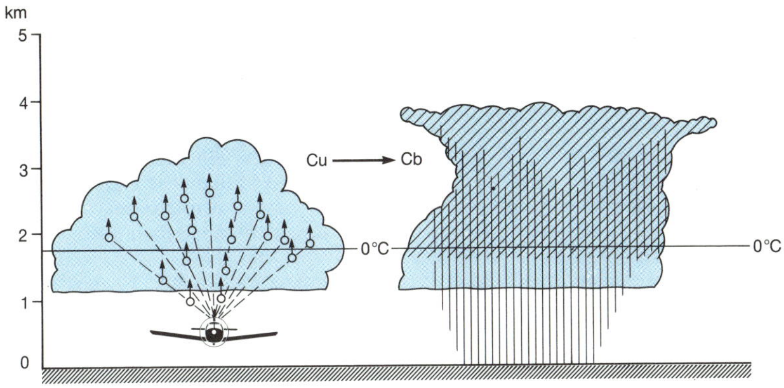

Abb. 1
Umwandlung einer Cumuluswolke (Cu) in einen Cumulonimbus (Cb) durch Versprühen von Silberjodid vom Flugzeug aus (nach Bergeron)

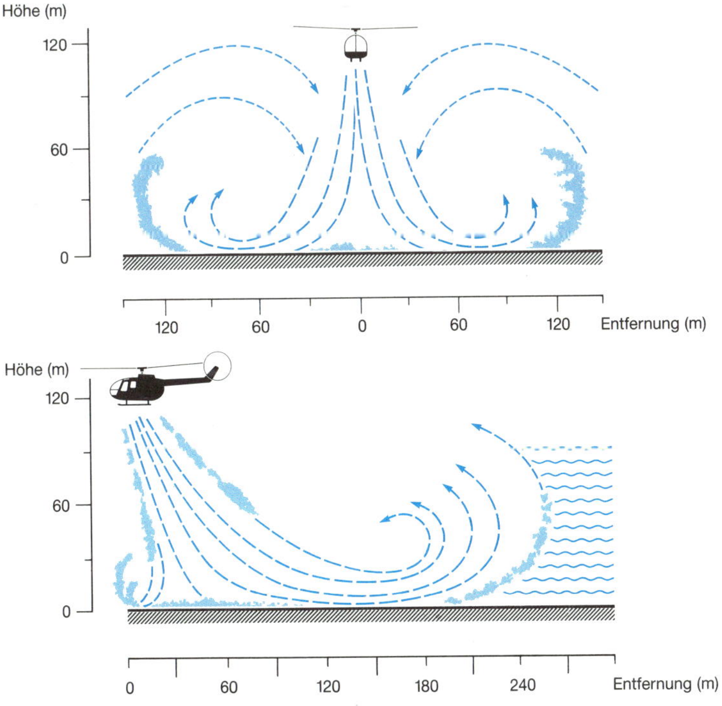

Abb. 2
Nebelauflösung durch einen in der Luft „stehenden" (oben) und einen sich langsam bewegenden Hubschrauber (nach Silvermann/Weinstein)

Lokale und regionale Klimabeeinflussung

Veränderungen oder Beeinflussungen des lokalen und regionalen Klimas durch menschliche Aktivitäten können beabsichtigt oder unbeabsichtigt, ihre Auswirkungen negativ oder positiv sein. Im letzteren Falle spricht man von einer *Klimamelioration.*

Da die Umwandlung der von der Sonne einfallenden Strahlung in Wärme an der Erdoberfläche stattfindet (Abb. 1), wirken sich alle *Veränderungen der Bodennutzung* mehr oder minder stark darauf aus (s. S. 212 und S. 218). Dabei bestimmt die Größe der von der Nutzungsänderung betroffenen Fläche, ob es sich bei den Auswirkungen um ein lokales oder regionales (z. B. bei der Rodung großer tropischer Wälder) Ausmaß handelt.

Meist wird der Strahlungshaushalt von Nutzungsänderungen zuerst betroffen. Staub und Luftbeimengungen z. B. schwächen die direkte und diffuse Sonnenstrahlung (s. S. 240). Die lokale Verdunstung kann durch Be- oder Entwässerung des Bodens erhöht oder verringert werden. Ferner verändert die Versiegelung des Erdbodens (vor allem in Städten) die Verdunstung (z. B. durch den schnellen Abfluß des Niederschlagswassers in die Kanalisation), so daß die sonst für die Verdunstung benötigte Wärmemenge indirekt zu einer Erwärmung führt. Insgesamt steigt bei versiegelten Flächen im Gegensatz zur natürlichen Erdoberfläche die Oberflächentemperatur am höchsten an und damit auch die Abgabe von Wärme an die bodennahe Luftschicht (Abb. 2). Die Dunstglocke über den Städten erhöht im langwelligen Bereich die Gegenstrahlung, so daß die Stadtluft weiter erwärmt wird.

Seen und Wälder (vgl. S. 236) nehmen aufgrund ihrer ausgleichenden klimatischen Wirkung eine Sonderstellung ein. So können Aufforstungen bzw. Rodungen oder die Anlage von Speicherbecken wesentliche Veränderungen im lokalen Wärme- und Wasserhaushalt bewirken. Im Wald ist es am Tage kühler und nachts wärmer als in der Umgebung. Das andere Extrem stellen Gebiete mit dichter Bebauung oder großer Abwärmemenge dar, in denen es immer wärmer ist als im Umland (Abb. 3).

Die stärkste anthropogen bedingte Veränderung des lokalen Klimas stellt das *Stadtklima* dar. Dunsthaube, Wärmeinsel, verringerte Windgeschwindigkeit, Düseneffekte, Niederschlagsvermehrung im Leebereich sind wesentliche Merkmale (s. S. 240). Aufgrund der unterschiedlichen Bebauungsdichte gibt es allerdings innerhalb des Stadtgebietes größere klimatische Unterschiede.

Zu den Änderungen der Bodennutzung gehören neben Aufforstung, Rodung, Be- und Entwässerung auch die Anlage künstlicher Wasserflächen oder die Errichtung von Hindernissen, die die für die Frischluftversorgung von Siedlungen und Städten wichtigen Hang- und Talabwinde beeinträchtigen (s. S. 218). Lokale Phänomene günstig zu beeinflussen vermag der Mensch beispielsweise im Rahmen von Frostschutzmaßnahmen durch die Aufforstung von Kaltluftentstehungsgebieten, die Intensivkulturen (z. B. Weinberge) gefährden. Das gilt auch für die Planung von Windschutzanlagen zur Verminderung der negativen Auswirkungen von zu hoher Verdunstung und von Bodenerosion in Gebieten häufiger starker Winde (höhere Gebirgslagen, Küstenbereiche).

Die Auswirkungen der direkten Energiezufuhr in die Atmosphäre durch Abwärme können lokal nur im Winter so groß werden wie die natürliche Einstrahlung. Wirksamer sind aus Emissionsquellen stammende Luftbeimengungen, die vor allem Einfluß auf Ein- und Ausstrahlung haben. Besondere Phänomene sind z. B. der London-Smog (vor allem Hausbrandemission) und der Los-Angeles-Smog (vor allem Autoabgase; s. S. 220).

Im Wärmehaushalt der Erdoberfläche spielt die Albedo (Verhältnis zwischen reflektierter und einfallender Sonnenstrahlung) eine wichtige Rolle. Veränderungen der natürlichen Vegetation, etwa die Zerstörung der Pflanzendecke durch Überweidung, führen zu Veränderungen der Albedo und als Folge unter Umständen zur Ausweitung von Wüstengebieten (s. S. 282) und damit zur regionalen Klimabeeinflussung.

Veränderungen lokaler und regionaler Klimate (s. S. 216) durch die Auswirkungen von Nutzungsänderungen können mit Hilfe entsprechender Modelle berechnet und damit von den zuständigen Planern gesteuert und minimiert werden.

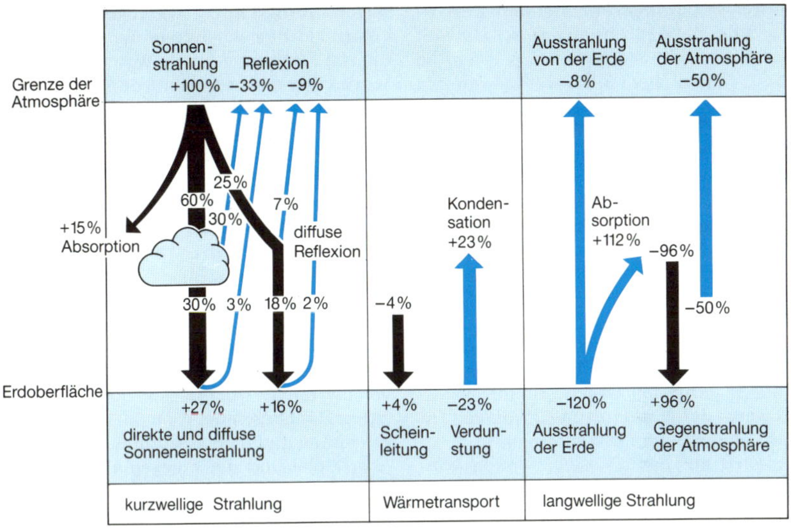

Abb. 1
Der Strahlungshaushalt

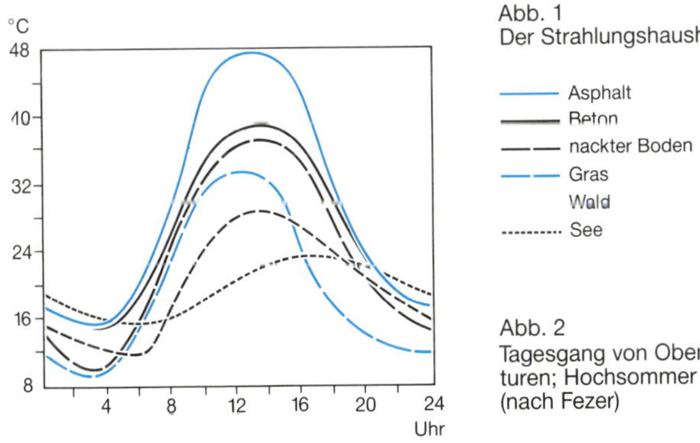

Abb. 2
Tagesgang von Oberflächentemperaturen; Hochsommer – Strahlungstag (nach Fezer)

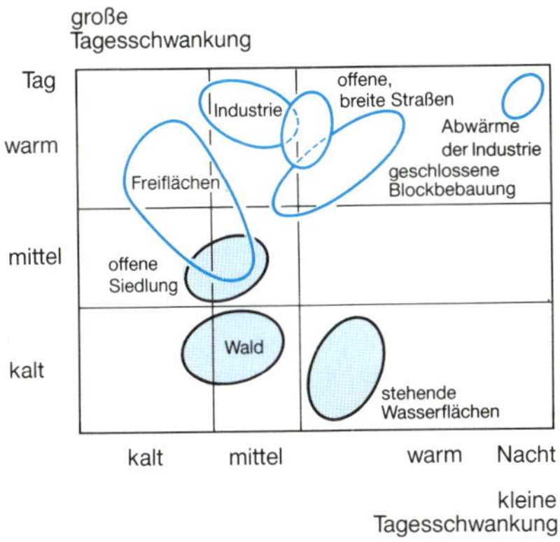

Abb. 3
Oberflächentemperaturen von Flächen; Tag/Nacht

Die globale Klimabeeinflussung

In der seit Jahren anhaltenden Diskussion über die Bedrohung unserer Umwelt durch menschliche Aktivitäten spielt die Frage möglicher Klimaveränderungen eine beherrschende Rolle.

Zweifellos wäre es falsch, Abweichungen vom normalen Klimaverlauf grundsätzlich oder vorschnell dem menschlichen Einfluß im Industriezeitalter zuzuschreiben. Klimaschwankungen und -veränderungen aufgrund natürlicher Ursachen hat es in der Erdgeschichte schon immer gegeben; sie sind auch in der Zukunft zu erwarten. Unbestritten ist allerdings auch, daß die zunehmende Industrialisierung mit ihrem steigenden Energieverbrauch und bestimmte Maßnahmen der Landnutzung (Waldrodungen, künstliche Bodendüngung u. a.) weltweit auf das Klima einwirken können. Bei Schwankungen oder Veränderungen des Klimas der Gegenwart handelt es sich daher stets um Überlagerungen natürlicher und anthropogen beeinflußter Prozesse, die nur schwer voneinander zu trennen sind.

Eine globale Klimabeeinflussung kommt am wahrscheinlichsten dadurch zustande, daß sich der sogenannte *Treibhauseffekt* der Atmosphäre verstärkt. Unter den zahlreichen Spurengasen sind neben dem Wasserdampf (H_2O) vor allem Kohlendioxid (CO_2), Methan (CH_4), Distickstoffoxid (N_2O), Fluorchlorkohlenwasserstoffe (FCKW) u. a. als klimawirksame Treibhausgase bekannt. Diese lassen die einfallende kurzwellige Sonnenstrahlung weitgehend bis zur Erdoberfläche durchdringen, absorbieren aber die von der erwärmten Erdoberfläche abgestrahlte langwellige Infrarotstrahlung, erwärmen dadurch die Atmosphäre und strahlen die Wärme z. T. wieder zur Erdoberfläche zurück, so daß diese weiter erwärmt wird.

Ohne diesen Treibhauseffekt läge die mittlere Temperatur der Erdoberfläche bei −18 °C (statt wie gegenwärtig bei 15 °C). Unter den anthropogen erzeugten Treibhausgasen muß das Kohlendioxid als besonders klimawirksam angesehen werden, weil sein Volumenanteil in der atmosphärischen Luft von etwa 280 ppm im vorindustriellen Zeitalter im Zuge fortschreitender Industrialisierung – durch den erhöhten Verbrauch fossiler Brennstoffe (Kohle, Öl, Gas) – auf etwa 347 ppm im Jahre 1987 angestiegen ist (jährliche Zuwachsrate in den letzten 20 Jahren 1,6 ppm; Abb. 1). Wenn der Kohlendioxidgehalt der Atmosphäre, der wesentlich durch den Austausch zwischen den Reservoiren Ozean (größte Kohlendioxidsenke), Biosphäre und der Atmosphäre bestimmt wird, weiterhin so stark ansteigt wie in den letzten Jahrzehnten, so muß es zu einer Verstärkung des Treibhauseffekts, d. h. zu einer globalen Erwärmung, kommen.

Da neben dem Kohlendioxid die anderen Treibhausgase ebenfalls stark zugenommen haben und vermutlich weiter zunehmen werden, ist ein entsprechend verstärkter Treibhauseffekt zu erwarten (Abb. 2). Das genaue Ausmaß der daraus folgenden globalen Erwärmung der Erdoberfläche und der unteren Luftschichten läßt sich aufgrund verschiedener Modellrechnungen heute nicht mit Sicherheit angeben, da in den Modellansätzen wesentliche Faktoren im gesamten Klimasystem Atmosphäre–Ozean–Eisflächen–Landmassen–Biosphäre nur unzureichend berücksichtigt werden konnten (z. B. Einfluß der Bewölkung, Kohlendioxidsenken und -quellen). Erwärmungsraten des gesamten Treibhauseffekts von etwa 2–7 K bis zum Jahre 2100 wären denkbar (Abb. 3), wenn die Wirkung notwendiger Gegenmaßnahmen bis dahin ausbliebe. Unklare Vorstellungen herrschen auch über die klimatischen Auswirkungen (regional, jahreszeitlich) und die sonstigen Folgen einer solchen globalen Erwärmung.

Eine zweite, ernst zu nehmende Gefahrenquelle für mögliche Klimaveränderungen besteht darin, daß die Ozonschicht (s. S. 24) durch menschliche Aktivitäten zerstört wird. Eine globale Reduzierung des stratosphärischen Ozons, wie sie insbesondere durch anthropogene Fluorchlorkohlenwasserstoffe zu befürchten ist, hätte nicht nur gravierende biologische Folgen, sondern auch Auswirkungen auf den Strahlungs- und Energiehaushalt des Systems Erde–Atmosphäre und damit auf das Klima. Neueste Meßergebnisse über „Ozonlöcher" (vor allem in der Antarktis) und eine globale Abnahme des stratosphärischen Ozons in den letzten Jahren könnten erste Warnzeichen einer solchen Entwicklung sein (vgl. S. 24).

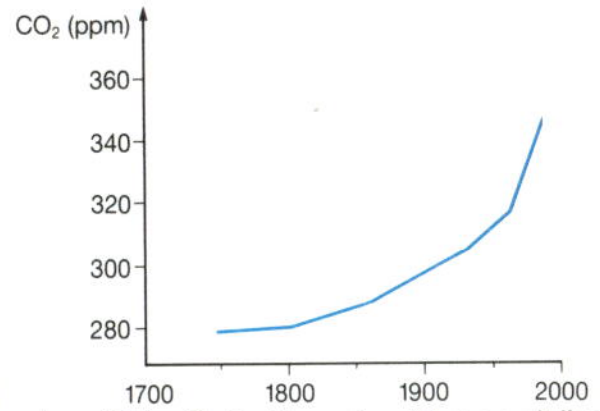

Abb. 1
Anstieg des CO_2-Gehaltes der Atmosphäre in ppm (= parts per million) mit Beginn der Industrialisierung (nach Seiler)

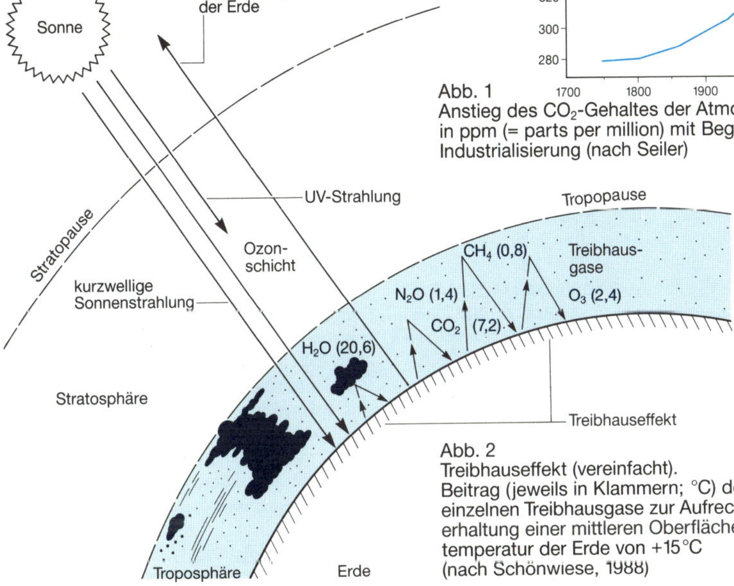

Abb. 2
Treibhauseffekt (vereinfacht).
Beitrag (jeweils in Klammern; °C) der einzelnen Treibhausgase zur Aufrechterhaltung einer mittleren Oberflächentemperatur der Erde von +15 °C (nach Schönwiese, 1988)

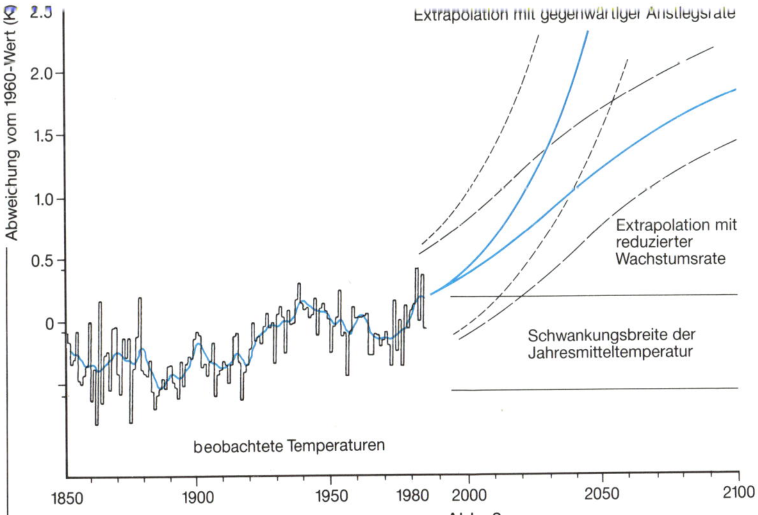

Abb. 3
Variabilität der Jahresmitteltemperatur der Nordhemisphäre, bezogen auf 1960 (nach Wigley u.a., 1986), und ihre mögliche Weiterentwicklung infolge Zunahme der Treibhausgase (nach Hansen, 1986)

Desertifikation

Unter *Desertifikation* versteht man die Ausweitung der Wüsten oder die Begünstigung der Entstehung wüstenähnlicher Bedingungen. Der sich selbst verstärkende Prozeß wirkt sich hauptsächlich in den klimatisch bedingten Trockengebieten der Erde und in ihren Randzonen aus.

In der *Sahelzone,* d.h. im Übergangsbereich zwischen der südlichen Sahara und den Savannengebieten des Sudans, brachten insbesondere in den Jahren 1968–1973 und 1977 Ernteausfälle und Viehsterben rund 2 Millionen Menschen an den Rand ihrer physischen Existenz. Waren hier natürliche Prozesse oder menschliches Fehlverhalten die Ursache? Die von den Vereinten Nationen veranstaltete „Konferenz über Desertifikation" (Nairobi 1977) hat der Weltöffentlichkeit die alarmierende Situation klar vor Augen geführt.

Dürrejahre waren in der Sahelzone schon früher aufgetreten, allerdings ohne eskalierende Begleiterscheinungen. Bereits die Römer hatten durch unkontrollierten Holzeinschlag und unsachgemäße Landnutzung im Pflugbau Desertifikationsschäden produziert. Der jüngste Desertifikationsprozeß ist jedoch von einer neuen Qualität. Sein sichtbarer Ausdruck ist die Überstrapazierung des (ohnehin begrenzten) Landnutzungspotentials, die sich, hervorgerufen durch die Abkehr vom Nomadentum und Übergang zu intensiv betriebener Viehzucht (Überweidung) und Landwirtschaft (Monokulturen), in einer Zerstörung der natürlichen Vegetation äußert. Die Überbevölkerung verstärkt diesen Prozeß noch. Hinzu kommt, daß die Entwicklungshilfe der Industrienationen – so notwendig sie ist – zu einer Vermehrung des Weideviehs um das Sechsfache geführt und damit dem Überweidungsprozeß ungewollt Vorschub geleistet hat. Dies führt dazu, daß die lebensfeindlichen Wüsten immer weiter vorrücken (Abb.). Die Folgen für das Ökosystem sind schwer abzuschätzen. Am stärksten betroffen sind die Entwicklungsländer in den Trockengürteln Afrikas, Vorder- und Zentralasiens. Die Vegetationsschäden sind gebietsweise schon nicht mehr umkehrbar (irreversibel).

Welche klimatologischen Faktoren sind nun an dieser Entwicklung beteiligt? Bekanntlich ist die Albedo (Verhältnis von reflektierter zu einfallender Sonnenstrahlung) eine sehr gewichtige Größe im Wärme- und Strahlungshaushalt der Erde. Anhand von Strahlungsmessungen läßt sich leicht zeigen, daß die Zerstörung der Vegetation eine Zunahme der Albedo, also eine Verstärkung der von der Erde reflektierten Strahlung, und somit eine Abkühlung bewirkt. Das hierdurch verursachte Defizit im Strahlungshaushalt muß durch advektive Wärmezufuhr (horizontale Luftströmungen in der oberen Troposphäre, die über dem Gebiet konvergieren) und großräumiges Absinken der Luft ersetzt werden. Dies führt zu einer Austrocknung der Luft und somit zur Niederschlagsverringerung. Die einzelnen klimatologischen Kausalketten sind sicherlich komplizierter, aber der Eingriff in die allgemeine Zirkulation der Atmosphäre im Sinne eines weiteren Rückgangs der Niederschläge ist unbestreitbar. Klimaforscher leiten aus diesen atmosphärischen Vorgängen ein äquatorwärts gerichtetes Vorrücken der großen Trockengebiete der Erde um 1 bis 2 km jährlich ab. Für die Sahara bedeutet dies eine Flächenzunahme um mehr als 20000 km^2 pro Jahr.

Läßt sich die „Desertifikationswalze" aufhalten? Der von der Desertifikationskonferenz in Nairobi verabschiedete Aktionsplan ist eine brauchbare Leitlinie zukünftigen Handelns: Es gilt zunächst, die stellenweise ziemlich ramponierte Vegetationsdecke wiederherzustellen. In den am schlimmsten betroffenen Gebieten wird das nur durch Totalverzicht auf Beweidung gelingen. Erforderlich sind ferner Anpflanzungs- und Aufforstungsmaßnahmen zur Verringerung der Winderosion und zur besseren Kanalisierung des Oberflächenwasserabflusses. Natürlich müssen diese Maßnahmen behutsam den ökonomischen und ökologischen Verhältnissen angepaßt werden.

Abgesehen von der weiteren Verschlechterung der Lebensbedingungen der in den Desertifikationsgebieten lebenden Menschen, könnte die Ausweitung der Wüstenregionen zu großräumigen Veränderungen der atmosphärischen Zirkulation führen.

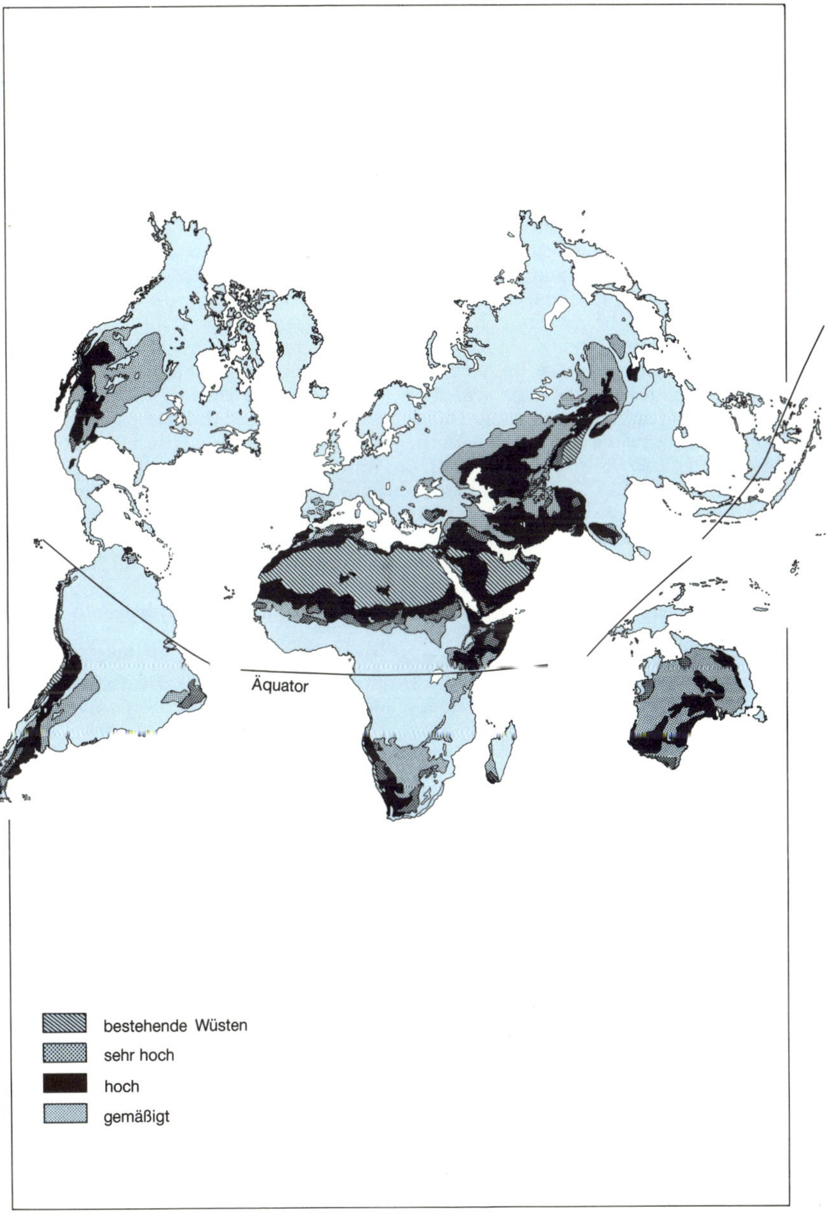

Abb.
Unterschiedliche Intensitätsstufen (sehr hoch, hoch, gemäßigt) der Wüstenausdehnung (Desertifikation) innerhalb der großen Trockengebiete der Erde (nach Mensching, 1978)

Schadstoffe in der Luft

Im Spannungsfeld zwischen den beiden Polen Industrialisierung (d. h. vor allem Arbeitsplatzbeschaffung bzw. -erhaltung) und Schutzbedürftigkeit der Natur ist Luftreinhaltung in der Bundesrepublik Deutschland zu einem Reizthema geworden.

Bestandteile und Quellen

Luftschadstoffe sind u. a. Stickoxide (N_2O und NO_x), Schwefeldioxid (SO_2), Methan (CH_4), Kohlenmonoxid (CO), Ammoniak (NH_3), Kohlendioxid (CO_2), Ozon (O_3), Aerosole und Fluorchlormethane sowie einige Metallverbindungen.

Hinsichtlich der *Quellen* hat sich die Unterteilung nach drei unterschiedlichen Emittentengruppen ergeben: Industrie (z. B. Kraftwerke, Raffinerien), Hausbrand und Kleingewerbe (Feuerungsanlagen) sowie Verkehr (insbesondere Kraftfahrzeug- und Luftverkehr). Die einzelnen Emittentengruppen werden in sogenannten *Emissionskatastern* erfaßt; sie enthalten Angaben über die geographische Lage von Emissionsquellen luftverunreinigender Stoffe sowie über die Höhe, Art und Menge der emittierten Stoffe, über den zeitlichen Verlauf der Emissionen sowie über die emittierenden Anlagen und ihre Betreiber.

Wetter- und Klimabeeinflussung

Eine erhebliche Schadstoffproduktion geht zu Lasten der Städte. Bei allen Verbrennungsprozessen werden große Mengen Kohlendioxid (CO_2) emittiert; ferner entweichen Kohlenmonoxid (CO) und Stickoxide als Abgase aus Kraftfahrzeugen. Die Schadstoffe führen zu einer Anreicherung der Luft mit Kondensationskernen. Als Folge bildet sich eine Dunstschicht aus, die die Einstrahlung vermindert und die Nebelentstehung begünstigt. Die Zufuhr von Kondensationskernen und die Wärmeproduktion (Abwärme) fördern die Wolkenbildung; hieraus resultieren vermehrte Niederschläge (insbesondere als Schauer) und eine Verstärkung der Gewittertätigkeit. Im gleichen Sinne wirken die in Kühltürmen von Kraftwerken freigesetzten Wasserdampfmengen; sie führen zur Bildung von Wolkenschwaden und -streifen (s. S. 254).

H_2O, CO_2, O_3 und Aerosole haben einen direkten Einfluß auf die Strahlungsbilanz, ebenso – wenn auch von geringerer Intensität – N_2O, CH_4, NH_3, SO_2, ferner die Fluorchlorkohlenwasserstoffe (FCKW). Letztere stehen insbesondere als Treibgase (in Spraydosen und in der Kühltechnik) mittlerweile im dringenden Verdacht, die Ozonschicht, den Strahlenschutz der Erde, zu zerstören. Eine Sonderstellung nehmen die Aerosole ein. Über ihre klimabeeinflussende Wirkung sind sich die Experten noch nicht im klaren: Da Aerosole nicht nur die Einstrahlung, sondern auch die Ausstrahlung herabsetzen, wären als Folgen sowohl Abkühlung als auch Erwärmung denkbar; derzeitige Abschätzungen sprechen für ein Überwiegen der Erwärmung. Den größten Klimaeinfluß haben Luftverunreinigungen mit hoher atmosphärischer Verweildauer (z. B. CO_2, N_2O, CH_4, CO, FCKW). Der Schadstoff mit dem größten anthropogen bedingten Klimaeinfluß ist das Kohlendioxid (s. S. 280).

Einen Überblick über die Einwirkung der in der Luft befindlichen Schadstoffe auf das Klima gibt die Tabelle auf S. 285.

Maßnahmen zu Luftreinhaltung

In der Bundesrepublik Deutschland bilden das *Bundesimmissionsschutzgesetz (BImSchG)* und die *Technische Anleitung zur Reinhaltung der Luft (TA Luft)* den Orientierungsrahmen für staatliche Maßnahmen zur Abwendung von Gefahren durch Luftverunreinigung. Am Smogwarndienst ist der Wetterdienst durch Vorhersage und Beurteilung von Intensität und Andauer austauscharmen Wetters direkt beteiligt. Von einer *Smogsituation* spricht man, wenn bestimmte Grenzwerte von Schadstoffen in der Luft erreicht oder überschritten werden. Austauscharmes Wetter ist smogbegünstigend, weil es den Abtransport der von der Industrie und der vom Kraftfahrzeugverkehr produzierten Abgase stark behindert. Hier Abhilfe zu schaffen, ist das Ziel der in einzelnen Bundesländern geschaffenen *Smogverordnungen,* die entsprechende Maßnahmen für den Smogfall, z. B. Einschränkung oder völliges Verbot des Autoverkehrs, genau definieren.

Schadstoff	anthropogene Quellen	möglicher Klimaeinfluß
N_2O, NO_x	N_2O: Düngemittel NO_x: Verbrennung fossiler Brennstoffe, Abgase aus Kfz und Flugzeugen	Treibhauseffekt durch NO_2-Erhöhung führt zur Reduktion des Ozongehalts; Folgeprodukt NO_x beeinflußt in der Stratosphäre den O_3-Gleichgewichtszustand
SO_2	Verfeuerung fossiler Brennstoffe	durch Oxidation Bildung von Sulfataerosolen, somit Beeinflussung von Strahlungsbilanz und Wolkenbildung
CH_4	Viehhaltung, Reisfelder, fossile Brennstoffe, Kfz, Industrie	über Veränderung der troposphärischen O_3-Konzentration indirekte Einwirkung auf Strahlungsbilanz und direkter Treibhauseffekt
CO	unvollständige Verbrennung fossiler Brennstoffe, Eisen- und Stahlindustrie, Kfz, photochemische Bildung aus Kohlenwasserstoffen	über Veränderung der troposphärischen O_3- Konzentration indirekte Einwirkung auf Strahlungsbilanz
höhere Kohlenwasserstoffe	chemische Industrie, Mineralverarbeitung, Lösemittelverwendung, Kfz	über Veränderung der O_3-Konzentration indirekte Einwirkung auf Strahlungsbilanz
NH_3	Viehzucht	geringer Einfluß auf die Strahlungsbilanz durch Glashauswirkung (Treibhauseffekt)
CO_2	Verfeuerung fossiler Brennstoffe, Vegetations- und Bodenzerstörung	der sich rapide verstärkende Anstieg der CO_2-Konzentration führt zu einem übersteigerten Treibhauseffekt; Verdopplung der bisherigen CO_2-Konzentration in den Jahren 2040–2050 erwartet; Folgen: Erhöhung der Mitteltemperatur auf der Erde um 1–2 K vermutet, ferner Abkühlung in der Stratosphäre
H_2O (Wasserdampf)	Kühlturmfahnen; in der Stratosphäre: Kondensstreifen hochfliegender Flugzeuge	Änderung der Strahlungsbilanz durch Strahlungsabsorption; dadurch verstärkte Wolkenbildung möglich
O_3	nur indirekte Quellen; Photolyse von anthropogenem NO_2	bei verstärktem O_3-Abbau Abkühlung der Stratosphäre und Verstärkung der UV-Strahlung am Erdboden
Aerosole	Industrie, Aufwehungen aus Wüstengebieten, Gras-, Busch-, Waldbrände	Einfluß auf Wolkenbildung und Niederschlagsprozesse, Absorption, Reflexion und Streuung solarer und terrestrischer Strahlung
Fluorchlormethane	Treibgase in Spraydosen, Kühlmittel	Abbau der Ozonschicht, insbes. in der Antarktis (Ozonloch)

Abb.
Mögliche Klimabeeinflussung durch Schadstoffe (nach LUFTREINHALTUNG, 1981)

Der Reaktorunfall, der sich am 25. April 1986 in Tschernobyl (UdSSR) ereignete, löste auch in der Bundesrepublik Deutschland lebhafte Diskussionen über Möglichkeiten und Gefahren der Kernenergie aus.

Seit den Entdeckungen Antoine Henri Becquerels und des Ehepaars Pierre und Marie Curie wissen wir, daß es sich bei der *Radioaktivität* um die Eigenschaft bestimmter Atome, der sogenannten *Radionuklide,* handelt, ohne äußere Einwirkung ständig Energie in Form ionisierender Strahlung abzugeben und sich dabei in andere (oft ebenfalls radioaktive) *Nuklide* umzuwandeln.

Als erste Präventivmaßnahme – gleichsam als Frühwarnsystem gegen eine unkontrollierte Ausbreitung radioaktiver Substanzen – wird die Atmosphäre über der Bundesrepublik Deutschland (nicht erst seit Tschernobyl, sondern schon seit 30 Jahren davor) routinemäßig auf radioaktive Beimengungen und ihre Verfrachtung überwacht. Während in den 1950er Jahren Kernwaffenversuche derartige Kontrollmaßnahmen erzwangen, verlagerte sich mit der vermehrten Errichtung kerntechnischer Anlagen die Überwachung mehr auf die Analyse von Einzelnukliden.

Zur Messung der Radioaktivität der Luft und des Niederschlags betreibt der Deutsche Wetterdienst im gesetzlichen Auftrag ein *Radioaktivitätsmeßnetz,* das derzeit aus den 15 Stationen Aachen, Berlin, Essen, Freiburg, Hamburg, Hannover, München, Norderney, Regensburg, Saarbrücken, Schleswig, Stuttgart, Trier, Wasserkuppe und dem Radiochemischen Zentrallabor Offenbach am Main besteht. Angegliedert sind 8 *Niederschlagssammelstellen,* und zwar 6 vom Deutschen Wetterdienst (Cuxhaven, Deuselbach, Emden, List/Sylt, Oberstdorf, Passau) und 2 vom Umweltbundesamt (Waldhof/Niedersachsen, Schauinsland). Diese Stationen sammeln Tagesniederschlagsproben, die an den nächstgelegenen Radioaktivitätsmeßstellen analysiert werden. Es ist vorgesehen, das Radioaktivitätsmeßnetz auf 26 Stationen zu verdichten.

An allen Radioaktivitätsmeßstellen wird die Gesamtbetaaktivität mit Geiger-Müller-Zählrohren im 2-Stunden-Takt registriert. Durch eine um 120 Stunden verzögerte Analyse derselben Probe wird der Zerfall der natürlichen Radioaktivität berücksichtigt, so daß der verbleibende Anteil der künstlichen bzw. der langlebigen Betaaktivität entspricht. Mit Hilfe der Gammaspektroskopie lassen sich Einzelnuklide, wie z. B. Cäsium 134 und Cäsium 137, bestimmen; außerdem werden auch Niederschlagsproben gammaspektroskopisch analysiert.

Erreicht oder überschreitet an einer Station die Gesamtbetaaktivität der Luft 95 Becquerel/m^3, treten je nach dem Grad der Gefährdung einzelne Phasen eines Warnplans in Kraft, die von der sofortigen Information der Öffentlichkeit bis hin zu Sicherungsmaßnahmen im Katastrophenfall reichen. Für die Beantwortung von Fragen über die wahrscheinliche Ausbreitungsrichtung und den Transport radioaktiver Schwaden in der Atmosphäre wird in Gefahrenfällen ein spezieller *Vorhersagedienst* aktiviert, dessen wichtigste Grundlage die numerische Modellsimulation und die Verfolgung der wahren Luftbahnen, der sogenannten Trajektorien, ist. Das Umweltbundesamt und die Bundesländer betreiben eigene Radioaktivitätsmeßnetze.

Die Verfrachtung radioaktiver Substanzen von Tschernobyl in die Bundesrepublik Deutschland wurde kurz nach dem Reaktorunfall mit Hilfe einer *Trajektorienanalyse* und mit Hilfe von Radioaktivitätsmessungen festgestellt (Abb.). Danach erreichte die am 27. 4. 1986 um 12 Uhr mittags ausgehende Trajektorie am 30. 4. 1986 gegen Mitternacht Bayern. Zu diesem Zeitpunkt hatten die in Tschernobyl freigesetzten Radionuklide in rund 60 Stunden etwa 1 200 km zurückgelegt, was einer mittleren Transportgeschwindigkeit von 19,8 km/h entspricht. Die Aktivitätsfahne überquerte das Bundesgebiet mit einer mittleren Geschwindigkeit von 12,2 km/h und verließ es gegen Ende des 3. 5. 1986.

Die bisher bekannt gewordenen Störfälle in Kernkraftwerken ließen vereinzelt die Frage nach radioaktivitätsbedingten Klimabeeinflussungen aufkommen. Hierzu ist aufgrund der meteorologischen Erfahrungen mit Kernwaffenexplosionen zu sagen: Aus energetischen Gründen ist wenig Anlaß zur Beunruhigung; der „Kern"punkt ist vielmehr die radioaktive Strahlenbelastung.

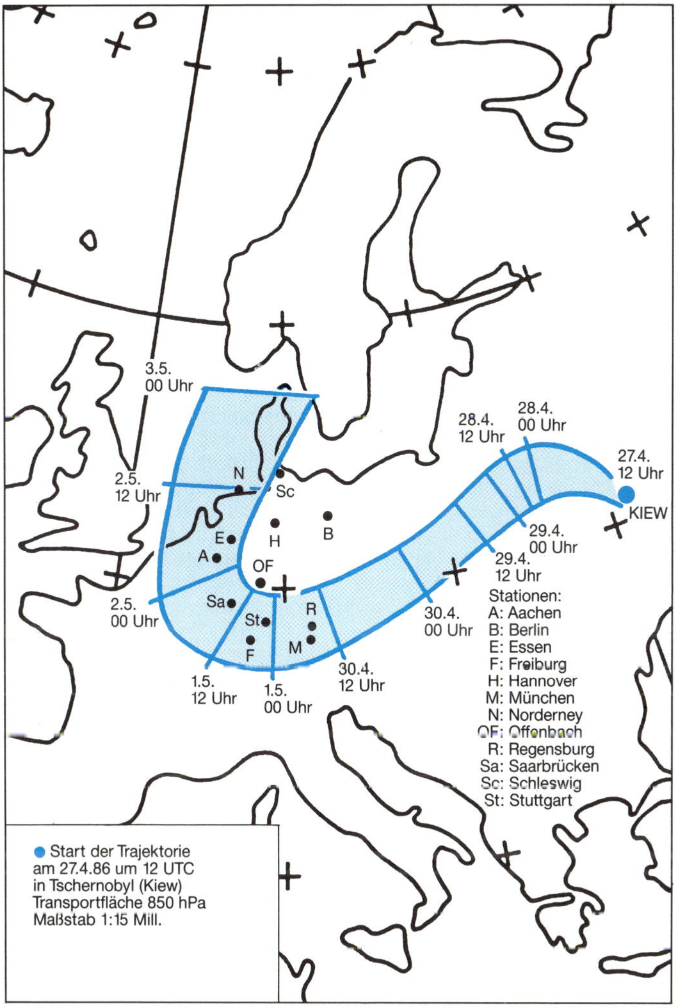

Abb.
Verfrachtung radioaktiver Substanzen mittels Trajektorien von Tschernobyl/UdSSR in die Bundesrepublik Deutschland im Zeitraum vom 27.4.1986, 12 Uhr, bis 3.5.1986, 00 Uhr (nach DWD)

Die nationalen Wetterdienste

Die ersten staatlichen Wetterdienste entstanden in der Mitte des 19. Jahrhunderts, nachdem durch die Erfindung der Telegrafie, die Entwicklung meteorologischer Instrumente und die Einrichtung von Beobachtungsnetzen die wesentlichen Voraussetzungen hierfür geschaffen waren.

In *Deutschland* stand die Wiege der Wetterdienste in *Preußen:* 1847 wurde durch den Einfluß Alexander von Humboldts das *Königlich-Preußische Meteorologische Institut* in Berlin errichtet. Daneben entwickelten sich später in den anderen deutschen Ländern eigenständige Landeswetterdienste.

In der *Bundesrepublik Deutschland* nimmt der *Deutsche Wetterdienst* (DWD) seit seinem Gründungsjahr 1952 die fachspezifischen Aufgaben wahr.

Die vergleichbaren Organisationen der *Nachbarländer* sind der *Meteorologische Dienst der DDR* mit Sitz in Potsdam, die *Zentralanstalt für Meteorologie und Geodynamik* in Wien und die *Schweizerische Meteorologische Zentralanstalt* in Zürich. Die supranationale Dachorganisation aller nationalen Wetterdienste ist die *Weltorganisation für Meteorologie* (WMO) mit Sitz in Genf (s. S. 290).

Der *Deutsche Wetterdienst* ist eine Dienstleistungsbehörde mit gesetzlichem Auftrag (Wetterdienstgesetz). Seine Hauptaufgaben sind die Unterrichtung der Öffentlichkeit und der Medien über das aktuelle Wettergeschehen und seine voraussichtliche Weiterentwicklung, ferner die Versorgung der Kunden mit Wetter- und Klimaauskünften, -beratungen und -gutachten. Rund 300 Naturwissenschaftler (vor allem Meteorologen), 250 Wetterberater und 1600 Wetterdiensttechniker erbringen diese Serviceleistungen des Deutschen Wetterdienstes. Ihnen obliegt es, teilweise im Schichtdienstbetrieb (also rund um die Uhr), das Wetter zu beobachten, die zahllosen Daten einzusammeln und unter Einsatz von Großrechnern und anderen aufwendigen technischen Hilfsmitteln zu verarbeiten. Als Infrastruktur stehen hierfür das *Zentralamt in Offenbach am Main,* das *Seewetteramt in Hamburg,* elf Wetterämter, zwei Observatorien, zwei Instrumentenämter, mehrere Beratungs- und Forschungsstellen, fast 100 Wetterwarten bzw. -stationen, zwölf Flugwetterwarten, sechs Bordwetterwarten, sechs aerologische Stationen und rund 450 Klimastationen zur Verfügung.

Die Leistungen des Wetterdienstes werden noch heute überwiegend an den Trefferquoten der Vorhersagen gemessen. Weniger bekannt ist, daß die für die Öffentlichkeit bestimmten Wetterberichte und -vorhersagen nicht allein den Hauptanteil der Dienstleistungen ausmachen. Neben den 123000 Wetterberichten, die jährlich an die Rundfunk- und Fernsehanstalten geliefert werden, und neben den 71000 Wetterberichten für die Presse hat der Deutsche Wetterdienst jährlich einige tausend Kunden (z. T. Dauerkunden) in der gewerblichen Wirtschaft, in Landwirtschaft und Technik, im Verkehrswesen, im Gesundheitswesen und im Umweltschutz mit spezieller Wetter- und Klimainformation zu versorgen. Über 400000 Beratungen und Warnungen im Jahr dienen unterschiedlichen Wirtschaftszweigen als Entscheidungshilfen für wetter- und klimarelevante Planungen. See- und Luftverkehr (s. S. 250 ff.) werden mit fast einer Million Wetterberatungen und Warnungen sicherer gemacht, und etwa 68000 klimatologische Auskünfte und Gutachten erleichtern Gerichten und Versicherungen die Abwicklung wetterbedingter Unfall- und Schadensangelegenheiten.

Zur Bereitstellung seiner Leistungen erhält der Deutsche Wetterdienst jährlich rund 150 Millionen DM aus dem Bundeshaushalt. Aus dieser Investition zieht die Volkswirtschaft einen etwa 20- bis 30fachen Nutzen (Kosten/Nutzen-Verhältnis etwa 1:25). Die Inanspruchnahme der Leistungen des Deutschen Wetterdienstes ist gebührenpflichtig; die Gebührensätze sind jedoch relativ gering, gemessen an den wirtschaftlichen Verlusten, die dem Kunden durch Einholen einer Beratung erspart bleiben.

Das gegenüberliegende Schaubild vermittelt einen plastischen Überblick über die Leistungsfähigkeit und die Funktionsweise eines modernen nationalen Wetterdienstes, dargestellt anhand einiger Betriebsabläufe in den drei Grundpfeilern Datengewinnung, Datenverarbeitung und -aufbereitung sowie Datenanwendungen/Dienstleistungen.

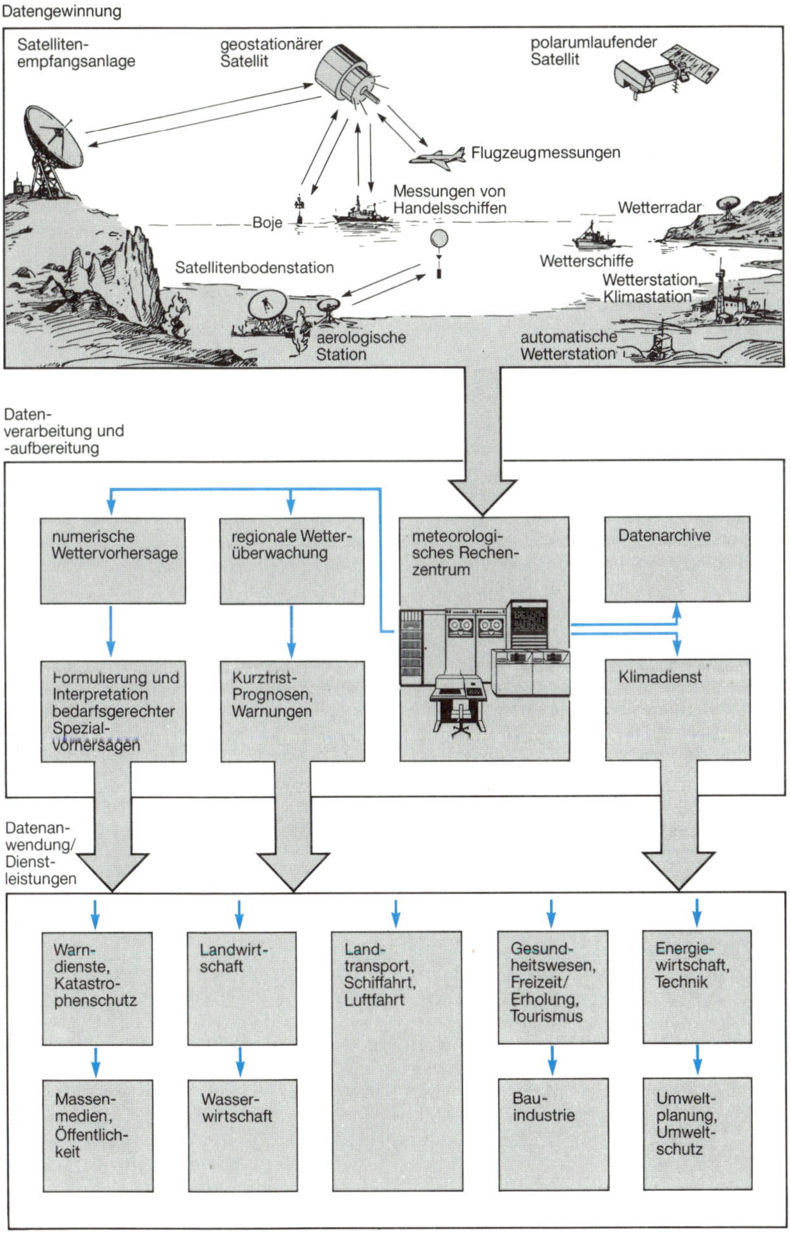

Abb.
So funktioniert ein nationaler Wetterdienst

Internationale Organisationen

Die weltweite Zusammenarbeit der Wetterfachleute hat eine über 200jährige Tradition: Der Bogen spannt sich von der 1780 geschaffenen Pfälzischen Meteorologischen Gesellschaft (Societas Meteorologica Palatina) mit ihrem von Nordamerika zum Ural und von Grönland zum Mittelmeer reichenden Meßnetz (s. S. 132) über die 1873 gegründete Internationale Meteorologische Organisation (IMO) bis hin zur Weltorganisation für Meteorologie (WMO) und dem Europäischen Zentrum für mittelfristige Wettervorhersage (EZMW) unserer Tage.

Die *Weltorganisation für Meteorologie (WMO)* ist eine seit 1950 existierende Sonderorganisation der Vereinten Nationen mit Sitz in Genf. Zu ihren Mitgliedern (gegenwärtig 155) zählen fast alle Staaten der Erde. Die Bundesrepublik Deutschland trat 1954 bei. Jeder Mitgliedsstaat wird in der WMO durch einen ständigen Vertreter repräsentiert. Für die Bundesrepublik Deutschland nimmt diese Funktion der Präsident des Deutschen Wetterdienstes wahr. Das weitgesteckte Aufgabenspektrum der WMO umfaßt die Förderung einer weltumspannenden Zusammenarbeit in allen das Wetter und Klima tangierenden Bereichen. Hierzu gehören: Aufbau und Betrieb von Stationsnetzen; Gewinnung, Verbreitung und Austausch von Wetter- und Klimadaten; praxisorientierte Anwendung der Wetter- und Klimakunde auf viele Bereiche des öffentlichen Lebens (z. B. Luftfahrt, Schiffahrt, Technik, Wirtschaft, Landwirtschaft, Bauwesen, Gesundheitswesen, Landnutzung, Energieerzeugung und -nutzung); Gewährleistung der einheitlichen (standardisierten) Durchführung, Aufbereitung, Verarbeitung und Veröffentlichung von Wetter- und Klimabeobachtungen. Neben den drei Programmen Forschung und Entwicklung, Hydrologie sowie Ausbildung und Fortbildung laufen bei der WMO noch die beiden „Mammutprogramme" Weltwetterwacht (WWW) und Weltklimaprogramm (s. S. 272). Die Organe der WMO und zugleich ihre tragenden Säulen sind der Kongreß, der Exekutivrat, sechs Regionalverbände, acht Fachkommissionen und das Sekretariat.

Das 1973 gegründete *Europäische Zentrum für mittelfristige Wettervorhersage (EZMW)* mit Sitz in Shinfield Park bei Reading (Südengland) ist das europäische Paradebeispiel für internationale Zusammenarbeit und zugleich der Prototyp eines modernen, mit hochqualifiziertem Personal ausgestatteten wissenschaftlich-technischen Forschungszentrums und Dienstleistungsunternehmens. Die wichtigsten Aufgaben und Ziele des von 17 europäischen Mitgliedsländern betriebenen Zentrums sind: Entwicklung numerischer Verfahren für mittelfristige Wettervorhersagen (4–10 Tage); routinemäßige Erstellung und Verbreitung dieser Vorhersagen; wissenschaftliche und technische Forschung zur Vorhersageverbesserung; Sammlung und Speicherung meteorologischer Daten. Leitendes Gremium des Zentrums ist der aus zwei Vertretern jedes Mitgliedslandes bestehende Rat, der auch den Direktor des EZMW ernennt. Die Bundesrepublik Deutschland trägt mit 22,41% den höchsten Kostenanteil.

Das im EZMW entwickelte und betriebene Vorhersagemodell ist ein globales Zirkulationsmodell (s. S. 270). Es beruht auf der Lösung (numerische Integration) eines Systems mathematischer Gleichungen für diejenigen physikalischen Prozesse, die für die Entwicklung von Wettersystemen bestimmend sind (s. S. 190). Der enorme mathematische Aufwand wird von den leistungsfähigsten Großrechnern bewältigt. Das EZMW erstellt gegenwärtig die besten Mittelfristprognosen in der Welt. Der wirtschaftliche Nutzen, den die Mitgliedsstaaten daraus ziehen, ist etwa 30mal so groß wie die Kosten.

Wie der Ablauf des täglichen Vorhersageprozesses im einzelnen vonstatten geht, kann man der nebenstehenden Abbildung entnehmen.

Außer den hier genannten bestehen noch andere, mit meteorologischen Aufgaben betraute (staatliche und nichtstaatliche) Organisationen. Beispiele: Internationale Zivilluftfahrtorganisation (ICAO); Internationaler Rat wissenschaftlicher Vereinigungen (ICSU); Internationale Vereinigung für Geophysik und Geodäsie (IUGG).

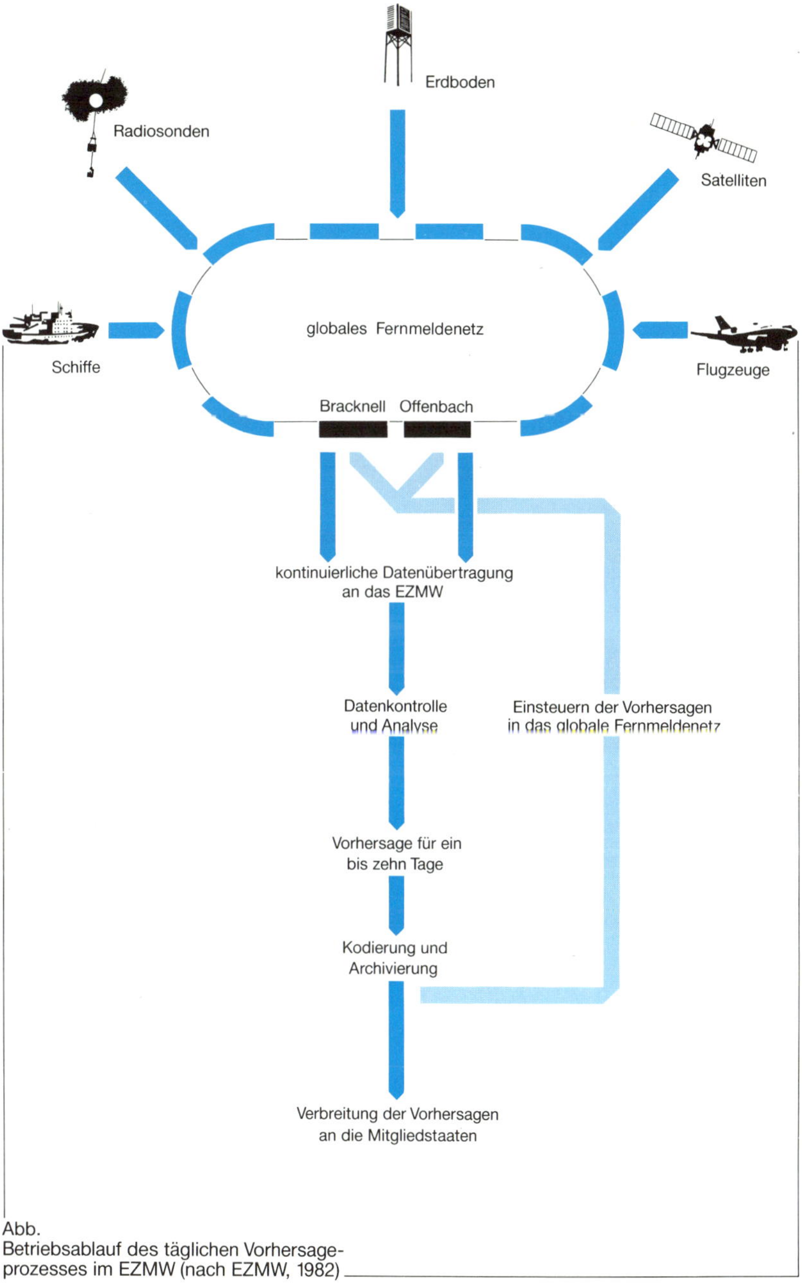

Abb.
Betriebsablauf des täglichen Vorhersageprozesses im EZMW (nach EZMW, 1982)

Personenverzeichnis

(nur im Text genannte Personen)

Bildquellenverzeichnis

Bibliographisches Institut & F. A. Brockhaus AG, Mannheim; CDZ-FILM, Stuttgart; Deutscher Wetterdienst, Offenbach am Main; DFVLR, Deutsche Forschungs- und Versuchsanstalt für Luft- und Raumfahrt e. V., Oberpfaffenhofen; Dr. F. Krügler, Hamburg; Mainbild, Frankfurt am Main; Tierbilder Okapia, Frankfurt am Main; Max-Planck-Institut für Chemie, Mainz; Prof. H. Schirmer, Offenbach am Main.

Register

Kursive Seitenzahlen geben jeweils die Haupttextstellen an

G

H

I

J

K

L

M

N

O

P

T

U

V

W

Z